U0383365

高等学校建筑环境与能源应用工程专业规划教材

建筑环境与能源系统控制

李　慧　王桂荣　魏建平　段晨旭　编著

中国建筑工业出版社

图书在版编目（CIP）数据

建筑环境与能源系统控制/李慧等编著. —北京：中国建筑工业出版社，2019.6（2025.1重印）
高等学校建筑环境与能源应用工程专业规划教材
ISBN 978-7-112-23222-2

Ⅰ.①建… Ⅱ.①李… Ⅲ.①建筑工程-环境管理-高等学校-教材②能源管理系统-高等学校-教材
Ⅳ.①TU-023②TK018

中国版本图书馆CIP数据核字（2019）第016594号

责任编辑：张文胜 齐庆梅
责任校对：李欣慰

高等学校建筑环境与能源应用工程专业规划教材
建筑环境与能源系统控制
李 慧 王桂荣 魏建平 段晨旭 编著
*
中国建筑工业出版社出版、发行（北京海淀三里河路9号）
各地新华书店、建筑书店经销
霸州市顺浩图文科技发展有限公司制版
建工社（河北）印刷有限公司印刷
*
开本：787×1092毫米 1/16 印张：15½ 字数：381千字
2019年4月第一版 2025年1月第五次印刷
定价：**38.00**元
ISBN 978-7-112-23222-2
（33304）

前　　言

随着科学技术的发展，自动控制技术在建筑环境、能源工程、制冷装置、区域能源等领域得到了越来越广泛的应用。自动控制技术对充分发挥不同系统的各项功能，并实现节能运行起到了至关重要的作用。但目前此领域的自动控制技术应用做得还远远不够，大多数计算机控制系统没有发挥其应有的作用。为了满足相关专业教学的需要，在多年教学实践和工程实践的基础上，经过不断总结归纳完成此教材。

本书根据建筑环境与能源应用工程、新能源科学与工程及制冷专业学生要达到的自动化能力需求所需掌握的知识为主线，确定教材内容。全书共分 11 章，从知识结构看可划分为 5 部分。第 1 部分包含第 1 章、第 2 章和第 3 章，主要介绍自动控制原理的基础知识和自动控制系统。在编写过程中尽量将基础知识与专业应用对象相结合，并结合 MATLAB 仿真，有利于学生的理解和掌握。第 2 部分包含第 4 章和第 5 章，主要介绍执行器和电气控制，让学生了解工程中常用调节阀的分类、特点及控制电路，变频器的特点及应用，常规的电器元件及电气控制设计等。第 3 部分为第 6 章，主要介绍计算机控制技术及计算机网络技术，包括计算机控制系统的组成、数字控制器的设计与实现、计算机网络基础和常用的计算机网络通信协议等。第 4 部分包含第 7 章、第 8 章和第 9 章。主要针对中央空调系统、冷热源系统、分布式能源系统等自动控制的实现作了深入分析。通过该部分的学习，学生能进行相关系统的自控设计。第 10 章和第 11 章为第 5 部分，主要介绍自动控制技术在该领域的应用案例及当前比较前沿的物联网技术在该领域的应用。

本书第 1～3 章、第 9～11 章由李慧教授编写，第 6、7 章由王桂荣副教授编写，第 5 章由魏建平副教授编写，第 4 章和第 8 章由段晨旭教授编写。其中研究生张小东参与了第 11 章的编写工作，研究生张小东、张珣珣、单明珠、曹宇也参与了书稿校正和绘图工作，在此一并感谢。

本书可作为建筑环境与能源应用工程、新能源科学与工程及制冷等专业的自动化教材，也可供建筑能源自动化相关工程技术人员参考。

由于编者水平有限，书中错误和不足之处难免，敬请读者批评指正。

编　者

2018 年 12 月 16 日

目　　录

第1章 概　述

1.1 自动控制系统基本概念

1.1.1 什么是控制？

现实生活中，每个人都会碰到控制。例如，当洗澡的时候，会手动调节冷热水阀使出水温度满足洗澡要求；当感受到房间内光线暗淡的时候，会把灯打开；当驱车上班的时候，会通过脚踩油门达到想要的车速。上述例子均属于手动控制的范畴。图1-1为冬季工况下室内温度人工控制示意图。假如人们希望将室内的温度控制在20℃，即室内温度的期望值为20℃，要实现人工控制，首先，操作人员用眼睛观察玻璃温度计的示值；然后，操作人员用大脑判断室内的温度比期望值高还是低，确定其偏差的大小，并依据自己的经验经过分析判断，确定热水阀的调节开度；最后，操作人员用手实施热水阀的调节动作。假如操作人员观察到当前室内温度为18℃，则经过大脑判断当前室内温度低于室内温度期望值，且偏差为2℃。热水阀门应该开大，开大的程度取决于操作人员的运行经验，不同的人通常会有不同的值。经上述分析，要实现手动控制需要三步：

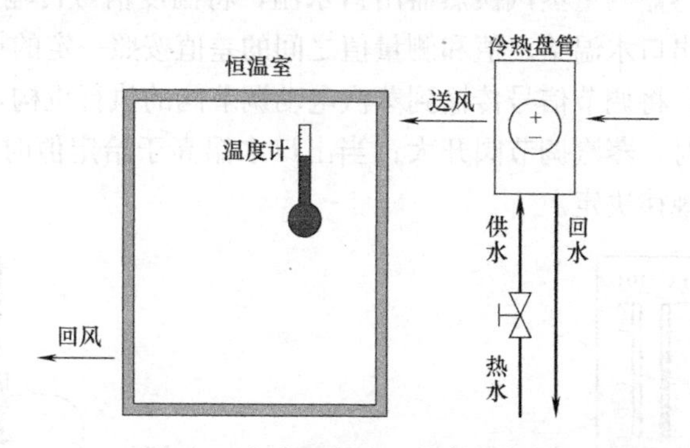

图1-1　室内温度人工控制示意图

（1）用眼睛观察温度计的示值；

（2）用大脑比较判断温度计示值与室内温度期望值之间的差值，确定阀门开度的大小；

（3）用手调节阀门开度。

显然人工控制的好坏主要取决于操作人员的实践经验，不同的人会有不同的调节品质。用一套自动控制装置取代人工控制的功能，用传感器取代人的眼睛，用调节器取代人的大脑，用执行器取代人的手。使调节过程不需要人的参与就能自动执行调节任务，这就叫自动控制。在图1-2中，温度传感器测量室内温度，并将其测量信号传输到调节器，调节器比较室内温度测量值和期望值得到偏差信号，并按照一定的控制规律运算得到阀门调节开度的大小，调节器的输出信号驱动电动调节阀的执行机构，通过可逆电机的旋转驱动阀门动作，改变阀门的开度，从而改变热水盘管的加热量，达到房间内温度控制的目的。将自动控制装置与被控对象连接在一起就构成了自动控制系统。自动控制系统的好坏在很大程度上取决于调节规律（控制算法）的选取。

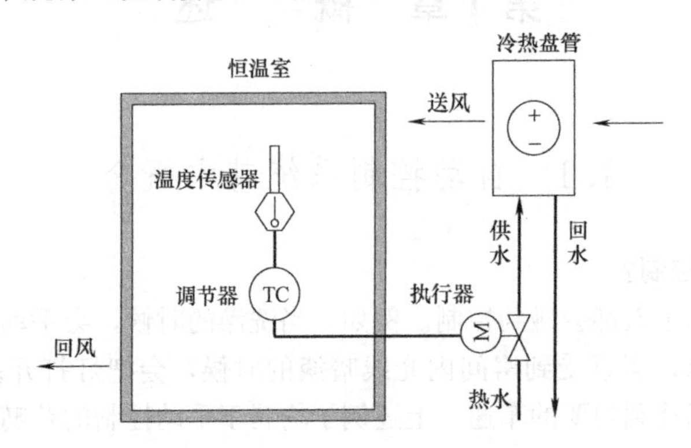

图 1-2　室内温度自动控制示意图

图 1-3 为液位控制原理图，由压力变送器检测水箱液位，将液位信号传输到液位控制器，液位控制器根据液位给定值和测量值之间的偏差按照一定的控制规律计算得到给水阀门的开度，将调节信号传输到电动调节阀门执行机构，驱动阀门调节。在图 1-3 中，液位给定值为 50%，测量值为 57%，调节量阀门开度为 61%。图 1-4 为蒸汽换热器出口水温控制原理图，温度传感器测量蒸汽换热器出口水温，将温度信号传输到蒸汽温度控制器，蒸汽温度控制器根据出口水温给定值和测量值之间的差值按照一定的控制规律运算得到蒸汽电动调节阀的开度，将调节信号传输到蒸汽电动调节阀的执行机构，驱动阀的调节。当出口水温低于给定值时，蒸汽调节阀开大；当出口水温高于给定值时，蒸汽调节阀关小。调节量的大小由控制规律决定。

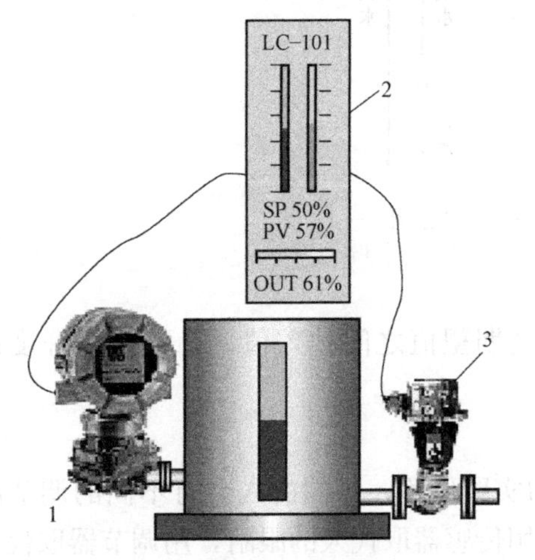

图 1-3　液位控制原理图

1—液位变送器；2—液位控制器；
3—液位电动调节阀

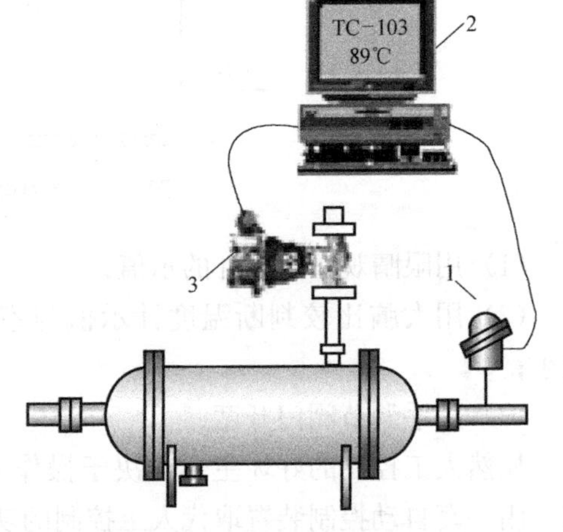

图 1-4　蒸汽换热器控制原理图

1—温度传感器；2—温度控制器；
3—蒸汽电动调节阀

1.1.2 自动控制系统的组成

通常，一个基本的自动控制系统由传感变送器、调节器、执行器和被控对象四个环节组成，如图 1-5 所示。

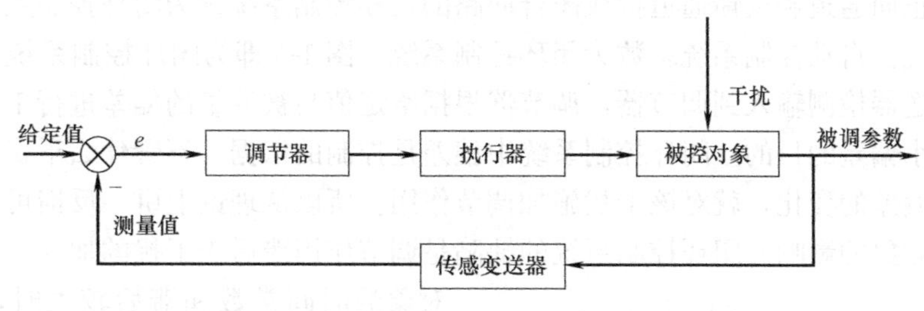

图 1-5 基本自动控制系统方框图

图 1-5 中每一个方框代表被控对象或自动控制装置的某一个设备，称为环节。环节之间用带箭头的线连接表示信号的传递方向，每一个环节有输入信号和输出信号，称为环节的输入量和环节的输出量。被控对象是指被控制的装置或设备；传感变送器用来检测被调参数的变化，将其变换成调节器需要输入的信号；调节器是自动控制系统的核心指挥机构，根据偏差信号 e 发出调节信号；执行器执行调节器的输出命令，对被控对象施加校正作用。

下面是自动控制基本术语：

(1) 被调量：通过调节所要维持的参数；

(2) 给定值：被调参数所要保持的数值；

(3) 调节量：通过执行机构输出调节信号的大小；

(4) 干扰量：引起被调参数产生偏差的外界因素；

(5) 闭环：信号沿着箭头的方向前进，最后又回到原来的起点，形成闭合回路。

1.2 自动控制系统分类

按照不同的标准和特征，自动控制系统的分类多种多样，一般包括以下几种：(1) 按照给定值不同分类；(2) 按照系统结构不同分类；(3) 按照传输信号是否连续分类；(4) 按照系统的输入和输出关系是否为线性分类。

1. 按照给定值不同分类

(1) 定值控制系统。被调参数的给定值是恒定不变的。例如恒温房间温度控制系统，在系统的控制过程中房间温度给定值始终保持不变。锅炉汽包水位控制系统，在锅炉运行过程中，锅炉水位的给定值始终保持不变。在建筑能源系统领域，绝大多数控制系统均属于定值控制系统。

(2) 程序控制系统。给定值的大小按一定的时间函数变化，$g=f(t)$。如控制机床的程序控制系统的输出量应与给定量的变化规律相同。

(3) 随动控制系统。被控量给定值的大小是不可预知的。例如串级控制系统中的副回路属于随动控制系统，其给定值是不可预知的，由主回路主调节器的输出决定。锅炉燃烧控制中送风量控制系统属于随动控制系统，其给定值由燃料量决定，而燃料量又由用户负荷决定。

2. 按照系统结构不同分类

(1) 闭环控制系统

由信号正向通道和反馈通道构成闭合回路的自动控制系统称为闭环控制系统，又称为反馈控制系统。自动控制系统多数为闭环控制系统。图 1-5 即为闭环控制系统，被调参数通过传感变送器检测输入到调节器，调节器根据给定值与被调量的偏差进行工作，最后达到消除或减小偏差的目的。闭环控制系统中偏差是控制的依据，不管什么干扰，只要引起了被调参数偏差的变化，就对该干扰施加调节作用。所以从理论上讲，反馈可以克服所有干扰对被控对象的影响。闭环控制系统的缺陷是调节作用滞后于干扰的加入，尤其当被控对象的时间常数和滞后较大时，将导致调节品质变差。图 1-6 为蒸汽换热器出口水温闭环控制原理图，温度变送器 TT 检测蒸汽换热器出口水温，将其传递给温度控制器 TC，温度控制器根据出口水温给定值和测量值的偏差施加调节作用，达到减少偏差或消除偏差的目的。

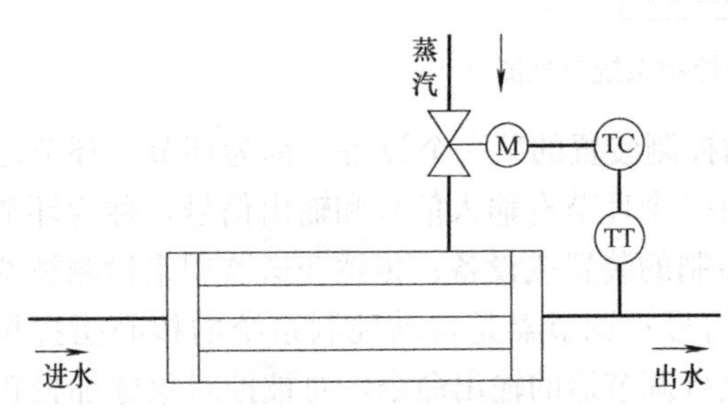

图 1-6 蒸汽换热器闭环控制系统原理图

(2) 开环控制系统

又称为前馈控制系统，直接根据扰动进行工作，扰动是控制的依据。没有被控量的反馈，由于无法检查控制效果，一般不单独使用。在图 1-6 的闭环控制系统中，如果学校浴室采用该蒸汽换热器给学生制备洗澡热水，例如设定出口水温给定值为 45℃，若学生洗澡人数突然增加，将导致用水量突然增加，对于闭环反馈控制，将导致部分时间洗澡水温度低于 45℃，不能满足学生要求。同时可以发现，用水量是一个不可控的变量，由用户负荷决定。显然用水量的变化在蒸汽换热器出口水温控制中是一个主要干扰，为了及时克服干扰对被调参数的影响，设计了开环控制系统，如图 1-7 所示。由流量变送器 FT 测量给水流量，将测量值输入到前馈控制器 FC，前馈控制器根据流量的变化对蒸汽电动调节阀施加调节作用。显然，前馈控制可以及时克服流量变化干扰对出口水温控制的影响。图 1-8 为前馈控制系统方框图。

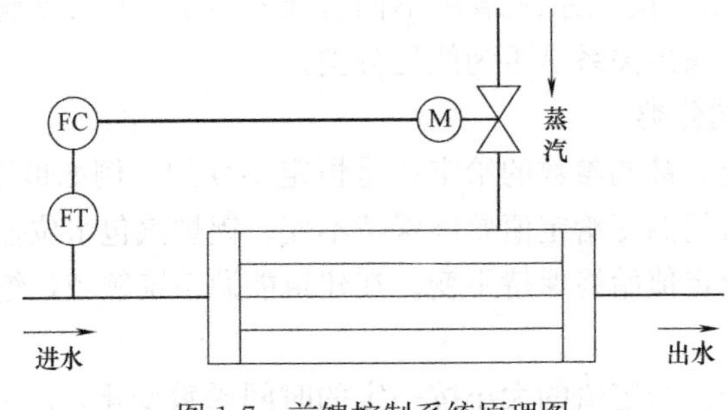

图 1-7 前馈控制系统原理图

(3) 复合控制系统

又称为前馈—反馈系统，主要干扰采取前馈控制，其他干扰采取反馈控制。在图 1-7 中，蒸汽换热器出口水温的控制，水流量的变化是主要干扰，除此之外，干扰还有入口水

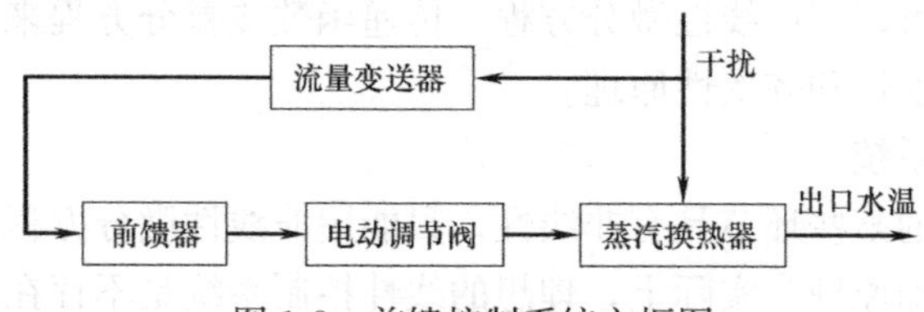

图 1-8 前馈控制系统方框图

温的变化、蒸汽干管压力波动等。显然，前馈控制只能克服水流量变化对出口水温的影响，而对于其他干扰是无能为力的。为了综合闭环控制和前馈控制的优点，设计了前馈—反馈控制系统，如图 1-9 所示。主要干扰水流量由前馈控制器负责，而其他的次要干扰（只要引起了出口水温变化），由反馈控制器负责。前馈控制器的输出和反馈控制器的输出求和后共同驱动电动调节阀的动作。图 1-10 为复合控制系统方框图。

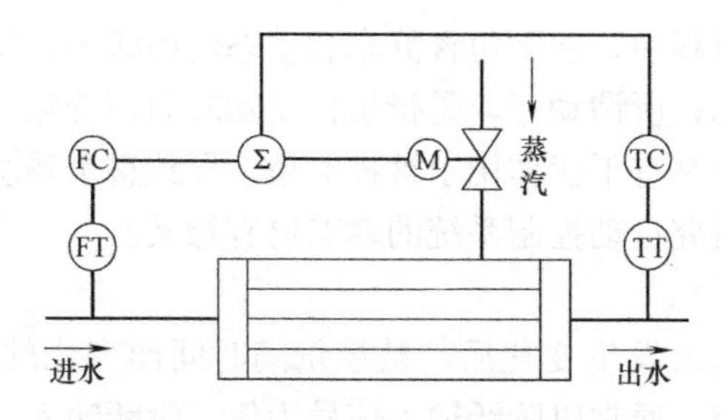

图 1-9 复合控制系统原理图

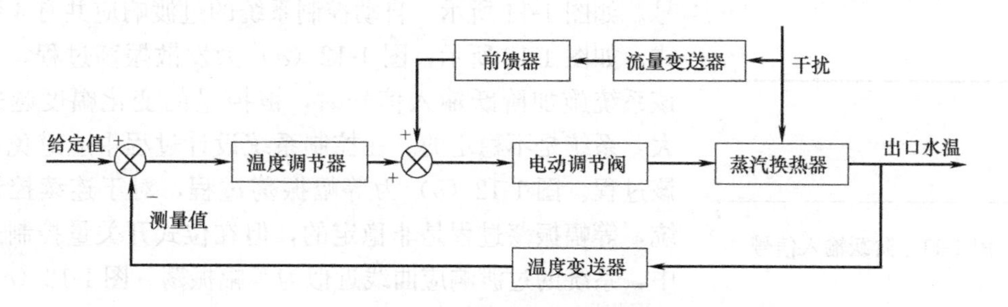

图 1-10 复合控制系统方框图

3. 按信号传输是否连续分类

(1) 连续控制系统

连续控制系统是指控制系统内各环节的信号传递均为连续的模拟量信号，数学模型可采用微分方程和传递函数。连续控制系统的控制器通常为模拟电子器件。

(2) 离散控制系统

离散控制系统又称为采样控制系统或脉冲控制系统，是指控制系统中一处或多处的信号传递是脉冲序列或数字编码信号。通常采用计算机构成的控制系统都是离散控制系统，数学模型可采用差分方程和 Z 传递函数。

4. 按系统的输入和输出关系是否为线性分类

(1) 线性控制系统

控制系统的输出量与输入量之间的关系是线性的。线性系统中所有环节的输入和输出均为线性，数学模型可以采用线性微分方程、传递函数或差分方程来描述。线性控制系统的主要特征是满足叠加性和齐次性原理。

(2) 非线性控制系统

是指控制系统中的某些环节具有非线性，只能用非线性微分方程描述，不能采用线性微分方程、不满足叠加原理。实际上，理想的线性控制系统是不存在的，一个控制系统或多或少均存在一定的非线性。若这种非线性特性在一定范围内或一定条件下呈现线性特征，则可将其进行线性化处理，从而将非线性系统转变为线性控制系统。反之，则只能采用非线性控制理论研究。

1.3 自动控制系统的性能指标

在系统的自动控制过程中，通常包含静态和动态两种状态。所谓静态，是指被控量不随时间而变化的平衡状态；所谓动态，是指被控量随时间而变化的不平衡状态。对于一个控制系统，由于每时每刻都有干扰作用于被控对象，导致整个系统的控制处于一波未平一波又起的状态，因此，研究自动控制系统的动态更有意义。

1. 过渡响应

当自动控制系统的输入发生变化后，被控量随时间而变化的过程称为系统的过渡响应。对于一个稳定的系统，通常以阶跃输入信号为例。阶跃输入信号是指输入信号突然从一个值变化到另一个值，并且保持下去不再改变的输入信号。如图 1-11 所示。自动控制系统的过渡响应共有 4 种形式，如图 1-12 所示，图 1-12 (*a*) 为发散振荡过程，当给该系统施加阶跃输入信号时，被控量的变化幅度越来越大，系统是不稳定的。在控制系统设计过程中应避免出现该过程。图 1-12 (*b*) 为等幅振荡过程，对于连续控制系统，等幅振荡过程是非稳定的，但在位式开关量控制过程中，系统的过渡响应曲线近似为等幅振荡。图 1-12 (*c*) 为衰减振荡过程，当给该系统施加阶跃输入信号时，被控量经过几个周期的波动很快趋于稳态。图 1-12 (*d*) 为单调过程，系统没有振荡，被控量渐渐趋于稳态值。图 1-12 (*c*) 和 (*d*) 均为稳定的过渡响应过程，对于单调过程，由于调节时间太长，在过程控制中一般不采用。而在被控量不允许出现振荡的控制中采用单调过程响应，例如数控机床标准件加工。对于衰减振荡，由于可以很快趋于稳态，调节时间较短，在过程控制中一般采用衰减振荡。

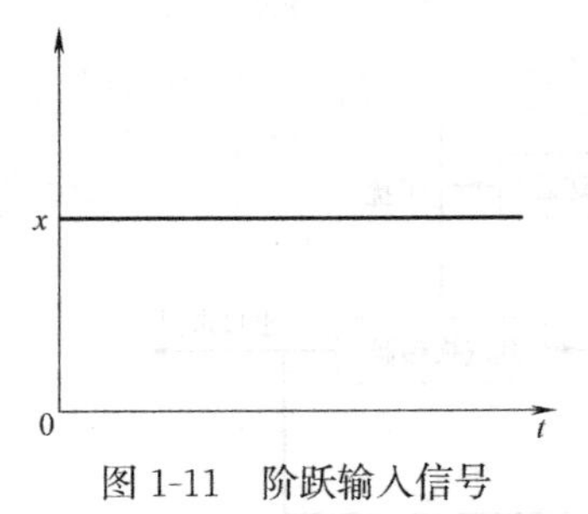

图 1-11 阶跃输入信号

2. 性能指标

自动控制系统的输入有两种：一种是给定输入，一种是干扰输入，可参照图 1-5。在不同的输入下，系统的过渡响应曲线不同。图 1-13 为干扰作用下系统的过渡响应曲线，干扰作用下被控量经过几个周期的波动后将回到零 [图 1-13 (*a*) 无差调节] 或零附近 [图 1-13 (*b*) 有差调节]。图 1-14 为给定作用下系统的过渡响应曲线。给定作用下被控量将跟踪新的给定值，在图 1-14 中，给定值增量变化为 1，即被控量经过几个周期波动后将稳定到 1 [图 1-14 (*a*) 无差调节] 或 1 附近 [图 1-14 (*b*) 有差调节]。

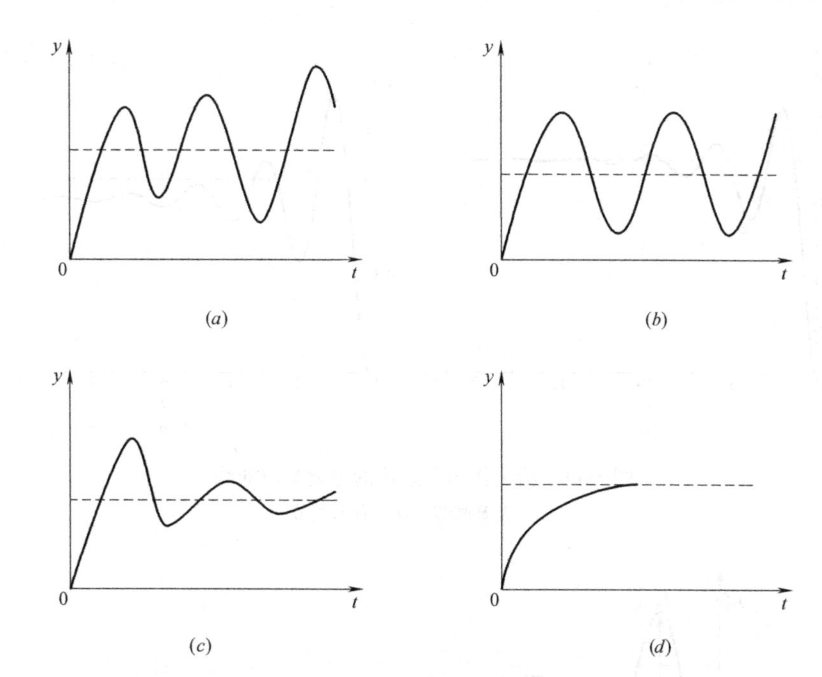

图 1-12　过渡响应过程

(a) 发散振荡；(b) 等幅振荡；(c) 衰减振荡；(d) 单调过程

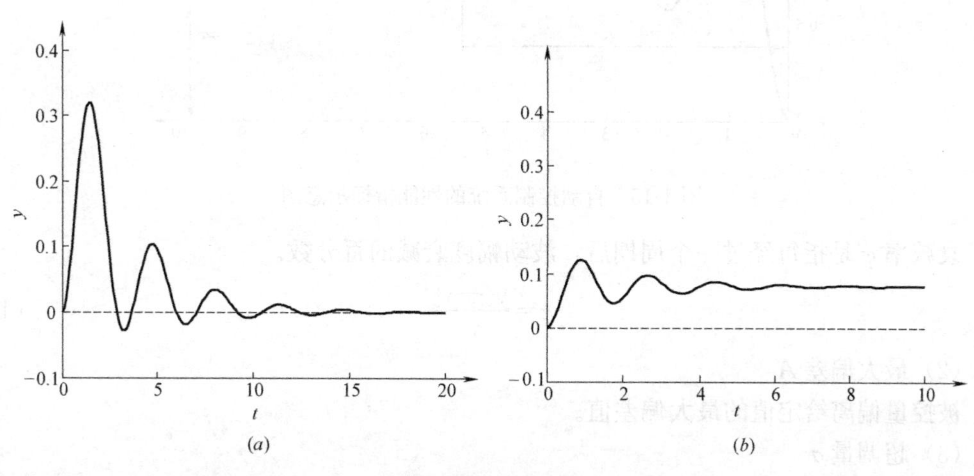

图 1-13　干扰作用下系统的过渡响应曲线

(a) 无差调节；(b) 有差调节

评价自动控制系统的性能指标主要从稳定性、快速性和准确性三个方面。以给定作用下系统的过渡响应曲线为例，如图 1-15 所示，具体指标如下：

(1) 衰减比 n 和衰减率 φ

衰减比是指前后两个波峰的比值。

$$n=\frac{y_1}{y_2} \tag{1-1}$$

当 $n<1$ 时，系统为发散振荡；当 $n=1$ 时，系统为等幅振荡；当 $n>1$ 时，系统为衰减振荡；n 小时衰减慢，n 很大时则接近单调过程。

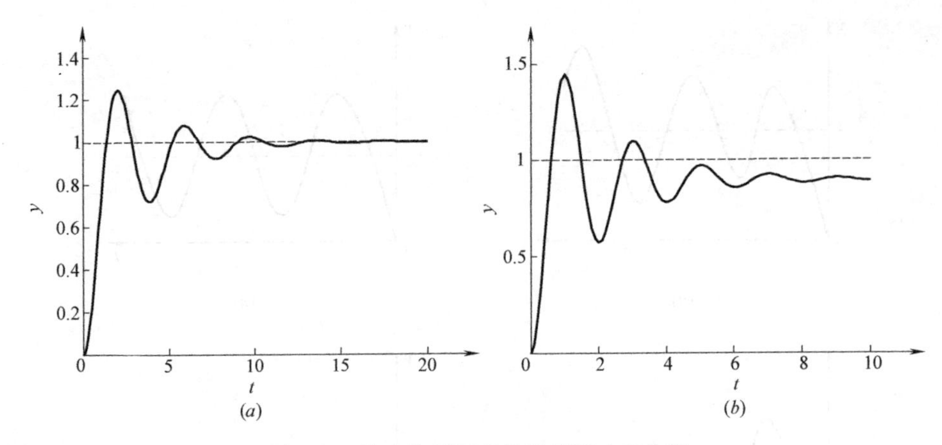

图 1-14 给定作用下系统的过渡响应曲线

(a) 无差调节；(b) 有差调节

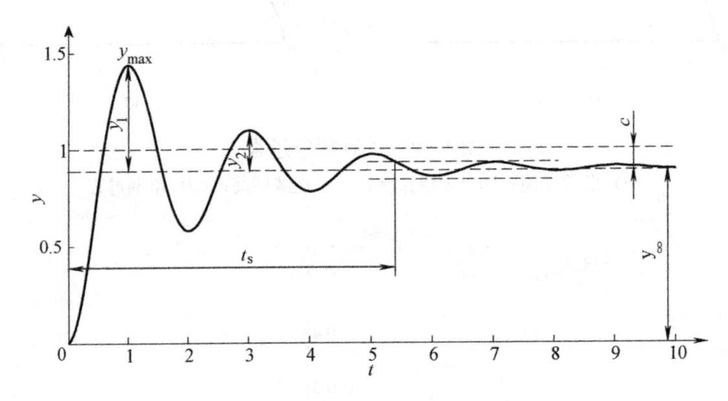

图 1-15 自动控制系统的性能指标示意图

衰减率 φ 是指每经过一个周期后，波动幅度衰减的百分数。

$$\varphi=\frac{y_1-y_2}{y_1} \tag{1-2}$$

(2) 最大偏差 A

被控量偏离给定值的最大偏差值。

(3) 超调量 σ

通常是指百分比超调量，是指第一峰值与新稳态值之差与稳态值的百分比。

(4) 调节时间 t_s

从干扰发生起，到被控量进入新的稳态值上下 5%或 3%范围内并不再超出所需要的时间。

(5) 峰值时间 t_p

过渡响应达到第一个峰值所需要的时间。

(6) 振荡周期 T

从第一个波峰到第二个波峰所需要的时间。

(7) 静差 C

过渡响应达到新的平衡后被调参数稳态值与给定值之差。

在上述指标中，衰减比、衰减率、最大偏差和超调量表征系统的稳定性；峰值时间、调节时间和振荡周期表征系统的快速性；静差表征系统的准确性。

此外，为了综合评价系统的性能指标，可以采用误差积分的形式，所谓误差积分，是指将系统的过渡响应动态偏差沿时间轴积分。积分形式可采用绝对值误差积分（Absolute Error Integral，AEI）、平方误差积分（Square Error Integral，SEI）和时间绝对值误差积分（Time and Absolute Error Integral，TAEI）。数学表达式依次为式（1-3）～式（1-5）。

$$AEI=\int_0^{\infty}|e|\,\mathrm{d}t \tag{1-3}$$

$$SEI=\int_0^{\infty}e^2\,\mathrm{d}t \tag{1-4}$$

$$TAEI=\int_0^{\infty}t|e|\,\mathrm{d}t \tag{1-5}$$

在这三个动态误差积分形式中，SEI 侧重于最大动态偏差，$TAEI$ 兼顾调节时间和最大动态偏差两项指标。

本章习题

1. 图 1-16 为室内温度控制系统原理图，夏季工况，希望室内温度保持在 26℃。

（1）试说明系统的工作原理。

（2）画出室内温度控制系统方框图，并解释每一环节功能。

（3）分别说出该控制系统的被控对象、被调量、调节量和干扰量。

2. 图 1-17 为蒸汽换热器前馈控制系统原理图。

（1）试说明其工作原理。

（2）若改成反馈控制系统，试画出其控制系统原理图。

（3）试说出该系统的被控对象是什么？并分别说出对应该系统的被调量、调节量和干扰量。

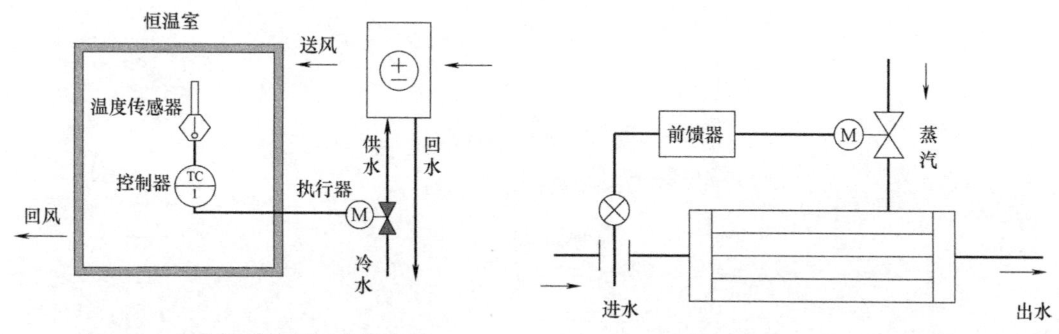

图 1-16　室内温度控制系统原理图　　图 1-17　蒸汽换热器前馈控制系统原理图

3. 自动控制系统一般情况下包括哪几个环节？每一个环节的作用是什么？

4. 按照给定值不同，自动控制系统一般分为哪几种类型？请举出定值控制系统的例子并做简要说明。

5. 自动控制系统按照系统结构不同可以划分为哪几种？并分别画出不同系统的系统方框图。

6. 试说明闭环控制系统与开环控制系统的不同点。

7. 自动控制系统性能指标的基本要求是什么？

8. 图 1-18 为冷库控制原理图。

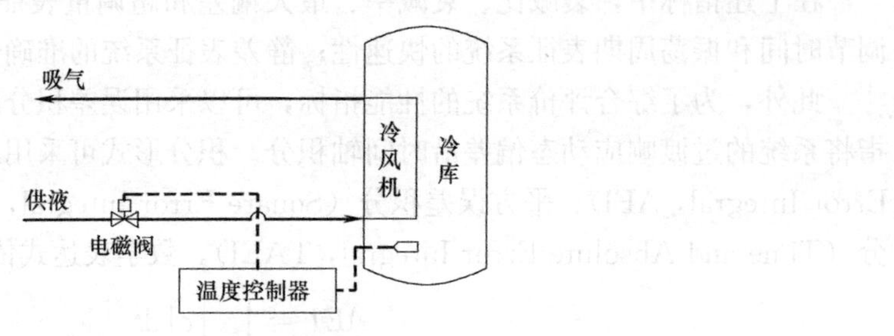

图 1-18 冷库控制系统原理图

(1) 画出冷库控制系统方框图。

(2) 叙述其控制过程。

(3) 试说出该系统的被控对象是什么？并分别说出对应该系统的被调量、调节量和干扰量。

9. 控制系统过渡响应有哪几种形式？特点是什么？

10. 何为超调量、静差？

第2章　自动控制基本原理

2.1 传递函数

2.1.1 拉氏变换

1. 拉氏变换的定义

拉氏变换是一种积分变换，用来将描述系统动态特性的微分方程转换为传递函数，便于系统分析。对于一个自变量为 t 的函数 $f(t)$，当满足下面三个条件时，则函数 $f(t)$ 可进行拉氏变换。

(1) 当 $t<0$ 时，$f(t)=0$；

(2) 当 $t\geqslant 0$ 时，$f(t)$ 分段连续；

(3) $\int_0^{\infty} f(t)\mathrm{e}^{-st}\,\mathrm{d}t < \infty$ 。

$$F(s)=\int_0^{\infty} f(t)\mathrm{e}^{-st}\,\mathrm{d}t \tag{2-1}$$

式中，$f(t)$ 称为原函数，$F(s)$ 称为像函数，通常上式记为：

$$F(s)=L[f(t)]$$

拉氏变换的逆变换记为：

$$f(t)=L^{-1}[F(s)]$$

2. 常用拉氏变换定理

(1) 线性定理（齐次性，叠加性）

齐次性是指一个常量乘以原函数的拉氏变换，等于这个原函数的拉氏变换乘以该常量。

$$L[af(t)]=aF(s) \tag{2-2}$$

叠加性是指两个原函数和的拉氏变换等于这两个原函数拉氏变换的和。

$$L[f_1(t)+f_2(t)]=F_1(s)+F_2(s) \tag{2-3}$$

(2) 微分定理

原函数微分的拉氏变换为：

$$L\left[\frac{\mathrm{d}f(t)}{\mathrm{d}t}\right]=sF(s)-f(0)$$

当初始值为0时，即 $f(0)=0$，上式可写为：

$$L\left[\frac{\mathrm{d}f(t)}{\mathrm{d}t}\right]=sF(s) \tag{2-4}$$

当初始值为0时，对原函数进行一次微分相当于象函数用 s 乘一次。则对应的原函数 $f(t)$ 的 n 次微分的拉氏变换可写为：

$$L[f^n(t)]=s^nF(s) \tag{2-5}$$

（3）积分定理

原函数积分的拉氏变换为：

$$L[\int f(t)\mathrm{d}t]=\frac{\int f(t)\mathrm{d}t|t=0}{s}+\frac{F(s)}{s}$$

当初始值为 0 时，有：

$$L[\int f(t)\mathrm{d}t]=\frac{F(s)}{s} \tag{2-6}$$

对原函数进行一次积分相当于象函数用 s 除一次，则对应的原函数 $f(t)$ 的 n 次积分的拉氏变换为：

$$L[\int\cdots\int f(t)(\mathrm{d}t)^n]=\frac{F(s)}{s^n} \tag{2-7}$$

（4）时滞定理

原函数延迟 τ 时刻的拉氏变换为：

$$L[f(t-\tau)]=\mathrm{e}^{-\tau s}F(s) \tag{2-8}$$

（5）初值定理

$t\to 0$ 时，原函数 $f(t)$ 的初始值为：

$$\lim_{t\to 0}f(t)=\lim_{s\to\infty}sF(s) \tag{2-9}$$

（6）终值定理

$t\to\infty$时，原函数 $f(t)$ 的稳态值为：

$$\lim_{t\to\infty}f(t)=\lim_{s\to 0}sF(s) \tag{2-10}$$

【例 2-1】 已知原函数 $f(t)=\mathrm{e}^{-at}$，请验证初值定理和终值定理。

【解】 $\lim\limits_{t\to 0}\mathrm{e}^{-at}=1$

根据初值定理有：$\lim\limits_{t\to 0}f(t)=\lim\limits_{s\to\infty}sF(s)=\frac{s}{s+a}=1$。

$\lim\limits_{t\to\infty}\mathrm{e}^{-at}=0$

根据终值定理有：$\lim\limits_{t\to\infty}f(t)=\lim\limits_{s\to 0}sF(s)=\frac{s}{s+a}=0$。

结论：根据初值定理和终值定理，可直接根据 S 域的特性分析系统在时域中输入作用瞬时的特性以及稳态情况。

3. 典型输入信号及其拉氏变换

典型输入信号图如图 2-1 所示。

（1）单位脉冲信号：是一个持续时间无限短、脉冲幅度无限大、信号对时间的积分为 1 的矩形脉冲。

$$r(t)=\begin{cases}0, t<0, t>\varepsilon\\ \lim\limits_{\varepsilon\to 0}\frac{1}{\varepsilon}, 0\leqslant t\leqslant\varepsilon\end{cases}\qquad \int_0^{\infty}r(t)\mathrm{d}t=1$$

单位脉冲信号的拉氏变换：$R(s)=1$

（2）单位阶跃信号：当 $t>0$ 时，信号突然从 0 变化到 1，并一直保持下去不再改变。

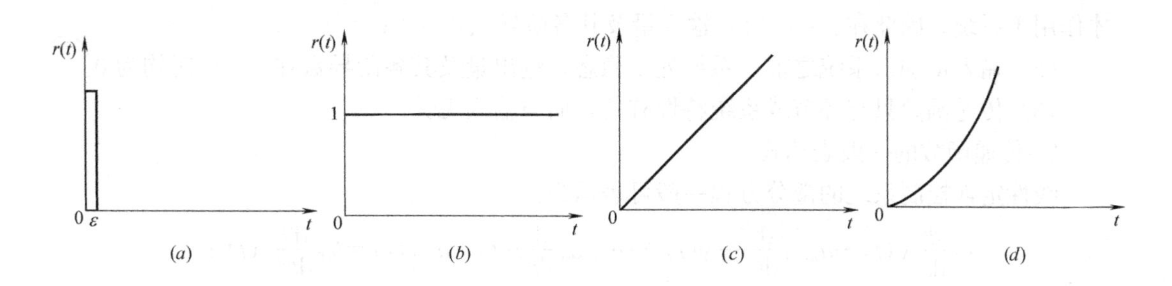

图 2-1 典型输入信号

(*a*) 单位脉冲信号；(*b*) 单位阶跃信号；(*c*) 单位斜坡信号；(*d*) 单位加速度信号

$$r(t)=\begin{cases}0, t<0\\1, t\geqslant 0\end{cases}$$

单位阶跃信号的拉氏变换：$R(s)=\dfrac{1}{s}$

(3) 单位斜坡信号：速度函数

$$r(t)=\begin{cases}0, t<0\\t, t\geqslant 0\end{cases}$$

单位斜坡信号的拉氏变换：$R(s)=\dfrac{1}{s^2}$

(4) 单位加速度信号：抛物线函数

$$r(t)=\begin{cases}0, t<0\\\dfrac{1}{2}t^2, t\geqslant 0\end{cases}$$

单位加速度信号的拉氏变换：$R(s)=\dfrac{1}{s^3}$

2.1.2 传递函数

控制系统的数学模型是描述系统输入变量、输出变量以及内部各变量之间关系的数学表达式。建立控制系统数学模型是定量分析和设计控制系统性能的基础。描述控制系统的数学模型有多种形式，时域数学模型有微分方程、差分方程和状态方程；复域数学模型为传递函数；频域数学模型为频率特性。在本章中只讲述微分方程、差分方程和传递函数。关于微分方程数学模型的建立将在对象数学模型相关章节讲述，差分方程属于离散数学模型，将在计算机控制部分讲述，本节主要讲述传递函数。

1. 传递函数的定义

线性定常系统传递函数的定义为：零初始条件下，系统输出量的拉氏变换与输入量的拉氏变换的比值。图 2-2 中 $r(t)$ 和 $y(t)$ 分别为时域输入输出函数，$R(s)$ 和 $Y(s)$ 分别为对输入 $r(t)$ 和输出 $y(t)$ 拉氏变换后 s 域函数。

$$G(s)=\frac{Y(s)}{R(s)}$$

图 2-2 传递函数

说明：

(1) 零初始条件含义：输入量是在 $t\geqslant 0$ 时

才作用于系统，因此在 $t=0^-$ 时，输入量及其各阶导数均为 0；

（2）输入量加入系统之前，系统处于稳态，输出量及其各阶导数在 $t=0^-$ 时均为 0。

（3）传递函数只与环节或系统特性有关，而与输入无关。

2. 传递函数的一般表达式

线性定常控制系统的微分方程一般可表示为：

$$a_n\frac{d^n}{dt^n}y(t)+a_{n-1}\frac{d^{n-1}}{dt^{n-1}}y(t)+\cdots+a_1\frac{d}{dt}y(t)+a_0y(t)=b_m\frac{d^m}{dt^m}r(t)+$$
$$b_{m-1}\frac{d^{m-1}}{dt^{m-1}}r(t)+\cdots+b_1\frac{d}{dt}r(t)+b_0r(t)$$

式中　$r(t)$——系统输入；

$y(t)$——系统输出；

a_n，a_{n-1}，…，a_1，a_0 和 b_m，b_{m-1}，…，b_1，b_0——和系统结构与参数有关的常量；

m 和 n——微分方程输入和输出的阶次，对于一个实际的系统，满足 $n\geqslant m$。

在零初始条件下，对微分方程两边取拉氏变换，得：

$$a_ns^nY(s)+a_{n-1}s^{n-1}Y(s)+\cdots+a_1sY(s)+a_0Y(s)=$$
$$b_ms^mR(s)+b_{m-1}s^{m-1}R(s)+\cdots+b_1sR(s)+b_0R(s)$$

根据传递函数的定义可得到系统的传递函数为：

$$G(s)=\frac{Y(s)}{R(s)}=\frac{b_ms^m+b_{m-1}s^{m-1}+\cdots+b_1s+b_0}{a_ns^n+a_{n-1}s^{n-1}+\cdots+a_1s+a_0} \tag{2-11}$$

【例 2-2】 已知系统的微分方程：

$$3\frac{d^2y(t)}{dt^2}+2\frac{dy(t)}{dt}+5y(t)=3\frac{dx(t)}{dt}+2x(t)$$

请求出系统的传递函数。

【解】 在零初始条件下对微分方程两边取拉氏变换：

$$3s^2Y(s)+2sY(s)+5Y(s)=3sX(s)+2X(s)$$

根据传递函数定义，得：

$$G(s)=\frac{Y(s)}{X(s)}=\frac{3s+2}{3s^2+2s+5}$$

3. 传递函数的零极点模型

传递函数的分子多项式和分母多项式经因式分解后可写成：

$$G(s)=\frac{k(s-z_1)(s-z_2)\cdots(s-z_m)}{(s-p_1)(s-p_2)\cdots(s-p_n)}$$

式中　k——零极点模型放大系数；

z_i——传递函数的零点；

p_i——传递函数的极点。

传递函数的零点和极点可以是实数也可以是复数。

（1）若 p_i 互不相同

$$G(s)=\frac{A_1}{s-p_1}+\frac{A_2}{s-p_2}+\cdots+\frac{A_i}{s-p_i}+\cdots+\frac{A_n}{s-p_n}$$

式中，A_i 为 $s=p_i$ 的留数，$A_i=\lim\limits_{s\to p_i}(s-p_i)G(s)$。

若系统的输入为单位脉冲函数，则 $R(s)=1$，$Y(s)=G(s)$。经过拉普拉斯逆变换，原函数 $y(t)$ 可表示为：

$$y(t)=L^{-1}[Y(s)]=L^{-1}\left[\frac{A_1}{s-p_1}\right]+L^{-1}\left[\frac{A_2}{s-p_2}\right]+\cdots+L^{-1}\left[\frac{A_i}{s-p_i}\right]+\cdots+L^{-1}\left[\frac{A_n}{s-p_n}\right]$$
$$=A_1e^{p_1t}+A_2e^{p_2t}+\cdots+A_ie^{p_it}+\cdots+A_ne^{p_nt}$$

传递函数的极点就是微分方程的特征根，它决定了系统自由运动的模态。

【例 2-3】 已知系统的像函数为 $Y(s)=\frac{s+3}{(s+1)(s+2)}$，求系统的原函数 $y(t)$。

【解】 由于像函数的极点互不相同，像函数可表示为：

$$Y(s)=\frac{A_1}{s+1}+\frac{A_2}{s+2}$$

$$A_1=\lim_{s\to-1}(s+1)Y(s)=\lim_{s\to-1}(s+1)\frac{s+3}{(s+1)(s+2)}=2$$

$$A_2=\lim_{s\to-2}(s+2)Y(s)=\lim_{s\to-2}(s+2)\frac{s+3}{(s+1)(s+2)}=-1$$

则：$$y(t)=L^{-1}[Y(s)]=L^{-1}\left[\frac{2}{s+1}\right]-L^{-1}\left[\frac{1}{s+2}\right]=2e^{-t}-e^{-2t}$$

（2）若 p_i 有重根

若 p_i 有重根，传递函数可表示为：

$$G(s)=\frac{k(s-z_1)(s-z_2)\cdots(s-z_m)}{(s-p_1)^r(s-p_2)\cdots(s-p_n)}$$

经过因式分解，有：

$$G(s)=\frac{A_1}{(s-p_1)^r}+\frac{A_2}{(s-p_1)^{r-1}}+\cdots+\frac{A_r}{s-p_1}+\frac{A_{r+1}}{s-p_2}+\cdots+\frac{A_{r+i-1}}{s-p_i}+\cdots+\frac{A_{r+n-1}}{s-p_n}$$

$$A_1=\lim_{s\to p_1}(s-p_1)^rG(s)$$

$$A_2=\lim_{s\to p_1}\frac{d}{ds}[(s-p_1)^rG(s)]$$

$$A_r=\frac{1}{(r-1)!}\lim_{s\to p_1}\frac{d^{(r-1)}}{ds^{(r-1)}}[(s-p_1)^rG(s)]$$

若系统的输入为单位脉冲函数，则 $R(s)=1$，$Y(s)=G(s)$。经过拉普拉斯逆变换，原函数 $y(t)$ 可表示为：

$$y(t)=L^{-1}[Y(s)]=L^{-1}\left[\frac{A_1}{(s-p_1)^r}+\frac{A_2}{(s-p_1)^{r-1}}+\cdots+\frac{A_r}{s-p_1}+\frac{A_{r+1}}{s-p_2}+\cdots+\frac{A_{r+i-1}}{s-p_i}+\cdots+\frac{A_{r+n-1}}{s-p_n}\right]$$
$$=\left[\frac{A_1}{(r-1)!}t^{r-1}+\frac{A_2}{(r-2)!}t^{r-2}+\cdots+A_{r-1}t+A_r\right]e^{p_1t}+\sum_{i=r+1}^{r+n-1}A_ie^{p_it}$$

【例 2-4】 已知系统的像函数为 $Y(s)=\frac{s+2}{s(s+1)^2(s+3)}$，求系统的原函数 $y(t)$。

【解】 像函数的极点有重根，像函数可表示为：

$$Y(s)=\frac{A_1}{s}+\frac{A_2}{(s+1)^2}+\frac{A_3}{s+1}+\frac{A_4}{s+3}$$

$$A_1=\lim_{s\to0}sY(s)=\lim_{s\to0}s\frac{s+2}{s(s+1)^2(s+3)}=\frac{2}{3}$$

$$A_2=\lim_{s\to-1}(s+1)^2Y(s)=\lim_{s\to-1}(s+1)^2\frac{s+2}{s(s+1)^2(s+3)}=-\frac{1}{2}$$

$$A_3=\lim_{s\to-1}\frac{d}{ds}[(s+1)^2Y(s)]=\lim_{s\to-1}\frac{s(s+3)-(s+2)(2s+3)}{s^2(s+3)^2}=-\frac{3}{4}$$

$$A_4=\lim_{s\to-3}(s+3)Y(s)=\lim_{s\to-3}(s+3)\frac{s+2}{s(s+1)^2(s+3)}=\frac{1}{12}$$

则：$y(t)=L^{-1}[Y(s)]=\frac{2}{3}-\frac{1}{2}te^{-t}-\frac{3}{4}e^{-t}+\frac{1}{12}e^{-3t}$

4. 传递函数的性质

(1) 传递函数是由微分方程变换得到的，对于一个确定的系统，微分方程是唯一的，传递函数也是唯一的。

(2) 传递函数是复变量 s 的有理分式，s 是复数，传递函数只与系统本身的内部结构和参数有关，而与系统的输入量、扰动量等外部因素无关，代表系统的固有特性。

(3) 已知系统的传递函数，对于任何一个输入 $R(s)$，根据传递函数的定义：$G(s)=\frac{Y(s)}{R(s)}$

可得：$Y(s)=G(s)R(s)$

(4) 传递函数的分母对应微分方程的特征方程多项式，即：

$$a_ns^n+a_{n-1}s^{n-1}+\cdots+a_1s+a_0=0$$

是特征方程，反映系统的动态特性。对于零极点模型，传递函数的极点就是微分方程的特征根，它决定了系统自由运动的模态。

2.1.3 典型环节的传递函数

自动控制系统由许多环节组成，每个环节的功能和特性是不同的，但从数学模型来看，基本上包括以下 6 个典型环节，任何复杂的系统都可以由这些典型环节组合而成。

1. 比例环节

比例环节是指环节的输出和输入呈正比关系（见图 2-3）。

微分方程：$y(t)=Kr(t)$

式中　$r(t)$——环节的输入；

$y(t)$——环节的输出；

K——比例系数。

对微分方程两边取拉氏变换，得比例环节的传递函数为：

$$G(s)=\frac{Y(s)}{R(s)}=K \tag{2-12}$$

2. 积分环节

积分环节是指环节的输出和输入之间呈积分关系（见图 2-4）。

图 2-3　比例环节　　　图 2-4　积分环节

微分方程：$y(t)=\frac{1}{T_{\mathrm{I}}}\int_0^t r(t)\mathrm{d}t$

式中 T_{I}——积分时间。

对微分方程两边取拉氏变换，得积分环节的传递函数为：

$$G(s)=\frac{1}{T_{\mathrm{I}}s} \tag{2-13}$$

3. 微分环节

微分环节是指环节的输出和输入之间呈微分关系（见图 2-5）。

微分方程：$y(t)=T_{\mathrm{D}}\frac{\mathrm{d}r(t)}{\mathrm{d}t}$

式中 T_{D}——微分时间。

对微分方程两边取拉氏变换，得微分环节的传递函数为：

$$G(s)=T_{\mathrm{D}}s \tag{2-14}$$

4. 延迟环节

延迟环节是指环节的输出比输入延迟 τ_0 时刻。即当环节的输入量发生变化后，输出量不马上发生变化，而是经过 τ_0 时刻才发生变化（见图 2-6）。

图 2-5 微分环节　　图 2-6 延迟环节

微分方程：$y(t)=r(t-\tau_0)$

根据延迟定理得系统的传递函数为：

$$G(s)=\mathrm{e}^{-\tau_0 s} \tag{2-15}$$

5. 一阶惯性环节

也称为一阶系统，对应一阶微分方程（见图 2-7）。

微分方程：$T\frac{\mathrm{d}y(t)}{\mathrm{d}t}+y(t)=r(t)$

式中 T——一阶惯性环节时间常数。

对微分方程两边取拉氏变换：

$$TsY(s)+Y(s)=R(s)$$

得一阶惯性环节传递函数为：

$$G(s)=\frac{1}{Ts+1} \tag{2-16}$$

6. 振荡环节（二阶系统）

也称为二阶系统，对应二阶微分方程（见图 2-8）。

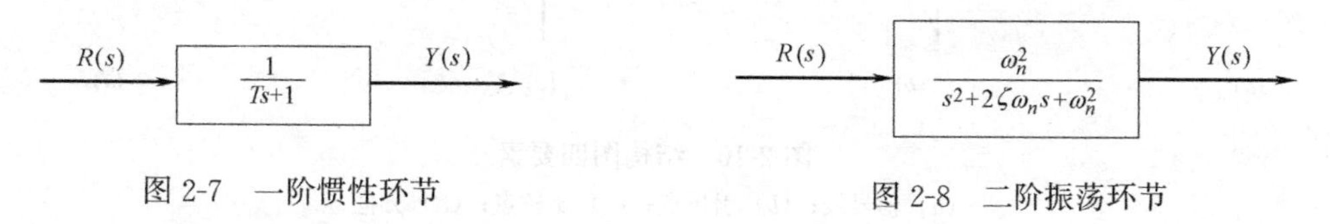

图 2-7 一阶惯性环节　　图 2-8 二阶振荡环节

微分方程：$T^2\frac{\mathrm{d}^2y(t)}{\mathrm{d}t^2}+2T\zeta\frac{\mathrm{d}y(t)}{\mathrm{d}t}+y(t)=r(t)$

对微分方程两边取拉氏变换，得传递函数：

$$G(s)=\frac{1}{T^2s^2+2\zeta Ts+1}$$

分子分母同时除以 T^2，传递函数转变为：

$$G(s)=\frac{\omega_n^2}{s^2+2\zeta\omega_n s+\omega_n^2} \tag{2-17}$$

式中　ω_n——自然振荡频率（无阻尼振荡频率），$\omega_n=\frac{1}{T}$；

　　ζ——阻尼比（阻尼系数），一般 $0<\zeta<1$。

令分母多项式为零，得二阶系统的特征方程为：

$$s^2+2\zeta\omega_n s+\omega_n^2=0$$

其两个根为 $s_{1,2}=-\zeta\omega_n\pm\omega_n\sqrt{\zeta^2-1}$。

2.2　控制系统结构图

控制系统结构图是描述系统各环节之间信号传递关系的数学模型，它表示了系统各环节之间的因果关系以及对各变量进行的运算，是控制理论描述复杂系统的一种简便方法。

2.2.1　控制系统结构图的组成

如图 2-9 所示，一个控制系统不管多么复杂，都由信号线、引出点、比较点和方框四要素组成。

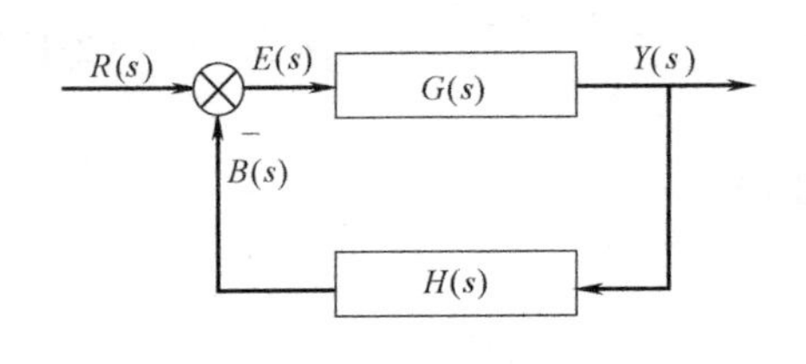

图 2-9　控制系统简图

（1）信号线：带有箭头的直线，表示信号的流向，在直线旁标记信号的时间函数或象函数，如图 2-10（*a*）所示。

（2）引出点（或测量点）：表示信号引出或测量的位置。从同一位置引出的信号在数值和性质方面完全相同，如图 2-10（*b*）所示。

（3）比较点（或综合点）：表示对两个以上的信号进行加减运算，如图 2-10（*c*）所示。

（4）方框：表示对信号进行的数学变换。方框中写入环节的传递函数，如图 2-10（*d*）所示。

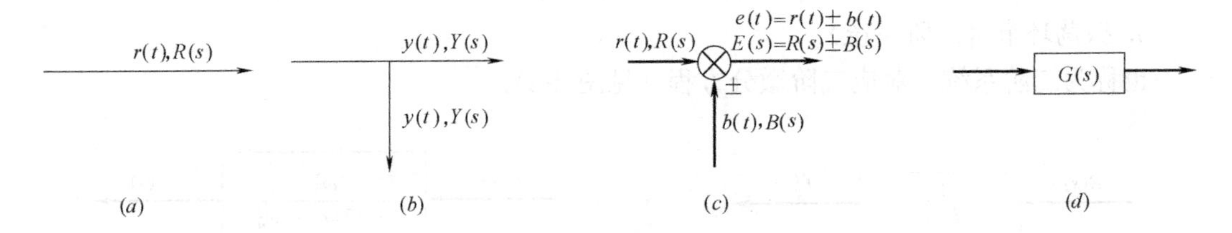

图 2-10　结构图四要素

（*a*）信号线；（*b*）引出点；（*c*）比较点；（*d*）方框

2.2.2 系统结构图的化简

控制系统的传递函数通常是由结构图化简得到的，结构图中不同环节之间的连接形式主要包括串联连接、并联连接和反馈连接。

1. 串联连接

前一个环节的输出是后一个环节的输入，如图 2-11 所示。

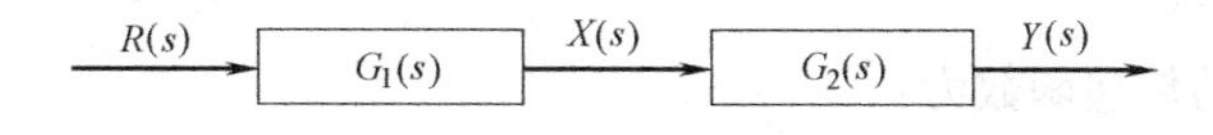

图 2-11 串联连接

由传递函数定义可知：

$$G_1(s)=\frac{X(s)}{R(s)},G_2(s)=\frac{Y(s)}{X(s)}$$

两个环节串联连接的传递函数为：

$$G(s)=\frac{Y(s)}{R(s)}=\frac{X(s)Y(s)}{R(s)X(s)}=G_1(s)G_2(s) \tag{2-18}$$

结论：串联连接的传递函数为各个环节传递函数的乘积。

2. 并联连接

输入量相同，输出量等于两个方框输出量的代数和，如图 2-12 所示。

由传递函数定义可知：

$$G_1(s)=\frac{X_1(s)}{R(s)},G_2(s)=\frac{X_2(s)}{R(s)}$$

两个环节并联连接的传递函数为：

$$G(s)=\frac{Y(s)}{R(s)}=\frac{X_1(s)+X_2(s)}{R(s)}=G_1(s)+G_2(s) \tag{2-19}$$

结论：并联连接的传递函数为各个环节传递函数的代数和。

3. 反馈连接

反馈连接包括正反馈连接和负反馈连接，由于在控制系统中绝大多数为负反馈连接，因此在此以负反馈为例，如图 2-13 所示。

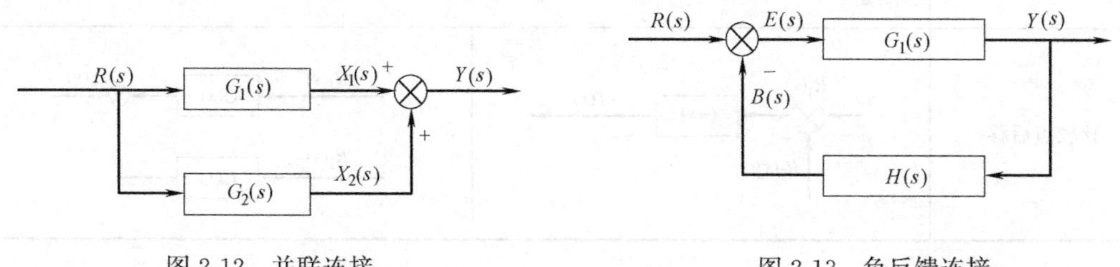

图 2-12 并联连接　　图 2-13 负反馈连接

由传递函数定义可知：

$$G_1(s)=\frac{Y(s)}{E(s)},H(s)=\frac{B(s)}{Y(s)}$$

得：$E(s)=\dfrac{Y(s)}{G_1(s)}$，$B(s)=H(s)Y(s)$

根据比较点 $E(s)=R(s)-B(s)$，得：

$$\frac{Y(s)}{G_1(s)}=R(s)-H(s)Y(s)$$

变换得：$\dfrac{1+G_1(s)H(s)}{G_1(s)}Y(s)=R(s)$

则负反馈连接的传递函数为：

$$G(s)=\frac{Y(s)}{R(s)}=\frac{G_1(s)}{1+G_1(s)H(s)} \tag{2-20}$$

4. 引出点和比较点的移动规则

在进行系统框图化简的时候，如果系统框图中比较点和引出点连接有交叉，则不能直接采用串联、并联和反馈连接直接化简，必须通过比较点和引出点的移动将交叉解开，才能继续化简。比较点和引出点的移动规则是使移动前后比较点和引出点的输出保持不变。移动规则如表 2-1 所示。

引出点和比较点移动规则　　　　**表 2-1**

移动规则	原结构图	移动后结构图
引出点前移	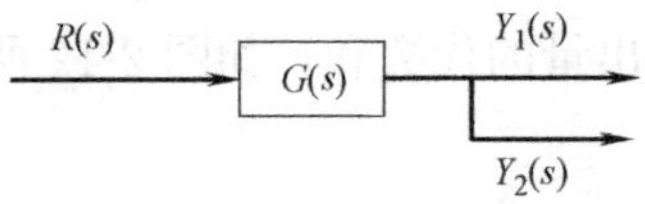 R(s) G(s) Y1(s) Y2(s)	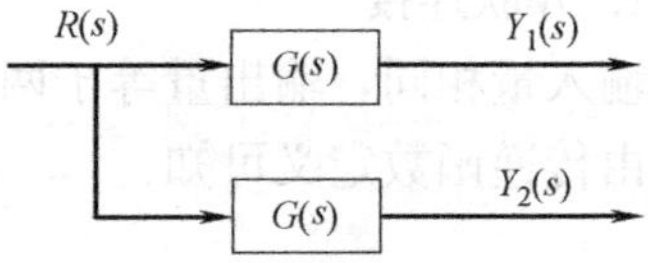 R(s) G(s) Y1(s) G(s) Y2(s)
引出点后移	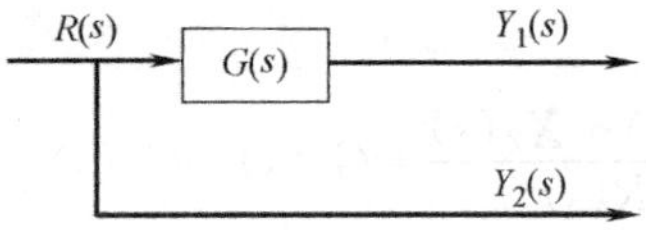 R(s) G(s) Y1(s) Y2(s)	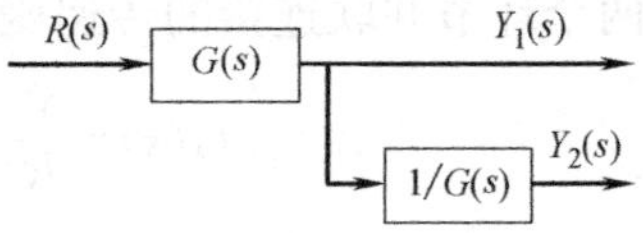 R(s) G(s) Y1(s) 1/G(s) Y2(s)
比较点前移	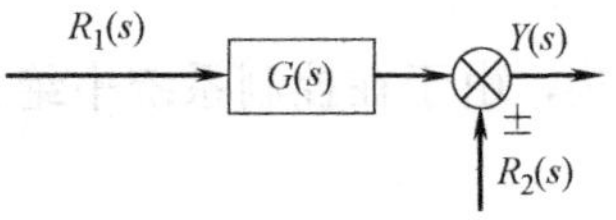 R1(s) G(s) Y(s) ± R2(s)	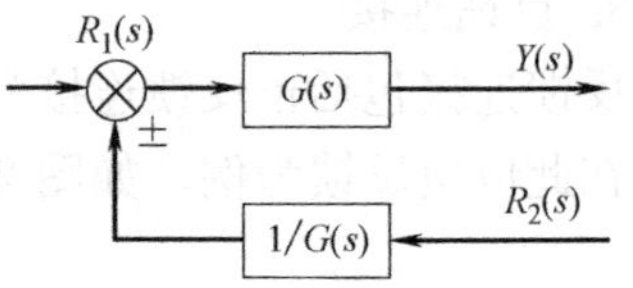 R1(s) ± G(s) Y(s) 1/G(s) R2(s)
比较点后移	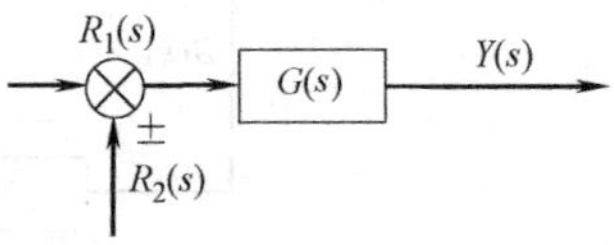 R1(s) ± R2(s) G(s) Y(s)	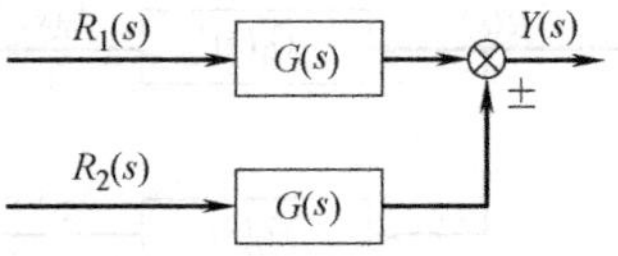 R1(s) G(s) Y(s) ± R2(s) G(s)

【例 2-5】 已知控制系统的结构图如图 2-14 所示，求系统的传递函数。

【解】 根据结构框图的串联连接和反馈连接得：

$$G(s)=\frac{G_1(s)G_2(s)}{1+G_1(s)G_2(s)H_1(s)H_2(s)}$$

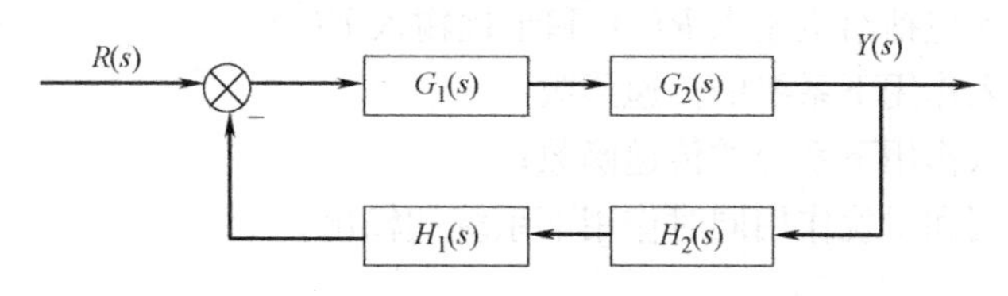

图 2-14 系统结构图

【例 2-6】 化简图 2-15 系统结构图，并求系统的传递函数。

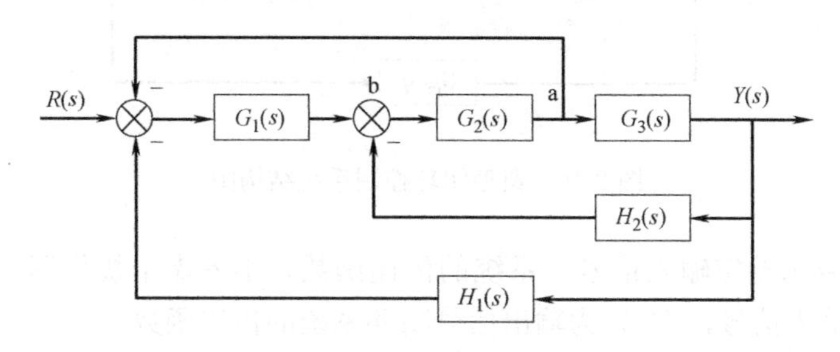

图 2-15 系统结构图

【解】 由图 2-15 可看出，结构图包含 3 个负反馈连接，且反馈之间有交叉。移动规则通常有多种形式，可取其中任意一种。

步骤 1：按照引出点和比较点移动规则，将引出点 a 后移，比较点 b 前移，则图 2-15 化简为：

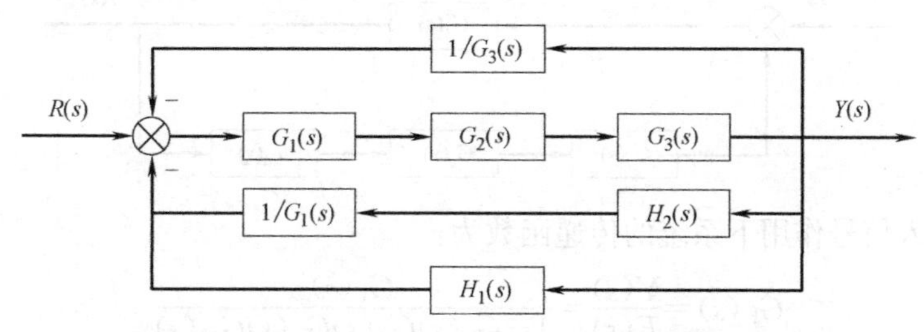

步骤 2：三个负反馈连接为并联连接，将并联连接的传递函数相加，进一步化简为：

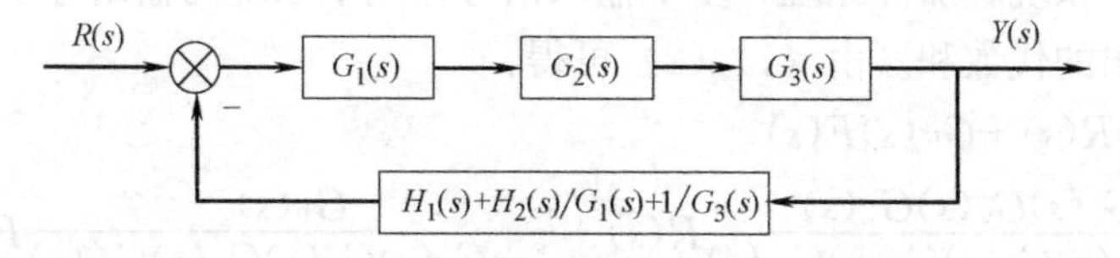

步骤 3：再对结构图进行串联连接和反馈连接化简，最终得：

$$R(s) \longrightarrow \boxed{\dfrac{G_1(s)G_2(s)G_3(s)}{1+G_1(s)G_2(s)G_3(s)H_1(s)+G_2(s)G_3(s)H_2(s)+G_1(s)G_2(s)}} \longrightarrow Y(s)$$

即：

$$G(s)=\frac{G_1(s)G_2(s)G_3(s)}{1+G_1(s)G_2(s)G_3(s)H_1(s)+G_2(s)G_3(s)H_2(s)+G_1(s)G_2(s)}$$

【例 2-7】 图 2-16 为一个典型闭环控制系统结构图，其中，$G_c(s)$ 为控制器传递函数；$G_v(s)$ 为执行器传递函数；$G_1(s)$ 为被控对象传递函数；$G_m(s)$ 为传感器传递函数。

一个控制系统的输入包括给定输入 $R(s)$ 和干扰输入 $F(s)$。

(1) 求给定输入作用下系统的传递函数；

(2) 求干扰输入作用下系统的传递函数；

(3) 求给定作用和干扰作用同时作用下系统的输出。

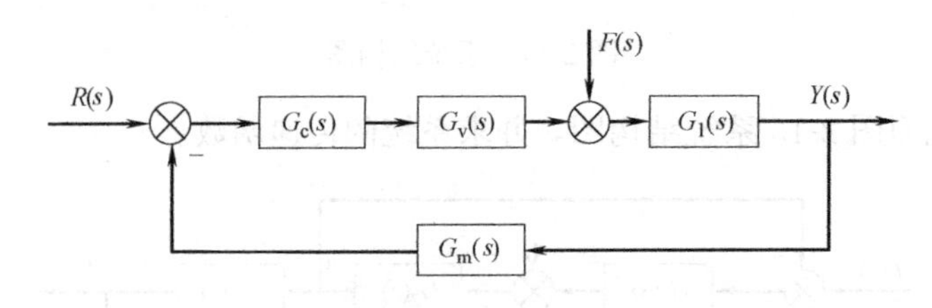

图 2-16　典型闭环控制系统结构图

【解】 (1) 要求给定输入信号下系统的传递函数，不考虑干扰作用，可令 $F(s)=0$。即求以 $R(s)$ 为输入信号，$Y(s)$ 为输出信号闭环系统的传递函数。

$$G_R(s)=\frac{Y(s)}{R(s)}=\frac{G_c(s)G_v(s)G_1(s)}{1+G_c(s)G_v(s)G_1(s)G_m(s)}$$

(2) 要求干扰输入信号下系统的传递函数，不考虑给定作用，可令 $R(s)=0$。即求以 $F(s)$ 为输入信号，$Y(s)$ 为输出信号闭环系统的传递函数。此时将 $R(s)$ 去掉，给定输入比较点消除，将负反馈"—"号沿着箭头方向移动到新的比较点，可将图 2-16 变换为：

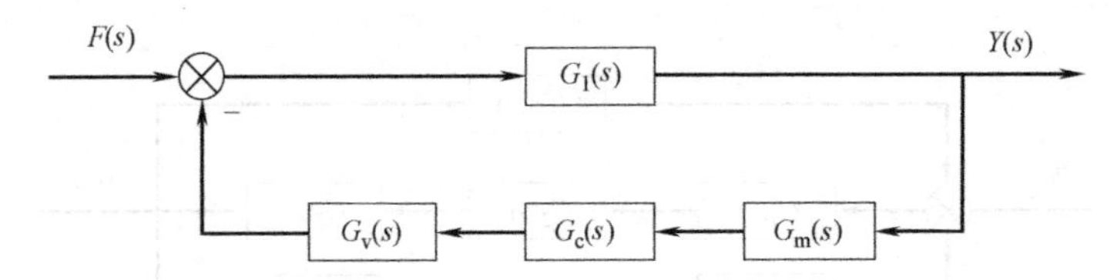

则干扰输入信号作用下系统的传递函数为：

$$G_F(s)=\frac{Y(s)}{F(s)}=\frac{G_1(s)}{1+G_c(s)G_v(s)G_1(s)G_m(s)}$$

(3) 根据线性系统叠加性原理，多个输入信号作用下系统的输出等于各个输入信号单独作用下系统输出的代数和。由 (1) (2) 可得：

$$\begin{aligned}Y(s)&=G_R(s)R(s)+G_F(s)F(s)\\&=\frac{G_c(s)G_v(s)G_1(s)}{1+G_c(s)G_v(s)G_1(s)G_m(s)}R(s)+\frac{G_1(s)}{1+G_c(s)G_v(s)G_1(s)G_m(s)}F(s)\end{aligned}$$

2.3　线性系统稳定性分析

系统稳定是控制系统正常工作的基础，线性控制系统稳定性的定义是若线性控制系统在初始扰动作用下，其动态过程随时间的推移逐渐衰减并趋于 0（原平衡工作点），则称系统稳定；反之若在初始扰动作用下，其动态过程随时间的推移而发散，则称系统不稳定。如何判断一个线性系统是否稳定呢？线性系统稳定的充要条件是闭环系统特征方程的所有根均具有负实部。

2.3.1　线性系统稳定充要条件分析

若线性系统的零极点模型为：

$$G(s)=\frac{k(s-z_1)(s-z_2)\cdots(s-z_m)}{(s-p_1)(s-p_2)\cdots(s-p_n)}$$

若给该系统输入一个单位脉冲信号，由于单位脉冲信号的像函数为 1，所以系统输出的像函数和系统的传递函数相同，即：

$$Y(s)=R(s)\times G(s)=1\times G(s)=G(s)$$

极点 p_i 可以是实数，可以是复数，也可以是重根。为了分析问题的方便，在此假设 p_i 互不相同，且为实数。则上式可写为：

$$Y(s)=\frac{A_1}{s-p_1}+\frac{A_2}{s-p_2}+\cdots+\frac{A_n}{s-p_n}$$

对像函数拉氏逆变换，得系统的原函数为：

$$y(t)=L^{-1}[Y(s)]=L^{-1}\left[\frac{A_1}{s-p_1}\right]+L^{-1}\left[\frac{A_2}{s-p_2}\right]+\cdots+L^{-1}\left[\frac{A_n}{s-p_n}\right]$$

$$y(t)=A_1\mathrm{e}^{p_1t}+A_2\mathrm{e}^{p_2t}+\cdots+A_n\mathrm{e}^{p_nt}$$

要使系统稳定，即：

$$\lim_{t\to\infty}y(t)=\lim_{t\to\infty}\sum_{i=1}^{n}A_i\mathrm{e}^{p_it}=0$$

需要满足时域函数每一项为 0，即：

$$\lim_{t\to\infty}A_i\mathrm{e}^{p_it}=0\qquad i=1,2,\cdots,n$$

即所有极点均为负数。

例如，若系统的输出像函数为 $Y(s)=\frac{s+3}{(s+1)(s+2)}$，由于两个极点 -1、-2 均为负值，所以该系统稳定。

图 2-17 为一个简化反馈系统框图，对应系统的传递函数为：

$$G(s)=\frac{Y(s)}{R(s)}=\frac{G_1(s)}{1+G_1(s)H(s)}$$

闭环系统的特征方程为：$1+G_1(s)H(s)=0$

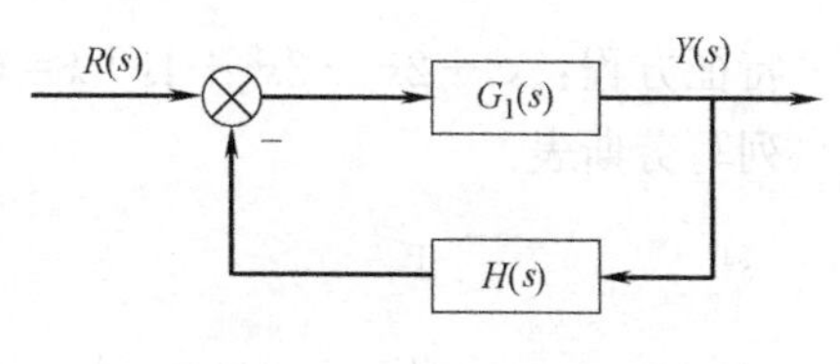

图 2-17　反馈系统简图

显然，如果能够求出闭环系统特征方程的所有根，即可判断系统的稳定性。对于零极点模型，可以根据极点的值很快判断系统的稳定性，但是对于传递函数阶次较高的一般模型，通常很难求出其特征方程的根。此外，很多情况下并不关心特征方程的根到底是多大，可能只关心特征方程的根是否均具有负实部，下面引入劳斯判据。

2.3.2　稳定性判据

1877 年劳斯（E. J. Routh）提出了可以不用求取特征方程的根，直接根据特征多项式判断是否有根位于复平面右半开平面，并可以确定右半开平面根的个数。

不失一般性，线性系统的特征方程可表示为：

$$a_ns^n+a_{n-1}s^{n-1}+\cdots+a_1s+a_0=0$$

则：

(1) 如果特征方程缺项，则系统不稳定；

(2) 如果特征方程中各项系数异号，则系统不稳定；

(3) 如果特征方程不缺项，且各项同号，则在 $a_n>0$ 的条件下构造表 2-2。

劳斯表　　**表 2-2**

s^n	a_n	a_{n-2}	a_{n-4}	…
s^{n-1}	a_{n-1}	a_{n-3}	a_{n-5}	…
s^{n-2}	$b_1=\frac{a_{n-1}a_{n-2}-a_n a_{n-3}}{a_{n-1}}$	$b_2=\frac{a_{n-1}a_{n-4}-a_n a_{n-5}}{a_{n-1}}$	b_3	…
s^{n-3}	$c_1=\frac{a_{n-3}b_1-a_{n-1}b_2}{b_1}$	c_2	c_3	…
⋮	⋮	⋮	⋮	⋮
s^0	a_0			

如果劳斯表第一列各元素均大于 0，则系统稳定，特征方程的根均为负实部。如果劳斯表第一列各元素不全大于 0，则系统不稳定，变号的次数等于特征方程在复平面的右半开平面上根的个数。

【例 2-8】 求当系统稳定时 k 值的范围。

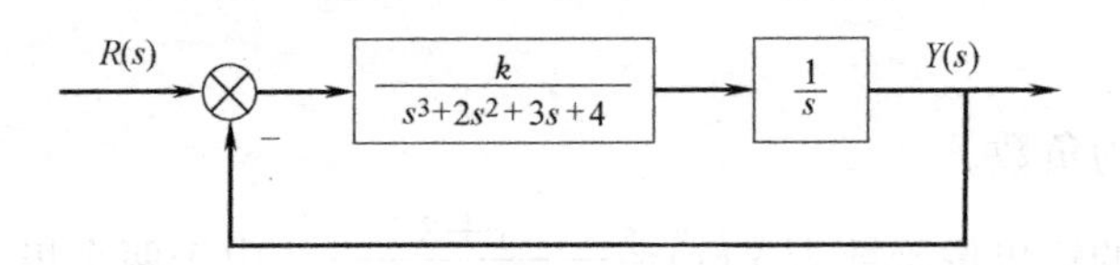

图 2-18　系统结构图

【解】 系统的传递函数：$G(s)=\frac{k}{s^4+2s^3+3s^2+4s+k}$

特征方程：$s^4+2s^3+3s^2+4s+k=0$

列写劳斯表：

s^4	1	3	k
s^3	2	4	
s^2	1	k	
s^1	$4-2k$		
s^0	k		

要使系统稳定，需第一列所有项大于 0，即：

$$\begin{cases}4-2k>0\\ k>0\end{cases}$$

解得： $0<k<2$

在列写劳斯表的时候，通常会出现以下两种特殊情况：（1）劳斯表第一列出现0元素；（2）劳斯表出现全0行。下面结合例子讲述特殊情况劳斯表列写过程。

（1）劳斯表第一列出现0元素

方法：用一个很小的正数ε代替0元素，继续进行运算，直至计算结束，然后在 $\varepsilon\to 0^+$ 的条件下判断第一列中各元素的符号。

【例 2-9】 已知系统的特征方程为 $s^5+2s^4+2s^3+4s^2+s+1=0$，试判断系统的稳定性。

【解】 劳斯表

s^5	1	2	1
s^4	2	4	1
s^3	0	0.5	0
	↓	↓	↓
s^3	ε	0.5	0
s^2	$4-\frac{1}{\varepsilon}$	1	
s^1	0.5		
s^0	1		

$\because \varepsilon\to 0^+$，$\therefore 4-\frac{1}{\varepsilon}<0$，劳斯表第一列变号两次，系统不稳定。

（2）劳斯表出现全0行

说明特征方程有一些根位于虚轴上，系统处于临界状态，不稳定。如果要判断系统其他根的情况，可根据全0行的上一行构造一个辅助多项式，以该多项式导函数的系数代替劳斯表的全0行，继续计算。

【例 2-10】 已知系统的特征方程为 $s^6+s^5+6s^4+5s^3+9s^2+4s+4=0$，试判断系统的稳定性。

【解】 劳斯表

s^6	1	6	9	4
s^5	1	5	4	
s^4	1	5	4	
s^3	0	0	0	
	↓	↓	↓	
s^3	4	10		
s^2	2.5	4		

s^1　　　3.6

s^0　　　4

辅助方程：$s^4+5s^2+4=0$

求导：$4s^3+10s=0$

劳斯表第一列各元素均大于等于0，说明特征方程没有根位于复平面右半开平面；但由于出现全0行，说明有根位于虚轴上，系统处于临界稳定状态。

2.4　线性系统稳定误差

对于一个稳定的控制系统，当给它施加给定输入或干扰输入时，经过一定时间的调节，系统最终会趋于稳定，系统的稳态值是否等于给定值呢？若不相等，稳态误差有多大？显然稳态误差是评价一个控制系统静态特性的重要指标。

2.4.1　稳态误差的定义

稳态误差是指对于稳定的系统，稳态下系统输出量的期望值与实际值之间的差。图2-19中，$R(s)$ 为给定值（即期望值），$B(s)$ 为测量值，$E(s)$ 为误差值。由于实际值通常采用测量得到，所以一般将测量值等同于实际值，尤其 $H(s)=1$，即单位负反馈下，测量值和实际值相同。

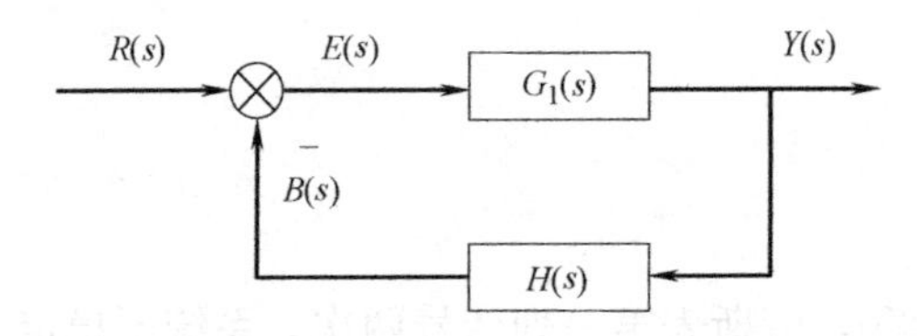

图2-19　系统的稳态误差

比较点：$E(s)=R(s)-B(s)$

根据传递函数定义有，$\because B(s)=E(s)G_1(s)H(s)$，代入上式，得：

$$E(s)=R(s)-E(s)G_1(s)H(s)$$

$$E(s)(1+G_1(s)H(s))=R(s)$$

$$E(s)=\frac{R(s)}{1+G_1(s)H(s)}=\frac{R(s)}{1+G_0(s)} \tag{2-21}$$

式中，$G_0(s)=G_1(s)H(s)$ 称为闭环系统的开环传递函数。

此外，误差 $E(s)$ 的推导可以采用下述方法，将图2-19等效变换为图2-20。则以 $R(s)$ 为输入，$E(s)$ 为输出的系统传递函数为：

$$G(s)=\frac{1}{1+G_1(s)H(s)}$$

$$E(s)=R(s)G(s)=\frac{R(s)}{1+G_1(s)H(s)}$$

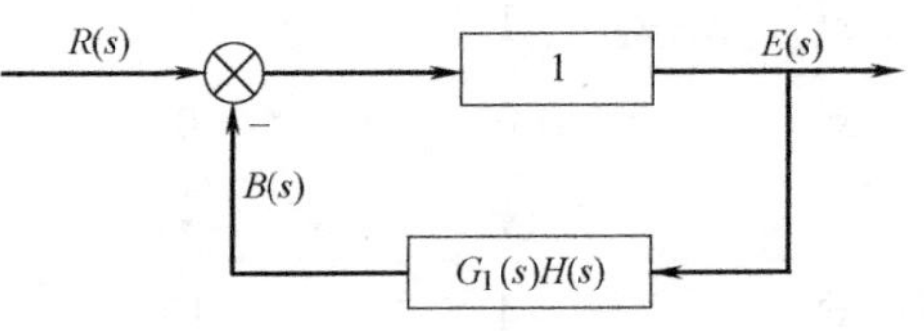

图2-20　稳态误差等效框图

采用拉氏变换终值定理，稳态误差为：

$$e_{ss}=\lim_{t\to\infty}e(t)=\lim_{s\to 0}sE(s)=\lim_{s\to 0}\frac{sR(s)}{1+G_0(s)} \tag{2-22}$$

式（2-22）为稳态误差基本公式，后面所有相关公式的推导都是基于该公式得到的。从稳态误差计算公式可看出，稳态误差的值与系统的输入信号 $R(s)$ 和系统的传递函数 $G_0(s)$ 有关。

2.4.2 稳态误差系数

1. 典型输入信号下的稳态误差

（1）单位阶跃信号：$R(s)=\frac{1}{s}$

$$e_{ss}=\lim_{s\to 0}\frac{sR(s)}{1+G_0(s)}=\lim_{s\to 0}\frac{1}{1+G_0(s)}$$

（2）单位斜坡信号：$R(s)=\frac{1}{s^2}$

$$e_{ss}=\lim_{s\to 0}\frac{sR(s)}{1+G_0(s)}=\lim_{s\to 0}\frac{1}{s+sG_0(s)}=\lim_{s\to 0}\frac{1}{sG_0(s)}$$

（3）单位加速度信号：$R(s)=\frac{1}{s^3}$

$$e_{ss}=\lim_{s\to 0}\frac{sR(s)}{1+G_0(s)}=\lim_{s\to 0}\frac{1}{s^2+s^2G_0(s)}=\lim_{s\to 0}\frac{1}{s^2G_0(s)}$$

2. 稳态误差系数

为了分析问题的方便，作以下定义：

令：$K_p=\lim_{s\to 0}G_0(s)$ 为稳态位置误差系数；

$K_v=\lim_{s\to 0}sG_0(s)$ 为稳态速度误差系数；

$K_a=\lim_{s\to 0}s^2G_0(s)$ 为稳态加速度误差系数。

则不同输入信号下的稳态误差计算公式可写为：

（1）单位阶跃信号：$e_{ss}=\lim_{s\to 0}\frac{1}{1+G_0(s)}=\frac{1}{1+K_p}$

（2）单位斜坡信号：$e_{ss}=\lim_{s\to 0}\frac{1}{sG_0(s)}=\frac{1}{K_v}$

（3）单位加速度信号：$e_{ss}=\lim_{s\to 0}\frac{1}{s^2G_0(s)}=\frac{1}{K_a}$

2.4.3 不同系统类型下稳态误差与稳态误差系数

系统的开环传递函数 $G_0(s)$ 可写为：

$$G_0(s)=\frac{Y(s)}{R(s)}=\frac{b_ms^m+b_{m-1}s^{m-1}+\cdots+b_1s+b_0}{a_ns^n+a_{n-1}s^{n-1}+\cdots+a_1s+a_0}=\frac{K(t_1s+1)(t_2s+1)\cdots(t_ms+1)}{s^r(T_1s+1)(T_2s+1)\cdots(T_ns+1)} \tag{2-23}$$

式中，r 表示积分环节的数目，当 $r=0$ 时，为 0 型系统；当 $r=1$ 时，为Ⅰ型系统；当 $r=2$ 时，为Ⅱ型系统。

1. 0 型系统

$$G_0(s)=\frac{K(t_1s+1)(t_2s+1)\cdots(t_ms+1)}{(T_1s+1)(T_2s+1)\cdots(T_ns+1)}$$

分别计算位置误差系数 K_p，速度误差系数 K_v，加速度误差系数 K_a 得：

$$K_p=\lim_{s\to0}G_0(s)=K;K_v=\lim_{s\to0}sG_0(s)=0;K_a=\lim_{s\to0}s^2G_0(s)=0$$

则在不同输入信号下的稳态误差为：

单位阶跃输入：$e_{ss}=\frac{1}{1+K_p}=\frac{1}{1+K}$

单位斜坡输入：$e_{ss}=\frac{1}{K_v}=\infty$

单位加速度输入：$e_{ss}=\frac{1}{K_a}=\infty$

2. Ⅰ型系统

$$G_0(s)=\frac{K(t_1s+1)(t_2s+1)\cdots(t_ms+1)}{s(T_1s+1)(T_2s+1)\cdots(T_ns+1)}$$

分别计算位置误差系数 K_p，速度误差系数 K_v，加速度误差系数 K_a 得：

$$K_p=\lim_{s\to0}G_0(s)=\infty;K_v=\lim_{s\to0}sG_0(s)=K;K_a=\lim_{s\to0}s^2G_0(s)=0$$

则在不同输入信号下的稳态误差为：

单位阶跃输入：$e_{ss}=\frac{1}{1+K_p}=0$

单位斜坡输入：$e_{ss}=\frac{1}{K_v}=\frac{1}{K}$

单位加速度输入：$e_{ss}=\frac{1}{K_a}=\infty$

3. Ⅱ型系统

$$G_0(s)=\frac{K(t_1s+1)(t_2s+1)\cdots(t_ms+1)}{s^2(T_1s+1)(T_2s+1)\cdots(T_ns+1)}$$

分别计算位置误差系数 K_p，速度误差系数 K_v，加速度误差系数 K_a 得：

$$K_p=\lim_{s\to0}G_0(s)=\infty;K_v=\lim_{s\to0}sG_0(s)=\infty;K_a=\lim_{s\to0}s^2G_0(s)=K$$

则在不同输入信号下的稳态误差为：

单位阶跃输入：$e_{ss}=\frac{1}{1+K_p}=0$

单位斜坡输入：$e_{ss}=\frac{1}{K_v}=0$

单位加速度输入：$e_{ss}=\frac{1}{K_a}=\frac{1}{K}$

将在不同系统类型下得到的稳态误差系数与稳态误差进行整理，如表 2-3 所示。从表中可以看出，0 型系统在阶跃信号作用下必有稳态误差，称为有差系统，Ⅰ型系统、Ⅱ型系统在阶跃信号作用下没有稳态误差，称为无差系统。0 型系统不能跟踪恒速变化的信号，Ⅰ型系统能够跟踪恒速变化信号，但有稳态误差。Ⅱ型系统能够跟踪恒速变化的信号，且无差。0 型系统、Ⅰ型系统都不能跟踪恒加速度信号，Ⅱ型系统能够跟踪恒加速度信号，但有差。

典型输入信号与不同系统类型下稳态误差系数与稳态误差　　表 2-3

输入信号 / 系统类型	单位阶跃输入		单位速度输入		单位加速度输入	
	位置误差系数	稳态误差	速度误差系数	稳态误差	加速度误差系数	稳态误差
0 型系统	K	$\frac{1}{1+K}$	0	∞	0	∞
Ⅰ型系统	∞	0	K	$\frac{1}{K}$	0	∞
Ⅱ型系统	∞	0	∞	0	K	K

【例 2-11】 已知控制系统的结构框图如图 2-21 所示，其中广义被控对象传递函数为 $\frac{2}{s^3+2s^2+3s+4}$，分别求在单位阶跃输入作用下：(1) $G_c(s)=10$；(2)$G_c(s)=10\left(1+\frac{1}{2s}\right)$系统的稳态误差。

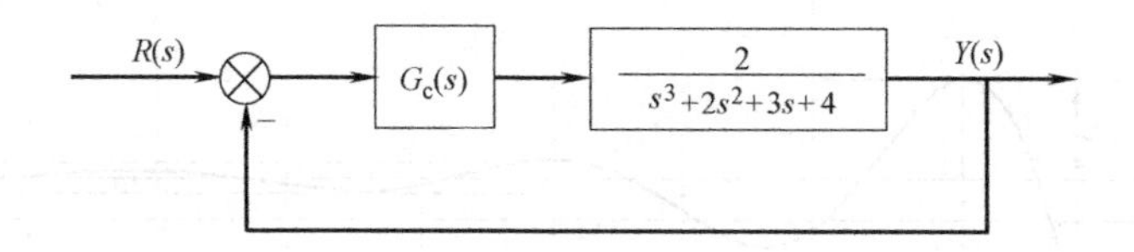

图 2-21　控制系统结构图

【解】 (1) 当 $G_c(s)=10$ 时，系统的开环传递函数为：

$$G_0(s)=\frac{20}{s^3+2s^2+3s+4}$$

位置误差系数：$K_p=\lim\limits_{s\to 0}G_0(s)=5$

单位阶跃输入作用下：$e_{ss}=\frac{1}{1+K_p}=\frac{1}{1+5}=\frac{1}{6}$

(2) 当 $G_c(s)=10\left(1+\frac{1}{2s}\right)$时，系统的开环传递函数为：

$$G_0(s)=\frac{10(2s+1)}{s(s^3+2s^2+3s+4)}$$

位置误差系数：$K_p=\lim\limits_{s\to 0}G_0(s)=\infty$

单位阶跃输入作用下：$e_{ss}=\frac{1}{1+K_p}=\frac{1}{1+\infty}=0$

2.5　线性系统动态特性分析

2.5.1　线性系统阶跃响应的动态指标

分析完线性系统的稳态特性，下一步需进一步分析线性系统的动态特性。描述稳定系统在单位阶跃输入信号作用下，动态过程随时间 t 的变化状况的指标，称为动态性能指标。为了便于分析比较，假定系统在单位阶跃输入信号作用前系统处于稳态，其输出及其各阶导数均为零。图 2-22 为一典型线性系统在单位阶跃输入信号下的动态响应曲线，其动态性能指标为：

（1）延迟时间 t_{d}：指响应曲线首次达到稳态值的一半所需要的时间。

（2）上升时间 t_{r}：指响应曲线首次从稳态值的 10%变化到 90%所需的时间，对于有振荡的系统，亦可定义为响应曲线从零第一次达到稳态值所需要的时间。

（3）峰值时间 t_{p}：指响应曲线达到第一个峰值所需要的时间。

（4）调节时间 t_{s}：指响应曲线进入新的稳态值上下 5%范围或 3%内并不再超出所需要的时间。

（5）超调量 σ：通常是指百分比超调量，是指第一峰值与新稳态值之差与稳态值的百分比，即

$$\sigma=\frac{y(t_{\mathrm{p}})-y(\infty)}{y(\infty)}\times 100\% \tag{2-24}$$

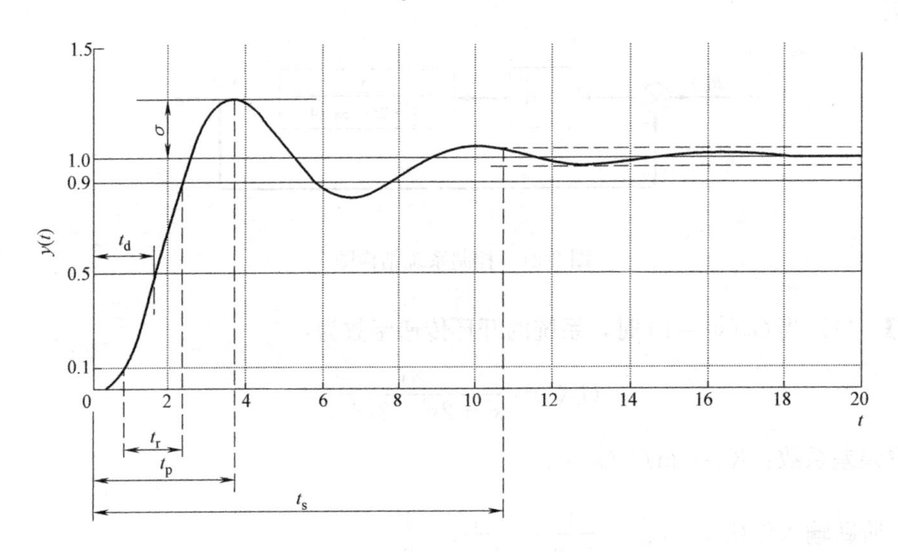

图 2-22　典型系统阶跃响应动态曲线

在实际应用中，常用的动态性能指标为上升时间 t_{r}、调节时间 t_{s}和超调量 σ。通常，用上升时间 t_{r}和峰值时间 t_{p}评价系统的响应速度，用 σ 评价系统的阻尼程度，而 t_{s}同时反映了系统的响应速度和阻尼程度。

2.5.2　一阶系统的动态响应

以一阶微分方程描述的系统称为一阶系统，一阶系统的传递函数为：

$$G(s)=\frac{1}{Ts+1} \tag{2-25}$$

在单位阶跃输入信号作用下，可得一阶系统的阶跃响应为：

$$Y(s)=\frac{1}{s}\times\frac{1}{Ts+1}$$

$$y(t)=1-\mathrm{e}^{-t/T}$$

从上式可以看出，一阶系统的响应曲线为非振荡曲线，将 $t=0$，$t=0.5T$，$t=1T$，

$t=2T$，$t=3T$ 代入上式可得 $y(0)=0$，$y(0.5T)=0.39$，$y(T)=0.632$，$y(2T)=0.865$，$y(3T)=0.95$，其过渡响应曲线如图 2-23 所示。

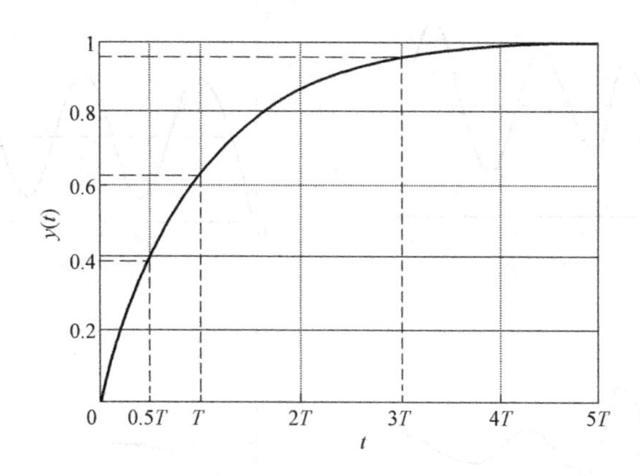

图 2-23 一阶系统响应曲线

时间常数 T 为一阶系统的特性参数，其物理意义如下：

(1) 经过时间 T 后，一阶系统的响应值达到稳态值的 63.2%。

(2) 时间常数 T 是阶跃响应曲线在 $t=0$ 处切线斜率的倒数。函数 $y(t)$ 在 $t=0$ 时刻的斜率为：

$$\left.\frac{\mathrm{d}y(t)}{\mathrm{d}t}\right|_{t=0}=\left.\frac{1}{T}\mathrm{e}^{-t/T}\right|_{t=0}=\frac{1}{T}$$

根据动态性能指标的定义，一阶系统的动态性能指标为：

$$t_{\mathrm{d}}=0.69T$$

$$t_{\mathrm{r}}=2.20T$$

$$t_{\mathrm{s}}=3T$$

在一阶系统中，不存在峰值时间 t_{p} 和超调量 σ。

2.5.3 二阶系统的动态响应

二阶系统的传递函数可表示为：

$$G(s)=\frac{\omega_n{}^2}{s^2+2\zeta\omega_n s+\omega_n{}^2} \tag{2-26}$$

式中 ζ——阻尼系数；

ω_n——无阻尼自由振荡频率。

系统的闭环特征方程为：

$$s^2+2\zeta\omega_n s+\omega_n{}^2$$

特征方程的根为：

$$s_{1,2}=-\zeta\omega_n\pm\omega_n\sqrt{\zeta^2-1}$$

在单位阶跃输入信号作用下，系统的输出为：

$$Y(s)=R(s)G(s)=\frac{1}{s}\frac{\omega_n{}^2}{s^2+2\zeta\omega_n s+\omega_n{}^2}$$

对上式取拉氏逆变换，可得到二阶系统的单位阶跃响应。下面分析当 ζ 取不同值时，二阶系统的响应，如图 2-24 所示。

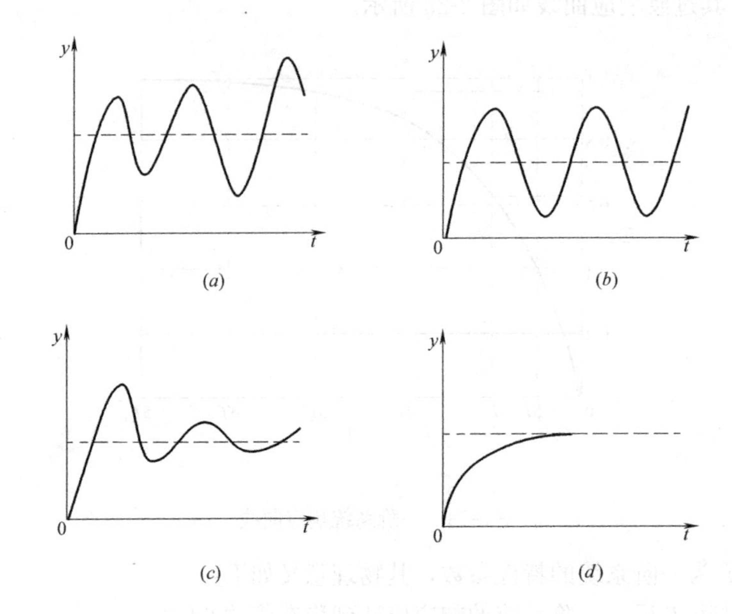

图 2-24　二阶系统响应曲线

(a) $\zeta<0$（发散振荡）；(b) $\zeta=0$（等幅振荡）；(c) $0<\zeta<1$（衰减振荡）；(d) $\zeta>=1$（单调过程）

(1) $\zeta<0$，具有一对正实部的特征方程根，系统不稳定，为发散振荡。

(2) $\zeta=0$，具有一对纯虚根，系统处于临界状态，为等幅振荡，也称为无阻尼状态。

(3) $0<\zeta<1$，具有一对负实部的共轭复根，系统稳定，为衰减振荡，也称为欠阻尼状态。

(4) $\zeta=1$，具有一对相等的负实根，系统为单调过程，临界阻尼状态。

(5) $\zeta>1$，具有一对不相等的负实根，系统也为单调过程，过阻尼状态。

由上述可知，当ζ值不同时，二阶系统的响应特性不同，因此阻尼比ζ为二阶系统的重要特性参数。ζ值越小，系统的振荡越厉害，ζ值越大，系统的稳定性越好。当ζ大于或等于 1 时，系统变为单调过程。

在实际应用中，除一些不允许产生振荡的系统外，系统的过渡响应通常为衰减振荡，即 $0<\zeta<1$ 欠阻尼状态，因此下面仅分析在 $0<\zeta<1$ 欠阻尼情况下二阶系统的性能指标。

在 $0<\zeta<1$ 的情况下，二阶系统的单位阶跃响应的时域函数为：

$$y(t)=1-\frac{e^{-\zeta\omega_n t}}{\sqrt{1-\zeta^2}}\sin(\omega_n\sqrt{1-\zeta^2}\,t+\varphi) \tag{2-27}$$

式中，φ 为初相位角。$\varphi=\tan^{-1}\frac{\sqrt{1-\zeta^2}}{\zeta}=\sin^{-1}\sqrt{1-\zeta^2}=\cos^{-1}\zeta$ 。

令 $\omega_d=\omega_n\sqrt{1-\zeta^2}$，$\omega_d$称为阻尼自由振荡频率，式（2-27）可写为：

$$y(t)=1-\frac{e^{-\zeta\omega_n t}}{\sqrt{1-\zeta^2}}\sin(\omega_d t+\varphi)$$

显然当$\zeta=0$ 时，$\omega_d=\omega_n$。

(1) 上升时间 t_r，由于该系统为衰减振荡系统，将上升时间 t_r定义为输出量从 0 首次到达稳态值所需要的时间。将稳态值 $y(\infty)=1$ 代入式（2-27）得：

$$1=1-\frac{e^{-\zeta\omega_n t}}{\sqrt{1-\zeta^2}}\sin(\omega_n\sqrt{1-\zeta^2}t+\varphi)$$

由于 $$\frac{e^{-\zeta\omega_n t}}{\sqrt{1-\zeta^2}}\neq 0$$

所以 $$\sin(\omega_n\sqrt{1-\zeta^2}t+\varphi)=0$$

$$\omega_n\sqrt{1-\zeta^2}t+\varphi=k\pi,k=0,\pm1,\pm2\cdots$$

由于 t_r定义为输出量从 0 首次到达稳态值所需要的时间，取 $k=1$，则得：

$$t_r=\frac{\pi-\varphi}{\omega_n\sqrt{1-\zeta^2}}$$

(2) 峰值时间 t_p，对式（2-27）求导，并令 $y(t)'=0$，得：

$$\zeta\omega_n\frac{e^{-\zeta\omega_n t}}{\sqrt{1-\zeta^2}}\sin(\omega_n\sqrt{1-\zeta^2}t+\varphi)-\omega_n\sqrt{1-\zeta^2}\frac{e^{-\zeta\omega_n t}}{\sqrt{1-\zeta^2}}\cos(\omega_n\sqrt{1-\zeta^2}t+\varphi)=0$$

将 $\omega_n e^{-\zeta\omega_n t}$ 提出，有：

$$\omega_n e^{-\zeta\omega_n t}\left(\frac{\zeta}{\sqrt{1-\zeta^2}}\sin(\omega_n\sqrt{1-\zeta^2}t+\varphi)-\cos(\omega_n\sqrt{1-\zeta^2}t+\varphi)\right)=0$$

由于 $$\omega_n e^{-\zeta\omega_n t}\neq 0$$

所以 $$\frac{\zeta}{\sqrt{1-\zeta^2}}\sin(\omega_n\sqrt{1-\zeta^2}t+\varphi)-\cos(\omega_n\sqrt{1-\zeta^2}t+\varphi)=0$$

$$\frac{\zeta}{\sqrt{1-\zeta^2}}\sin(\omega_n\sqrt{1-\zeta^2}t+\varphi)=\cos(\omega_n\sqrt{1-\zeta^2}t+\varphi)$$

$$\tan(\omega_n\sqrt{1-\zeta^2}t+\varphi)=\frac{\zeta}{\sqrt{1-\zeta^2}}$$

由于 φ 为初相位角，有 $\varphi=\tan^{-1}\frac{\sqrt{1-\zeta^2}}{\zeta}$

所以 $$\tan(\omega_n\sqrt{1-\zeta^2}t+\varphi)=\tan\varphi$$

$$\omega_n\sqrt{1-\zeta^2}t+\varphi=k\pi+\varphi$$

由于峰值时间 t_p指响应曲线达到第一个峰值所需要的时间，取 $k=1$，则得：

$$t_p=\frac{\pi}{\omega_n\sqrt{1-\zeta^2}}$$

(3) 超调量 σ，根据超调量的定义，有：

$$\sigma=\frac{y(t_p)-y(\infty)}{y(\infty)}\times100\%$$

稳态值 $y(\infty)=1$，将 $t_p=\frac{\pi}{\omega_n\sqrt{1-\zeta^2}}$代入式（2-27）得：

$$\sigma=y(t_p)-1=1-\frac{e^{-\zeta\omega_n\frac{\pi}{\omega_n\sqrt{1-\zeta^2}}}}{\sqrt{1-\zeta^2}}\sin(\omega_n\sqrt{1-\zeta^2}\frac{\pi}{\omega_n\sqrt{1-\zeta^2}}+\varphi)-1$$

$$=\frac{e^{\frac{-\zeta\pi}{\sqrt{1-\zeta^2}}}}{\sqrt{1-\zeta^2}}\sin\varphi$$

由于 φ 为初相位角，有 $\varphi=\sin^{-1}\sqrt{1-\zeta^2}$

所以 $\sigma=e^{\frac{-\zeta\pi}{\sqrt{1-\zeta^2}}}\times100\%$

（4）调节时间 t_s

若取调节时间 t_s 为响应曲线进入新的稳态值上下 5% 范围并不再超出所需要的时间，则有：

$$|y(t_s)-y(\infty)|\leqslant0.05y(\infty)$$

由于二阶系统在 $0<\zeta<1$ 的情况下，系统为衰减振荡，它的调节时间是分段函数，按照上式求取调节时间是困难的，通常采用以下公式近似计算调节时间 t_s。

$$t_s=\begin{cases}\dfrac{3.2}{\zeta\omega_n},0<\zeta<0.69\\[2ex]\dfrac{2.8+6.1(\zeta-0.7)}{\omega_n},\zeta\geqslant0.7\end{cases}$$

从上述推导得到的公式可以看出，上升时间 t_r、峰值时间 t_p、调节时间 t_s 都与阻尼系数 ζ 和无阻尼振荡频率 ω_n 有关，超调量 σ 仅与阻尼系数有关。

【例 2-12】 已知二阶系统的传递函数为：

$$G(s)=\frac{100}{s^2+14s+100}$$

试求该二阶系统在单位阶跃输入下系统的动态性能指标。

【解】 根据二阶系统的传递函数可得二阶系统的特性参数 $\zeta=0.7$，$\omega_n=10$。

（1）代入上升时间公式得：

$$t_r=\frac{\pi-\varphi}{\omega_n\sqrt{1-\zeta^2}}=\frac{\pi-\varphi}{\omega_n\sqrt{1-\zeta^2}}=\frac{\pi-\cos^{-1}(0.7)}{10\sqrt{1-0.7^2}}=0.3283$$

（2）代入峰值时间公式得：

$$t_p=\frac{\pi}{\omega_n\sqrt{1-\zeta^2}}=\frac{\pi}{10\sqrt{1-0.7^2}}=0.4397$$

（3）代入超调量公式得：

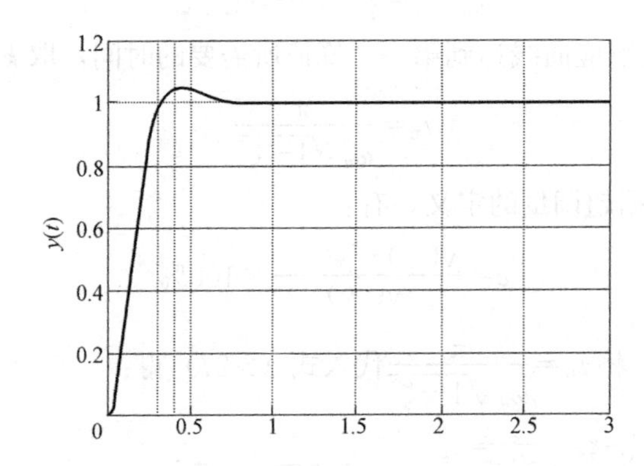

图 2-25　二阶系统单位阶跃响应曲线

$$\sigma=\mathrm{e}^{\frac{-\zeta\pi}{\sqrt{1-\zeta^2}}}\times100\%=\mathrm{e}^{\frac{-0.7\pi}{\sqrt{1-0.7^2}}}=0.0461=4.61\%$$

（4）代入调节时间公式得：

$$t_s=\frac{2.8+6.1(\zeta-0.7)}{\omega_n}=\frac{2.8+6.1(0.7-0.7)}{10}=0.28$$

为了验证计算结果的准确性，采用 MATLAB 仿真，得到该系统在单位阶跃输入下系统的响应曲线，如图 2-25 所示。

本 章 习 题

1. 已知系统的微分方程为：$4\frac{\mathrm{d}^3y(t)}{\mathrm{d}t^3}+7\frac{\mathrm{d}^2y(t)}{\mathrm{d}t^2}+5\frac{\mathrm{d}y(t)}{\mathrm{d}t}+y(t)=\frac{\mathrm{d}^2x(t)}{\mathrm{d}t^2}+2\frac{\mathrm{d}x(t)}{\mathrm{d}t}+3x(t)$，请求出系统的传递函数。

2. 化简图 2-26 所示的系统框图，并求出系统的闭环传递函数。

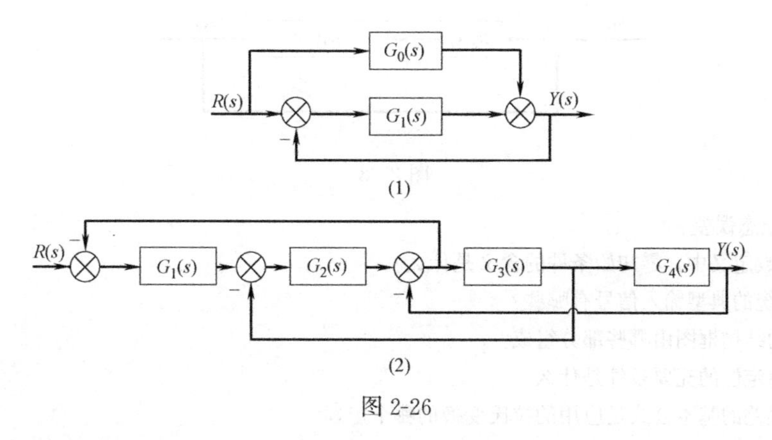

图 2-26

3. 系统框图如图 2-27 所示。

(1) 求给定作用下系统的传递函数。

(2) 求干扰作用下系统的传递函数。

(3) 求给定和干扰同时作用下系统的输出 $Y(s)$。

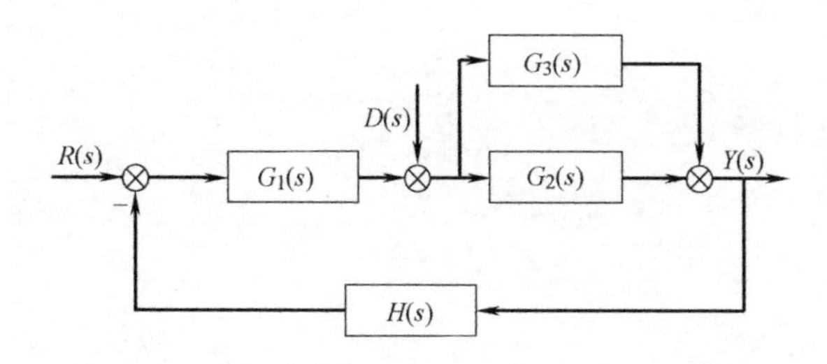

图 2-27

4. 已知单位负反馈系统的开环传递函数为 $G_0(s)=\frac{k}{s(s^2+8s+25)}$，试根据下述要求确定 k 的取值范围。

(1) 闭环系统稳定；

(2) 当 $r(t)=2t$ 时，其稳态误差 $e_{ss}\leqslant 0.5$。

5. 已知系统的特征方程如下，试判断系统的稳定性，并写出复平面右半开平面根的个数。

(1) $s^6+10s^5+20s^4+30s^3+8s^2+5=0$

(2) $s^5+s^4+2s^3+2s^2+3s+5=0$

(3) $s^6+2s^5+8s^4+12s^3+20s^2+16s+16=0$

6. 设负单位反馈系统的开环传递函数为 $G_0(s)=\dfrac{100}{s(0.1s+1)}$，若输入信号分别为：$r(t)=1(t)$，$r(t)=t$，$r(t)=0.5t^2$，试求系统的稳态误差。

7. 已知系统框图如图 2-28 所示，其中：$W_1(s)=\dfrac{4s+2}{(s+1)(s+2)}$，若输入为单位阶跃信号，求：

(1) $W_{c1}(s)=5$

(2) $W_{c2}(s)=5\left(1+\dfrac{1}{10s}\right)$

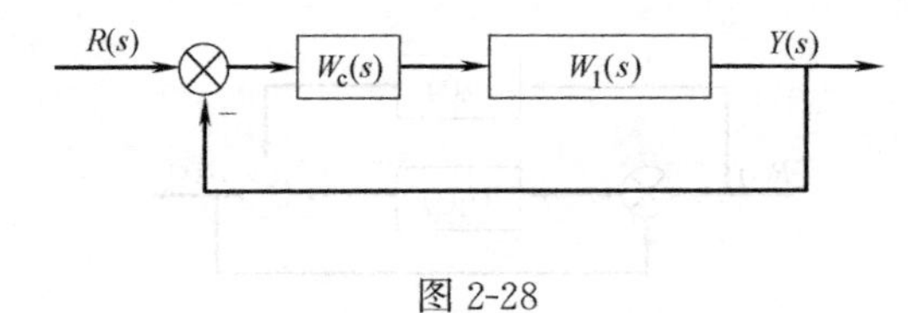

图 2-28

下系统的稳态误差。

8. 传递函数定义中，零初始条件的含义是什么？

9. 控制系统的典型输入信号有哪些？

10. 系统的结构框图由哪些部分组成？

11. 系统稳定性的充要条件是什么？

12. 稳态误差的基本公式是应用的拉氏变换的哪个定理？

13. 什么是稳态位置误差系数？什么是稳态速度误差系数？什么是稳态加速度误差系数？

14. 什么是 0 型系统？什么是Ⅰ型系统？什么是Ⅱ型系统？

第3章　自动控制系统

3.1　被控对象特性及数学模型

3.1.1　被控对象特性

在建筑环境与能源系统控制中，被控对象包括空调房间、换热器、风机、水泵、制冷机组、热泵机组和锅炉等。要实现建筑环境与能源系统的控制，了解被控对象的特性是非常重要的。

3.1.1.1　被控对象的分类

按照存储容积的对象数划分，可将被控对象分为单容对象和多容对象；按照被控对象是否有自平衡能力划分，被控对象分为有自平衡能力对象和无自平衡能力对象，下面分别介绍。

1. 单容对象和多容对象

(1) 单容对象：只有一个存储容积的对象。图 3-1 (*a*) 为由一个水箱构成的单容对象，图 3-1 (*b*) 为由一个空调房间构成的单容对象。

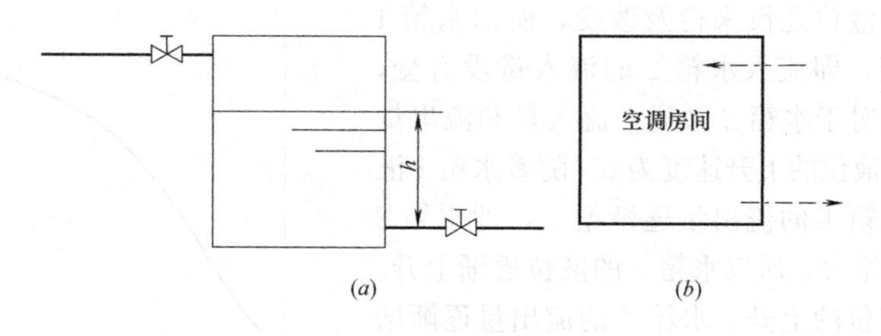

图 3-1　单容对象

(*a*) 液位水箱；(*b*) 空调房间

以空调房间为例来说明单容对象的过渡响应。当单位时间流入到空调房间的热量等于单位时间流出空调房间的热量时，空调房间处于动态平衡状态，房间内温度保持不变。假如空调送风温度突然增加，则单位时间流入空调房间的热量增加，由于初始时刻房间内温度还没有来得及变化，即通过回风和围护结构向外流出的热量不变，所以流入热量和流出热量之间的差值最大，导致初始时刻房间内温度变化率最大。随着房间内温度的上升，通过回风带走的热量以及通过围护结构的传热量增加，使得单位时间流入的热量与单位时间流出的热量的差值减少，即房间内温度的上升速率降低，当房间内温度上升到一定值，使得空调房间流出的热量与空调房间流入的热量相等时，则空调房间温度维持到新的温度。具体过渡响应曲线如图 3-2 所示，对应环节为一阶惯性环节。

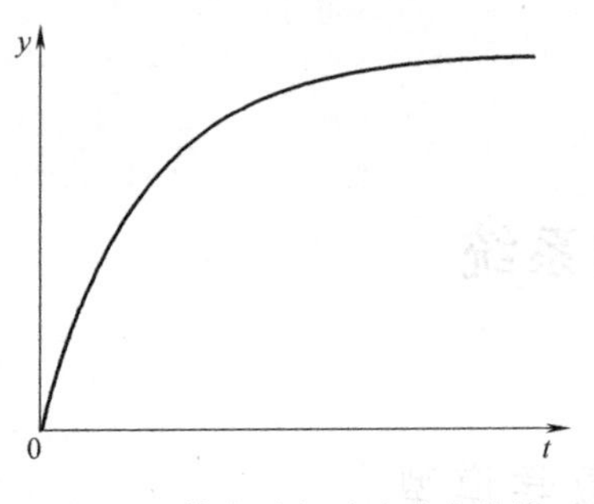

图 3-2　单容对象过渡响应曲线

(2) 多容对象：由两个或多个单容对象之间通过某些阻力联系在一起的对象。图 3-3 (*a*) 为由两个水箱通过阀门构成的双容对象；图 3-3 (*b*) 为换热器双容对象，该对象可看作两个换热环节，一个是热水对热水管壁的加热，另一个是热水管壁对送风的加热。

以由两个液位水箱构成的双容对象为例来说明双容对象的过渡响应。在阀门 V_1 开度改变之前，水箱 1 和水箱 2 的液位保持不变，即单位时间流入水箱的水量等于单位时间流出水箱的水量，对象处于动态平衡状态。假如将阀门 V_1 突然开大，则单位时间流入水箱 1 的水量增大，由于初始时刻水箱 1 的液位还没来得及改变，所以水箱 1 的流出量不变，即流入水箱 2 的流入量没有变，所以初始时刻对于水箱 2 来说，流入量和流出量不变，水箱 2 液位的上升速度为 0。随着水箱 1 液位的上升，水箱 1 的流出量逐渐增大，即水箱 2 的流入量逐渐增大，所以水箱 2 的液位逐渐上升。随着水箱 2 液位的上升，水箱 2 的流出量逐渐增大，水箱 2 的上升速度逐渐变缓，当水箱 2 的液位上升到一定程度，水箱 2 的流出量和流入量相等时，则水箱 2 的液位维持到新的值上来。具体过渡响应过程如图 3-4 所示，对应环节为二阶惯性环节。

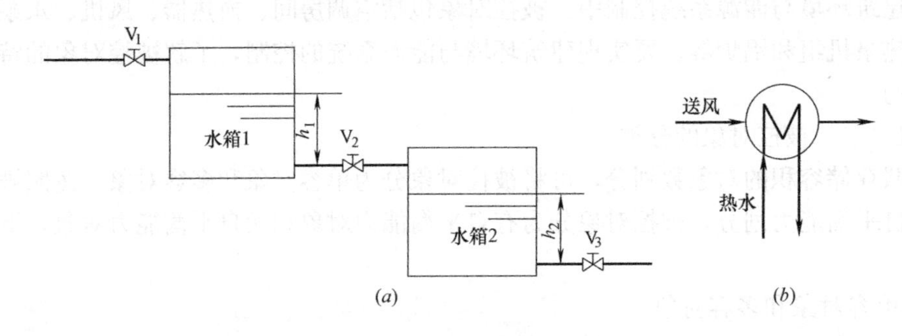

图 3-3　双容对象

(*a*) 液位水箱；(*b*) 换热器

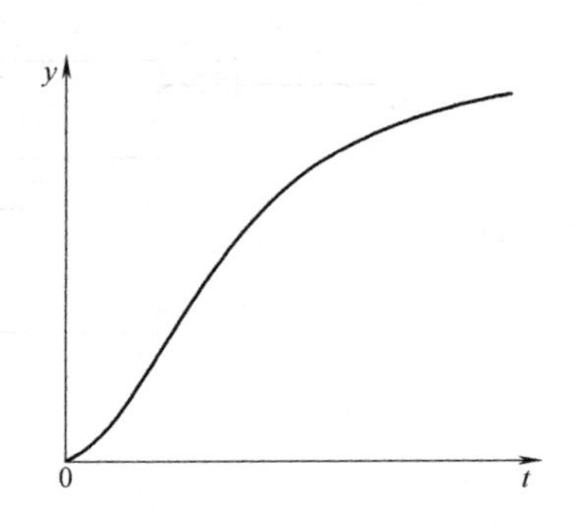

图 3-4　双容对象过渡响应曲线

2. 有自平衡能力的对象和无自平衡能力的对象

(1) 有自平衡能力对象：在干扰的作用下，被调量自己由一个值变化到另一个值，从而达到一种新的平衡状态。图 3-1 中两个单容对象都为有自平衡能力的对象。以一间学生宿舍为例，冬季没有供暖，室内有一台电加热器。下课后学生回到宿舍，宿舍内温度为 10℃，学生把电加热器打开，显然室内温度会逐渐上升，但不会无止境上升。随着室内温度的上升，通过围护结构向外的传热量也会增加，当围护结构的传热量与电加热器的加热量相等时，宿舍内温度会稳定在一个新的温度上。

(2) 无自平衡能力的对象：在干扰的作用下，被调量以固定的速度一直变化，不会自动达到新的平衡状态。若将图 3-1（*a*）改成图 3-5，即把出水阀门换成定量泵，让出水流量保持不变。假如在干扰施加前，水箱液位处于动态平衡状态，即单位时间流入的水量与单位时间流出的水量相等。现在将给水阀门开大，则单位时间流入的水量增大，由于流出的水量与液位高度无关，始终保持不变，所以水箱内液位一直会等速上升，直到溢出。其对应的过渡响应曲线如图 3-6 所示，对应环节为积分环节。

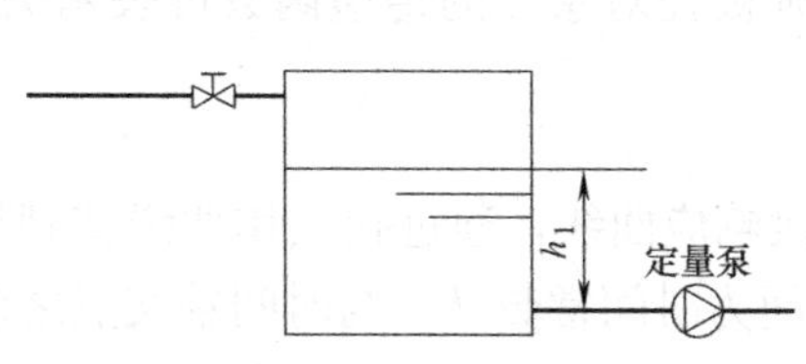

图 3-5 无自平衡能力的对象

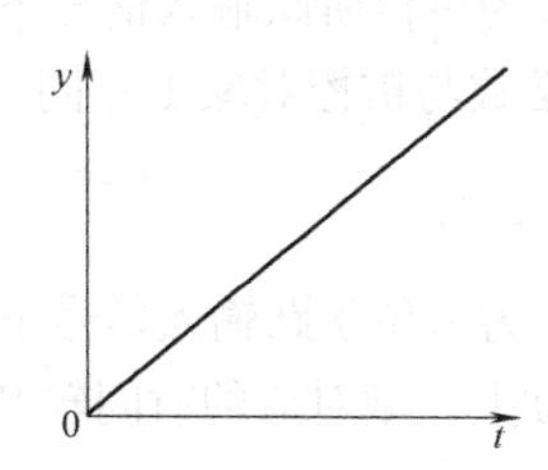

图 3-6 无自平衡能力对象过渡响应曲线

3.1.1.2 被控对象的特性参数

任何复杂的被控对象可以用一阶惯性环节加纯滞后来近似描述，如式（3-1）所示。

$$G(s)=\frac{Ke^{-\tau s}}{Ts+1} \tag{3-1}$$

其对应的特性参数为：

（1）放大系数 K：等于被调参数新旧稳定值之差与干扰变化量的比值。放大系数 K 表征被控对象的静态特性，与被调参数的动态变化无关，K 值越大，表明输入信号对输出的稳态值影响越大。例如一空调房间，室内有一电加热器，功率为 1kW。室内温度为 16℃，现在将电加热器打开，室内温度上升，最终稳定到 20℃。则该对象的放大系数为：

$$K=\frac{\Delta\theta}{\Delta Q}=\frac{20-16}{1}=4(℃/\mathrm{kW}) \tag{3-2}$$

（2）时间常数 T：是被调参数以初始最大上升速度变化达到稳定值所需要的时间。T 在数值上等于阶跃信号输入后达到稳态值 63.2%所需要的时间。时间常数越大，响应曲线越平坦，达到稳态值所需要的时间越长。通常，对于多容对象，容积数越多，时间常数越大。

（3）滞后 τ：包括纯滞后 τ_0 和容量滞后 τ_c。纯滞后是由于进入对象的物料量不能立即布满全部对象造成的；容量滞后是由于各个环节的阻力造成的。例如，在全空气中央空调系统中，室内温度的测点通常安装在回风管道上，当通过空气处理机组换热器的调节改变送风温度时，从送风进入空调房间再到达回风管道，显然需要一定的时间，该段时间为纯滞后 τ_0。即当送风温度变化到引起空调房间温度变化延迟 τ_0 时刻。纯滞后可存在于任何对象，容量滞后只存在多容对象。例如，热水加热器要加热送风管道内的空气，热水要首先加热热水管壁，当热水管壁被加热后再由热水管壁对送风加热，由于热水与送风之间存在热水管壁这个阻力环节，所形成的滞后为容量滞后 τ_c。

下面选取 4 个典型对象来说明对象的特性参数及求取方法。其中被控对象 1 为一阶惯性环节；被控对象 2 为含有纯滞后的一阶惯性环节；被控对象 3 为二阶惯性环节，即双容对象；被控对象 4 为含有纯滞后的二阶惯性环节。

图 3-7 为单位阶跃输入信号下被控对象 1 的过渡响应曲线。从图中可以看出，新旧稳态值之差为 2，干扰的变化量为 1，所以被控对象 1 的放大系数为 2。通过初始点作切线交到稳态值所对应的时间为 2，即时间常数为 2。被控对象 1 的传递函数可表示为：$G(s)=\frac{2}{2s+1}$。

图 3-8 为单位阶跃输入信号下被控对象 2 的过渡响应曲线。从图中可以看出，放大系数和时间常数与被控对象 1 相同，纯滞后 $\tau_0=1$，则被控对象 2 的传递函数可表示为：$G(s)=\frac{2}{2s+1}e^{-s}$。

图 3-9 为单位阶跃输入信号下被控对象 3 的过渡响应曲线，通过拐点作切线交到稳态值和时间轴上，则对应的时间轴和稳态值之间的时间为时间常数 T，与时间轴交点之前的时间为容量滞后 $\tau_c=0.7$。则被控对象 3 的传递函数可表示为：$G(s)=\frac{2}{4.8s+1}e^{-0.7s}$。

图 3-10 为单位阶跃输入信号下被控对象 4 的过渡响应曲线。与被控对象 3 的唯一区别是增加了纯滞后，被控对象 4 的滞后包括纯滞后和容量滞后，对应的传递函数可表示为：$G(s)=\frac{2}{4.8s+1}e^{-1.7s}$。

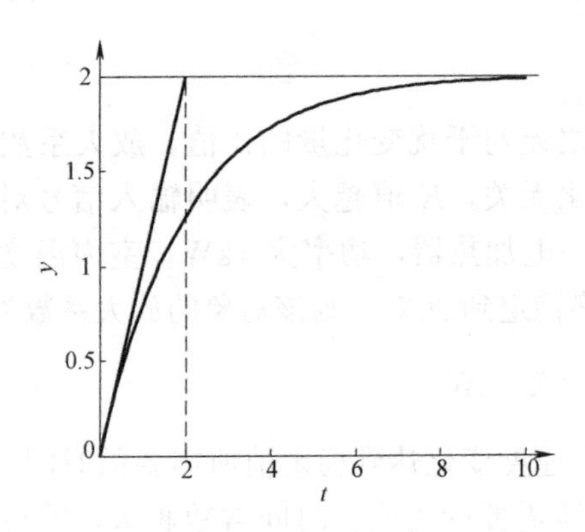

图 3-7　被控对象 1 过渡响应曲线

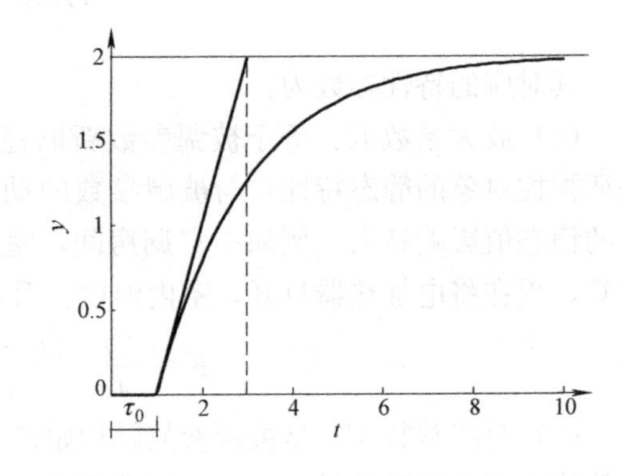

图 3-8　被控对象 2 过渡响应曲线

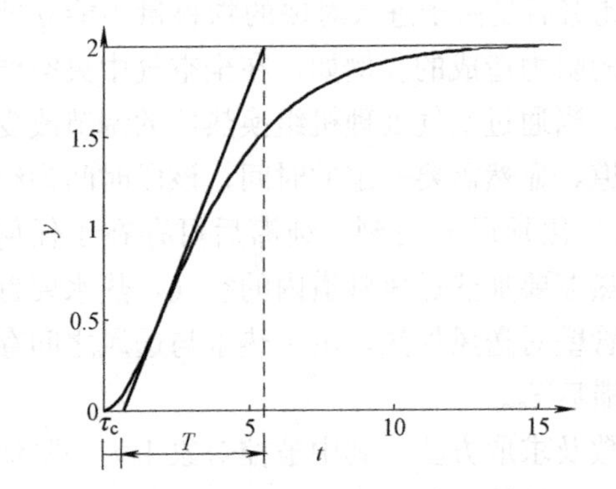

图 3-9　被控对象 3 过渡响应曲线

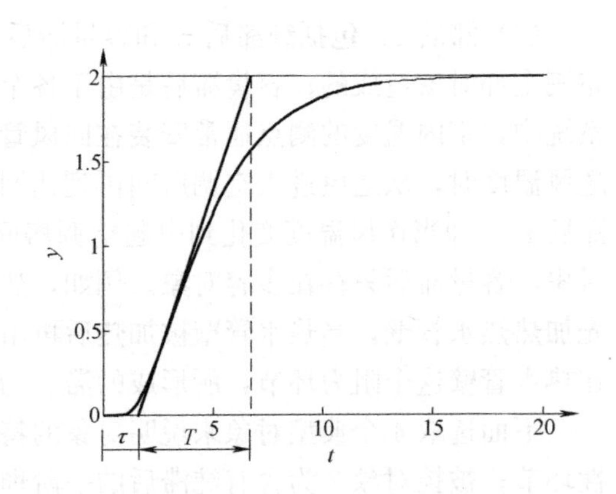

图 3-10　被控对象 4 过渡响应曲线

3.1.2 被控对象数学模型

被控对象的数学模型是描述被控对象内部各物理量之间动态关系的数学表达式，是分析被控对象控制性能的基础。数学模型的建立方法包括解析法和实验法。解析法是指根据对象的物料关系、能量关系等列写对象的微分方程，得到对象的传递函数。采用解析法建立被控对象数学模型的条件是对被控对象实际发生的物理、化学过程及其参数非常了解，并且能用数学描述。实验法是指将被控对象作为一个黑箱，给被控对象施加一定的输入信号，测量被控对象的输出。根据输入数据和输出数据进行一定的数学处理得到被控对象的数学模型。

1. 解析法

(1) RLC 电路数学模型

图 3-11 为一 RLC 电路，以电源电压 e 为输入信号，电容器两端电压 V_C 为输出，建立该 RLC 电路数学模型。

由图 3-11 可知：

$$V_R + V_L + V_C = e$$

假设 RLC 电路中电流为 i，上式可写为：

$$iR + L\frac{di}{dt} + V_C = e$$

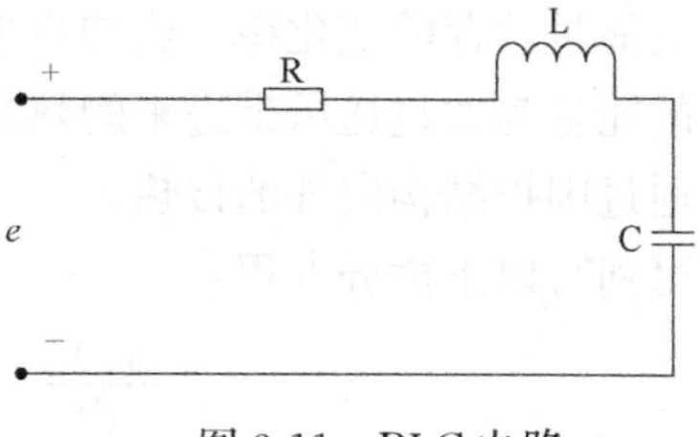

图 3-11 RLC 电路

由于：

$$i = C\frac{dV_C}{dt},\quad \frac{di}{dt} = C\frac{d^2V_C}{dt^2}$$

代入得：

$$LC\frac{d^2V_C}{dt^2} + RC\frac{dV_C}{dt} + V_C = e\text{(微分方程)} \tag{3-3}$$

零初始条件下将式 (3-3) 两端取拉氏变换，有：

$$LCs^2V_C(s) + RCsV_C(s) + V_C(s) = E(s)$$

得 RLC 电路的传递函数为：

$$G(s) = \frac{V_C(s)}{E(s)} = \frac{1}{LCs^2 + RCs + 1} \tag{3-4}$$

(2) 空调房间数学模型

图 3-12 为一空调房间，室内容积为 $V(m^3)$，送风温度为 θ_1 (℃)，送风流量为 F (m^3/s)，回风温度为 θ(℃)，回风流量与送风流量相同。围护结构面积为 $A(m^2)$，室外温度为 θ_2(℃)，传热系数为 λ[W/(m² · K)]，空气比热容为 c [J/(kg · ℃)]。

对象的输入包括调节输入和干扰输入，若空调系统为定风量空调系统，通常通过改变送风温度对房间内温度施加调节，在此情况下建立的空调房间送风温度和空调房间内温度之间的数学模型称为调节通道数学模型。对于一个被控对象，始终会有很多干扰作用到被控对象，空调房间对象的干扰通常包括室外气象参数的变化、室内人员的波动、室内电气

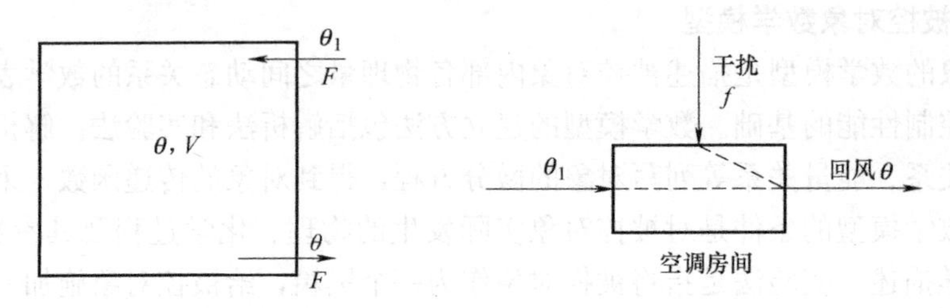

图 3-12　空调房间

设备的发热等，干扰和空调房间室内温度之间的数学模型称为干扰通道数学模型。下面分两种情况论述。

1）调节通道数学模型

建立空调房间送风温度和空调房间内温度之间的数学模型称为调节通道数学模型，根据能量守恒定律，单位时间流入空调房间的能量减去单位时间流出空调房间的能量等于空调房间能量储存的变化率。假如为冬季工况，室内温度高于室外温度。单位时间流入空调房间的能量为通过送风带进来的热量；单位时间流出空调房间的能量为通过回风带走的热量和通过围护结构向外的传热。

可列写以下微分方程：

$$\frac{\mathrm{d}c\rho V\theta}{\mathrm{d}t}=c\rho F\theta_1-c\rho F\theta-\lambda A(\theta-\theta_2)$$

列写微分方程时通常将对象的输出放在方程的左边，将对象的输入放在方程的右边，则上式变换为：

$$\frac{c\rho V\mathrm{d}\theta}{\mathrm{d}t}+(c\rho F+\lambda A)\theta=c\rho F\theta_1+\lambda A\theta_2\text{（对象微分方程）}\tag{3-5}$$

在自动控制系统中，更关注在输入信号变化的情况下被控变量的变化情况，其对应的方程为增量微分方程。在稳态情况下，单位时间流入空调房间的能量等于单位时间流出空调房间的能量，送风温度不变，$\theta_1=\theta_{10}$；室内温度不变，$\theta=\theta_0$，$\frac{c\rho V\mathrm{d}\theta}{\mathrm{d}t}=0$。当送风温度突然变化时，空调房间的能量平衡被破坏，令 $\theta=\theta_0+\Delta\theta$，$\theta_1=\theta_{10}+\Delta\theta_1$，式（3-5）可写为：

$$\frac{c\rho V\mathrm{d}(\theta_0+\Delta\theta)}{\mathrm{d}t}+(c\rho F+\lambda A)(\theta_0+\Delta\theta)=c\rho F(\theta_{10}+\Delta\theta_1)+\lambda A\theta_2$$

上式可改写为：

$$\frac{c\rho V\mathrm{d}\Delta\theta}{\mathrm{d}t}+(c\rho F+\lambda A)\Delta\theta+(c\rho F+\lambda A)\theta_0=c\rho F\Delta\theta_1+c\rho F\theta_{10}+\lambda A\theta_2$$

稳态情况下，室内温度不变，根据能量平衡有：

$$c\rho F\theta_{10}=c\rho F\theta_0+\lambda A(\theta_0-\theta_2)$$

即：$(c\rho F+\lambda A)\ \theta_0=c\rho F\theta_{10}+\lambda A\theta_2$

则上式化简为：

$$\frac{c\rho V\mathrm{d}\Delta\theta}{\mathrm{d}t}+(c\rho F+\lambda A)\Delta\theta=c\rho F\Delta\theta_1\text{（增量微分方程）}\tag{3-6}$$

对式（3-6）两边取拉氏变换，有：

$$c\rho Vs\Delta\theta(s)+(c\rho F+\lambda A)\Delta\theta(s)=c\rho F\Delta\theta_1(s)$$

得空调房间传递函数为：

$$G(s)=\frac{\Delta\theta(s)}{\Delta\theta_1(s)}=\frac{c\rho F}{c\rho Vs+(c\rho F+\lambda A)} \tag{3-7}$$

分子分母同时除以 $c\rho F+\lambda A$，上式变为：

$$G(s)=\frac{\Delta\theta(s)}{\Delta\theta_1(s)}=\frac{\dfrac{c\rho F}{c\rho F+\lambda A}}{\dfrac{c\rho V}{c\rho F+\lambda A}s+1}$$

令 $K_1=\dfrac{c\rho F}{c\rho F+\lambda A}$，$T_1=\dfrac{c\rho V}{c\rho F+\lambda A}$，上式简化为：

$$G(s)=\frac{\Delta\theta(s)}{\Delta\theta_1(s)}=\frac{K_1}{T_1s+1}$$

即该空调房间为一阶惯性环节，放大系数 K_1 为 $\dfrac{c\rho F}{c\rho F+\lambda A}$，时间常数 T_1 为 $\dfrac{c\rho V}{c\rho F+\lambda A}$。

2）干扰通道数学模型

为了分析问题方便，假设室内有一电加热器，功率为 1kW，电加热器和空调房间内温度之间数学模型为干扰通道数学模型。假如为冬季工况，室内温度高于室外温度。单位时间流入空调房间的能量为通过送风带进来的热量和电加热器的加热量；单位时间流出空调房间能量为通过回风带走的热量和通过围护结构向外的传热。可列写以下微分方程：

$$\frac{\mathrm{d}c\rho V\theta}{\mathrm{d}t}=c\rho F\theta_1+P-c\rho F\theta-\lambda A(\theta-\theta_2)$$

列写微分方程时通常将对象的输出放在方程的左边，将对象的输入放在方程的右边。则上式变换为：

$$\frac{c\rho V\mathrm{d}\,\theta}{\mathrm{d}t}+(c\rho F+\lambda A)\theta=c\rho F\theta_1+P+\lambda A\theta_2\text{（对象微分方程）} \tag{3-8}$$

令 $\theta=\theta_0+\Delta\theta$，$P=P_0+\Delta P$，式（3-8）可写为：

$$\frac{c\rho V\mathrm{d}(\theta_0+\Delta\theta)}{\mathrm{d}t}+(c\rho F+\lambda A)(\theta_0+\Delta\theta)=c\rho F\theta_1+P_0+\Delta P+\lambda A\theta_2$$

上式改写为：

$$\frac{c\rho V\mathrm{d}\Delta\theta}{\mathrm{d}t}+(c\rho F+\lambda A)\Delta\theta+(c\rho F+\lambda A)\theta_0=\Delta P+c\rho F\theta_1+P_0+\lambda A\theta_2$$

稳态下，房间内温度恒定，单位时间流入的能量和单位时间流出的能量相等，有：

$$c\rho F\theta_1+P_0=c\rho F\theta_0+\lambda A(\theta_0-\theta_2)$$

上式化简为：

$$\frac{c\rho V\mathrm{d}\Delta\theta}{\mathrm{d}t}+(c\rho F+\lambda A)\Delta\theta=\Delta P\text{（增量微分方程）} \tag{3-9}$$

两边取拉氏变换，有：

$$c\rho Vs\Delta\theta(s)+(c\rho F+\lambda A)\Delta\theta(s)=\Delta P(s)$$

得空调房间干扰通道传递函数为：

$$G(s)=\frac{\Delta\theta(s)}{\Delta P(s)}=\frac{1}{c\rho Vs+(c\rho F+\lambda A)} \tag{3-10}$$

分子分母同时除以 $c\rho F+\lambda A$，上式变为：

$$G(s)=\frac{\Delta\theta(s)}{\Delta P(s)}=\frac{\frac{1}{c\rho F+\lambda A}}{\frac{c\rho V}{c\rho F+\lambda A}s+1}$$

令 $K_2=\frac{1}{c\rho F+\lambda A}$，$T_2=\frac{c\rho V}{c\rho F+\lambda A}$，上式简化为：

$$G(s)=\frac{\Delta\theta(s)}{\Delta P(s)}=\frac{K_2}{T_2 s+1}$$

即该空调房间为一阶惯性环节，放大系数 K_2 为 $\frac{1}{c\rho F+\lambda A}$，时间常数 T_2 为 $\frac{c\rho V}{c\rho F+\lambda A}$。

2. 实验法

在采用微分方程列写被控对象数学模型时，有些对象的微分方程很难列写，参数也很难获取。此时，常常采用实验法获取被控对象的数学模型。此外，为了降低模型的复杂度，在列写微分方程时也通常作一些简化处理，建立的模型是否准确也通常采用实验方法来验证。实验法包括飞升曲线法、脉冲响应法、频率特性法等。在此只讨论飞升曲线法，即给被控对象施加阶跃输入信号，得到被控对象的输出响应曲线，根据输出响应曲线确定被控对象的数学模型。假如给被控对象施加一个幅值为 $x=2$ 的阶跃输入信号，得到被控对象的过渡响应曲线如图 3-13 所示。如果精度要求不高，被控对象的数学模型可以用一阶惯性环节加纯滞后表示，若要建立精确的数学模型，可采用 n 阶惯性环节加纯滞后表示，下面分别论述。

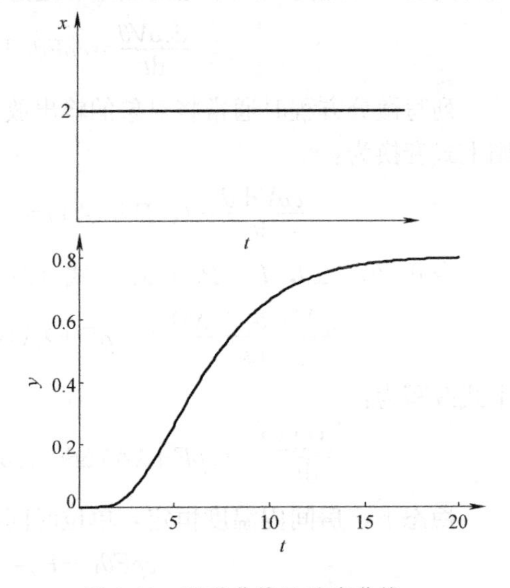

图 3-13 飞升曲线法响应曲线

(1) 一阶惯性环节加纯滞后数学模型

被控对象的数学模型可表示为：

$$G(s)=\frac{Ke^{-\tau s}}{Ts+1} \tag{3-11}$$

1）比例放大系数 k 的确定：新旧稳态值之差与输入变化量的比值。

$$K=\frac{y(\infty)-y(0)}{x}$$

在图 3-13 中，输入的变化量为 2，新旧稳态值之差为 0.8，则放大系数为：$K=$

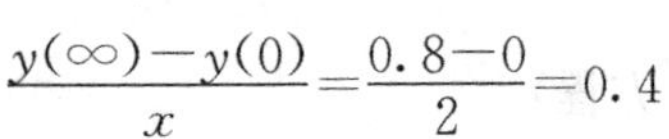

$$\frac{y(\infty)-y(0)}{x}=\frac{0.8-0}{2}=0.4$$

2）时间常数 T 和滞后 τ 的确定

① 切线法：如图 3-14 所示，通过拐点作切线，分别与稳态值和时间轴相交，对应的时间轴和稳态值之间的时间为时间常数 T，时间轴之前的时间为滞后 τ。为了便于读数，将图3-13的横坐标轴细化，得滞后 $\tau=2.7$，时间常数 $T=8.2-2.7=5.5$。则对应的传递函数为：

$$G(s)=\frac{0.4e^{-2.7s}}{5.5s+1}$$

切线法拐点和斜率不容易确定，模型精度很难保证。

② 计算法：将响应曲线作归一化处理，即不考虑数学模型的放大系数，对传递函数 $G(s)=\frac{e^{-\tau s}}{Ts+1}$ 施加一单位阶跃信号，则对应的原函数可表示为：

$$y^*(t)=1-\exp\left(-\frac{t-\tau}{T}\right),t\geqslant\tau \quad (3\text{-}12)$$

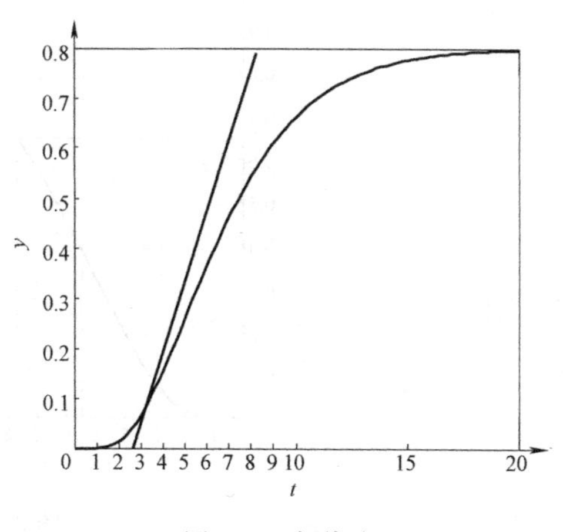

图 3-14 切线法

上述方程中，有两个未知量 T 和 τ，取两个时间点 t_1、t_2，从响应曲线上分别得到 $y^*(t_1)$、$y^*(t_2)$，建立方程组：

$$\begin{cases}y^*(t_1)=1-\exp\left(-\frac{t_1-\tau}{T}\right)\\ y^*(t_2)=1-\exp\left(-\frac{t_2-\tau}{T}\right)\end{cases}$$

解得：

$$T=\frac{t_2-t_1}{\ln[1-y^*(t_1)]-\ln[1-y^*(t_2)]}$$

$$\tau=\frac{t_2\ln[1-y^*(t_1)]-t_1\ln[1-y^*(t_2)]}{\ln[1-y^*(t_1)]-\ln[1-y^*(t_2)]}$$

显然上述方程组计算非常繁琐，为了简化计算，取两个典型点，一个是稳态值 39% 对应的时间 t_1，一个是稳态值 63%对应的时间 t_2。则方程的解可简化为：

$$T=2(t_2-t_1)$$

$$\tau=2t_1-t_2$$

从图 3-15 可得到，稳态值的 39%对应的 $t_1=5.4$，稳态值 63%对应的 $t_2=7.8$，代入上式得 T 和 τ 分别为：

$$T=2(t_2-t_1)=2(7.8-5.4)=4.8$$

$$\tau=2t_1-t_2=3$$

通过计算法得：

$$G(s)=\frac{0.4e^{-3s}}{4.8s+1}$$

通常由上式计算得到的 T、τ 还需进行验证，另取两组数据$\{t_3,y(t_3)\}$，$\{t_4,y(t_4)\}$，计算 T、τ。如果误差不超过 10%，则认为被控对象的传递函数可很好地用一阶惯性环节来拟合。否则应将被控对象的传递函数用二阶或 n 阶惯性环节加纯滞后拟合。图3-16为切线法和计算法建立的数学模型在阶跃信号作用下得到的响应曲线与原始数据曲线比较。

(2) n 阶环节加纯滞后数学模型

对象的数学模型采用式 (3-13) 表示：

$$G(s)=\frac{Ke^{-\tau s}}{(Ts+1)^n} \quad (3\text{-}13)$$

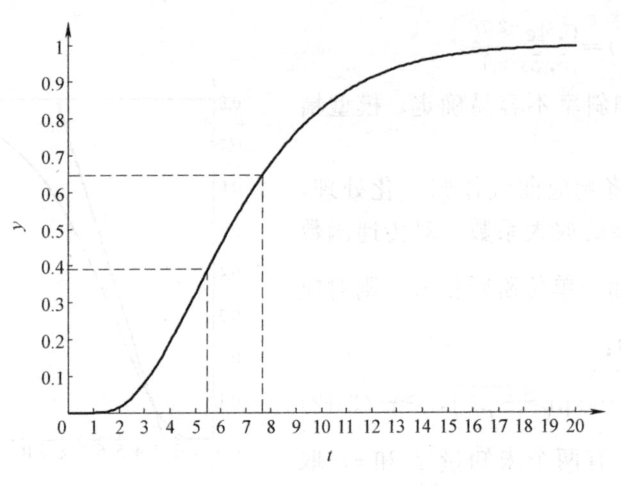

图 3-15　计算法

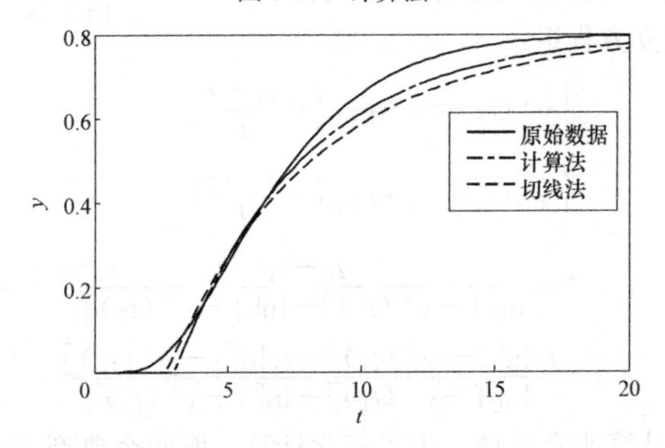

图 3-16　计算法和切线法数学模型响应曲线

1）放大系数 K：与一阶惯性环节加纯滞后相同，等于新旧稳态值之差与输入变化量的比值。

2）纯滞后 τ：被调参数发生变化之前的时间，即 τ_0。

3）阶次 n：将响应曲线作归一化处理，即不考虑数学模型的放大系数 K。同时将纵坐标轴右移纯滞后 τ_0，即不考虑纯滞后，将传递函数变换为 $G(s)=\frac{1}{(Ts+1)^n}$

根据对象的响应曲线或数据确定出稳态值的 40％所对应的时间 t_1 和稳态值的 80％所对应的时间 t_2，按照表 3-1 确定数学模型传递函数的阶次 n。

阶次 n 与比值 t_1/t_2 的关系　　**表 3-1**

n	t_1/t_2	n	t_1/t_2	n	t_1/t_2
1	0.32	5	0.62	10	0.71
2	0.46	6	0.65	12	0.735
3	0.53	7	0.67	14	0.75
4	0.58	8	0.685		

4）时间常数 T：确定 t_1、t_2 和阶次 n 以后，时间常数 T 的近似公式为：

$$nT\approx\frac{t_1+t_2}{2.16} \tag{3-14}$$

下面举例说明。对象的响应曲线仍然采用图 3-13 飞升响应曲线，显然该对象的放大系数 $K=0.4$，纯滞后 $\tau_0=1$。将响应曲线作归一化处理，同时将纵坐标轴右移纯滞后 τ_0，即不考虑纯滞后，如图 3-17 所示。同时根据对象的响应输出绘制出数据表格，如表 3-2 所示。

t-y 数据　　**表 3-2**

t	0	0.2	0.4	0.6	0.8	1.0	1.2	1.4	1.6	1.8
y	0.0002	0.0011	0.0036	0.0079	0.0144	0.0231	0.0341	0.0474	0.0629	0.0803
t	2.0	2.2	2.4	2.6	2.8	3.0	3.2	3.4	3.6	3.8
y	0.0996	0.1205	0.1429	0.1665	0.1912	0.2166	0.2428	0.2694	0.2963	0.3233
t	4.0	4.2	4.4	4.6	4.8	5.0	5.2	5.4	5.6	5.8
y	0.3504	0.3773	0.4040	0.4303	0.4562	0.4816	0.5064	0.5305	0.5540	0.5768
t	6.0	6.2	6.4	6.6	6.8	7.0	7.2	7.4	7.6	7.8
y	0.5988	0.6201	0.6406	0.6603	0.6792	0.6973	0.7146	0.7311	0.7469	0.7619
t	8.0	8.2	8.4	8.6	8.8	9.0	9.2	9.4	9.6	9.8
y	0.7762	0.7898	0.8026	0.8149	0.8264	0.8374	0.8477	0.8575	0.8667	0.8753

从表 3-2 可得到，稳态值的 40％所对应的时间 $t_1=4.4$，稳态值的 80％所对应的时间 $t_2=8.4$。若要从图 3-17 确定时间 t_1 和 t_2，一定要注意从图中读得时间 t_1、t_2 后再减去纯滞后。即 $t_1=5.4-1=4.4$，$t_2=9.4-1=8.4$。

$$\frac{t_1}{t_2}=\frac{4.4}{8.4}=0.523$$

根据表 3-1 可知，该数学模型的阶次 $n=3$。根据近似公式 $nT\approx\frac{t_1+t_2}{2.16}$，得 $T=1.975$

最终得被控对象的数学模型为：$G(s)=\frac{0.4e^{-s}}{(1.975s+1)^3}$

图 3-18 为 n 阶模型响应曲线和原始数据曲线比较。

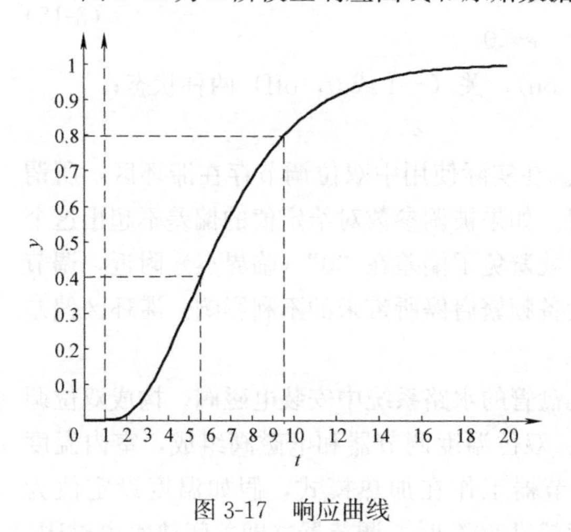

图 3-17　响应曲线

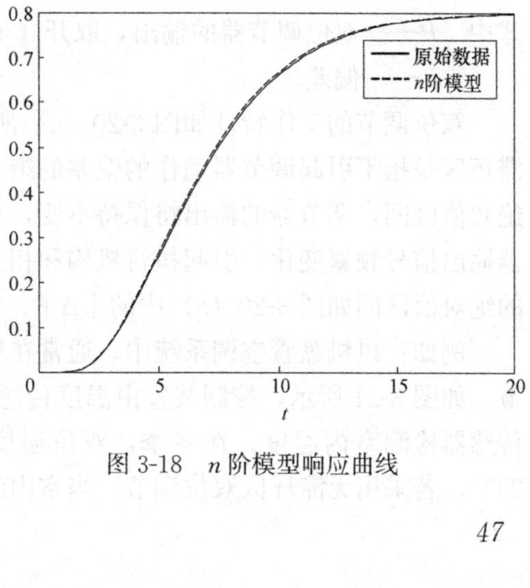

图 3-18　n 阶模型响应曲线

3.2 调节器及其调节过程

图3-19为闭环控制系统框图，调节器的作用是根据给定值和测量值得到的偏差信号e，按照一定的控制规律运算输出控制信号，驱动执行器的动作，对被控对象施加调节作用，克服干扰对被控对象的影响，使被调参数稳定在给定值或给定值附近。根据调节器的调节规律划分，调节器可分为位式（开关量）调节规律和连续调节规律。对于被调参数变化缓慢且对控制精度要求不高的场合，可采用位式调节，位式调节又分为双位调节和三位调节。连续调节规律包括比例（P）、比例积分（PI）、比例微分（PD）和比例积分微分(PID)。使用较多的是PI调节或PID调节，在一些控制精度要求不高的场合也可以使用P调节。

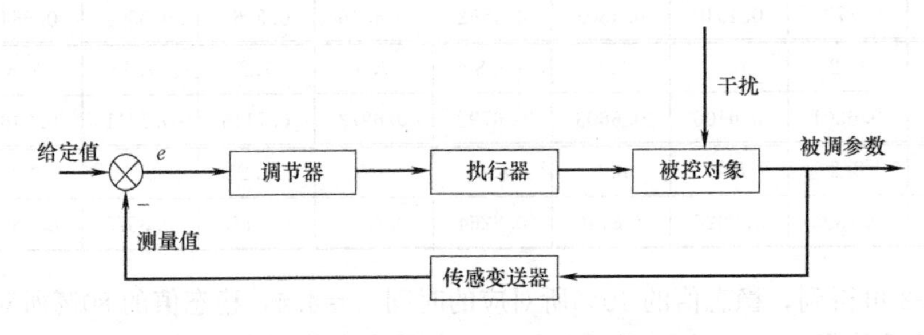

图3-19 闭环控制系统框图

3.2.1 位式调节

位式调节是一种断续的调节方式，每当误差超出上限或低于下限时控制器才动作，通过启动或关断控制装置，对被控对象施加调节。位式调节分为双位调节和三位调节。

1. 双位调节

双位调节的特性是根据偏差信号的大小及正负，调节器输出全开或全关两种状态。调节器的方程如式（3-15）所示。

$$P=\begin{cases}+1 & e>0\\ -1 & e<0\end{cases} \tag{3-15}$$

式中 P——双位调节器的输出，取开（+1，on)、关（−1或0，off）两种状态；

e——偏差。

双位调节的工作特性如图3-20（a）所示。在实际使用中双位调节存在滞环区，所谓滞环区是指不引起调节器动作的偏差的绝对值。如果被调参数对给定值的偏差不超出这个绝对值区间，调节器的输出将保持不变，这样就避免了偏差在“0”（临界点）附近，调节器输出信号频繁变化，引起执行机构和相关设备频繁启停所带来的不利影响。滞环区偏差的绝对值区间如图3-20（b）中的$|\Delta|$。

例如：风机盘管空调系统中，通常在风机盘管的水路系统中安装电磁阀，构成双位调节。如图3-21所示，控制装置由温度传感器、双位温度调节器和电磁阀组成，室内温度传感器检测室内温度。在冬季，双位温度调节器工作在加热模式，假如温度设定值为20℃，若采用无滞环区双位调节，当室内温度超过20℃时，调节器立即关闭热水电磁阀，

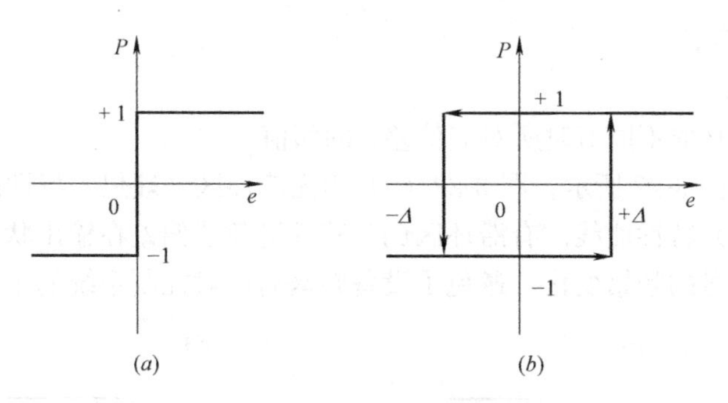

图 3-20 双位调节特性
(a) 无滞环区；(b) 有滞环区

停止热水供应，使室温下降；相反，当室内温度低于20℃时，调节器立即打开电磁阀，继续热水供应，使室温上升，实现室温的自动控制。在夏季，双位温度调节器工作在制冷模式，假如温度设定值为24℃，当室内温度超过24℃时，调节器立即打开电磁阀，供应冷水，改变送风温度使室温下降。当室内温度低于24℃时，调节器立即关闭电磁阀，停止冷水供应，使室温上升。显然在控制过程中电磁阀只有开/关两种状态，所以称为双位调节。同时可以看到，若采用无滞环区双位调节，会导致电磁阀的频繁动作，对电磁阀的寿命不利。因此，在实际控制设计中通常采用有滞环区双位调节。假如滞环区为±1℃，以冬季工况为例，温度设定值为20℃，假如当前电磁阀处于“开”状态，室内温度逐渐升高，当温度高于20℃时，电磁阀不动作，仍然处于“开”状态，室内温度继续升高，当室内温度高于21℃时，双位调节器动作，将电磁阀关闭，停止热水供应，室内温度开始下降。当温度降低到20℃时，电磁阀不动作，仍处于“关”状态，室内温度继续降低，当降低到19℃时，双位调节器动作，将电磁阀打开，供应热水。显然，滞环区的存在降低了电磁阀的动作频率，对电子器件的保护有利。

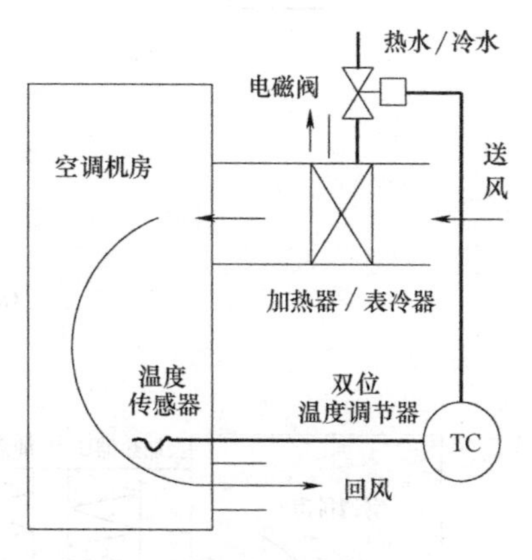

图 3-21 室温双位调节系统

2. 三位调节

三位调节的特性就是根据偏差的大小，输出三个不同的开关状态控制信号。三种状态可以分别对应电动机正转、停、反转三种工作状态；也可以分别对应于控制系统大、中、小三种工作方式等，能够克服双位调节的调节过程会产生的被控量变化过快与超调量过大的不足。三位调节系统有三种状态：全开、中间、全闭（或大、中、小等）。调节器的方程如式（3-16）所示。

$$P=\begin{cases}+1 & e\geqslant\Delta \\ 0 & \Delta>e\geqslant-\Delta \\ -1 & e\leqslant-\Delta\end{cases} \tag{3-16}$$

式中 P——三位调节器的输出，取+1、0、−1三种状态，实际的工程含义由具体的应用确定；

e——偏差；

Δ——输出 P 取不同值时所对应偏差 e 的阈值。

其工作特性如图 3-22 所示。图 3-22（a）为无滞环区（理想）特性曲线，图 3-22（b）为有滞环区（实际）特性曲线。有滞环区调节特性避免了偏差在输出状态转换（临界）点附近调节器输出信号的频繁变化，避免了设备频繁启停对控制系统的不利影响。

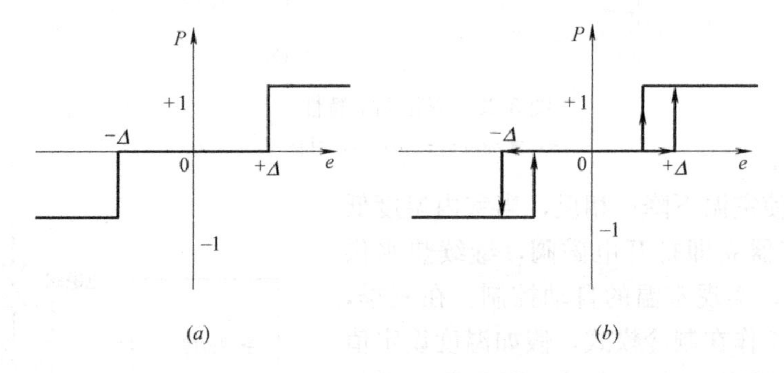

图 3-22　三位调节特性
（a）无滞环区；（b）有滞环区

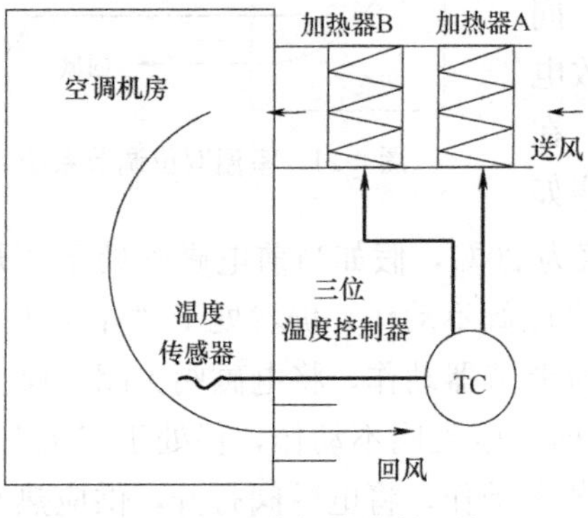

三位调节能够减少双位调节被控量变化过快与超调量过大的现象。图 3-23 为室温三位电加热器控制系统原理图，系统由三位温度控制器、温度传感器和两台电加热器组成。两台电加热器包括一台主加热器 A 和一台辅助加热器 B，通过两个继电器控制电加热器的工作。假如室内温度下限设定值为 19℃，上限设定值为 21℃。当室内温度低于 19℃时，两个继电器均吸合，主加热器 A 和辅助加热器 B 同时工作，室内温度快速上升；当室内温度在上下限设定温度之间即在 19℃和 21℃之间时，断开辅助加热器 B 的继电器，主加热器 A 工作，辅助加热器 B 停止工作，室内温度上升变缓。当室内温度高于 21℃时，两个继电器均断开，两个加热器均停止工作，室内温度开始下降，如此不断重复。

图 3-23　室温三位加热控制系统

三位调节如果应用在电动蝶阀的控制中，分别对应电动蝶阀电动机正转、停、反转三种工作状态。三位调节还可用于回差可调的宽中间带调节方式，其回差约等于上限设定值与下限设定值的差值，在制冷控制系统中应用较多。

评价位式调节过程的好坏主要通过下面两个指标，$y_{波动值}$（即实际被调参数最大值与最小值的差值）和调节系统的开关周期 T。$y_{波动值}$表示被调参数偏离设定值的大小，即调节精度；开关周期 T 决定开关动作的频率，即决定调节器开关元件的使用寿命。这两个指标通常是矛盾的，为了提高控制精度，降低 $y_{波动值}$，会增大调节器的动作频率，对执行器的寿命不利。所以，位式调节主要用在对调节精度要求不高的场合，例如房间温度的调节和精度要求不高的水池液位控制等。

3.2.2 比例调节

1. 比例调节的特性

当被调参数与给定值有偏差时，调节器能按偏差的大小和方向输出与偏差成比例的控制信号，不同的偏差值对应不同执行机构的位置。

微分方程：

$$P=K_{c}e \tag{3-17}$$

传递函数：

$$W(s)=K_{c} \tag{3-18}$$

式中 P——调节器的输出；

e——调节器的输入，为给定值与测量值之差；

K_{c}——调节器的比例增益。

需要注意的是，式（3-17）中调节器的输出 P 实际上是增量。因此，当偏差 e 为零因而 $P=0$ 时，并不意味着调节器没有输出，而是执行器不做改变，维持在原来状态。例如电动调节阀的开度为 50%，当 $P=0$ 时，阀门开度保持不变，维持在 50%。

当偏差信号 e 为阶跃输入信号时，比例调节对应的输出曲线如图 3-24 所示。比例调节的特点是：(1) 调节及时；(2) 有静差。所谓调节及时是指不管什么干扰，只要使被调参数产生偏差信号 e，调节器就马上输出一个和偏差信号 e 呈正比的控制信号，克服干扰对被控对象的影响。所谓有静差是指当通过比例调节使被调参数达到稳态时，被调参数的稳态值不等于给定值，而是有一定的偏差。从第 2 章稳态误差计算可知，采用比例调节的控制系统的传递函数属于 0 型系统，即控制系统的开环传递函数积分环节数目为零。若控制系统开环传递函数的放大系数为 K，则按照稳态误差计算公式可知，在单位阶跃输入信号作用下系统的稳态误差为$\frac{1}{1+K}$。

下面以浮球式水位控制器为例讲述静差存在的必然性。图 3-25 为浮球式水位控制器

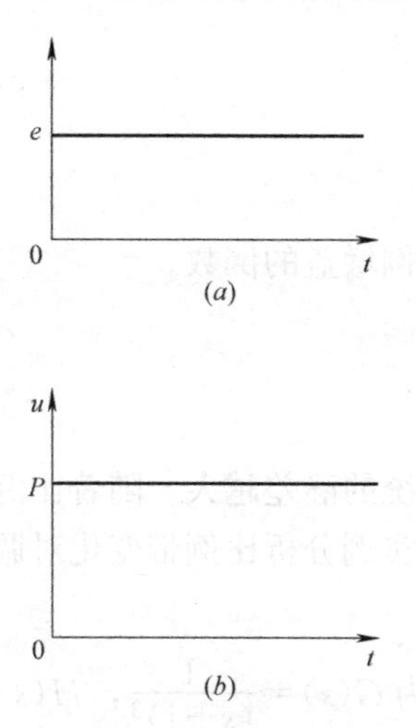

图 3-24 比例调节特性

(a) 输入波形；(b) 输出波形

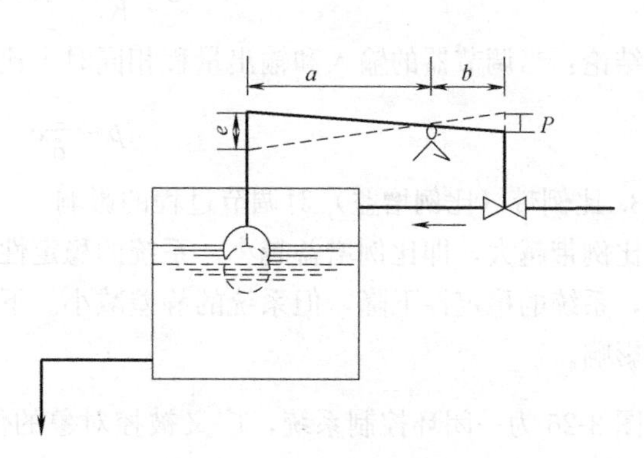

图 3-25 浮球式水位控制器工作原理图

工作原理图。初始状态水箱内液位保持稳定如图中实线所示，即水箱的流入量和流出量相等。假如用户的用水量突然增大，即水箱的流出量增大，流入量和流出量的平衡被破坏，导致水箱内液位下降，随着水箱内液位的下降，浮球下移，在杠杆的作用下，右侧阀门的阀杆上提，使得阀门开度增大，流入量增大。当通过阀门的调节使得流入量和流出量相等时，液位保持平衡。显然此时水箱液位不能恢复到初始时刻，因为此时的流入量增大，阀杆上提。即要有一定的输出克服干扰对被控对象的影响必须有一定的偏差信号 e 存在。

根据几何原理，有：$\frac{e}{a}=\frac{P}{b}$

比例增益 K_c 为：$K_c=\frac{P}{e}=\frac{b}{a}$

2. 比例带 δ

比例带是指使调节器输出作100%变化时，输入信号的改变占全量程的百分数。

$$\frac{\frac{\Delta e}{\Delta e_{\max}}}{\frac{\Delta p}{\Delta p_{\max}}}\times 100\%=\frac{\Delta e}{\Delta p}\frac{\Delta p_{\max}}{\Delta e_{\max}}\times 100\% \tag{3-19}$$

式中，Δe——调节器输入的变化量；

$\Delta e_{\max}$——调节器的输入量程；

Δp——调节器输出的变化量；

$\Delta p_{\max}$——调节器的输出量程。

δ 就代表使调节阀开度改变100%（即从全关到全开时）所需要的被调量的变化范围。只有当被调量处在这个范围以内，调节阀的开度变化才与偏差成比例。超出这个“比例带”以外，调节阀已处于全关或全开的状态。对于一定的调节器，通常输入和输出的量程不变。令 $\frac{\Delta p_{\max}}{\Delta e_{\max}}=k$，式（3-19）可写为：

$$\delta=\frac{\Delta e}{\Delta p}k\times 100\%=\frac{k}{K_c}\times 100\%$$

若输入和输出的量程相同，则上式可写为：

$$\delta=\frac{1}{K_c}\times 100\% \tag{3-20}$$

结论：当调节器的输入和输出量程相同时，比例带为比例增益的倒数。

$$p=\frac{1}{\delta}e \tag{3-21}$$

3. 比例带（比例增益）对调节过程的影响

比例带越大，即比例增益越小，系统的稳定性越好，系统的静差越大。随着比例带的降低，系统的稳定性下降，但系统的静差减小。下面以具体实例分析比例带变化对调节过程的影响。

图3-26为一闭环控制系统，广义被控对象的传递函数为 $G(s)=\frac{1}{(s+1)^3}$，$H(s)=1$，即反馈为单位负反馈。控制器采用比例控制器，输入为给定输入，通过Matlab仿真，得到在单位阶跃给定作用下不同比例增益控制系统的过渡响应曲线，如图3-27所示。

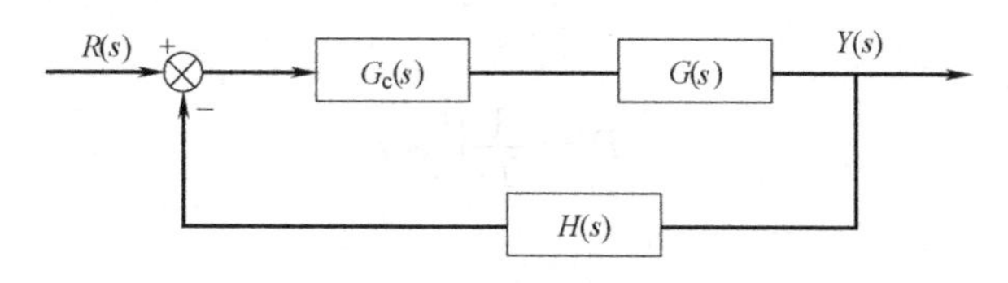

图 3-26 比例控制系统

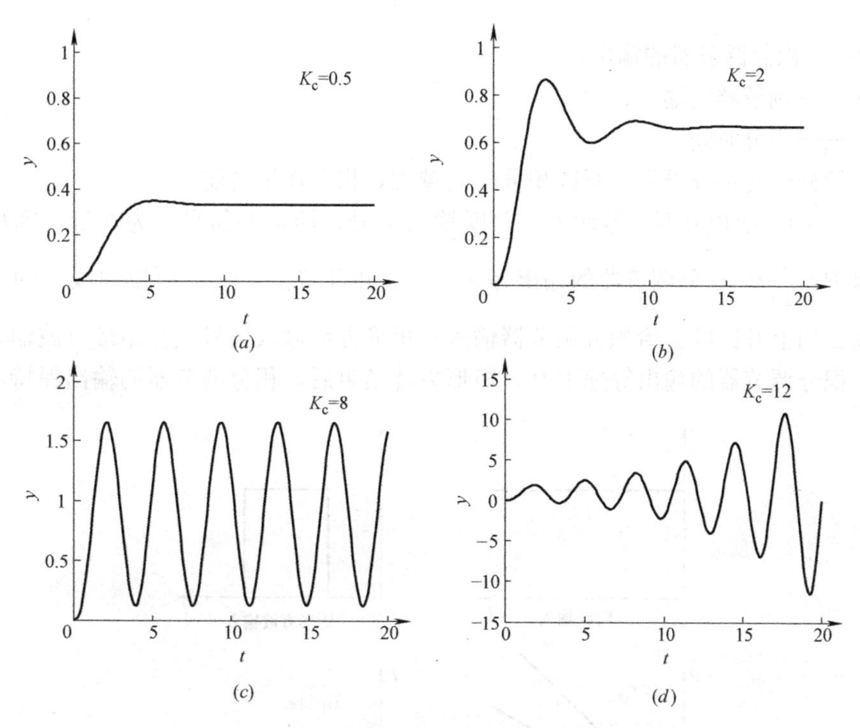

图 3-27 不同比例增益系统的过渡响应

(1) 图 3-27 (*a*)，$K_c=0.5$。比例增益很小，即比例带 δ 非常大。比例作用很弱，系统稳定性好，由于是单位阶跃给定输入，所以图中的给定值为 1，稳态值为 0.33，稳态误差很大。$e_{ss}=\frac{1}{1+K_c}=\frac{1}{1+0.5}=0.67$。

(2) 图 3-27 (*b*)，$K_c=2$。比例增益合适，系统输出为一衰减振荡，经过几个周期的波动稳定下来，稳态值为 0.67，稳态误差为 $e_{ss}=\frac{1}{1+K_c}=\frac{1}{1+2}=0.33$。

(3) 图 3-27 (*c*)，$K_c=8$。随着比例增益 K_c 的增大，δ 减小，当 δ 达到临界值 δ_k 时，系统输出一等幅振荡。

(4) 图 3-27 (*d*)，$K_c=12$。当 δ 再减小，即比例增益再增大时，系统输出一发散振荡。

结论：K_c 越大，比例作用越强，系统的稳定性越差，但系统的静差越小。

3.2.3 比例积分调节

1. 积分调节器的特性

积分调节器的输出与输入的积分成正比。

微分方程：

$$P=\frac{1}{T_{\mathrm{I}}}\int_{0}^{t}e\mathrm{d}t \tag{3-22}$$

传递函数：

$$W(s)=\frac{1}{T_{\mathrm{I}}s} \tag{3-23}$$

式中　P——积分调节器的输出；

e——调节器的输入；

T_{I}——积分时间。

由于积分时间在分母上，所以积分时间越大，积分作用越弱。

图3-28中，给积分调节器输入一阶跃输入信号，即偏差信号 e 为常量，则积分调节器的输出 $P=\frac{e}{T_{\mathrm{I}}}t$，积分调节器的输出等速增加。由于 $T_{\mathrm{I1}}<T_{\mathrm{I2}}$，所以曲线1的上升速度大于曲线2的上升速度。给积分调节器输入一矩形方波输入信号，在矩形方波输入信号的时间段，积分调节器的输出等速上升，矩形方波结束后，积分调节器的输出保持不变。

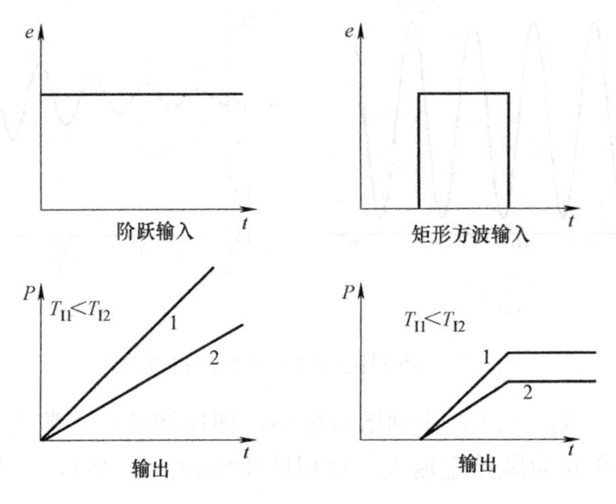

图3-28　积分调节器特性

积分调节器的特点是：(1) 能消除系统静差，(2) 动作慢。所谓能消除系统静差是指只要偏差信号 e 存在，积分调节器的输出就不断增加，直到消除偏差信号为止。从第2章稳态误差计算可知，采用积分调节的控制系统的传递函数属于Ⅰ型系统，即控制系统的开环传递函数积分环节数目为1。则按照稳态误差计算公式可知，在单位阶跃输入信号作用下Ⅰ型系统的稳态误差为0。所谓动作慢是指不管多么强的干扰，偏差信号 e 有多大，积分调节器的输出总是从0缓慢增加，导致积分调节器不能及时克服干扰对被控对象的影响。

2. 比例积分调节器的特性

由于积分调节器的调节速度慢，调节品质差，在实际应用中一般不单独采用，总是和比例调节结合在一起构成比例积分调节器。

微分方程：

$$P=K_{\mathrm{c}}\left(e+\frac{1}{T_{\mathrm{I}}}\int_{0}^{t}e\mathrm{d}t\right) \tag{3-24}$$

传递函数：

$$W(s)=K_{\mathrm{c}}\left(1+\frac{1}{T_{\mathrm{I}}s}\right) \tag{3-25}$$

式中　P——比例积分调节器的输出；

e——比例积分调节器的输入；

K_{c}——比例增益；

T_{I}——积分时间。

比例积分调节器将比例调节规律中调节速度快的特点和积分调节规律能消除系统静差特点有机结合到一起，提高了整个系统的调节品质。

图 3-29 中，给比例积分调节器输入一阶跃输入信号，即偏差信号 e 为常量，则比例积分调节器的输出 $P=K_{\mathrm{c}}e+K_{\mathrm{c}}\frac{e}{T_{\mathrm{I}}}t$，图 3-29（$a$）中的虚线表示比例积分调节器中比例项的输出，为常量。实线表示比例项输出与积分项输出的代数和。图 3-29（b）中矩形方波输入信号从 t_1时刻开始，t_2时刻结束。对应的比例积分调节器的输出为：在 t_1到 t_2时刻之间比例项的输出为 $K_{\mathrm{c}}e$（常量），积分项的输出为 $K_{\mathrm{c}}\frac{e}{T_{\mathrm{I}}}(t-t_1)$，随着时间线性增加，到 t_2时刻后，由于输入信号为 0，所以比例项的输出为 0，比例积分调节器的输出仅剩下积分项的输出。

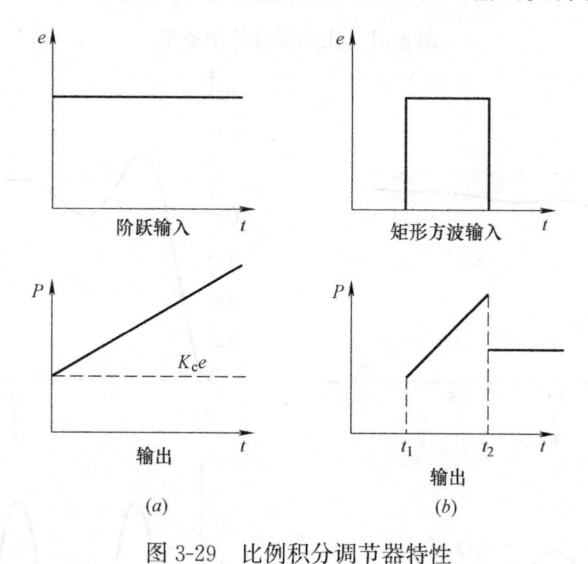

图 3-29　比例积分调节器特性

3. 积分时间对调节过程的影响

（1）积分时间 T_{I}：偏差 e 为阶跃输入信号，当积分项的输出增长到与比例项输出相等时，所需要的时间，如图 3-30 所示。

$$P=K_{\mathrm{c}}\left(e+\frac{1}{T_{\mathrm{I}}}\int_{0}^{t}e\mathrm{d}t\right)=K_{\mathrm{c}}\left(e+\frac{1}{T_{\mathrm{I}}}et\right)$$

当比例项的输出和积分项相等时，有：

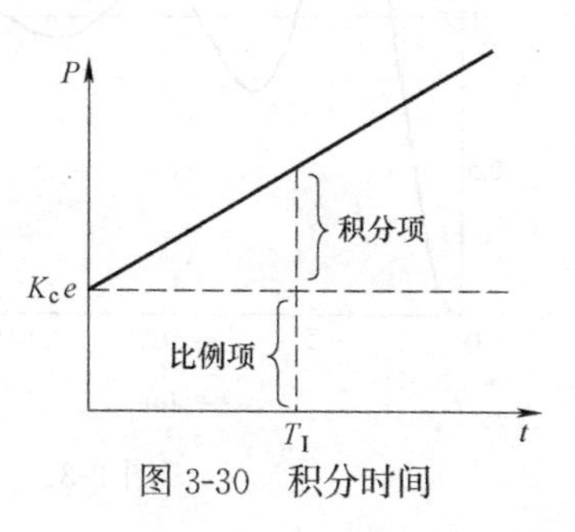

图 3-30　积分时间

$$K_{c}e=\frac{K_{c}}{T_{I}}et$$

得：$t=T_{I}$

T_{I}大说明积分作用弱，T_{I}小说明积分作用强。

(2) 积分时间对调节过程的影响

在比例作用的基础上增加积分作用的目的是消除系统的静差，由于积分时间在分母上，所以积分时间越大，积分作用越弱，当积分时间 $T_{I}\rightarrow\infty$，积分作用为 0，输出为一比例调节。随着积分时间的减小，积分作用越大，系统的稳定性变差，下面以具体实例分析积分时间变化对调节过程的影响。

图 3-31 为一比例积分闭环控制系统，广义被控对象的传递函数为：$G(s)=\frac{1}{(s+1)^{3}}$，$H(s)=1$。控制器采用比例积分控制器，比例增益 $K_{c}=2$ 保持不变，输入为给定输入，通过 Matlab 仿真，得到在单位阶跃给定输入作用下积分时间 T_{I}取不同值时控制系统的过渡响应曲线，如图 3-32 所示。

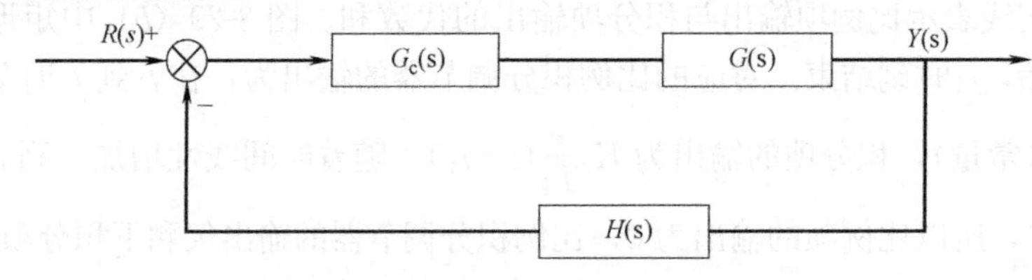

图 3-31　比例积分控制系统

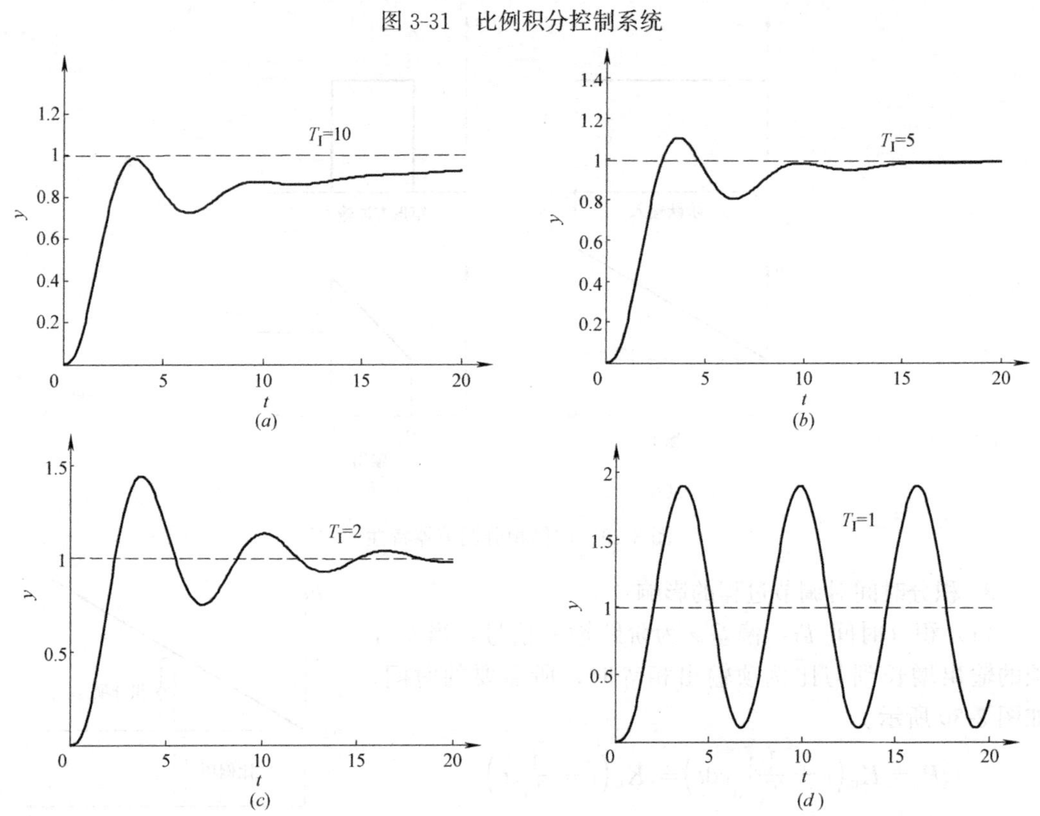

图 3-32　不同积分时间时控制系统的过渡响应曲线

(1) 图 3-32 (a)，$T_I=10$。虚线为给定值，积分时间 T_I太大，积分作用太弱，消除系统静差的能力不够。

(2) 图 3-32 (b)，$T_I=5$。积分时间 T_I合适，可得到较好的衰减振荡，并可及时消除静差。

(3) 图 3-32 (c)，$T_I=2$。随着积分时间的减小，积分作用太强，导致系统的稳定性降低。

(4) 图 3-32 (d)，$T_I=1$。当积分时间 T_I减小到 1 时，系统的过渡响应为等幅振荡，系统不稳定。当 $T_I<1$ 时，系统的过渡响应为发散振荡。

结论：比例作用在引入积分作用的同时，消除了系统的静差，但降低了原有系统的稳定性，为了保持与原有比例作用相同的稳定性，必须适当减小比例增益。

【例 3-1】 图 3-33 为一闭环控制系统，被控对象的传递函数为：$W_1(s)=\frac{0.4}{8s+1}$，传感器的传递函数为：$W_2(s)=\frac{1}{2s+1}$，执行器的传递函数为：$W_3(s)=2$，调节器分别采用比例调节和比例积分调节。比例调节器的传递函数为：$W_c(s)=10$，比例积分调节器的传递函数为：$W_c(s)=10\left(1+\frac{1}{5s}\right)$。(1) 试通过 Matlab 仿真得到在干扰作用下系统的过渡响应曲线；(2) 分别计算比例调节和比例积分调节下控制系统的静差。

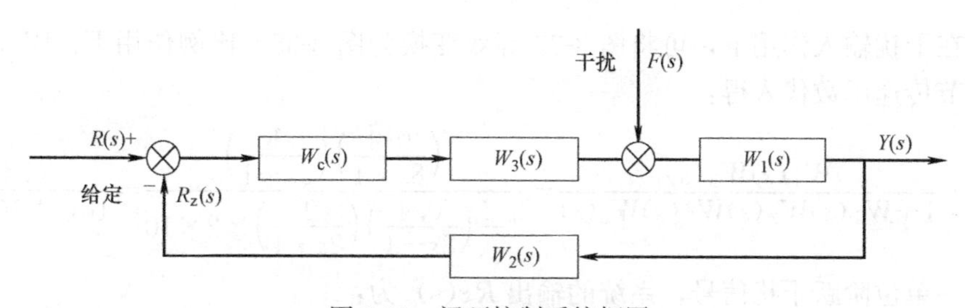

图 3-33　闭环控制系统框图

【解】 (1) 在不同输入情况下，系统的过渡响应曲线不同。因此在编写 Matlab 程序之前，首先要明确系统的输入为干扰。下面为 Matlab 编程：

```
G1=tf(0.4,[8,1])%被控对象传递函数
G2=tf(1,[2,1])%传感器传递函数
G3=2;%执行器传递函数
Gc=10;%比例调节器传递函数
G=feedback(G1,G3*Gc*G2);%干扰输入下系统传递函数
t=0:.1:20;%仿真时间
y1=step(G,t);%单位阶跃响应输出
Gc=tf(10*[4,1],[4,0])%比例积分调节器传递函数
G0=feedback(G1,G3*Gc*G2);%干扰输入下系统传递函数
y2=step(G0,t);%单位阶跃响应输出
plot(t,y1,t,y2)%绘制曲线
```

图 3-34 为通过编程得到的仿真曲线，从图 3-34 可看出，单纯的比例调节有静差 $e_{ss}=$

0.044。在比例作用的基础上加上积分作用可消除系统的静差，但系统的稳定性降低。

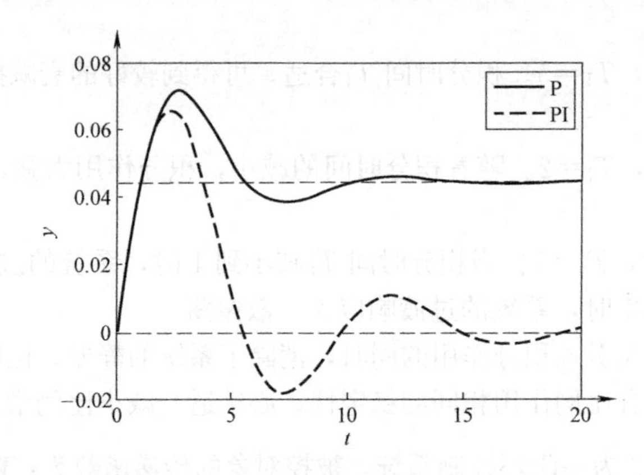

图3-34　P、PI过渡响应曲线对比

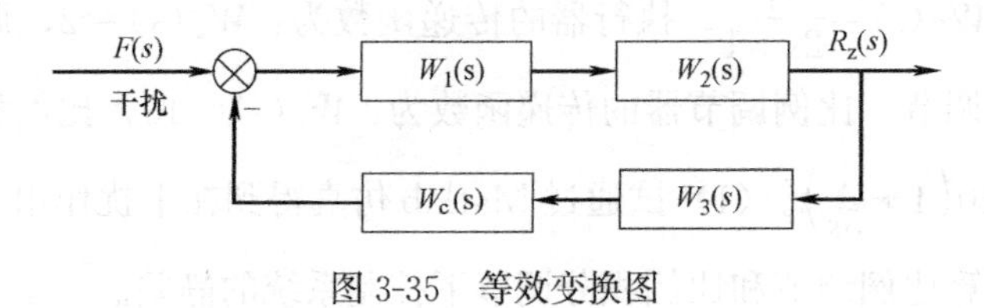

图3-35　等效变换图

(2) 在干扰输入作用下，可将图3-33等效变换为图3-35，比例作用下：$W_c(s)=10$，将各个环节传递函数代入得：

$$W(s)=\frac{W_1(s)W_2(s)}{1+W_1(s)W_2(s)W_3(s)W_c(s)}=\frac{\left(\frac{0.4}{8s+1}\right)\left(\frac{1}{2s+1}\right)}{1+\left(\frac{0.4}{8s+1}\right)\left(\frac{1}{2s+1}\right)\times2\times10}=\frac{0.4}{16s^2+10s+9}$$

输入一单位阶跃干扰信号，系统的输出Rz(s)为：

$$Rz(s)=\frac{1}{s}\times\frac{0.4}{16s^2+10s+9}$$

根据终值定理得：$Rz_{ss}=\lim\limits_{s\to0}s\times Rz(s)=\lim\limits_{s\to0}\frac{s}{s}\times\frac{0.4}{16s^2+10s+9}=\frac{0.4}{9}=0.044$

静差$C=-0.044$。

同理，比例积分作用下：$W_c(s)=10\left(1+\frac{1}{5s}\right)$，将各个环节传递函数代入得：

$$W(s)=\frac{\left(\frac{0.4}{8s+1}\right)\left(\frac{1}{2s+1}\right)}{1+\left(\frac{0.4}{8s+1}\right)\left(\frac{1}{2s+1}\right)\times2\times10(1+\frac{1}{5s})}=\frac{2s}{80s^3+50s^2+45s+8}$$

单位阶跃干扰信号输入下，Rz_{ss}为：

$$Rz_{ss}=\lim\limits_{s\to0}s\times Rz(s)=\lim\limits_{s\to0}\frac{s}{s}\times\frac{2s}{80s^3+50s^2+45s+8}=0$$

显然通过计算同样可以得出：比例调节是有差调节，比例积分调节为无差调节，即静差为0。

3.2.4　比例微分调节

1. 微分调节器特性

微分调节器的输出与输入的微分成正比。

微分方程：

$$P=T_{\mathrm{D}}\frac{\mathrm{d}e}{\mathrm{d}t} \tag{3-26}$$

传递函数：

$$W(s)=T_{\mathrm{D}}s \tag{3-27}$$

式中　P——微分调节器的输出；

e——调节器的输入；

T_{D}——微分时间。微分时间越大，微分作用越强。

图 3-36 为不同输入信号下微分调节器输出特性曲线。微分调节器的输出反映偏差的变化率，具有预调节作用。对于时间常数或容量滞后比较大的对象，若施加到对象的干扰比较大，由于对象的时间常数或容量滞后较大，导致一开始被调参数偏差的变化很小，单纯采用比例调节或比例积分调节不能及时克服干扰对被控对象的影响，此时可以考虑在控制规律上增加微分作用。单纯的微分作用不能消除静差，当偏差变化缓慢时，微分作用弱。微分调节规律通常和比例调节规律一起构成比例微分调节器。

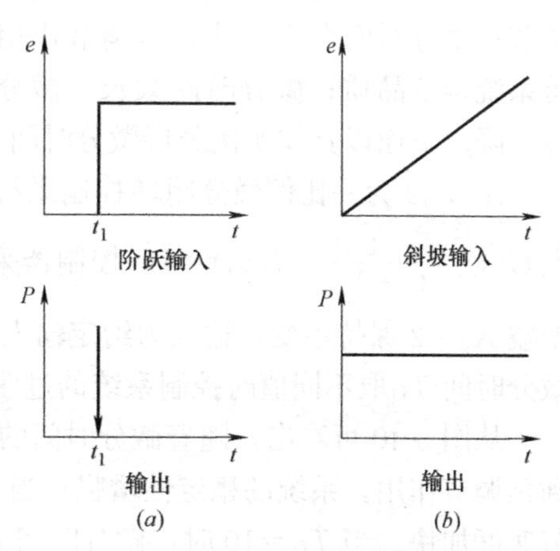

图 3-36　微分调节器特性

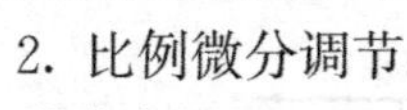

2. 比例微分调节

微分方程：

$$P=K_{\mathrm{c}}\left(e+T_{\mathrm{D}}\frac{\mathrm{d}e}{\mathrm{d}t}\right) \tag{3-28}$$

传递函数：

$$W(s)=K_{\mathrm{c}}(1+T_{\mathrm{D}}s) \tag{3-29}$$

从图 3-37（a）可看出，在 t_1 时刻给比例微分调节器施加一阶跃输入信号 e，比例微分调节器马上输出一个非常强的输出信号，理论上微分项的输出为∞，t_1 时刻之后微分作用马上为 0，只剩下比例作用。显然这样的控制信号会导致执行器操作的大幅度波动，对执行器不利。在实际应用过程中通常采用饱和微分环节，输出特性曲线如图 3-37（b）所示，其传递函数为：

$$W(s)=K_{\mathrm{c}}\frac{T_{\mathrm{D}}s+1}{\dfrac{T_{\mathrm{D}}}{k_{\mathrm{d}}}s+1} \tag{3-30}$$

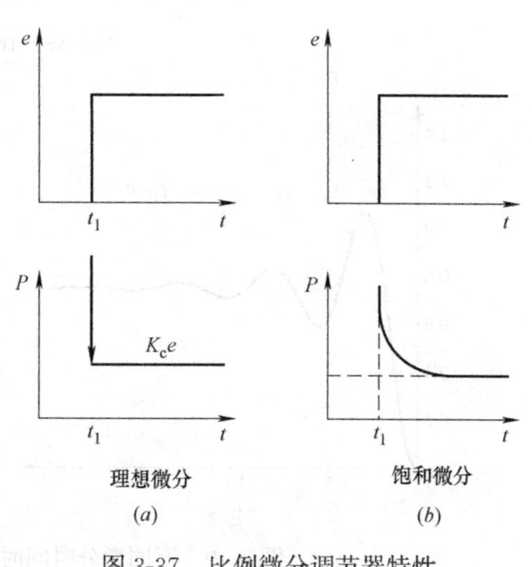

图 3-37　比例微分调节器特性

3. 微分时间对控制过程的影响

(1) 微分时间：输入量为斜坡函数 at，使比例项的输出等于微分项时所需的时间，如图3-38所示。

$$P=K_c\left(e+T_D\frac{de}{dt}\right)=K_c(at+T_Da)$$

从式中可看出，当 $t=T_D$ 时，比例项和积分项相等，即

$$P=K_c(aT_D+T_Da)$$

微分时间大，微分作用强；微分时间小，微分作用弱。

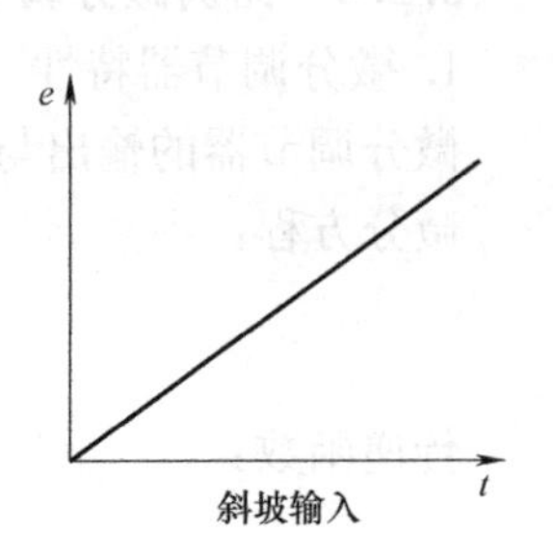

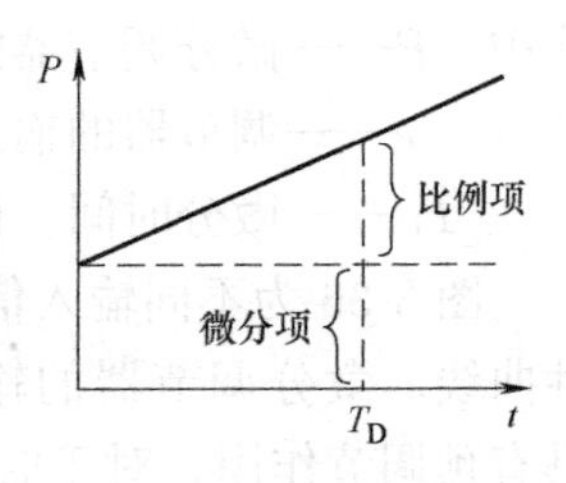

图3-38　微分时间

(2) 微分时间对调节过程的影响

微分作用具有预调节作用，微分时间越小，微分作用越弱，当 $T_D=0$ 时，微分作用为0，比例微分调节退化为单纯的比例调节；微分时间合适，具有预调节作用，提高系统稳定性，改善系统调节品质；微分时间太长，微分作用太强，系统的稳定性下降。下面以具体实例分析微分时间变化对调节过程的影响。

图3-39为一比例微分闭环控制系统，广义被控对象传递函数 $G(s)=\frac{1}{(s+1)^3}$，$H(s)=1$。控制器采用比例微分控制器，$G_c(s)=K_c(1+T_Ds)$，比例增益 $K_c=2$ 保持不变，输入为给定输入，通过Matlab仿真，得到在单位阶跃给定作用下微分时间 T_D 取不同值时控制系统的过渡响应曲线，如图3-40所示。

从图3-40可看出，随着微分时间的增大，当 $T_D=1$ 时，微分时间合适，微分作用起到预调节作用，系统的稳定性增强；当 $T_D=3$ 时，比 $T_D=1$ 时的稳定性稍微变差，但调节速度加快。当 $T_D=10$ 时，微分时间太长，微分作用太强，系统的稳定性变差。

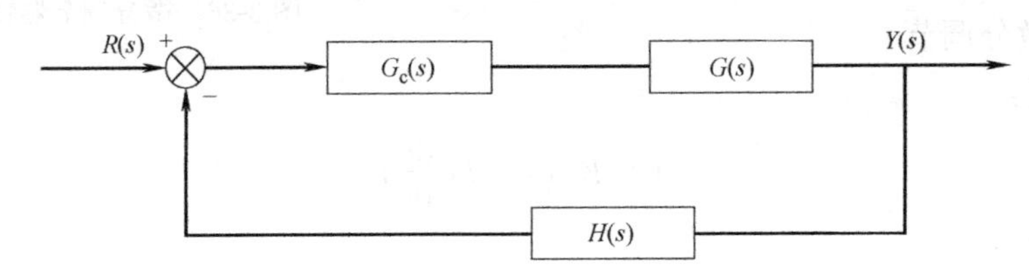

图3-39　比例微分控制系统

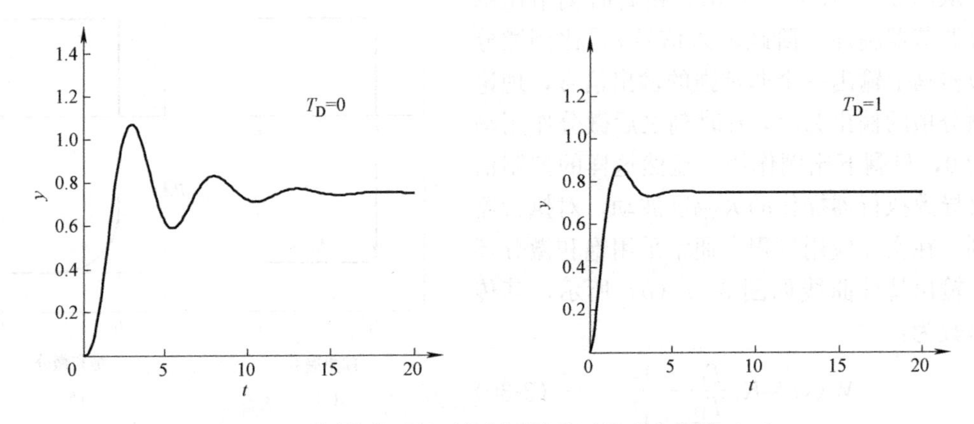

图3-40　不同微分时间时控制系统的过渡响应曲线（一）

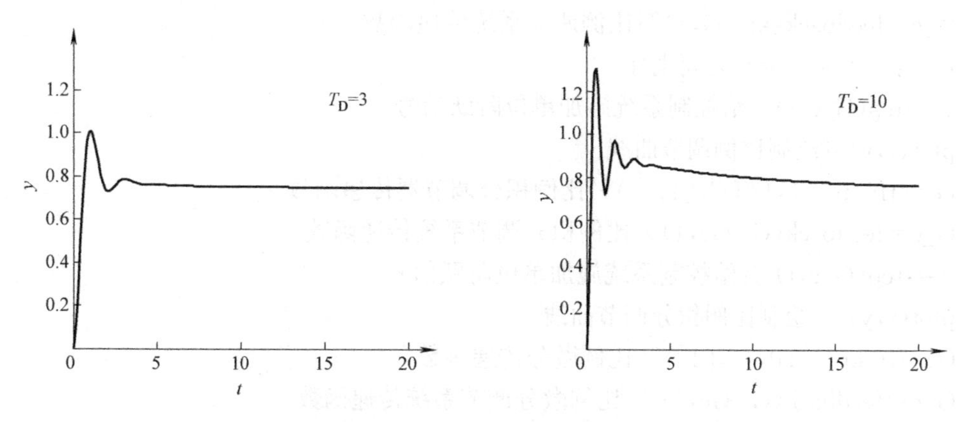

图 3-40 不同微分时间时控制系统的过渡响应曲线（二）

一般而言，比例微分控制系统随着微分时间 T_D 的增大，其稳定性提高，但当 T_D 超过某一值时，系统反而变得不稳定。当比例作用加入微分作用时，可使系统趋向稳定，为了得到与原来比例作用相同的稳定性，可适当降低比例带，从而减小静差。

3.2.5 比例积分微分调节

将比例、积分和微分三者有机结合在一起构成 PID 调节器。

微分方程：

$$P=K_c\left(e+\frac{1}{T_I}\int_0^t e\mathrm{d}t+T_D\frac{\mathrm{d}e}{\mathrm{d}t}\right) \tag{3-31}$$

传递函数：

$$W(s)=K_c\left(1+\frac{1}{T_I s}+T_D s\right) \tag{3-32}$$

图 3-41 为 PID 控制器结构方框图。

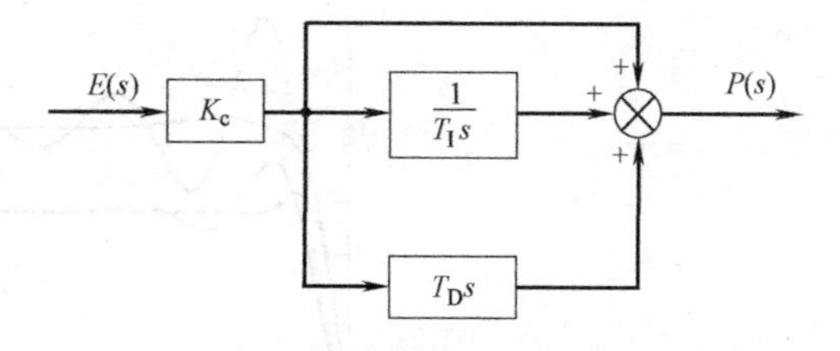

图 3-41 PID 控制器结构方框图

下面以具体实例说明不同调节规律的过渡响应。

【例 3-2】 广义被控对象传递函数为：$G(s)=\frac{1}{(s+1)^3}$，$H(s)=1$。分别取比例调节器 $G_c(s)=2$；比例积分调节器 $G_c(s)=2\left(1+\frac{1}{2s}\right)$；比例微分调节器 $G_c(s)=2(1+s)$；比例积分微分调节器 $G_c(s)=2\left(1+\frac{1}{2s}+s\right)$。通过 Matlab 仿真，得到在单位阶跃给定作用下不同控制规律的过渡响应曲线，

```
G=tf(1,[1,3,3,1]) %广义被控对象传递函数
Td=1%微分时间
kp=2%比例增益
Ti=2%积分时间
axis([0,30,0,2])%定义坐标
hold on%在同一图上绘制多条曲线
```

```
G_c=feedback(kp*G,1)%比例调节系统传递函数
t=0:.1:30%定义时间坐标
y=step(G_c,t)%给控制系统施加单位阶跃信号
plot(t,y)%绘制比例调节曲线
Gc=tf(kp*[1,1/Ti],[1,0])%比例积分调节器传递函数
G_c=feedback(G*Gc,1)%比例积分调节系统传递函数
y=step(G_c,t) %给控制系统施加单位阶跃信号
plot(t,y) %绘制比例积分调节曲线
Gc=tf(kp*[Td,1],[1])%比例微分传递函数
G_c=feedback(G*Gc,1) %比例微分调节系统传递函数
y=step(G_c,t) %给控制系统施加单位阶跃信号
plot(t,y) %绘制比例微分调节曲线
Gc=tf(kp*[Td*Ti,Ti,1],[Ti,0])% 比例积分微分调节器传递函数
G_c=feedback(G*Gc,1) %比例积分微分调节系统传递函数
y=step(G_c,t) %给控制系统施加单位阶跃信号
plot(t,y) %绘制比例积分微分调节曲线
hold off
```

图3-42为不同调节过程响应曲线。

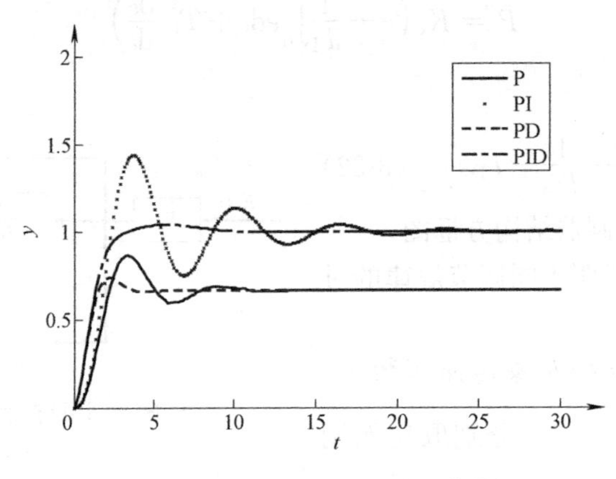

图3-42 不同调节过程响应曲线

3.2.6 调节规律的选择

图3-42是在单位阶跃给定输入作用下不同调节规律的过渡响应曲线。显然，PID调节规律的控制效果最佳，但这并不意味着在任何情况下采用PID调节规律都是合理的。事实上，选择什么样的调节规律是一个比较复杂的问题，通常应根据对象特性、负荷变化、主要扰动和系统控制要求等具体情况，同时还应考虑系统的经济性以及系统投入方便等。

(1) 被控对象时间常数较大或容量滞后较大时，应引入微分动作。若工艺允许有残差，可选用比例微分作用；若工艺要求无残差，可选用比例积分微分作用，如换热器温度控制等。

(2) 被控对象时间常数较小，负荷变化也不大，若工艺允许有残差，可选择P作用，

例如，水箱或水池液位控制。若工艺要求无残差，可选择比例积分作用，例如，管道压力和流量的控制。

(3) 被控对象时间常数和纯滞后都较大，负荷变化亦很大时，简单控制系统已不能满足控制要求，应设计复杂控制系统。

3.3　控制系统的工程整定方法

控制系统的整定方法很多，可归纳为两大类：一类是理论计算整定法，如根轨迹法、频率特性法。这类整定方法基于被控对象的数学模型，通过计算方法直接求得调节器整定参数。由于无论采用机理分析法还是测试法，在求取被控对象数学模型时，通常会忽略某些因素，导致所得的对象数学模型是近似的。在过程控制系统中，理论计算求得的整定参数并不很可靠。另外，理论计算整定法往往比较复杂、繁琐，使用不十分方便。在工程实际中最流行的是另一类，称为工程整定法，其中有一些是基于对象的阶跃响应曲线，有些则直接在闭环系统中进行，方法简单，易于掌握。虽然它们是一种近似的经验方法，但相当实用。常采用的工程整定法是在理论基础上通过实践总结出来的，这些方法通过并不复杂的实验便能迅速获得调节器的近似最佳整定参数，因而在工程中得到广泛应用。下面介绍几种最常用的整定方法。

3.3.1　动态特性参数法

通过实验得到广义被控对象的阶跃响应曲线，并且广义对象的传递函数可用一阶惯性环节加纯滞后表示，如式(3-33)。

$$G(s)=\frac{Ke^{-\tau s}}{Ts+1} \tag{3-33}$$

该方法是由Ziegler和Nichols首先提出来的，因此称为Z-N整定法。后来经过多次改进，目前比较流行的是Cohen-Coon整定公式，以衰减率$\phi=0.75$作为系统的性能指标，相应的计算公式为：

1. 比例控制器

$$K_cK=(\tau/T)^{-1}+0.333 \tag{3-34}$$

比例控制器的整定参数是K_c，将通过实验获取的广义被控对象的特性参数K，T，τ代入式(3-34)，即可求取比例增益K_c。

2. 比例积分控制器

$$K_cK=0.9(\tau/T)^{-1}+0.082 \tag{3-35}$$

$$T_I/T=[3.33(\tau/T)+0.3(\tau/T)^2]/[1+2.2(\tau/T)] \tag{3-36}$$

比例积分控制器的整定参数是K_c、T_I。将通过实验获取的广义被控对象的特性参数K，T，τ代入式(3-35)，即可求取比例增益K_c，代入(3-36)即可求取积分时间T_I。

3. 比例积分微分控制器

$$K_cK=1.35(\tau/T)^{-1}+0.27 \tag{3-37}$$

$$T_I/T=[2.5(\tau/T)+0.5(\tau/T)^2]/[1+0.6(\tau/T)] \tag{3-38}$$

$$T_D=0.37(\tau/T)/[1+0.2(\tau/T)] \tag{3-39}$$

比例积分微分控制器的整定参数是K_c、T_I、T_D。将通过实验获取的广义被控对象的特性参数K，T，τ代入式（3-37），即可求取比例增益K_c，代入式（3-38）即可求取积分时间T_I，代入式（3-39）即可求取微分时间T_D。

【例 3-3】 已知通过实验获取广义被控对象传递函数为：

$$G(s)=\frac{0.4e^{-3s}}{4.8s+1}$$

试通过动态特性参数法确定控制器的整定参数。

【解】 根据被控对象的传递函数可知，$K=0.4$；$T=4.8$；$\tau=3$。

1. P 控制器。将广义被控对象特性参数代入式（3-34）得：$K_c=1.933$。

2. PI 控制器。将广义被控对象特性参数代入式（3-35）、式（3-36）得：$K_c=3.8050$，$T_I=4.4432$。

3. PID 控制器。将广义被控对象特性参数代入式（3-37）、式（3-38）、式（3-39）得：$K_c=6.0750$，$T_I=6.1364$，$T_D=0.2056$。

根据上述 P 控制器、PI 控制器、PID 控制器整定参数编写 Matlab 程序，得到系统的过渡响应曲线，如图 3-43 所示。

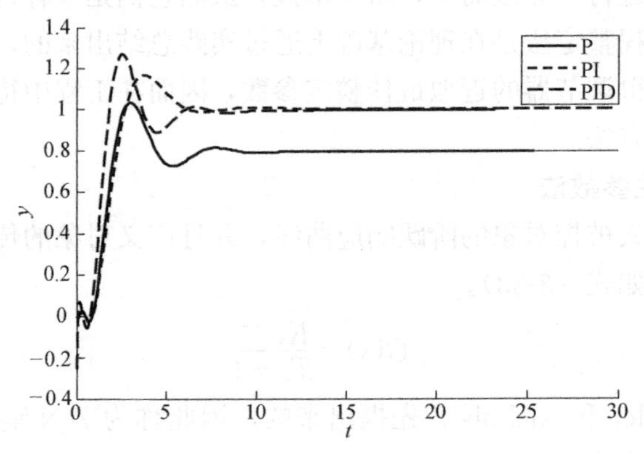

图 3-43 过渡响应曲线

3.3.2 稳定边界法（临界比例带）

（1）将控制器纳入闭环控制内，令积分时间$T_I \to \infty$，微分时间$T_D \to 0$，比例带δ取最大值，逐步使δ降低至被调曲线为等幅振荡，如图 3-44 所示，这时得到临界比例带δ_{cr}和临界振荡周期T_{cr}。

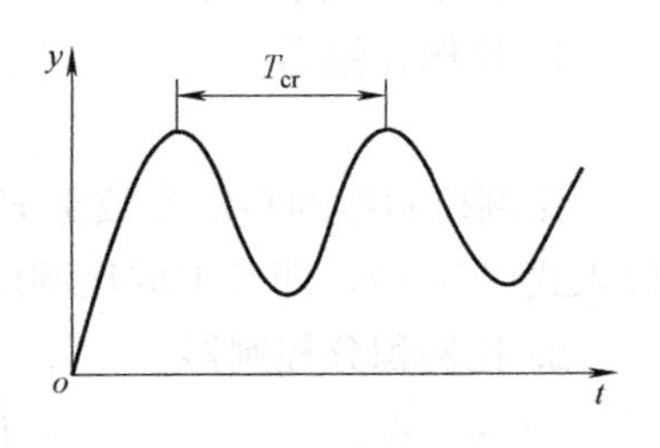

图 3-44 系统的临界过程

（2）根据δ_{cr}、T_{cr}按表 3-3 给出的相应计算公式，计算δ、T_I和T_D。

稳定边界法参数整定公式 **表 3-3**

整定参数 调节规律	δ	T_I	T_D
P	$2\delta_{cr}$		
PI	$2.2\delta_{cr}$	$0.85T_{cr}$	
PID	$1.67\delta_{cr}$	$0.50T_{cr}$	$0.125T_{cr}$

【例 3-4】 已知广义被控对象的传递函数为$G(s)=\frac{1}{(s+1)^3}$，试采用 Matlab 仿真实现稳定边界法不同调节规律的参数整定。

【解】（1）首先将比例带从大到小变化，即比例增益从小到大变化，通过仿真得到在单位阶跃输入信号下系统的过渡响应曲线。当 $K_c=8$ 时，得到等幅振荡响应曲线，如图 3-45所示。同时得到临界振荡周期 $T_{cr}=5.8-2.1=3.7$。

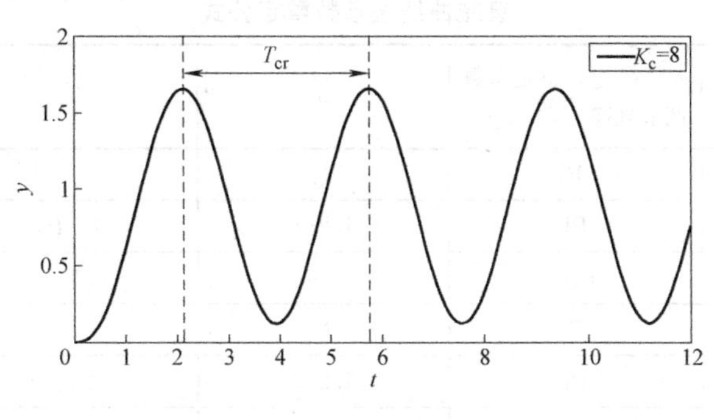

图 3-45　临界振荡曲线

（2）根据表 3-3 计算不同调节规律的整定参数值，得：

P 控制器：$K_c=4$

PI 控制器：$K_c=3.6$，$T_I=3.15$

PID 控制器：$K_c=4.8$，$T_I=1.85$，$T_D=0.46$

（3）根据上述参数编写 Matlab 程序，得到系统的过渡响应曲线如图 3-46 所示。

（4）上述曲线是按照 4∶1 衰减振荡整定得到的，在实际应用过程中，可根据实际工艺的需要对整定参数适当调整。若希望提高系统的稳定性，可适当降低比例增益。若要获取 10∶1 的衰减振荡曲线，可将图 3-46 相应调节规律的比例增益减小一半，其他整定参数不变，得到的过渡响应曲线如图 3-47 所示。

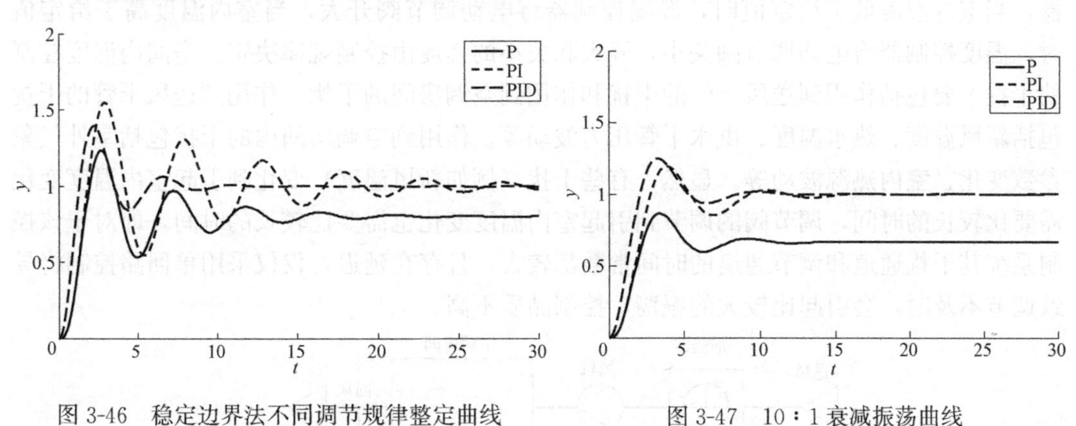

图 3-46　稳定边界法不同调节规律整定曲线　　图 3-47　10∶1 衰减振荡曲线

3.3.3　衰减曲线法

增大比例增益 K_c一般将加快系统的响应，在有静差的情况下有利于减小静差。但过大的比例增益会使系统有较大的超调，并产生振荡，使稳定性变坏。增大积分时间 T_I有利于减小超调，减小振荡，使系统更加稳定，但系统静差的消除将随之减慢。增大微分时

间 T_D 亦有利于加快系统响应，使超调量减小，稳定性增加，但系统对扰动的抑制能力减弱，对扰动有较敏感的响应。

1. $T_I \to \infty$，$T_D \to 0$，δ 取最大值，逐步使 δ 降至被调曲线为 4∶1 或 10∶1 的衰减振荡，这时得到 δ_s、T_s。

2. 根据 δ_s、T_s，按表 3-4 给出的整定公式计算 δ、T_I、T_D。

衰减曲线法参数整定公式　　　　**表 3-4**

衰减比	整定参数 / 调节规律	δ	T_I	T_D
4∶1	P	δ_{cr}		
	PI	$1.2\delta_{cr}$	$0.5T_{cr}$	
	PID	$0.8\delta_{cr}$	$0.3T_{cr}$	$0.1T_{cr}$
10∶1	P	δ_{cr}		
	PI	$1.2\delta_{cr}$	$2T_{cr}$	
	PID	$0.8\delta_{cr}$	$1.2T_{cr}$	$0.4T_{cr}$

3.4　复杂控制系统

3.4.1　串级控制系统

1. 串级控制系统的基本原理和结构

图 3-48 为中央空调房间温度单回路控制系统，被调参数为空调房间内温度，一般情况下温度测点布置在回风口上，执行器为安装在热水加热器（冬季工况）上的电动调节阀。送风通过热水加热器由送风机送入室内，回风温度由温度变送器测量后输入温度控制器，当室内温度低于给定值时，温度控制器将电动调节阀开大，当室内温度高于给定值时，温度控制器将电动调节阀关小，开大和关小的程度由控制规律决定。房间内温度控制的干扰主要包括作用到送风干管的干扰和作用到空调房间的干扰。作用到送风干管的干扰包括新风温度、热水温度、供水干管压力波动等。作用到空调房间内的干扰包括室外气象参数变化、室内热源波动等。显然，有些干扰（例如新风温度）变化到引起室内温度变化需要比较长的时间，调节阀的调节到引起室内温度变化也需要比较长的时间，即对于该控制系统其干扰通道和调节通道的时间常数都较大，且存在延迟，仅仅采用单回路控制将导致调节不及时，会引起比较大的振荡，控制品质不高。

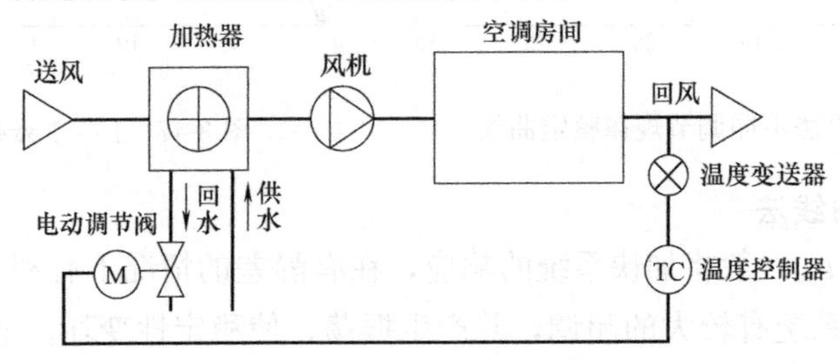

图 3-48　空调单回路控制系统

分析房间温度控制系统发现，对于作用到送风干管的干扰，例如新风温度变化，首先会引起送风温度的变化，送风温度变化后才会引起室内温度变化。为此在送风管道内安装温度传感器，检测送风温度的变化，构成的串级控制系统如图 3-49 所示。其中，TC1 为主调节器，TC2 为副调节器，TC1 的输出为 TC2 的给定输入，由 TC2 的输出驱动电动调节阀的调节。其相应的串级控制系统方框图如图 3-50 所示。空调房间为主对象，送风干管为副对象。空调房间温度为主参数，送风干管温度为副参数。温度变送器 1 为主变送器，温度变送器 2 为副变送器。整个控制系统由主回路和副回路组成，主调节器的输出为副调节器的给定输入。

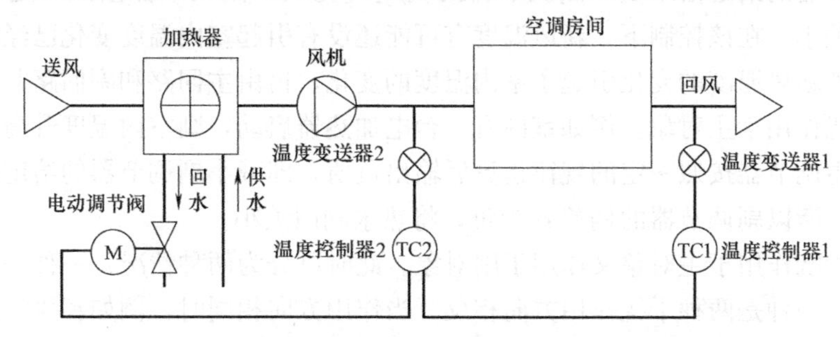

图 3-49 空调串级控制系统

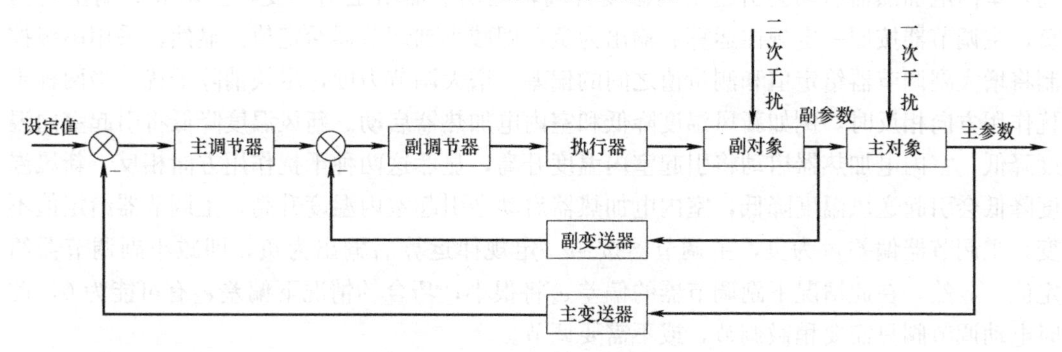

图 3-50 空调串级控制系统方框图

基本术语：

主参数：控制系统的被控变量；

副参数：影响主参数的重要参数，为了稳定主参数而引入的中间辅助变量；

主调节器：在控制中起主导作用，其输入为主参数给定值和测量值之间的偏差，输出为副调节器的给定输入；

副调节器：在控制中起辅助作用，其输入为主调节器的输出和副参数的测量值之差，由副调节器的输出驱动执行机构的动作；

主对象：由主参数表征的运行过程或设备；

副对象：影响主参数的、由副参数表征的运行过程或设备；

主变送器：测量和变送主参数的变送器；

副变送器：测量和变送副参数的变送器；

副回路：处于串级控制系统的内环，由副对象、副变送器、副调节器和执行器构成的闭环回路；

主回路：处于串级控制系统的外环，由主对象、主变送器、主调节器和等效副回路构成的闭环回路；

一次干扰：作用于主对象上的干扰；

二次干扰：作用于副对象上的干扰。

下面以图 3-49 的空调串级控制系统为例分析串级调节的控制过程。

（1）干扰作用于副对象。例如新风温度升高，在阀门开度不变情况下将引起送风温度升高，副调节器的给定值不变，副调节器的偏差 e_2 为负，副调节器按照一定规律运算后将阀门开度关小。在该控制下，新风温度有可能还没有引起室内温度变化已经由副调节器调节完毕。若新风温度的变化引起了室内温度的变化，再由主回路和副回路共同调节。

（2）干扰作用于主对象。例如室内有一台电加热器启动，则室内温度升高，主调节器偏差为负，主调节器按照一定的规律运算后输出负值，即减小副调节器的给定值。由于送风温度不变，所以副调节器的偏差 e_2 为负，将热水阀门关小。

（3）干扰既作用于主对象又作用于副对象。此时可分为两种情况：一种是两种干扰作用方向相同；一种是两种干扰作用方向相反。当作用方向相同时，例如新风温度升高和室内电加热器启动，这两种干扰都会引起室内温度升高。新风温度升高会引起送风温度升高，室内电加热器启动会引起室内温度升高，主调节器给定值不变，主调节器偏差 e_1 为负，主调节器按照一定规律运算后输出为负，即减小副调节器给定值。显然，采用串级控制将增大副调节器给定值和测量值之间的偏差，增大调节力度，尽快消除干扰。当两种干扰作用方向相反时，例如新风温度降低和室内电加热器启动。新风温度降低将引起室内温度降低，室内电加热器启动将引起室内温度升高，显然这两种干扰作用方向相反。新风温度降低会引起送风温度降低，室内电加热器启动会引起室内温度升高，主调节器给定值不变，主调节器偏差 e_1 为负，主调节器按照一定规律运算后输出为负，即减小副调节器给定值。显然，在此情况下副调节器的偏差 e_2 将很小，巧合的情况下偏差 e_2 有可能为 0，此时电动调节阀只需要稍微调节，或不需要调节。

2. 串级控制系统分析

将图 3-50 各个环节分别用传递函数表示，如图 3-51 所示。$G_{c1}(s)$ 为主调节器传递函数，$G_{c2}(s)$ 为副调节器传递函数，$G_v(s)$ 为执行器传递函数，$G_{p1}(s)$ 为主对象传递函数，$G_{m1}(s)$ 为主变送器传递函数，$G_{m2}(s)$ 为副变送器传递函数，$R_1(s)$ 为主调节器给定值，$Y_1(s)$ 为主被控变量，$Y_2(s)$ 为副被控变量，$D_2(s)$ 为作用于副对象的干扰，$G_{d2}(s)$

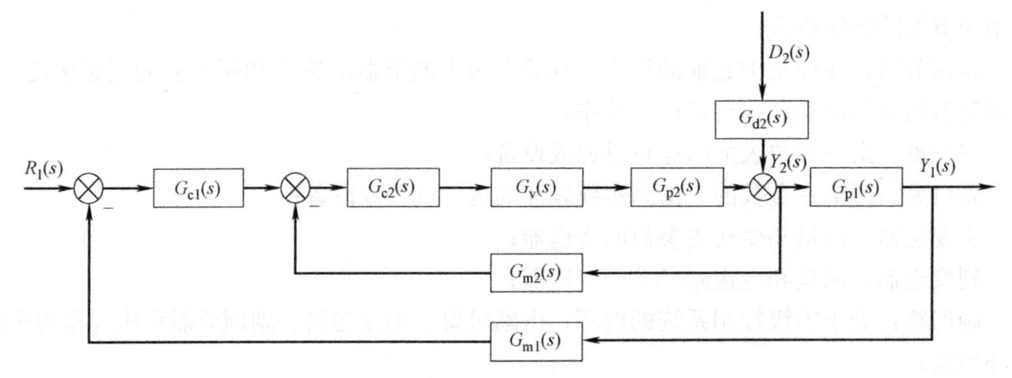

图 3-51　空调串级控制系统方框图

为作用于副对象干扰通道的传递函数，$G_{p2}(s)$ 为副对象调节通道传递函数。

下面分析作用于副对象的二次干扰等效作用于主对象的干扰为多大。先不考虑外环，则以 $D_2(s)$ 为输入，以 $Y_2(s)$ 为输出的系统框图可等效变换为图 3-52。

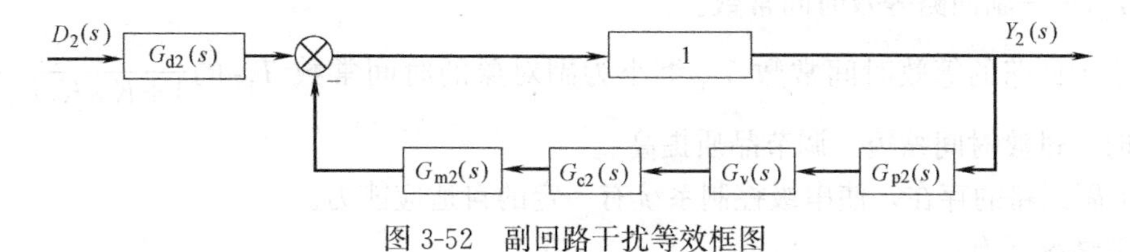

图 3-52　副回路干扰等效框图

相应的等效传递函数为：

$$G_f(s)=\frac{G_{d2}}{1+G_{c2}G_vG_{p2}G_{m2}} \tag{3-40}$$

显然，作用于副对象的干扰等效作用于主对象的干扰减少到原来的$\frac{1}{1+G_{c2}G_vG_{p2}G_{m2}}$。

副回路的等效传递函数为：

$$G'_{p2}(s)=\frac{G_{c2}G_vG_{p2}}{1+G_{c2}G_vG_{p2}G_{m2}} \tag{3-41}$$

将图 3-51 串级控制系统方框图等效变换为图 3-53。

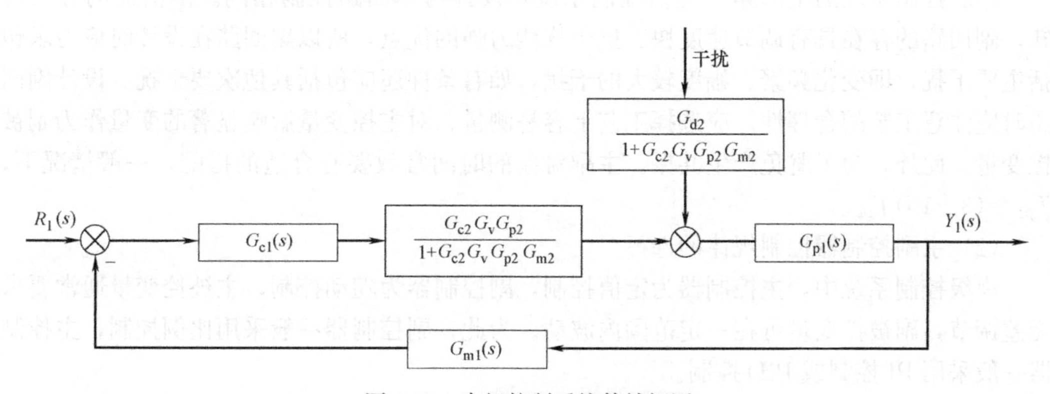

图 3-53　串级控制系统等效框图

串级控制系统的特点：

(1) 对克服副回路的干扰有较强的能力。当干扰包括在副回路时，干扰对主控变量的影响减弱为原来的$\frac{1}{1+G_{c2}G_vG_{p2}G_{m2}}$。

(2) 对克服主回路的干扰也有好处。假如副回路各个环节的传递函数为：

$$G_{c2}(s)=K_{c2}，\quad G_{p2}(s)=\frac{K_{p2}}{T_{p2}s+1}，\quad G_v(s)=K_v，\quad G_{m2}(s)=K_{m2}$$

则：

$$G'_{p2}(s)=\frac{K_{c2}K_v\dfrac{K_{p2}}{T_{p2}s+1}}{1+K_{c2}K_vK_{m2}\dfrac{K_{p2}}{T_{p2}s+1}}=\frac{K_{c2}K_vK_{p2}}{T_{p2}s+1+K_{c2}K_vK_{p2}K_{m2}}=\frac{\dfrac{K_{c2}K_vK_{p2}}{1+K_{c2}K_vK_{p2}K_{m2}}}{\dfrac{T_{p2}}{1+K_{c2}K_vK_{p2}K_{m2}}s+1}$$

令　　$K'_{p2}=\frac{K_{c2}K_vK_{p2}}{1+K_{c2}K_vK_{p2}K_{m2}}$，　$T'_{p2}=\frac{T_{p2}}{1+K_{c2}K_vK_{p2}K_{m2}}$

式中　K'_{p2}——副回路等效放大系数；

　　T'_{p2}——副回路等效时间常数。

由于副回路的等效时间常数 T'_{p2} 缩小为副对象的时间常数 T_{p2} 的 $\frac{1}{1+K_{c2}K_vK_{p2}K_{m2}}$，调节及时，过渡时间缩短，调节品质提高。

(3) 副回路的存在，使串级控制系统有一定的自适应能力。

一般情况下有：

$$K_{c2}K_vK_{p2}K_{m2}\gg1$$

$$\therefore K'_{p2}=\frac{K_{c2}K_vK_{p2}}{1+K_{c2}K_vK_{p2}K_{m2}}\approx\frac{1}{K_{m2}}$$

当由于负荷变化或其他原因引起副回路参数变化时，对主回路的影响非常小，基本不影响系统的控制品质。

3. 串级控制系统的设计

(1) 主副回路设计

串级控制系统的主回路为定值控制系统，设计与单回路控制相同。由前面的分析可知，副回路的存在具有调节速度快、抗干扰能力强的优点，所以副回路在设计时应力求包括主要干扰，即变化频繁、幅度较大的干扰，如有条件还应包括其他次要干扰。设计副回路时应注意工艺的合理性，应选择工艺上容易测量、对主控变量影响显著的变量作为副被控变量。此外，为了避免产生共振。主副对象的时间常数要有合适的搭配，一般情况下，$T_{p1}=(3\sim10)T_{p2}$。

(2) 主副控制器控制规律的选择

串级控制系统中，主控制器为定值控制，副控制器为随动控制，主被控变量通常要求无差调节，副被控变量可在一定范围内波动。为此，副控制器一般采用比例控制，主控制器一般采用PI控制或PID控制。

(3) 主副控制器正反作用的选择

当给定值不变，被控变量测量值增加时，控制器的输出也增加，称为“正作用”方向，或者当测量值不变，给定值减小时，控制器的输出增加的称为“正作用”方向。反之，如果测量值增加（或给定值减小）时，控制器的输出减小的称为“反作用”方向。

例如图3-48中，夏季工况下，空气换热器内为冷水，当送风温度测量值大于给定值时，应将阀门开度开大，所以副控制器应选正作用；当室内温度大于给定值时，应减小送风温度给定值，所以主控制器应选择反作用。冬季工况下，空气换热器内为热水，当送风温度测量值大于给定值时，应将阀门开度关小，所以副控制器应选反作用；主控制器和夏季工况相同，应选择反作用。

(4) 主副控制器参数整定

当主副回路的时间常数相差很大时，主副回路可单独整定，即在主回路开环的情况下先整定副回路，再在副回路投入运行的情况下整定主回路。

当主副回路时间常数比较接近时，主副回路互相影响比较大，必须主副回路反复整定。

3.4.2　前馈—反馈控制系统

以蒸汽—水换热器为例讲述前馈—反馈控制系统。要设计控制系统，首先要确定被控变量和调节变量。假如采用该蒸汽换热器为浴室供应洗澡热水，希望给学生提供的热水温度为 45℃，显然该控制系统的被控变量为出口水温，调节变量为蒸汽流量。作用到被控对象上的干扰包括给水流量、给水温度、蒸汽干管压力波动和蒸汽温度等。图 3-54 为蒸汽—水换热器反馈控制原理图，如果出水温度低于 45℃，就将蒸汽阀门开大，加大蒸汽流量；如果出水温度高于 45℃，就将蒸汽阀门关小，减少蒸汽流量。图 3-55 为蒸汽—水换热器反馈控制方框图，在反馈控制系统中，偏差是控制的依据，因此反馈调节滞后于干扰的加入。在蒸汽—水换热器出口水温控制中，给水流量由用户负荷决定，是一个可测不可控的干扰。例如洗澡的同学突然增多，水流量突然加大，由于反馈控制的延迟性，会导致有一段时间出口水温不能满足洗澡需求，水温偏低。同时会发现，在所有干扰中，给水流量变化波动最大，对出口水温的控制影响最严重。能否在给水流量干扰作用发生后，在未影响出口水温之前就开始调节？为此，对给水流量引入前馈控制。

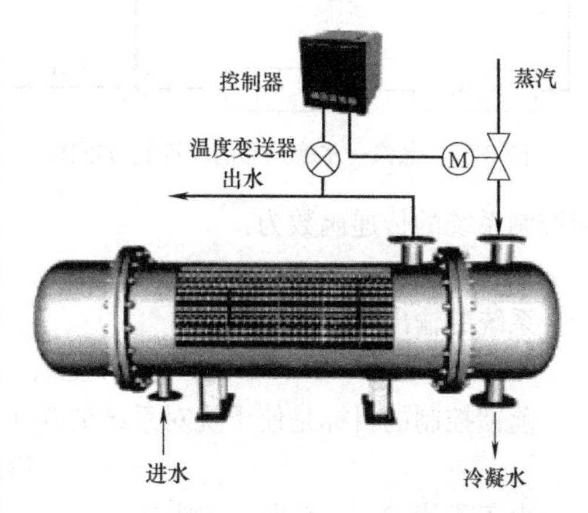

图 3-54　蒸汽—水换热器反馈控制原理图

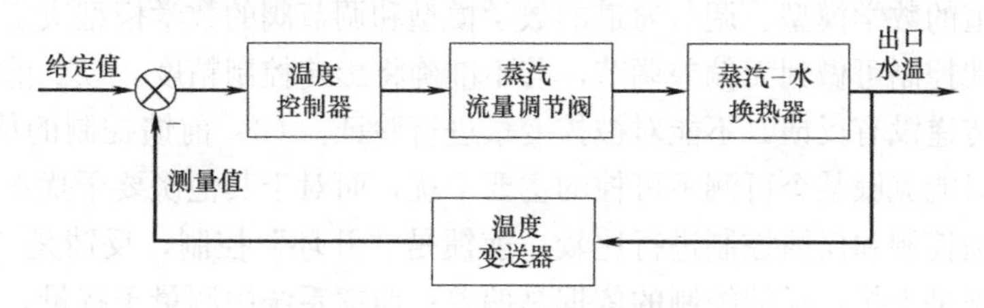

图 3-55　蒸汽—水换热器反馈控制方框图

1. 前馈控制

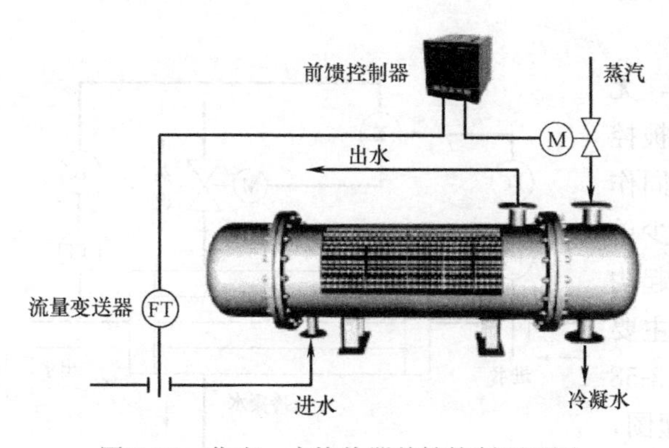

图 3-56　蒸汽—水换热器前馈控制原理图

前馈控制是一种开环控制系统，目前在工程中得到广泛应用，其特点是当扰动产生后，直接根据扰动施加调节，补偿扰动对被控变量的影响，调节及时。图 3-56 为蒸汽—水换热器前馈控制原理图，以给水流量为前馈信号，当用户负荷增大，即给水流量增大时，直接根据给水流量通过前馈器对蒸汽调节阀施加调节作用。如果设计得当，可及时消除给水流量变化对被控变量的影响，将干扰消除在萌

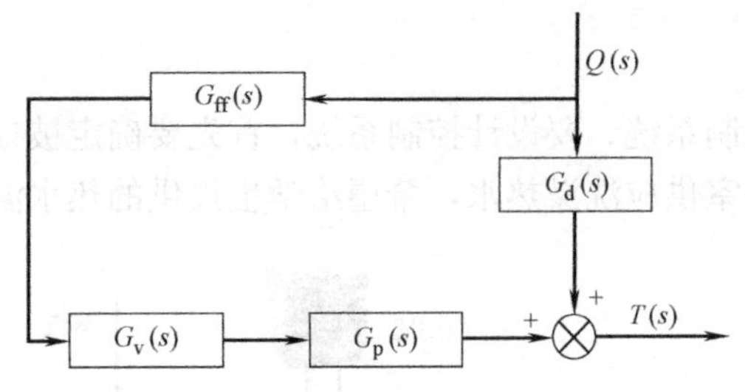

图 3-57 蒸汽—水换热器前馈控制方框图

芽中。图 3-57 为前馈控制系统方框图，$Q(s)$ 为给水流量干扰，$G_d(s)$ 为被控对象干扰通道传递函数，$G_{ff}(s)$ 为前馈控制器传递函数，$G_v(s)$ 为蒸汽调节阀传递函数，$G_p(s)$ 为被控对象调节通道传递函数，$T(s)$ 为控制系统输出出口水温。

给系统附加一个前馈通道，利用前馈控制器的输出补偿干扰对被控变量的影响。前馈控制系统的传递函数为：

$$G(s)=G_d(s)+G_{ff}(s)G_v(s)G_p(s) \tag{3-42}$$

系统的输出 $T(s)$ 为：

$$T(s)=Q(s)(G_d(s)+G_{ff}(s)G_v(s)G_p(s))$$

前馈控制的目标是使干扰对系统的输出没有影响，即：

$$T(s)=0$$

由于干扰 $Q(s)$ 不为 0，则：

$$G_{ff}(s)G_v(s)G_p(s)+G_d(s)=0$$

$$G_{ff}(s)=-\frac{G_d(s)}{G_v(s)G_p(s)} \tag{3-43}$$

式（3-43）为前馈控制器传递函数。

前馈控制的特点为：(1) 从传递函数可以看出，前馈控制的控制规律由对象的特性决定，由干扰通道的数学模型、调节通道的数学模型和调节阀的数学模型决定。若数学模型非常精确，前馈控制可做到无偏差调节，若不准确将影响控制精度。(2) 前馈控制属于开环控制，信息传递没有反馈，不能对被控变量进行验证。(3) 前馈控制的依据是干扰量。(4) 前馈控制只能克服某个可测不可控的主要干扰，而对于其他次要干扰无能为力。

下面将前馈控制和反馈控制进行比较：前馈是“开环”控制，反馈是“闭环”控制；前馈控制的依据是干扰，反馈控制的依据是偏差；前馈系统中测量干扰量，反馈系统中测量被控变量；前馈控制只能克服所测量的干扰，反馈则可克服所有干扰；前馈控制理论上可控制到无偏差，反馈控制必因有差而控制。

2. 前馈—反馈控制

由于单纯的前馈控制没有信号反馈，无法检验控制效果，且通常情况下作用到被控对象的干扰不止一个，会有多个干扰共同作用到被控对象上，因此在过程控制中很少单独采用前馈控制，而总是和反馈控制一起构成前馈—反馈控制系统。其主导思想是主要干扰进行前馈，其他干扰进行反馈。图 3-58 为蒸汽—水换热器前馈—反馈控制原理图，FT 为流量变送器，TT 为温度变送器，TC 为温度反馈控制器，FC 为流量前馈控制器。

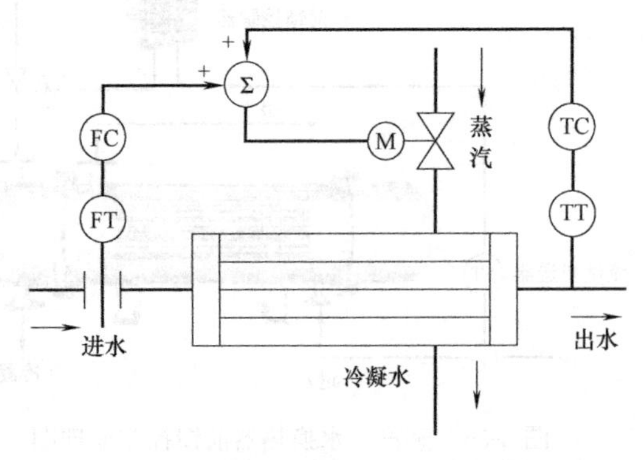

图 3-58 蒸汽—水换热器前馈—反馈控制原理图

取蒸汽—水换热器出口水温为反馈控制信号，换热器进水流量为前馈控制信号，前馈控制器的输出和反馈控制器的输出求和后共同驱动蒸汽电动调节阀的调节。

图 3-59 为前馈—反馈控制系统方框图。与图 3-58 相应的自控设备对应关系为：前馈控制器对应 FC，反馈控制器对应 TC，执行器对应蒸汽电动调节阀，传感变送器对应 TT，干扰变送器对应 FT，被控对象为蒸汽—水换热器。

前馈—反馈控制系统具有下列优点：从前馈控制角度，由于增添了反馈控制，降低了对前馈控制模型的精度要求，并能对未选作前馈信号的干扰加以克服；从反馈控制角度，由于前馈控制的存在，对干扰作了及时的粗调作用，大大减轻了反馈控制的负担。

选用前馈—反馈控制的原则：

（1）如果系统中控制通道的惯性和延迟较大，反馈控制达不到良好的控制效果，这时可引入前馈控制。

（2）如果系统中存在着经常变动、可测而不可控的扰动，反馈控制难以克服扰动对被调量的影响，这时可引入前馈控制以改善控制品质。

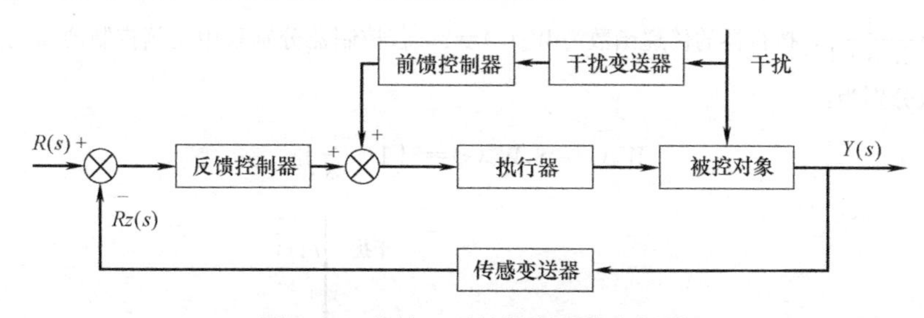

图 3-59 前馈—反馈控制系统方框图

本章习题

1. 简述纯滞后 τ_0 和容量滞后 τ_c 的区别。

2. 写出被控对象一阶惯性加纯滞后的数学模型，并简述其对应的特性参数的含义。

3. 已知一绝热水箱体积为 V，箱内水温为 T，水的比热容为 C，密度为 ρ，流入、流出水箱的流量均为 F，流入水箱的水温为 T_1，流出水箱的水温为 T。假定 F，T_1 均为常数，水充满水箱，在搅拌器的作用下流入水箱的水与箱内的水充分混合。求加热器功率 W 与水箱水温 T 之间的传递函数。

4. 输入 $u(t)$ 为阶跃电压信号，输出为电容两端电压 $u_c(t)$，如图 3-60 所示，试建立该 RC 电路的传递函数。

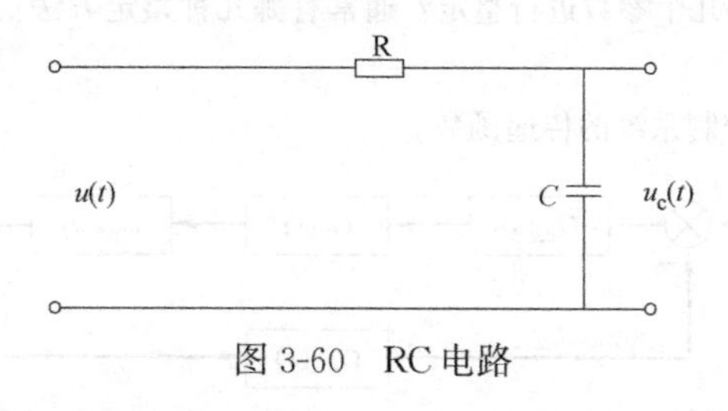

图 3-60 RC 电路

5. 已知一对象的单位阶跃响应如图 3-61 所示。

（1）若对象的数学模型用一阶惯性环节加纯滞后表示，试求出对象的传递函数。

（2）若对象的数学模型用 n 阶惯性环节加纯滞后表示，试根据 $0.4y(\infty)$、$0.8y(\infty)$ 对应的时间 t_1、t_2，求对象的传递函数。

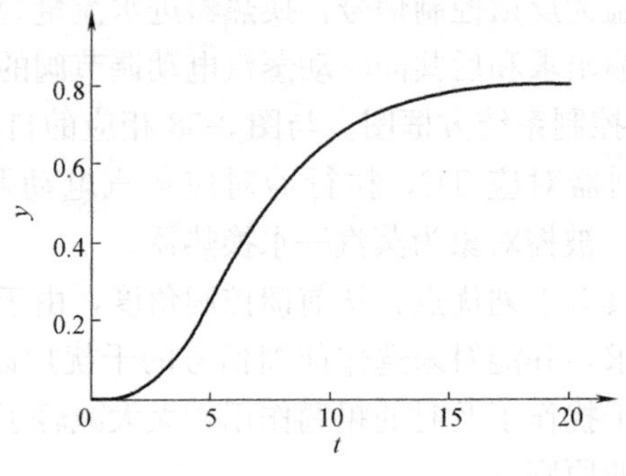

图 3-61　单位阶跃响应曲线

6. 简述调节器的主要作用和分类。

7. 位式调节器有哪些评价指标？

8. 控制系统方框图如图 3-62 所示，其中被控对象的传递函数为 $W_1(s)=\frac{0.8}{10s+1}$，传感器的传递函数为 $W_2(s)=\frac{1}{2.5s+1}$，执行器的传递函数为 $W_3(s)=1$。若控制器分别采用比例控制器和比例积分控制器，传递函数分别为：

$$W_c(s)=8, W_c(s)=8\left(1+\frac{1}{6s}\right)$$

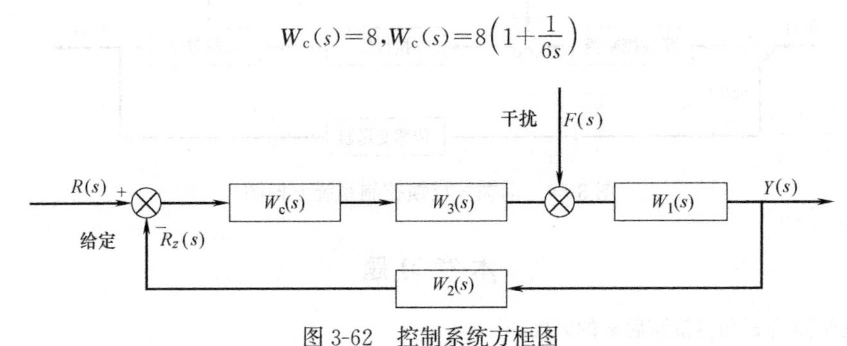

图 3-62　控制系统方框图

(1) 求在单位阶跃干扰作用下系统的 $y(\infty)$；(2) 求在单位阶跃给定作用下系统的 $y(\infty)$。

9. (1) 什么是积分时间？积分时间的大小对控制品质有什么影响？

(2) 在比例控制器的基础上加上积分作用，若要得到与比例控制相同的稳定性，比例带应如何变化？

10. (1) 写出 PID 控制器的微分方程和传递函数；

(2) PID 控制器需要对哪几个参数进行整定？通常有哪几种整定方法？试选择其中一种整定方法详细说明。

11. 求图 3-63 所示串级控制系统的传递函数。

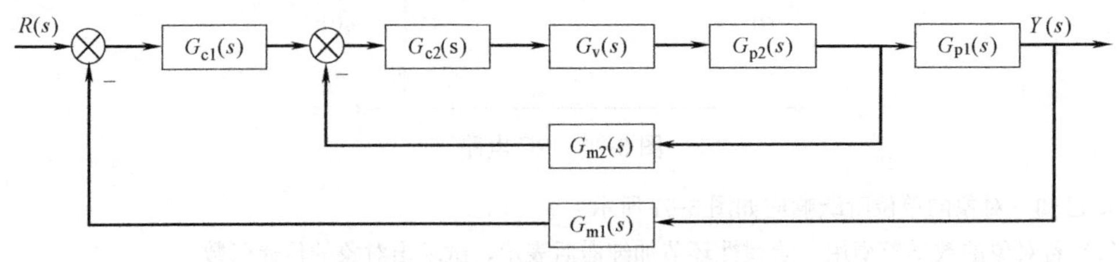

图 3-63　串级控制系统方框图

12. (1) 前馈控制与反馈控制有何区别？

（2）画出前馈—反馈控制系统方框图，并分析前馈—反馈控制系统的特点。

13. 图 3-64 为一空调系统工艺流程图，试设计空调温度串级控制系统。

（1）选择串级控制系统中使用的仪表；

（2）画出串级控制系统原理图；

（3）画出串级控制系统方框图；

（4）叙述串级控制系统的工作原理；

（5）与单回路控制系统比较，串级控制系统的优点是什么？

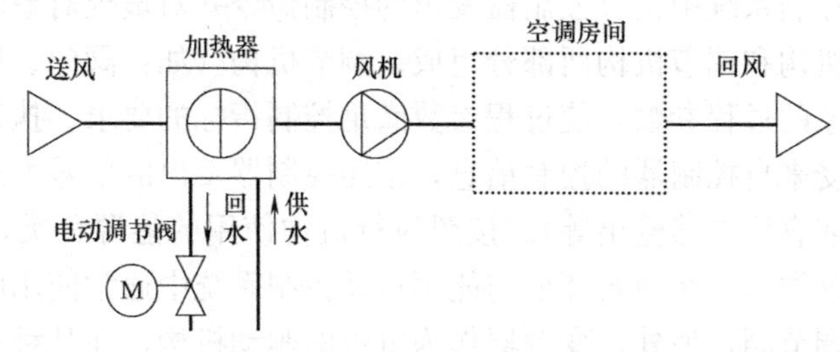

图 3-64　空调系统工艺流程图

14. 如图 3-64 所示，试设计空调温度前馈—反馈控制系统（提示，取新风温度作为前馈信号）。

（1）选择前馈—反馈控制系统中使用的仪表；

（2）画出前馈—反馈控制系统的原理图；

（3）画出前馈—反馈控制系统的方框图；

（4）叙述前馈—反馈控制系统的工作原理；

（5）与单回路控制系统比较，前馈—反馈控制系统的优点是什么？

第4章　执　行　器

执行器是自动控制系统中接收控制器发出的控制命令并对被控对象施加调节作用的装置。执行器由执行机构和调节机构两部分组成。调节机构（如：阀门、风门）通过执行元件直接调节被控对象的过程参数，使过程参数满足控制指标的要求。执行机构则是执行器的推动部分，它接受来自控制器的控制信息，按照控制器发出的信号大小或方向产生推力或位移（如角位移或直线位移输出等）。按照执行机构使用的能源种类，执行器可分为气动、电动、液动三种类型。在建筑环境与能源自动控制系统中通常使用电动执行器，比较有代表的就是电动调节阀，另外，变频器作为电机的驱动机构，在某种意义上讲也是一种执行器。

4.1　电动执行器的分类

电动执行器是以电能作为驱动能源的执行器，一般通过转动阀板角度或升降阀芯等方式来实现管道内流量的调节，进而对被控对象施加控制。在建筑环境与能源自动控制系统中，电动执行器较气动执行器和液动执行器的应用更为广泛。图4-1给出了电动执行器的基本分类。

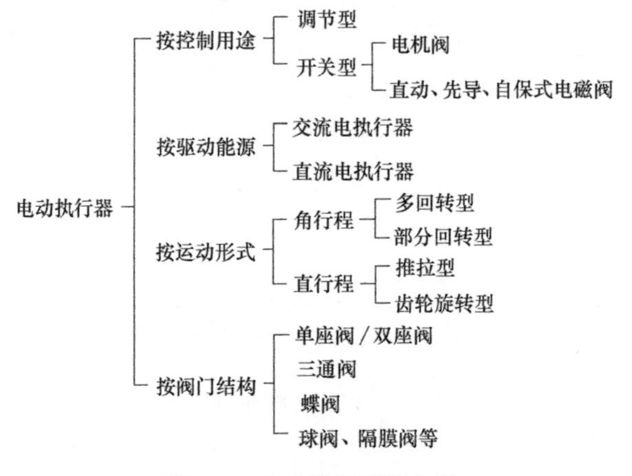

图4-1　电动执行器的分类

（1）根据生产工艺控制要求，电动执行器的控制模式一般分为开关型和调节型两大类。开关型执行器根据执行机构的不同，又可分为电机阀（电动阀）和电磁阀。

（2）按照阀门的运动方式不同，可分为角行程电动执行器和直行程电动执行器。角行程电动执行器又可分为多回转型和部分回转型，而直行程电动执行器可再分为推拉型和齿轮旋转型两种。

1）角行程电动执行器（转角<360°），适用于蝶阀、球阀、旋塞阀等。

2）多回转电动执行器（转角>360°），适用于闸阀、截止阀等。

3）直行程电动执行器，适用于单座调节阀、双座调节阀等。

1. 开关型电动执行器

根据用途可分为电动阀和电磁阀。

（1）开关型电动阀

以电动机为动力元件，将控制器输出信号转换为阀门的开度，实现阀门的开启和关闭，是一种两位式调节的执行器。阀门开闭过程中，有开、关、停信号，以及有模拟反馈信号（AI）输出。开关型电动阀一般用于不需要对介质流量进行精确控制的场合，例如风机盘管和加湿器等的流量控制。由于只有在改变阀门位置时才需供电，所以，阀门所需的功率很小。电动阀的开关动作模式不同，其控制电路也有所不同，下面给出几种电动阀开关动作模式下的控制电路：

1）无输出触点的电动阀控制电路

图 4-2 是开关型带有源指示灯的电动阀的接线原理图。驱动装置采用单相交流异步电动机，电动机两绕组线圈的公共端接电源零线，两绕组的另外两接线端跨接启动电容，并通过蝶阀设置的两个到位开关接电源火线。在控制回路中分别串接了两个带有常开和常闭触点的限位开关，用于检测和控制阀门的到位，两个指示灯分别指示阀门的到位情况，①～⑤是接线端子。

2）输出无源触点的电动阀控制电路

图 4-3 是输出无源触点信号的电动阀控制电路。电路控制原理同图 4-2，所不同的是使用了 4 个限位开关，分别用于检测和控制阀门的到位，并通过触点输出无源的阀门的到位信号，①～⑥是接线端子。

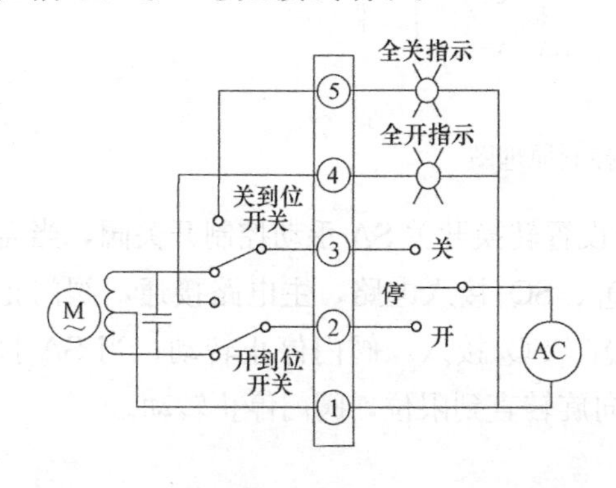

图 4-2 开关型带有源指示灯电动阀接线图

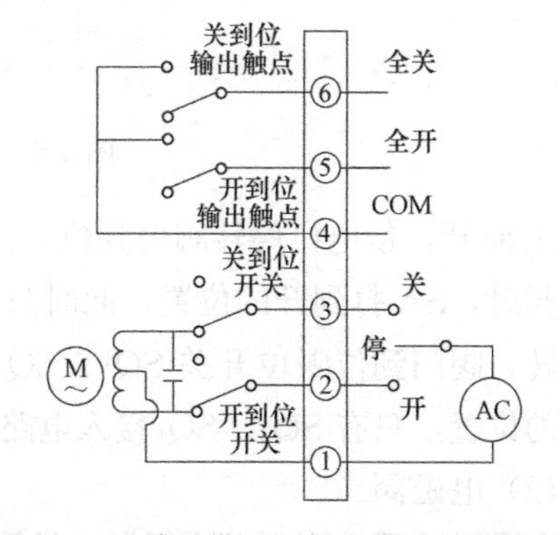

图 4-3 开关型带无源触点电动阀接线图

3）开关型带开度信号阀位反馈的电动阀控制电路

图 4-4 是输出 0～1000Ω 电阻值的电动阀接线图。阀位反馈电位器通常为 500Ω 或 1000Ω，①～⑥是接线端子。图 4-5 是同时带有开关型带开度信号的阀位反馈和阀门到位的无源触点输出的接线图，①～⑨是接线端子。

4）直流电动机驱动的电动阀控制电路

图 4-6 是直流电动机驱动电动阀的控制原理图。KA_1 和 KA_2 为电机正反转控制继电器，两继电器线圈分别与内部限位开关 SQ_1、SQ_3 及互锁辅助点 KA_1 和 KA_2 串联，当阀门全开或全关时，触碰限位开关动作，使继电器吸合或断开，串入控制回路中的常闭点 KA_1

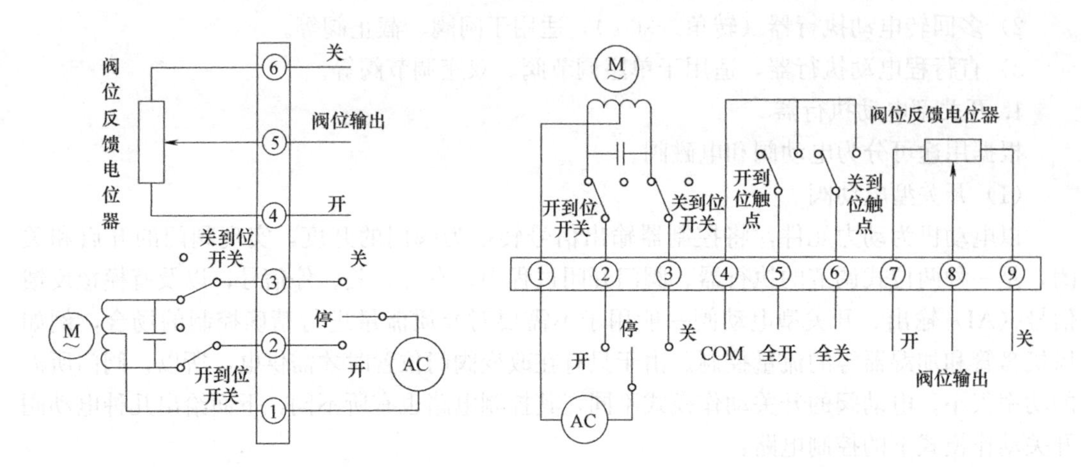

图 4-4 开关型带开度信号反馈电动阀接线图　　图 4-5 带开度信号和无源触点电动阀接线图

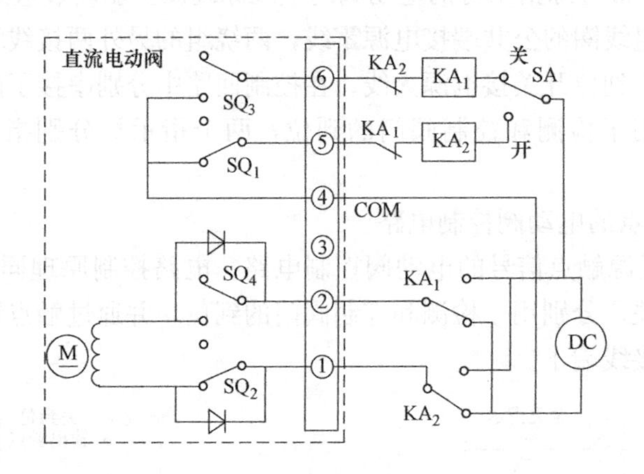

图 4-6 直流电动阀控制原理图

或 KA_2 断开，使电机停转阀门到位。在主回路中设置转换开关 SA 手动控制开关阀，当需要开阀时，SA 打到开的位置，此时只有限位 SQ_1、SQ_2 接入电路，主电路接通，阀门正向旋转，阀门到位限位开关 SQ_1、SQ_2 断开，SQ_3、SQ_4 接入，阀门停止转动；当 SA 打到关的位置，只有 SQ_3、SQ_4 接入电路，阀门反向旋转直到限位，阀门停止转动。

（2）电磁阀

电磁阀是开关型电动执行器中最简单的一种，它利用电磁铁的吸合和释放对小口径阀门作通、断两种状态的控制，由于结构简单、价格低廉，常和两位式简易控制器组成简单的自动控制系统。如供水管道的流量通断控制等。电磁阀有直动式和先导式两种，每种电磁阀还有断电回位或断电自保两种不同工作方式。

1）直动式电磁阀

图 4-7 为直动式电磁阀结构图。这种结构中，电磁阀的动铁芯本身就是阀塞，通过电磁吸力开阀，失电后，由恢复弹簧闭阀。对于自保式结构，当电源正向接通时，阀塞在电磁铁作用下开阀，失电后阀塞位置由永久磁铁保持，电源反向接通，阀塞在电磁铁作用下关阀，失电后由永久磁铁保持阀位。这种自保式电磁阀一般用于电池供电的水表集抄系统中。

2）先导式电磁阀

图 4-8 为先导式电磁阀结构图，由导阀和主阀组成，通过导阀的先导作用促使主阀开闭。线圈通电后，电磁力吸引活铁芯上升，使排出孔开启，由于排出孔远大于平衡孔，导致主阀上腔中压力降低，但主阀下方压力仍与进口侧压力相等，则主阀因差压作用而上升，阀呈开启状态。断电后，活动铁芯下落，将排出孔封闭，主阀上腔因从平衡孔冲入介质压力上升，当约等于进口侧压力时，主阀因本身弹簧力及复位弹簧作用力，使阀门呈关闭状态。

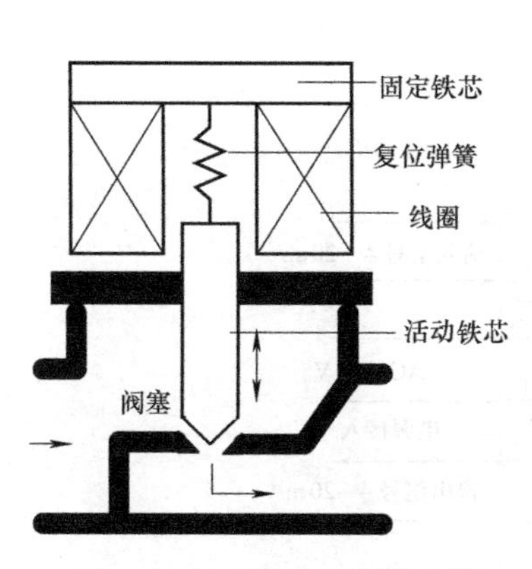

图 4-7 直动式电磁阀结构图

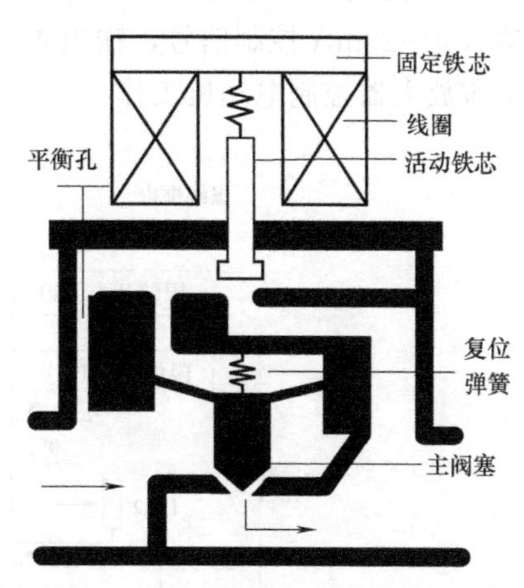

图 4-8 先导式电磁阀结构图

电磁阀的型号可根据工艺要求选择，其通径可与工艺管路直径相同。

直动式用于通径 DN20 左右的管道流量控制，大流量大通径的管道通常选用先导式，先导式电磁阀功耗较小（0.1～0.2W），直动式功耗较先导式大，一般为 5～20W。

2. 调节型电动阀

调节型电动阀通常称为电动调节阀，由电动执行机构和阀门组成，电动执行机构根据控制信号的大小，驱动调节阀动作，实现对管道介质流量、压力、温度等参数的连续调节。调节阀必须有阀门定位器和手轮机构等辅助装置。阀门定位器利用反馈原理改善执行器性能，使执行器能按调节器的控制信号，实现准确定位。手轮机构用于直接操作调节阀，以便在停电、停气、调节器无输出或执行机构损坏而失灵的情况下，生产仍能正常工作。图 4-9 是电动执行机构的调节原理框图。系统由伺服放大器、电动执行机构、调节阀和阀位传感器等组成。

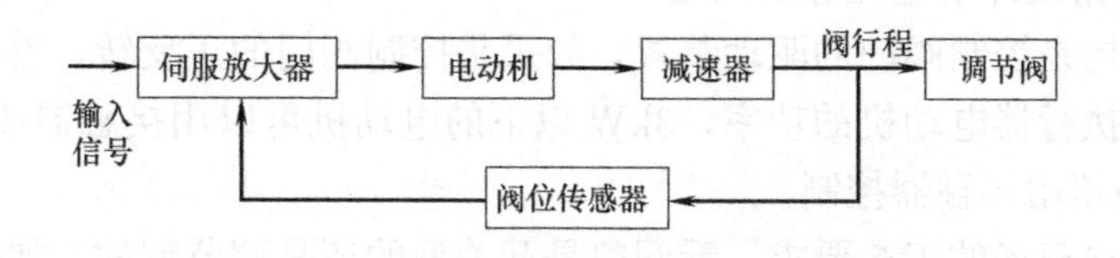

图 4-9 电动执行机构的调节原理框图

（1）电动调节阀的控制信号一般有电流信号（4～20mA、0～10mA）或电压信号（0～5V、1～5V），远距离传输一般采用电流信号。

(2) 电动调节阀的工作形式包括电开型和电关型。以4～20mA控制信号为例，电开型是指4mA信号对应阀关，20mA对应阀开；电关型是指4mA信号对应阀开，20mA对应阀关。

(3) 失信号保护。为了工艺流程需要或生产安全，当线路等故障造成控制信号丢失时，电动执行器将控制阀门启闭到设定的保护值，常见的保护值为全开、全关、保持原位三种情况。

图4-10是阀门执行机构的接线图。阀门执行机构是电动调节阀的一个重要组成部分，通过输入4～20mA控制信号，输出4～20mA阀位反馈信号，输入阀位电位器电阻信号，通过伺服放大器控制电动机工作。

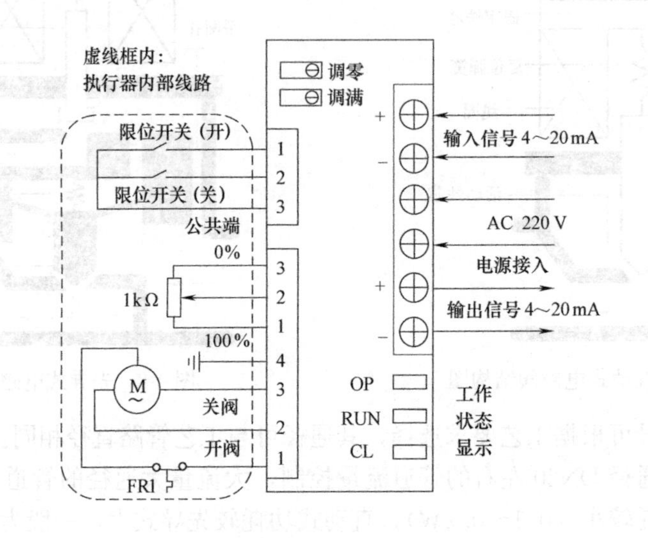

图4-10 电动调节阀执行机构接线图

(4) 调节阀的接线：

1）调节阀的内部接线与图4-5基本相同，分为电动机控制、阀的开关到位检测和阀位的位置检测。

2）调节阀的外部接线：

① 控制阀门位置的控制输入信号；

② 阀门位置的反馈输出信号；

③ 阀门的驱动电源。

3. 电动阀电路设计中应注意的问题

(1) 执行机构是控制阀门的驱动装置，如果是控制阀门的正反转，首先要考虑根据阀门的扭矩来选择执行器电动机的功率，3kW以下的电动机可以用接触器或可控硅来控制，3kW以上的则必须用接触器控制。

(2) 根据客户现场的工艺要求，看阀门是开关型的还是调节型的，如是调节型，而且调节动作频繁，则必须使用可控硅控制，可控硅的触点适合于频繁开关使用，接触器的使用寿命在10^6次。调节器频繁动作影响控制器的使用寿命，尤其对执行机构机械装置的寿命影响更大，可以通过合理设置阀门动作的阈值或滞环区，减少调节阀的动作频率。

(3) 阀门到位停止方式是通过阀门执行器设置的限位开关控制或是力矩控制，每台执行器必须配备限位开关和力矩开关两重控制，如用限位停机，则力矩开关作为保护，如用力矩停机则限位开关作为保护。

（4）开关型电动阀的电气控制由正反转控制电路实现，而调节型电动阀需要电位器或霍尔元件输出的模拟量位置反馈信号，可以结合 DDC 或 PLC 来设计。

4.2　建筑环境与能源自动化系统中常用的电动阀

4.2.1　电动蝶阀

1. 电动蝶阀的工作原理

蝶阀是用圆形蝶板作启闭元件并随阀杆转动来开启、关闭或调节流体通道的一种阀门。蝶阀的蝶板安装于管道的直径方向。在蝶阀阀体位于圆柱形通道内，圆盘形蝶板绕着轴线旋转，旋转角度在 0°～90°之间，旋转到 90°时，阀门呈全开状态，反之，阀门则呈全关状态。

电动蝶阀采用一体化结构，通常由角行程电动执行机构和蝶阀整体通过机械连接共同组成。根据动作模式分类，有开关型和调节型两种。开关型是直接接通电源（AC 220V 或其他电源等级的电源）通过开关正、反导向来完成开关动作。图 4-11（*a*）是开关型电动蝶阀接线图，图中所示蝶阀采用了单相交流电源直接控制阀门开闭；图 4-11（*b*）是调节型电动蝶阀示意图，调节型是以交流 220V 电源作为动力，接收自动控制系统设定的参数值 4～20mA 等信号来完成调节动作。调节型有内装阀门定位器、伺服放大器和外接伺服操作器等，图 4-11（*c*）是电动蝶阀实物图。

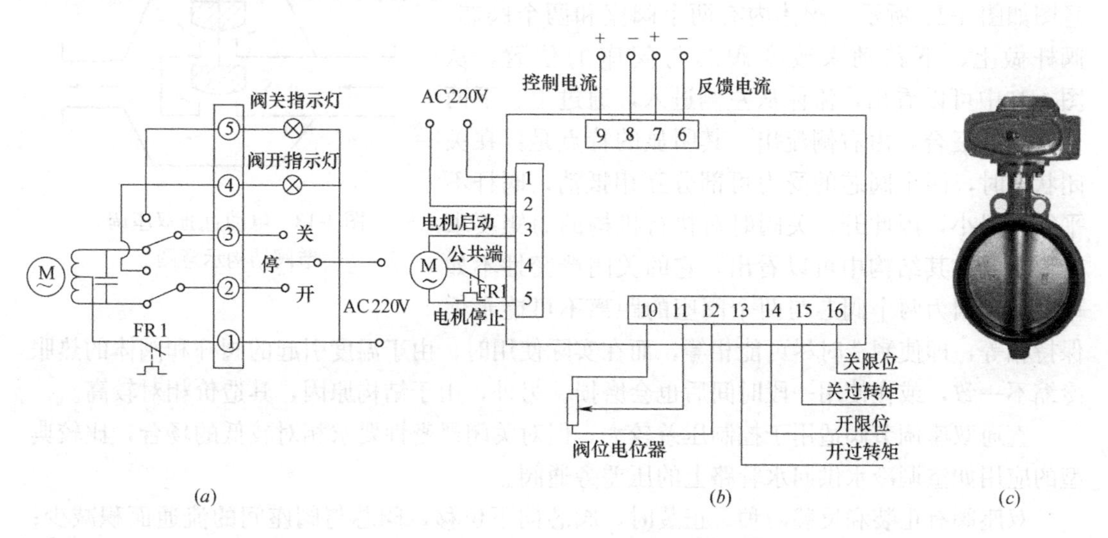

图 4-11　电动蝶阀两种控制方法的接线图

2. 蝶阀的选用

蝶阀的蝶板安装于管道的直径方向。在蝶阀阀体圆柱形通道内，圆盘形蝶板绕着轴线旋转，旋转角度在 0°～90°之间，旋转到 90°时，阀门则处于全开状态。蝶阀处于完全开启位置时，蝶板厚度是介质流经阀体时唯一的阻力，因此通过该阀门所产生的压降很小，故具有较好的流量控制特性。蝶阀有弹性密封和金属密封两种密封形式。采用金属密封的阀门一般比弹性密封的阀门寿命长，但很难做到完全密封。金属密封能适应较高的工作温度，弹性密封则具有受温度限制的缺陷。

如果要求蝶阀作为流量控制使用，主要的是正确选择阀门的尺寸和类型。蝶阀的结构原理尤其适合制作大口径阀门。蝶阀不仅在石油、煤气、化工、水处理等一般工业上得到广泛应用，而且还大量应用于暖通空调系统的冷却水和冷水系统的控制中。

4.2.2 电动直通单座调节阀（简称两通阀）

电动直通单座调节阀的结构示意图如图4-12所示，由直行程电动执行机构和直通单座阀两部分组成，以单相交流220V电源为动力，接收0～10mA或4～20mA直流控制信号，自动调节阀门开度，实现对管道内流体的压力、流量、液位等工艺参数的连续调节。

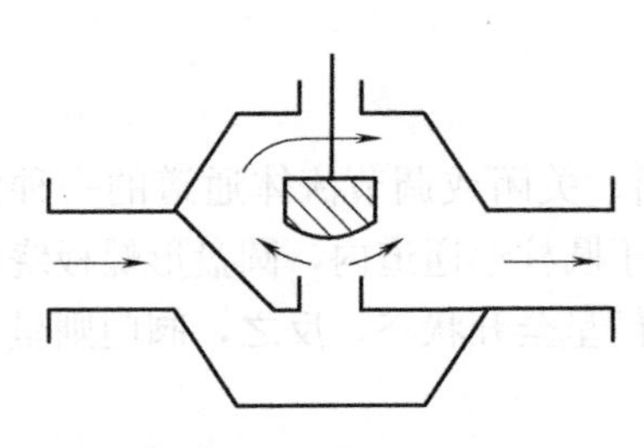

图4-12 电动直通单座调节阀结构示意图

电动直通单座调节阀的特点是关闭严密，工作性能可靠，结构简单，造价低廉，单座阀只有一个阀芯，不平衡力较大，阀杆的受力较大，因此，对执行器工作力矩要求相对较高。

单座阀仅适用于低压差的场合，主要适合于对关闭要求较严密及压差较小的场所，如空气处理机组、热交换器等设备的流量控制。

4.2.3 电动直通双座调节阀

电动直通双座调节阀又称压力平衡阀，其结构示意图如图4-13所示，阀体内有两个阀座和两个阀芯。阀杆做上、下移动来改变阀芯与阀座的位置。从图4-13中可以看出，流体从左侧进入，通过上、下两个阀芯后汇合，由右侧流出。其明显的特点是：在关闭状态时，两个阀芯的受力可部分互相抵消，阀杆不平衡力很小，因此开、关阀时对执行机构的力矩要求较低。但从其结构中可以看出，它的关闭严密性不如单座阀，因为两个阀芯与两个阀座的距离不可能永远保持相等，即使制造时尽可能相等，而在实际使用时，由于温度引起的阀杆和阀体的热胀冷缩不一致，或在使用一段时间后也会磨损。另外，由于结构原因，其造价相对较高。

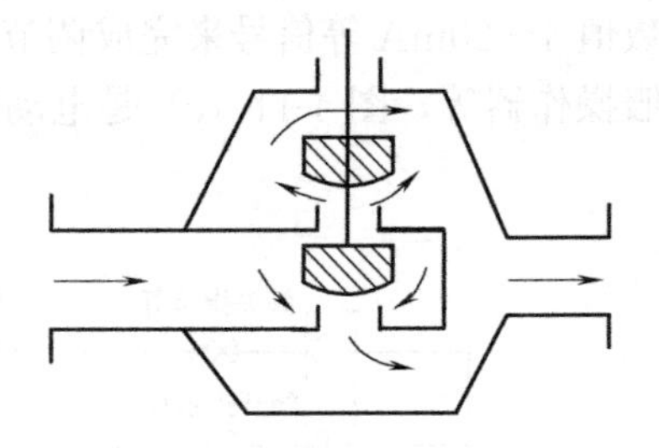

图4-13 电动直通双座调节阀结构示意图

直通双座调节阀适用于控制压差较大，但对关闭严密性要求相对较低的场合，比较典型的应用如空调冷水供回水管路上的压差旁通阀。

双座阀有正装和反装两种。正装时，阀芯向下位移，阀芯与阀座间的流通面积减少；反装时，阀芯向下位移，阀芯与阀座间的流通面积增大。由于双座阀有两个阀芯和阀座，采用双导向结构，正装可以方便地改成反装，只要把阀芯倒装，阀杆与阀芯的下端连接，上、下阀座互换位置之后就可改变安装方式。

4.2.4 电动三通调节阀

三通阀有三个出入口与管道相连，按作用方式分为三通混流阀（两入一出型）和三通分流阀（一入两出型）两种形式，图4-14为三通分流阀和三通混流阀示意图。

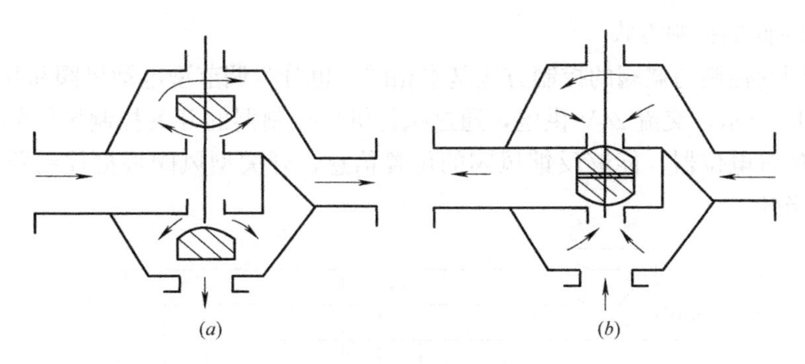

图 4-14 双座三通阀示意图
(a) 分流阀；(b) 混流阀

分流是把一种流体通过阀后分成两路，这种阀有一个入口和两个出口。分流阀用于要求上游流体流量保持恒定的系统，即通过分流的方式实现一个出口流量的调节，而多余流量由另一个出口分流，保持阀门入口流量恒定。

混流阀则是在保持出口流量恒定的同时，对某一入口流体的流量进行调节，出口流量的其余部分由另一入口流体补充，从而保证阀门出口流量基本恒定。混流阀是两种流体通过阀时混合产生第三种流体，或者两种不同温度的流体通过阀时混合成温度介于前两者之间的第三种流体。这种阀有两个进口和一个出口。

三通阀的特点是基本上能保持总水量的恒定。因此，适合于定水量系统。常用于热交换器的旁通调节，也可用于简单的配比调节。

4.2.5 电动风阀

电动风阀由电动执行机构和风阀组成，分为调节型电动风阀和开关型电动风阀，是空调送风系统和建筑防排烟系统中常用的设备。调节型电动风阀采用连续调节的电动执行机构，通过调节风阀的开启角度来控制风量的大小；开关型电动风阀采用两位式电动执行机构，实现对风阀开启、关闭及中间任意位置的定位。对开启和关闭时间有特殊要求的场合，可采用快速切断风阀，其全行程时间可在 3～6min 完成。图 4-15 是电动风阀执行机构实物图。

电动风阀由若干叶片组成，当叶片转动时改变流道的等效截面积，即改变了风阀的阻力系数，其流过的风量也就相应地改变，从而达到了调节风量的目的。图 4-16 是电动风阀结构示意图。

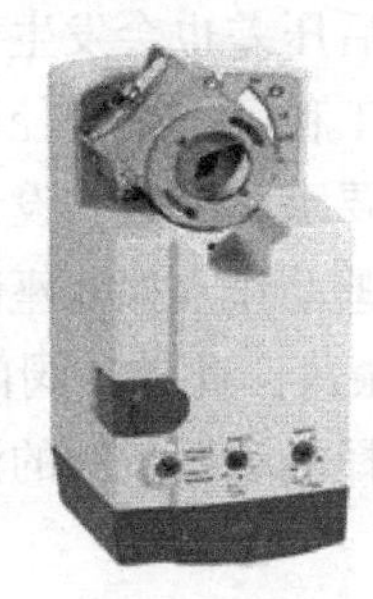

图 4-15 电动风阀执行机构

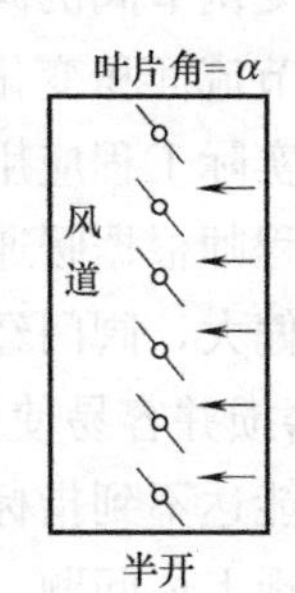

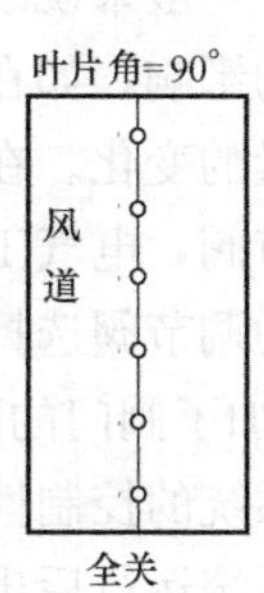

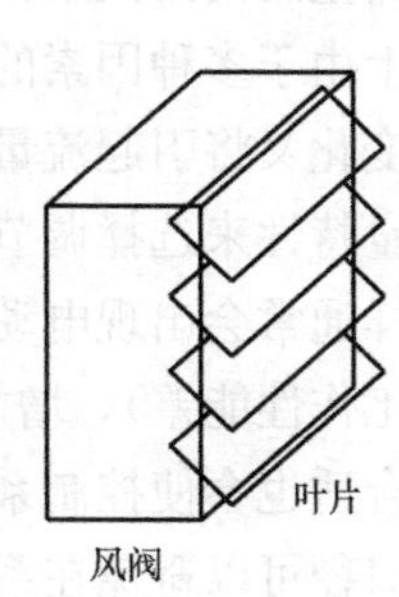

图 4-16 电动风阀结构示意图

1. 电动风阀的控制方式

电动风阀的控制与蝶阀的控制方法基本相同，也分为调节型电动风阀和开关型电动风阀，如图4-17所示，交流24V供电，通过执行机构控制器的开关控制风阀的开度，调节型风阀带有位置电位器，能够反馈风阀的位置信息，开关型风阀根据控制器开关实现全开、全关或半开。

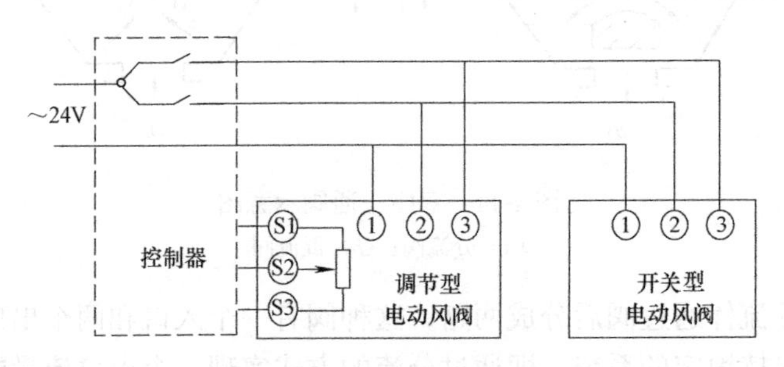

图4-17　电动风阀控制方式

2. 电动风阀的种类

1）电动风量调节阀　一般用于空调通风系统管道中，用来调节风量，也可用于新风与回风混合调节。电动执行器可提供DC 24V或AC 220V电源控制，电动开启或关闭阀门，可输出位置信号。具有电动按钮，可手动开启或关闭，也可提供开关控制或比例控制两种控制方式。开闭方式分为：顺开式和对开式。

2）自动复位防烟防火调节阀　通常安装在通风空调系统的送、回风总管及水平支管上。其主要功能和特点为：70℃熔断器动作，阀门自动关闭，动作电压/电流：DC 24V/0.5A，温感器动作温度：70℃。

3）排烟防火阀安装在排烟系统管道上，常闭。火灾时，烟（温）感探头检测出火灾信号，控制中心接通电源，阀门迅速打开排烟，280℃时，阀门自动关闭。

4.3　调节阀的流量特性

调节阀是控制系统的执行器，在建筑环境与能源自动控制系统中，调节阀被广泛应用于管道流量、风道送风量等参数的调节。调节阀的流量特性是反映阀门开度和流过阀门的流量之间的关系，一般来说改变调节阀的阀芯与阀座的流通截面，便可控制流量。但实际上由于多种因素的影响，如在节流面积变化的同时，阀前后压差也会发生变化，而压差的变化又将引起流量的变化。在实际工程应用中，如果暖通工程师根据管径而不是阀门的流量特性来选择调节阀，电气工程师根据暖通工程师所提的要求，配置和设计控制系统，这样通常会出现电动调节阀选择偏大，阀门经常会小开度频繁动作（如双座阀、蝶阀小开度工作性能差），增加了阀门的磨损并容易使控制过程出现振荡。此外，阀门的流量特性不合适也会使控制系统的控制性能达不到指标要求。正确选择电动调节阀的流量特性和阀门口径可以避免在系统运行后出现上述问题。

调节阀的流量特性分为理想流量特性和工作流量特性，在阀前后压差保持不变时，调节阀的流量特性称为理想流量特性，理想流量特性又称为固有流量特性。在实际应用过程中，调节阀往往和工艺设备串联或并联使用，流量因阻力损失的变化而变化，所以阀前后压差总是变化的，这时的流量特性称为工作流量特性。

4.3.1　调节阀的理想流量特性

调节阀的流量特性是指流过调节阀流体的相对流量与相对开度之间的关系，即：

$$\frac{Q}{Q_{\max}}=f\left(\frac{L}{L_{\max}}\right) \tag{4-1}$$

式中　$L/L_{\max}$——相对开度，即调节阀在某一开度下的行程与全行程之比；

$Q/Q_{\max}$——相对流量，即调节阀在某一开度下的流量与全开时的流量之比。

理想流量特性是指当阀两端的压降保持不变时调节阀的流量特性，是由阀芯形状决定的。调节阀的理想流量特性如图 4-18 所示，有直线、等百分比、快开、抛物线四种。常用的是直线、等百分比和快开三种，抛物线流量特性介于直线与等百分比之间，一般可用等百分比来代替，而快开特性主要用于位式调节。因此，控制阀的特性选择是指如何选择直线和等百分比流量特性。

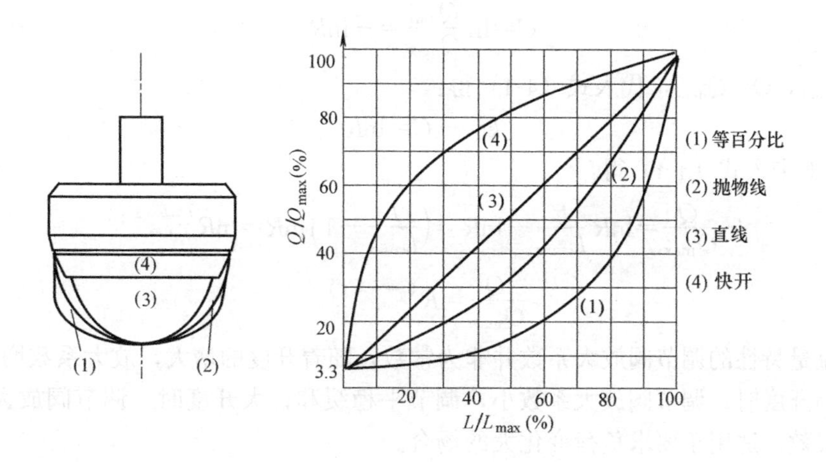

图 4-18　阀门的理想流量特性曲线

1. 直线流量特性

调节阀的相对流量 $Q/Q_{\max}$ 与调节阀的相对开度 $L/L_{\max}$ 之间呈线性关系（比例系数为 k）。数学表达式为：

$$\frac{Q}{Q_{\max}}=k\frac{L}{L_{\max}}+C \tag{4-2}$$

代入边界条件：$L=0$，$Q=Q_{\min}$，代入式（4-2）得：

$$C=\frac{Q_{\min}}{Q_{\max}}=\frac{1}{R}$$

调节阀可调比 R 的定义：调节阀所能调节的最大流量与最小流量的比值，反映了调节阀可调节的流量范围，用 $R=Q_{\max}/Q_{\min}$ 值表示。其中 $Q_{\min}$ 不是指阀门全关时的泄漏量，而是阀门能平稳控制的最小流量，约为最大流量的 2%～4%，R 越大，调节阀调节流量的范围越宽，性能指标就越好。通常调节阀的可调比 $R=30$。

$L=L_{\max}$，$Q=Q_{\max}$，带入式（4-2）得：

$$k=1-\frac{1}{R}$$

将 C、k 带入式（4-2）得：

$$\frac{Q}{Q_{\max}}=\left(1-\frac{1}{R}\right)\frac{L}{L_{\max}}+\frac{1}{R} \tag{4-3}$$

直线流量特性的放大系数是一个常数，无论该点的流量大小，只要开度的变化量相同，其流量的变化也相同。但流量变化的相对值不一样。

2. 等百分比特性

调节阀的相对流量 $Q/Q_{\max}$ 与调节阀的相对开度 $L/L_{\max}$ 之间成等百分比关系（对数关系）。数学表达式为：

$$\ln\frac{Q}{Q_{\max}}=k\frac{L}{L_{\max}}+C \tag{4-4}$$

代入边界条件：$L=0$，$Q=Q_{\min}$，代入式（4-4）得：

$$C=\ln\frac{Q_{\min}}{Q_{\max}}=-\ln R$$

$L=L_{\max}$，$Q=Q_{\max}$，代入式（4-4）得：

$$k=-C=\ln R$$

将 C、k 带入式（4-4）得：

$$\ln\frac{Q}{Q_{\max}}=\ln R\frac{L}{L_{\max}}-\ln R=\left(\frac{L}{L_{\max}}-1\right)\ln R=\ln R^{\left(\frac{L}{L_{\max}}-1\right)}$$

$$\frac{Q}{Q_{\max}}=R^{\left(\frac{L}{L_{\max}}-1\right)} \tag{4-5}$$

对数流量特性的调节阀放大系数并非为常数，随着开度的增大，放大系数增大。调节特点是：小开度时，调节阀放大系数小，调节平稳缓和；大开度时，调节阀放大系数大，调节灵敏有效。适用于要求负荷变化大的场合。

下面用数据说明为什么该调节阀称为等百分比流量特性调节阀。图 4-19 为等百分比流量特性曲线，当调节阀开度 $L/L_{\max}$ 从 10%变化到 20%时，相对流量 $Q/Q_{\max}$ 从 4.67%变化到 6.58%。相对流量变化的相对值为：

$$\frac{6.58-4.67}{4.67}\times100\%=40\%$$

当调节阀开度 $L/L_{\max}$ 从 50%变化到 60%，相对流量 $Q/Q_{\max}$ 从 18.3%变化到 25.6%。相对流量变化的相对值为：

$$\frac{25.6-18.3}{18.3}\times100\%=40\%$$

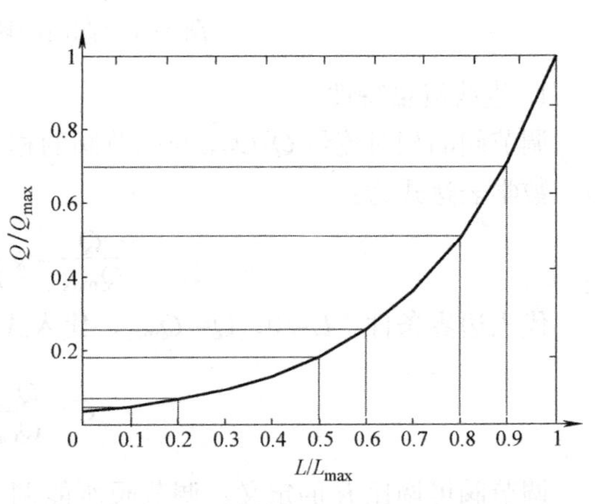

图 4-19 等百分比流量特性曲线

当调节阀开度 $L/L_{\max}$ 从 80%变化到 90%，相对流量 $Q/Q_{\max}$ 从 50.8%变化到 71.2%。相对流量变化的相对值为：

$$\frac{71.2-50.8}{50.8}\times100\%=40\%$$

从上述数据可以看出，调节阀的开度变化相同，相对流量变化的相对值不变，故称为等百分比流量特性。

3. 抛物线特性（又称二次曲线特性）

调节阀的相对流量 $Q/Q_{\max}$ 与相对开度 $L/L_{\max}$ 之间成抛物线关系。相对开度的变化所引起的相对流量 $Q/Q_{\max}$ 的变化与该点的相对流量 $Q/Q_{\max}$ 的平方根成正比：

$$\frac{d\dfrac{Q}{Q_{\max}}}{d\dfrac{L}{L_{\max}}}=k\left(\frac{Q}{Q_{\max}}\right)^{\frac{1}{2}} \tag{4-6}$$

对上式积分并代入边界条件得：

$$\frac{Q}{Q_{\max}}=\frac{1}{R}[1+(\sqrt{R}-1)L/L_{\max}]^2 \tag{4-7}$$

抛物线流量特性曲线介于直线流量特性与等百分流量特性的曲线之间。

4. 快开流量特性

调节阀的相对流量随着开度的增大迅速上升，很快接近最大流量。

$$\frac{Q}{Q_{\max}}=1-\left(1-\frac{1}{R}\right)\left(1-\frac{L}{L_{\max}}\right)^2 \tag{4-8}$$

三通调节阀由两个阀芯组成，一个阀芯开度增大的同时，必然导致另一个阀芯开度的减小。它的理想流量特性相当于两个阀的理想流量特性的叠加。直线流量特性的三通调节阀在任何开度下其总流量不变；而等百分比流量特性的三通调节阀，在开度 50%处，其总流量为最小，图 4-20 分别表示了它们分流量和总流量的特性曲线。

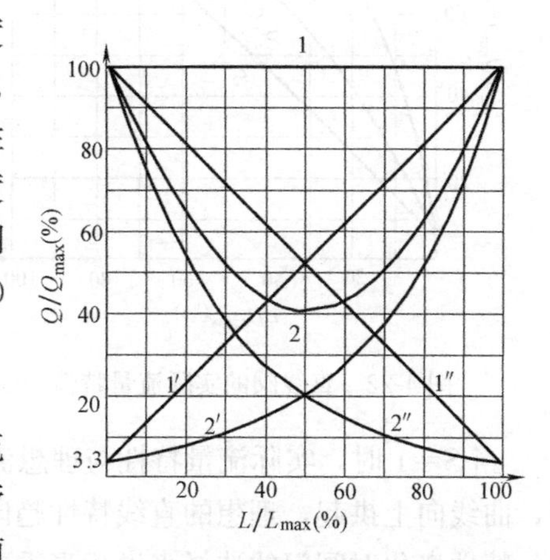

图 4-20 三通调节阀的理想流量特性曲线
1′—直线特性输入；2′—等百分比特性输入；
1″—直线特性输入；2″—等百分比特性输入；
1—直线特性输出；2—等百分比特性输出

4.3.2 调节阀的工作流量特性

工作流量特性是阀门在实际使用条件下的流量特性。实际使用时，调节阀装在具有阻力的管道系统中。管道对流体的阻力、阀前后压差都随流量的变化而变化，这时的流量特性与理想流量特性有较大的差异，必须根据系统特点来选择希望得到的工作特性，然后再考虑配管情况来选择相应的理想特性。

图 4-21 给出了阀门与管路串联的压力分布情况。Δp_1 是调节阀压差，Δp_2 是串联管路及设备的压差，Δp 是系统总压差，即控制阀、全部工艺设备和管路系统上的压差，$\Delta p=\Delta p_1+\Delta p_2$。当调节阀全关时，阀上压力最大，基本等于系统总压力；当调节阀全开时，阀上压力降至最小。当阀门处于不同的开度或管路中其他部件的阻力变化时，Δp 和 Q 会相应变化。

控制阀全开时阀前后压差 Δp_{1m} 与系统总压差 Δp 之比称为阀门权度系数，用 S 表示，

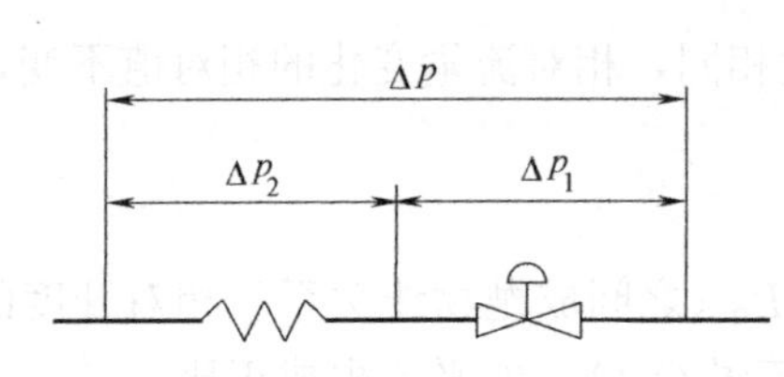

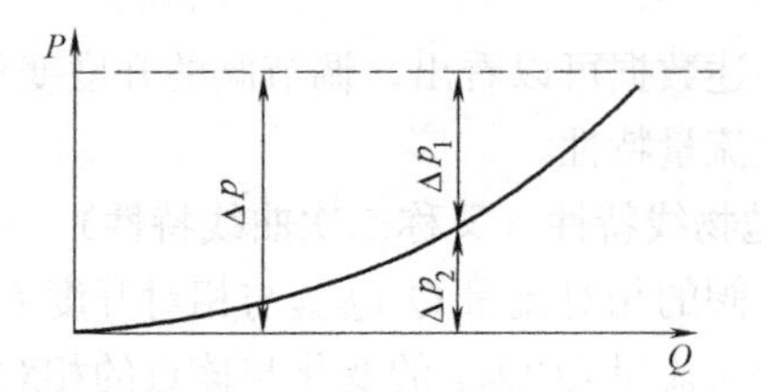

图4-21 阀门与管路串联压力分布

表示阀门两端压力与管路系统总压力的分配比例，其数学表达式为：

$$S=\frac{\Delta p_{1m}}{\Delta p}=\frac{\Delta p_{1m}}{\Delta p_{1m}+\Delta p_2} \tag{4-9}$$

阀门与管路串联的实际流量特性如图4-22和图4-23所示。图4-22是直线阀的实际流量特性，图4-23是等百分比阀的实际流量特性。

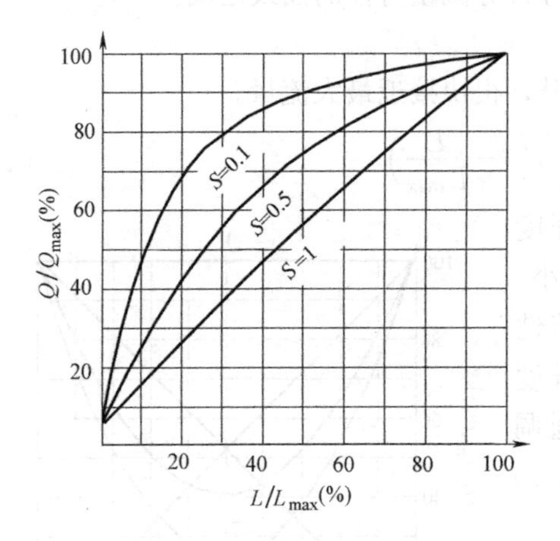

图4-22 直线阀的实际流量特性

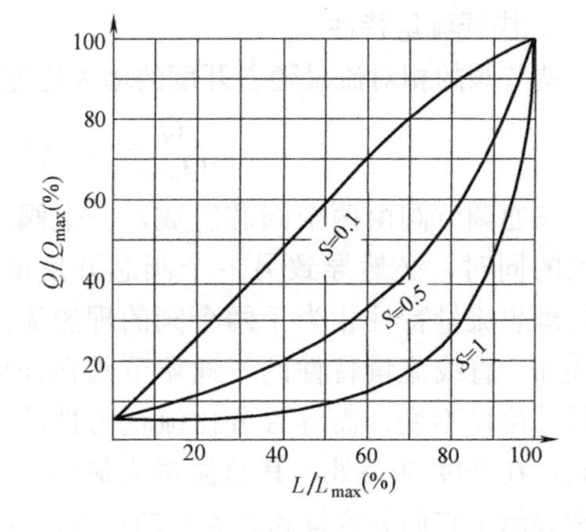

图4-23 等百分比阀的实际流量特性

当$S=1$时，实际流量特性与理想流量特性吻合；随着S减小，实际流量特性发生畸变，曲线向上拱起，理想的直线特性趋向快开特性，理想的等百分比特性趋向直线特性。这一特性变化对阀门的选择来说相当重要。

阀门的实际流量特性与阀门权度系数S关系密切，因而要使阀门有较好的可控性，S值就应在合理的范围内。S越大，实际流量特性与理想流量特性越接近，阀门的控制能力就越好；当$S=1$时，阀门具有最好的可控性，但这种情况在实际使用中不可能出现；随着S减小，阀门的最大流量Q_{max}下降，阀门的可调比R降低，阀门的控制能力就越差，直线阀实际流量特性趋向两位阀，等百分比阀趋向直线阀，使小开度时调节不稳定，大开度时调节迟缓，严重影响自动调节系统的调节品质；当$S=0$时，阀门失去调节能力。因此，实际工程中S的取值应合理，一般不低于0.3～0.5。

4.3.3 流量特性的选择

控制阀的理想流量特性，常用的是直线、等百分比、快开三种，抛物线流量特性介于直线与等百分比之间，一般可用等百分比来代替，而快开特性主要用于二位式调节及程序控制中。因此，控制阀的特性选择是指如何选择直线和等百分比流量特性。调节阀的选择主要依据以下原则：

1. 从工艺配管情况考虑

控制阀总是与管道、设备等连在一起使用，由于系统配管情况的不同，配管阻力的存在引起控制阀上压降的变化，因此，阀的工作流量特性与阀的理想流量特性也有差异。必须根据系统特点来选择希望得到的工作特性，然后再考虑配管情况来选择相应的理想特性。表 4-1 是根据工艺配管情况选择调节阀的流量特性。

根据工艺配管情况选择调节阀的流量特性　　表 4-1

配管情况	$S=1\sim0.6$	$S=0.6\sim0.3$	$S<0.3$
阀的工作特性	直线　等百分比	直线　等百分比	不宜控制
阀的理想特性	直线　等百分比	等百分比　等百分比	不宜控制

从表 4-1 可以看出，当 S 在 $1\sim0.6$ 之间时，所选理想特性与工作特性一致。当 S 在 $0.6\sim0.3$ 之间时，若要求工作特性是线性的应选等百分比，这是因为理想特性为等百分比特性的阀，当 S 在 $0.6\sim0.3$ 时，经畸变的工作特性已经接近线性了；当要求的工作特性为等百分比时，那么其理想曲线应比它更凹一些，此时可通过阀门定位器凸轮外廓曲线等来补偿解决。当 $S<0.3$ 时，直线特性已严重畸变为快开特性而不利于调节，即使是等百分比理想特性，工作特性也已严重偏离理想特性接近于直线特性，虽然仍能进行调节，但它的调节范围已大大减小，所以一般不希望 S 值小于 0.3。确定阀门权度系数 S 的大小，应从两个方面考虑：首先应保证调节性能，S 值越大，工作特性畸变越小，对调节越有利；但 S 越大说明调节的压差损失越大，造成不必要的动力消耗。设计时一般取 $S=0.3\sim0.5$，对于高压系统考虑到节约动力，允许 $S=0.15$；对于气体介质，因阻力损失较小，S 值一般都大于 0.5。

2. 从负荷变化情况分析

直线特性调节阀在小开度时流量相对变化值大，过于灵敏，容易引起振荡，使阀芯、阀座极易受到破坏，在 S 值小、负荷变化大的场合不宜采用。等百分比控制阀的放大系数随控制阀行程的增加而增加，流量相对变化值是恒定不变的，因此它对负荷波动有较强的适应性，无论在满负荷还是半负荷时，都能很好地调节；从制造工艺角度来看也并不困难。在生产过程中等百分比流量特性是应用最广泛的一种。

3. 节能等因素

如果长期工作在小开度的调节阀应选用等百分比特性，介质固体较多，易选用直线特性；从节能角度讲，要选择低 S 值的调节阀，但要考虑到流量畸变，对确有节能必要的情况才选低 S 值运行；有时要参考特种阀门的技术要求。

4. 从控制系统的控制品质考虑

控制系统中，当各控制环节的动态特性为线性时，控制系统具备良好的可控性。但在实际生产过程中控制对象的特性往往是非线性的，如热水加热器换热量的数学表达式为：

$$Q=Wc(t_g-t_h) \tag{4-10}$$

式中　W——水流量，kg/s；

c——水比热，J/(kg·K)；

t_g——供水温度,℃;

t_h——回水温度,℃。

若换热器的供水温度不变,随着阀门开大,换热器的水流量增大,由于回水温度升高,导致换热器的换热量并不是随着流量的增大而线性增加,即热量和流量之间的放大系数 $c(t_g-t_h)$ 随着流量的增大而减小。为了保证系统的可控性,就要满足系统的线性化,即选用阀的放大系数随开度的加大而增大的调节阀。显然,等百分比特性的阀门满足此要求。因此,在以水为介质的执行环节应尽量选择等百分比流量特性的阀门。图 4-24 给出了针对水为介质的换热器,使用等百分比调节阀的热量输出与阀门开度的线性关系。

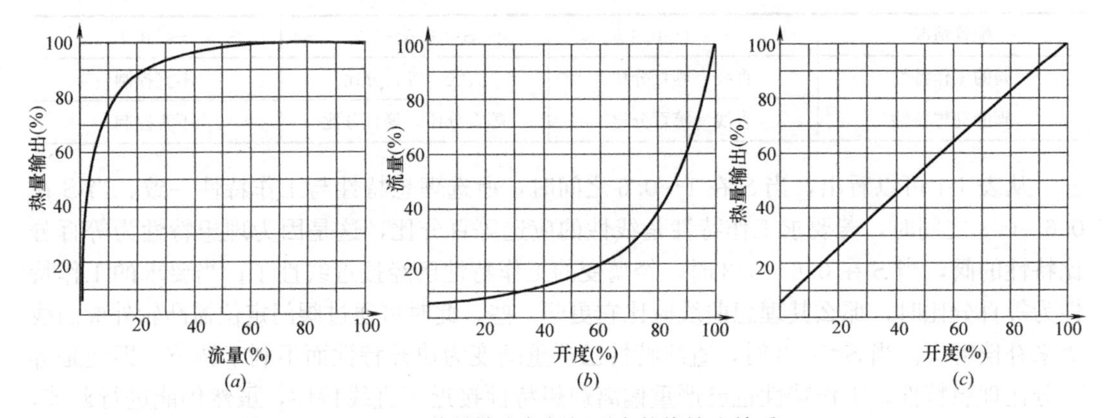

图 4-24 热量输出与阀门开度的线性比关系

(a) 以水为介质的换热器特性;(b) 等百分比调节特性;(c) 两种特性的组合

对以蒸汽为介质的换热设备,其换热量与流量基本呈线性关系,表达式为:

$$Q=\lambda G \tag{4-11}$$

式中,G——蒸汽流量,kg/s;

λ——汽化潜热,J/kg。

因而,为满足系统的线性化,宜选用直线流量特性的阀门。图 4-25 说明了直线调节阀的开度与蒸汽换热器的热量输出之间的线性关系。

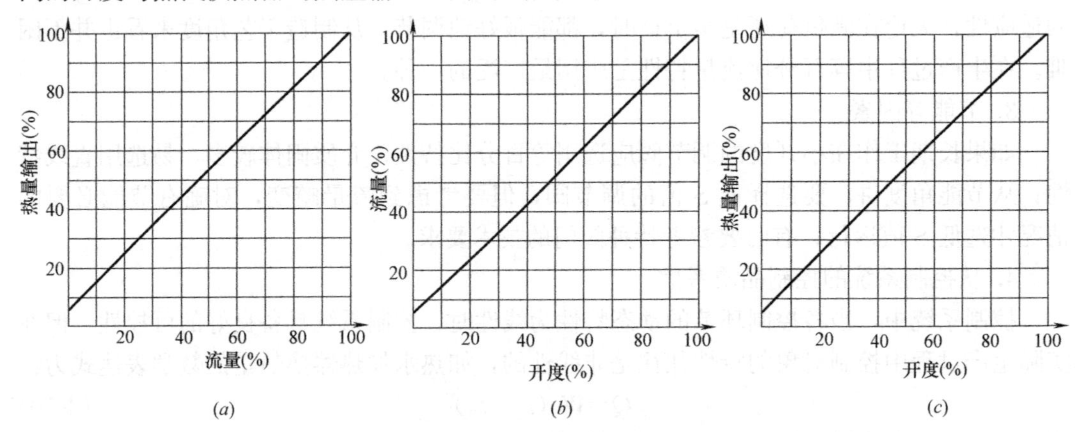

图 4-25 热量输出与阀门开度的线性比关系

(a) 以蒸汽为介质的换热器特性;(b) 直线调节特性;(c) 两种特性的组合

4.3.4 调节阀的选择

在讨论了调节阀的类型及各种性能参数之后，实际设计工作就是合理选择一个满足使用要求的调节阀。

1. 阀门功能

三通阀与两通阀具有不同的功能，因而也有着不同的适用场合。当水系统为变水量系统时，应采用两通阀；当水系统为定水量系统量时，应采用三通阀。

在采用两通阀时，为了保证变水量系统的运行及节能，应采用常闭型阀门。当它不需要工作时应能自动关闭（电动或弹簧复位）。

阀座形式的选择主要由阀两端压差来决定。空调机组、风机盘管及热交换器的控制，阀两端的工作压差通常不是太高，一般采用单座阀。总供、回水管之间的旁通阀，尽管其正常使用时的压差为系统控制压差 ΔP，但在系统初启动时，由于还不知用户是否已运行及用户的电动两通阀是否已打开。因此，旁通阀的最大可能的压差应该是水泵净扬程（在一次泵系统中，为冷水泵的扬程，在二次泵系统中，为次级泵的扬程）。值得注意的是，这里讨论的阀最大压差是其实际工作时可能承受的压差值。压差控制阀通常采用双座阀。

2. 阀门口径选择

调节阀的流量系数 C 也称为流通能力（欧美标准称为 C_V，国际标准称为 K_V），其定义为：当阀门全开，阀两端压降为 10^5 Pa，流体密度为 1g/cm^3 时，每小时流经调节阀的介质体积流量，单位为 m^3/h。是阀门、调节阀的重要工艺参数和技术指标。

流量系数 C_V 为英制单位，温度为 60℉的水，在阀两端压差 1 磅/英寸^2，每分钟流过调节阀的流量数（加仑/分），(1 加仑=3.785L)。

流量系数 K_V 为国际单位（m^3/h），当调节阀全开时，阀门前、后两端的压差 Δp=100kPa。

阀门口径 D 与阀门压差 Δp 及流量特性这三者关系密切，它们同时决定阀门实际工作时的调节特性。三者的不同组合会产生不同的效果，应综合考虑。

(1) 只用双位控制即可满足要求的场所，如：大部分建筑中的风机盘管所配的两通阀以及对湿度要求不高的加湿器用阀等，无论采用电动阀还是电磁阀，其基本要求都是尽量减少阀门的流通阻力，而不是考虑其调节能力。因此，此时阀门的口径可与所设计的设备接管管径相同。

(2) 调节阀直接按照接管管径选取是不合理的。在选择阀门的时候，阀门的流通能力要和管道设计的流通能力相匹配，阀门的调节品质与接管流速或管径没有关系，仅与水的阻力及流量有关。

调节阀口径不能过小。若阀门的流通能力太小，则管道的流量上不去。一方面会增加系统的阻力，甚至会出现阀门口径 100% 开启时，系统仍无法达到设定的流量要求，导致严重后果。另一方面，系统需要通过提供较大的压差以维持足够的流量，加重泵的负荷，阀门易受损害，对阀门的寿命影响很大。

调节阀口径不能过大。若阀门的流通能力太大，不仅增加工程成本，还会引起阀门经常运行在小开度状态，则阀门稍微开一点就达到了管道所设计的最大流通能力，这样阀门就在一个很窄的范围进行调节，调节阀的开启度过小会导致阀塞的频繁动作和过度磨损，造成系统不稳定。

(3) 按 K_V 或 C_V 来选用调节阀。调节阀的选用原则是调节阀在不同的开启度时，可以通过不同要求的流量，为了维持系统的可调性，一般保持调节阀正常流量时的开度为40%～60%；在最小流量时的开度高于25%，在最大流量时的开度不大于80%，否则会使调节阀的调节性能变差。

一般选择阀门的流通能力稍大于管道所设计的最大流量。这样既保证了流通能力，又有较好的控制性能。一般管道的最大流量为阀门流通能力的85%左右。在实际工程中，阀的口径通常是分级的，阀门的实际流通能力 C 通常也不是一连续变化值（而根据公式计算出的 C 值是连续的）。目前大部分生产厂商对 C 的分级都是按大约1.6倍递增的。表4-2反映了某一厂家产品随阀门口径变化 C 值。

阀门口径变化 C 值 **表 4-2**

DN(mm)	15	15	15	15	20	25	32	40	50	65	80	100
C	1.0	1.6	2.5	4.0	6.3	10	16	25	40	63	100	160

在按公式计算出要求的 C 值后，应根据所选厂商的资料进行阀口径的选择，应使 C 尽可能接近且大于计算出的 C 值。例如，计算要求 $C=12$，则若按表4-2应选择 $DN32$ 的阀门，其 $C=16$；若选择 $DN25$ 的阀径，则 C 不能满足要求；选择 $DN40$ 则显然过大，既增加投资又降低了调节品质。

4.4 变频调速技术

变频调速技术是现代电力传动技术的重要发展方向，而作为变频调速系统的核心——变频器是强弱电结合、机电一体的综合性技术，既要处理电能的转换（整流、逆变），又要处理信息的收集、变换、传输和控制，变频器的共性技术分为功率转换和弱电控制两大部分。前者要解决与高压大电流有关的技术问题和新型电力电子器件的应用技术问题，后者要解决基于现代控制理论的控制策略和智能控制策略的硬、软件开发问题。变频器的性能越来越成为调速性能优劣的决定因素，同时，对变频器采用什么样的控制方式也是非常重要的环节。

4.4.1 变频器的结构

变频器是把工频电源（50Hz或60Hz）变换成各种频率的交流电源，以实现电机变速运行的设备。通用变频器的构造分为主回路和控制回路两部分。图4-26是交—直—交变频器的基本结构框图。

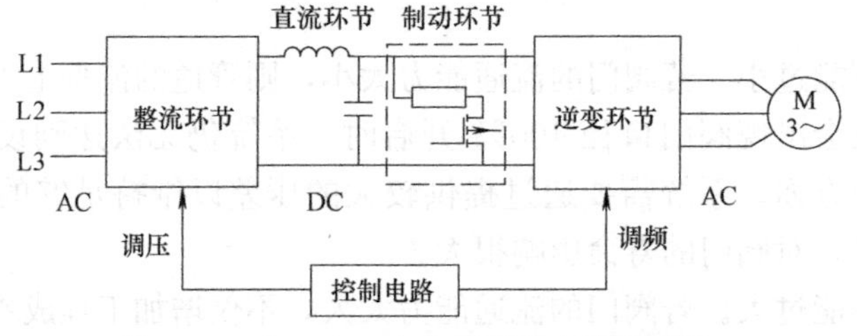

图4-26 交—直—交变频器基本结构框图

1. 主回路

给异步电动机提供调压调频电源的电力变换部分称为主电路，主电路包括整流器、中间直流环节（又称平波回路）和逆变器、制动或回馈等环节。

三相变频器通过三相桥式全波整流电路，将三相交流电源转换为逆变电路和控制电路所需要的直流电源。直流环节的作用是对整流电路的输出进行滤波，以保证逆变电路和控制电路能够获得质量较高的直流电源。当整流电路是电压源时，直流中间电路的主要元器件是大容量的电解电容：当整流电路是电流源时，滤波电路则主要是由大容量电感组成的。

2. 控制回路

控制回路常由运算电路、检测电路、控制信号的输入输出电路、驱动电路和制动电路等构成，其主要任务是完成对逆变器的开关控制，对整流器的电压控制，以及完成各种保护功能等。

当电动机处于制动工作状态时（如往复式索道和升降式电梯的拖动控制，当轿厢下放运行时），变频器的直流中间电路的直流母线的电压会升高，这时需要采用回馈制动或能耗制动方式抑制高于正常值的母线电压。通用变频器中设置的制动电路就是为了满足异步电动机制动的需要，对于大、中容量的通用变频器来说，为了节约能源，一般采用电源再生单元将上述能量回馈给供电电源。而对于小容量通用变频器来说，通常是采用制动电阻以及在辅助电路控制下，在制动电路上消耗掉直流母线上的多余电能，以保证逆变单元的可靠工作。

4.4.2 变频器的分类

变频器按照主电路工作方式分类，可以分为电压型变频器和电流型变频器；按照开关方式分类，可以分为 PAM（Pulse Amplitude Modulation，脉冲振幅调制）控制变频器、PWM（Pulse Width Modulation，脉冲宽度调制）控制变频器和高载频 PWM 控制变频器；按照工作原理分类，可以分为 V/f 控制变频器、转差频率控制变频器和矢量控制变频器等；按照用途分类，可以分为通用变频器、高性能专用变频器、高频变频器、单相变频器和三相变频器等。

变频器对电动机进行控制是根据电动机的特性参数及电动机运转要求，对电动机提供电压、电流、频率的控制达到负载的要求。目前变频器对电动机的速度控制方式大体可分为：V/f 恒定控制、转差频率控制、矢量控制、直接转矩控制、非线性控制。

1. V/f 恒定控制

V/f 恒定控制是在改变电源频率进行调速的同时改变电动机电源的电压，使电动机磁通保持一定，在较宽的调速范围内，既要保证电动机的效率、功率因数不下降，又要保证电动机的磁通不变，通用型变频器基本上都采用这种控制方式。V/f 控制变频器结构简单，但采用开环控制方式，不能达到较高的控制性能。主要是低速性能较差，转速极低时电磁转矩无法克服较大的静摩擦力，不能恰当地调整电动机的转矩补偿和适应负载转矩的变化，所以，在低频时，必须进行转矩补偿，以改变低频转矩特性。

V/f 控制适合于恒功率负载的控制，通常用于各类水泵、风机等设备的驱动控制。

2. 矢量控制

也称磁场定向控制，其控制方法是将异步电动机在三相坐标系下的定子交流电流 $\boldsymbol{I}_a$、$\boldsymbol{I}_b$、$\boldsymbol{I}_c$。通过三相—二相变换，等效成两相静止坐标系下的交流电流 $\boldsymbol{I}_{a1}$、$\boldsymbol{I}_{b1}$，再通过按转子磁场定向旋转变换，等效成同步旋转坐标系下的直流电流 $\boldsymbol{I}_{m1}$、$\boldsymbol{I}_{t1}$，$\boldsymbol{I}_{m1}$ 相当于直流电动机的励磁电流，I_{t1}相当于直流电动机的电枢电流，然后模仿直流电动机的控制方法，求得直流电动机的控制量，经过相应的坐标反变换实现对异步电动机的控制。矢量控制方法的出现，使异步电动机变频调速在电动机的调速领域处于优势地位。但是，矢量控制技术需要对电动机参数进行正确估算。

目前在变频器中实际应用的矢量控制方式主要有基于转差频率控制的矢量控制方式和无速度传感器的矢量控制方式两种。

基于转差频率的矢量控制方式比转差频率控制方式在输出特性方面能得到很大的改善。但是，这种控制方式属于闭环控制方式，需要在电动机上安装速度传感器。

无速度传感器矢量控制是通过坐标变换处理分别对励磁电流和转矩电流进行控制，然后通过控制电动机定子绕组上的电压、电流辨识转速以达到控制励磁电流和转矩电流的目的。

矢量控制适合于恒转矩负载的控制，在建筑环境与能源自动控制系统中通常用于电梯等轿厢驱动控制。

4.4.3 变频器控制电路

各生产厂家生产的通用变频器，其主电路结构和控制电路并不完全相同，但基本的构造原理和主电路连接方式以及控制电路的基本功能都大同小异。图 4-27 所示为变频器控制回路端子接线图。

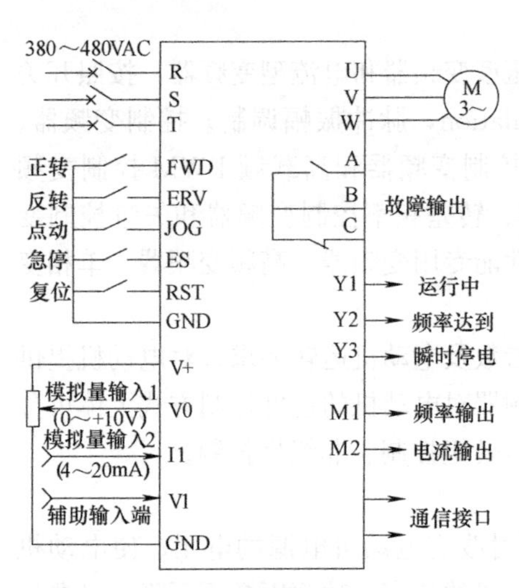

图 4-27 变频器控制回路端子接线图

主要包括三个部分：主电路接线端，包括接工频电网的输入端（R、S、T），接电动机的频率、电压连续可调的输出端（U、V、W）；控制电路接线端，包括外部信号控制端子、变频器工作状态指示端子、变频器与微机或其他变频器的通信接口；操作面板，包括液晶显示屏和键盘。

1. 变频器的接线端子

（1）主电路接线端

1）交流电源输入：其标志为 R/L1、S/L2、T/L3，接工频电源。

2）变频器输出：其标志为 U、V、W，接三相笼型异步电动机。

3）制动电阻和制动单元接线端（需要能耗制动的场合使用，如电梯、往复索道的拖动控制等）。

（2）控制电路接线端

1）外接频率给定端：信号输入端子分别为电压信号输入（DC 0～10V 或 0～5V）、电流信号输入（DC 4～20mA）。在 10V 或 5V 和 20mA 时为最大输出频率，输入输出成比例变化。

另外，还有辅助频率设定端，输入 DC 0～10V 时，电压或电流输入端子的频率设定信号与这个信号相加。这个可以理解成偏置信号。

2）启动控制端：FWD——正转控制端；ERV——反转控制端；JOG——点动模式选择/脉冲列输入端；ES——输出停止端；RST——复位控制端，在变频器保护动作后用于复位。

3）故障信号输出端：由端子A、B、C组成，继电器输出，可接至AC 220V电路中。指示变频器因保护功能动作时输出停止的转换接点。故障时，B-C间不导通（A-B间导通）；正常时，B-C间导通（A-B间不导通）。

4）运行状态信号输出端：Y_1、Y_2、Y_3为开关量输出端，可设置输出与变频器运行参数关联，如：

Y_1（RUN）——运行信号，变频器输出频率为启动频率（初始值0.5Hz以上时为低电平，正在停止或正在直流制动时为高电平）。

Y_2——频率到达，输出频率达到设定频率的±10%（出厂值）时为低电平，正在加/减速或停止时为高电平。

Y_3——频率检测信号，当变频器的输出频率为任意设定的检测频率以上时为低电平，未达到时为高电平。

5）测量输出端：可以从多种监视项目中选一种作为输出。输出信号的大小与监视项目的大小成比例。

M_1——模拟电压输出，接至DC 0～10V电压表。

M_2——模拟电流输出，输出DC 0～20mA信号。

6）通信接口：用户可以使用通信电缆连接接口与个人电脑或计算机等连接，通过客户端程序对变频器进行运行监视以及参数读写。

2. 变频器的给定方式

（1）模拟量给定方式

当给定信号为模拟量时，称为模拟量给定方式。模拟量给定时的频率精度略低，为最高频率的±0.5%以内。具体给定方式介绍如下：

1）电位器给定：给定信号为电压信号，信号电源由变频器内部的直流电源（10V）提供，频率给定信号从电位器的滑动触头上得到。

2）直接电压（或电流）给定：由外部仪器设备直接向变频器的给定端输入电压或电流信号。

3）辅助给定：辅助给定信号与主给定信号叠加，起调整变频器输出频率的辅助作用，可用于变频器输出的闭环控制。

（2）数字量给定方式

即给定信号为数字量，这种给定方式的频率精度很高，可达给定频率的0.01%以内。具体给定方式介绍如下：

1）面板给定：通过面板上的按钮来控制频率的升降。

2）多档转速控制给定：在变频器的外接输入端中，通过功能预置，最多可以将4个输入端（RH，RM，RL，MRS）作为多档转速控制端。根据若干个输入端的状态接通或断开以按二进制方式组成1～15档。每一档可预置一个对应的工作频率。则电动机转速的切换便可以用开关器件通过改变外接输入端子的状态及其组合来实现。

3）通信给定：通过通信电缆将个人计算机与变频器通信接口连接进行通信给定。

4.4.4 水泵变频控制

在暖通空调领域，水泵包括冷水循环泵、冷却水循环泵、热水循环泵等，是自动控制的主要设备。随着自动控制技术的发展，水泵变频控制得到了越来越广泛的应用。

1. 水泵特性曲线方程

对于不同的变频泵生产厂家，变频泵的特性曲线方程是不一样的。生产厂家提供的变频泵样本中通常只有变频泵的特性曲线，而不会提供具体的方程。这就需要根据厂家提供的工况曲线来拟合得到变频泵特性曲线方程。变频泵在工频条件下的特性曲线如图4-28所示。

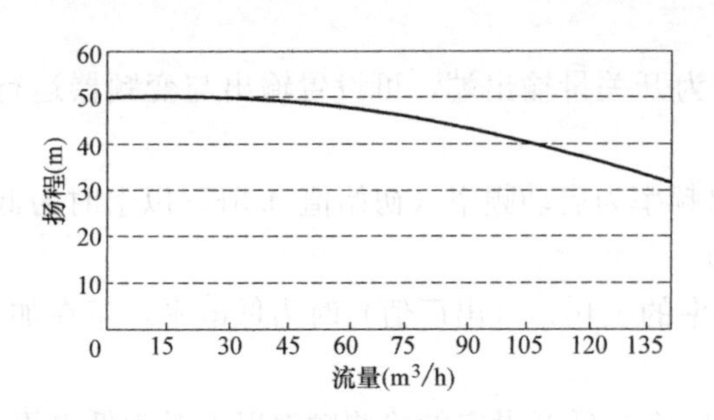

图4-28 变频泵在工频下的特性曲线

在厂家提供的样本中，在工频下的特性曲线上选取合适数量的采样点，以三次多项式为目标函数进行拟合，得到如下公式：

$$h_0 = a_1 \cdot q_0^2 + a_2 \cdot q_0 + a_3 \tag{4-12}$$

式中 h_0——工频下水泵扬程，m；

q_0——工频下水泵流量，m^3/h；

$a_1 \sim a_3$——水泵特性曲线方程的系数。

变频泵的扬程、流量、功率与转速在相似工况条件下的关系为：

$$\begin{cases} \dfrac{q}{q_0} = \dfrac{n}{n_0} \\ \dfrac{h}{h_0} = \dfrac{n}{n_0}^2 \\ \dfrac{p}{p_0} = \dfrac{n}{n_0}^3 \end{cases} \tag{4-13}$$

式中 q_0、h_0、p_0、n_0——工频下水泵流量、扬程、功率、转速；

q、h、p、n——变频下水泵流量，扬程，功率，转速。

变频泵的转速与供电频率的关系为：

$$n = 60 \cdot \frac{f}{p} \cdot (1-s) \tag{4-14}$$

式中 f——水泵供电频率；

p——水泵电动机的极对数；

s——异步电动机的转差率。

显然，水泵的转速正比于供电频率。

$$I = \frac{n}{n_0} \tag{4-15}$$

由式（4-12）、式（4-13）和式（4-15）可推导出变频泵在不同频率下的特性曲线方程。

$$h = a_1 \cdot q^2 + a_2 \cdot q \cdot I + a_3 \cdot I^2 \tag{4-16}$$

根据上述公式得到 I 分别等于0.6、0.7、0.8、0.9和1.0时变频泵在变频工

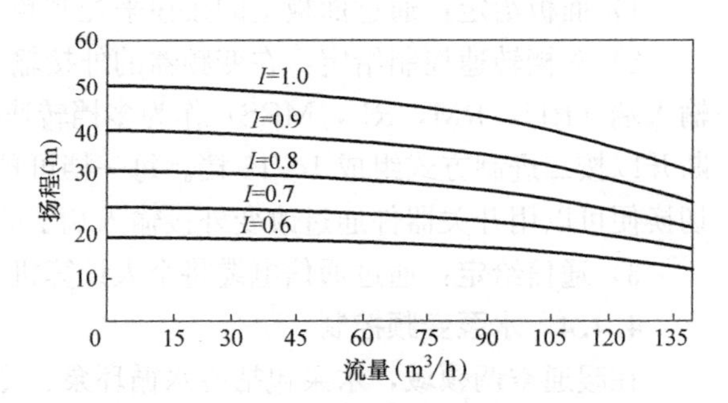

图4-29 变频泵在不同频率下的特性曲线

况下的特性曲线，如图 4-29 所示。

2. 变频泵运行工况点的计算

管网特性曲线方程为：

$$h=s\cdot q^2 \tag{4-17}$$

式中 s——管网的阻抗。

变频泵的工况点是根据变频泵的特性曲线与管网特性曲线的交点来确定的，如图 4-30 所示。图中的交点为变频泵在不同转速下的工况点。

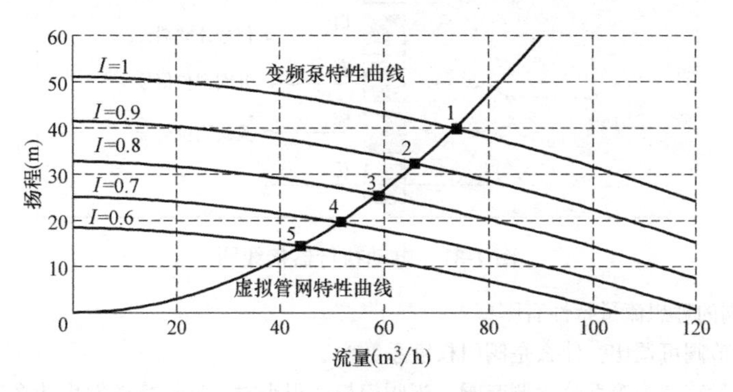

图 4-30 变频泵工况点

3. 变频泵功率的计算

$$P=\frac{\rho ghq}{3.6\times10^6\eta}(\mathrm{kW}) \tag{4-18}$$

式中 ρ——流体密度，kg/m^3；

g——为重力加速度，m/s^2；

η——总效率。

η 由水泵效率、机械传动效率、电机效率、变频器效率组成，其总效率的表达式由式（4-19）给出。

$$\eta=\eta_j\eta_c\eta_d\eta_p \tag{4-19}$$

式中 η_j——水泵效率；

η_c——机械传动效率；

η_d——电机效率；

η_p——变频器效率。

以一台 10kW 循环泵为例，若不采取变频控制，工频运行下一年的耗电量为：

$$Q=10\times365\times24=87600\mathrm{kWh}$$

若实际循环泵的运行频率为 40Hz，即循环泵的转速为额定转速的 0.8，则一年的运行耗电量为：

$$Q=10\times365\times24\times\left(\frac{4}{5}\right)^3=44851\mathrm{kWh}$$

每年节省电能 42749kWh。

本章习题

1. 执行器的作用是什么？

2. 执行器有哪些分类?

3. 试绘出电动执行机构的调节原理框图。

4. 已知图4-31为常见的开关型交流电动执行器接线图，试叙述其工作原理。

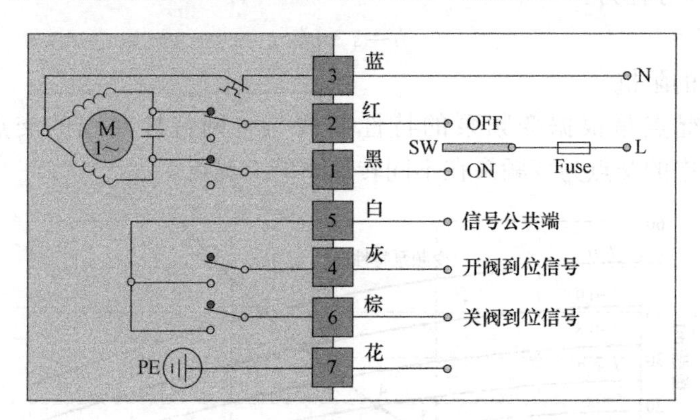

图4-31 电动执行器接线图

5. (1) 调节阀的理想流量特性有哪些?

(2) 什么是调节阀可调比? 什么是阀门权度系数?

(3) 若理想流量特性为等百分比调节阀，当阀门权度很小时，流量特性发生什么变化?

6. 有一等百分比调节阀，其最大流量为60Nm^3/L，最小流量为2Nm^3/L。若全行程为40mm，那么在10mm开度时的理想流量是多少?

7. 简述变频器的结构与分类。

8. 变频调速系统有哪些优点?

9. 变频调速时，采用恒压频比（即保持V/f为常数）的控制方式有什么特点?

10. 变频器由几部分组成? 各部分都具有什么功能?

11. 若在同工况下，工频时水泵转速为n，变频时水泵转速为n_1，试表示出其流量、扬程和功率的关系。

第 5 章　电气控制基础

5.1　电器基础知识

5.1.1　电器及分类

电器是接通、断开电路，或调节、控制和保护电路及电气设备的电工器具，也称为控制电器。

电器按其工作电压的高低，以 AC 1200V、DC 1500V 为界，可划分为高压电器和低压电器两大类。低压电器是一种能根据外界的信号和要求，手动或自动地接通、断开电路，以实现对电路或非电对象的切换、控制、保护、检测、变换和调节的元件或设备。在工业、农业、交通、国防以及日常生活中，大多数采用低压供电，因此低压电器应用广泛。

电器的种类繁多，结构各异。下面是几种常用的电器分类：

1. 按工作电压等级分类

（1）高压电器　用于交流电压 1200V、直流电压 1500V 及以上电路中的电器。

（2）低压电器　用于交流电压 1200V、直流电压 1500V 及以下电路中的电器。

2. 按动作原理分类

（1）手动电器　用手或依靠机械力进行操作的电器，如手动开关、控制按钮、行程开关等。

（2）自动电器　借助于电磁力或某个物理量的变化自动进行操作的电器，如接触器、继电器等。

3. 按用途分类

（1）控制电器　用于各种控制电路和控制系统的电器，例如接触器、继电器、电动机启动器等。

（2）主令电器　用于自动控制系统中发送动作指令的电器，例如按钮、行程开关、万能转换开关等。

（3）保护电器　用于保护电路及用电设备的电器，如熔断器、热继电器、各种保护继电器、避雷器等。

（4）执行电器　指用于完成某种动作或传动功能的电器，如电磁铁、电磁离合器等。

（5）配电电器　用于电能的输送和分配的电器，例如高压断路器、隔离开关、刀开关、自动空气开关等。

4. 按工作原理分类

（1）电磁式电器　依据电磁感应原理来工作，如接触器、各种类型的电磁式继电器等。

(2) 非电量控制电器　依靠外力或某种非电物理量的变化而动作的电器，如刀开关、行程开关、按钮、速度继电器、温度继电器等。

5.1.2　电器的作用

低压电器能够依据操作信号或外界现场信号的要求，自动或手动地改变电路的状态、参数，实现对电路或被控对象的控制、保护、测量、指示、调节。低压电器的作用有：

(1) 控制作用　如电梯的上下移动、快慢速自动切换与自动停层等。

(2) 保护作用　根据设备的特点，对设备、环境、人体等实行自动保护，如电机的过热保护、电网的短路保护、漏电保护等。

(3) 测量作用　利用仪表及相关电器，对设备、电网或其他非电参数进行测量，如电流、电压、功率、转速、温度、湿度等。

(4) 调节作用　低压电器可对一些电量和非电量进行调整，以满足用户的要求，如柴油机油门的调整、房间温湿度的调节、照度的自动调节等。

(5) 指示作用　利用低压电器的控制、保护等功能，检测出设备运行状况与电路工作情况，用声光电等进行指示。如设备运行指示灯、警铃等。

(6) 转换作用　用电设备之间的转换，或低压电器及控制电路的分时运行切换。如励磁装置手动与自动的转换、供电的市电与自备电的切换等。

当然，低压电器的作用远不止这些，随着科学技术的发展，新功能、新设备会不断出现，常用低压电器的主要种类和用途如表 5-1 所示。

常见的低压电器的主要种类及用途　　**表 5-1**

序号	类别	主要品种	用　途
1	断路器	塑料外壳式断路器	主要用于电路的过负荷保护、短路、欠电压、漏电压保护，也可用于不频繁接通和断开的电路
		框架式断路器	
		限流式断路器	
		漏电保护式断路器	
		直流快速断路器	
2	刀开关	开关板用刀开关	主要用于电路的隔离，有时也能分断负荷
		负荷开关	
		熔断器式刀开关	
3	转换开关	组合开关	主要用于电源切换，也可用于负荷通断或电路的切换
		换向开关	
4	主令电器	按钮	主要用于发布命令或程序控制
		限位开关	
		微动开关	
		接近开关	
		万能转换开关	
5	接触器	交流接触器	主要用于远距离频繁控制负荷，切断带负荷电路
		直流接触器	

续表

序号	类别	主要品种	用途
6	启动器	磁力启动器	主要用于电动机的启动
		星三角启动器	
		自耦减压启动器	
7	控制器	凸轮控制器	主要用于控制回路的切换
		平面控制器	
8	继电器	电流继电器	主要用于控制电路中，将被控量转换成控制电路所需电量或开关信号
		电压继电器	
		时间继电器	
		中间继电器	
		温度继电器	
		热继电器	
9	熔断器	有填料熔断器	主要用于电路短路保护，也用于电路的过载保护
		无填料熔断器	
		半封闭插入式熔断器	
		快速熔断器	
		自复熔断器	
10	电磁铁	制动电磁铁	主要用于起重、牵引、制动等
		起重电磁铁	
		牵引电磁铁	

5.1.3 刀开关与空气开关

开关是最普通、使用最早的电器，其作用是分合电路、开断电流。常用的有刀开关、隔离开关、负荷开关、转换开关（组合开关）、自动空气开关（空气断路器）等。

开关有有载运行操作、无载运行操作、选择性运行操作之分；又有正面操作、侧面操作、背面操作几种；还有不带灭弧装置和带灭弧装置之分。刀口接触有面接触和线接触两种，线接触形式，刀片容易插入，接触电阻小，制造方便。开关常采用弹簧片，以保证接触良好。

1. 低压刀开关

刀开关是手动电器中结构最简单的一种，主要用作电源隔离开关，也可用来非频繁地接通和分断容量较小的低压配电线路。接线时应将电源线接在上端，负载接在下端，这样拉闸后刀片与电源隔离，可防止意外事故发生。刀开关的外形如图 5-1 所示。

选择刀开关时应考虑以下两个方面：

（1）刀开关结构形式的选择　应根据刀开关的作用和装置的安装形式来选择是否带灭弧装置，若分断负载电流时，应选择带灭弧装置的刀开关。根据装置的安装形式来选择正面、背面或侧面操作形式，例如：是直接操作还是杠杆传动，是板前接线还是板后接线。

（2）刀开关的额定电流的选择　一般应等于或大于所分断电路中各个负载额定电流的总和。对于电动机负载，应考虑其启动电流，所以应选用额定电流大一级的刀开关。若再考虑电路出现的短路电流，还应选用额定电流更大一级的刀开关。

刀开关的图形和文字符号如图5-2所示。

图5-1　刀开关

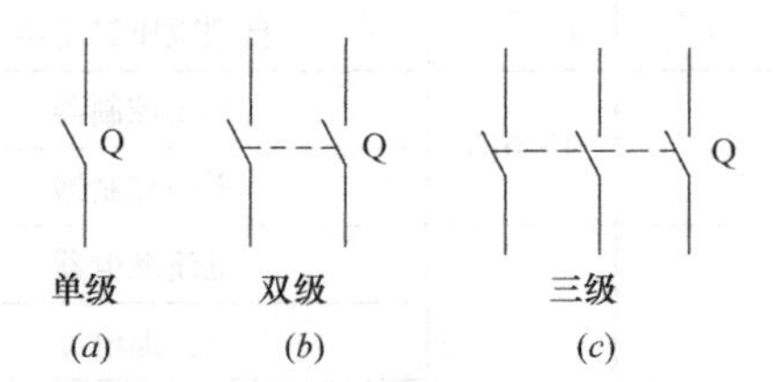

图5-2　刀开关的图形、文字符号
(a) 单极；(b) 双极；(c) 三极

2. 空气开关

空气开关，又名空气断路器（见图5-3），是具有一定保护功能的开关电器，主要用于接通和断开设备的电源。与结构简单、价格低廉的刀开关相比，空气开关集控制和多种保护功能于一身，除能完成接触和分断电路外，还能对电路或电气设备发生的短路、严重过载及欠电压等进行保护，同时也可以用于不频繁地启动电动机。空气开关是低压配电网络和电力拖动系统中非常重要的一种电器。

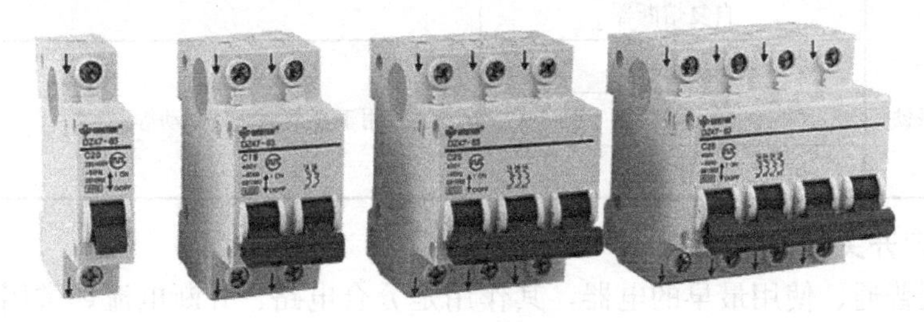

图5-3　空气开关

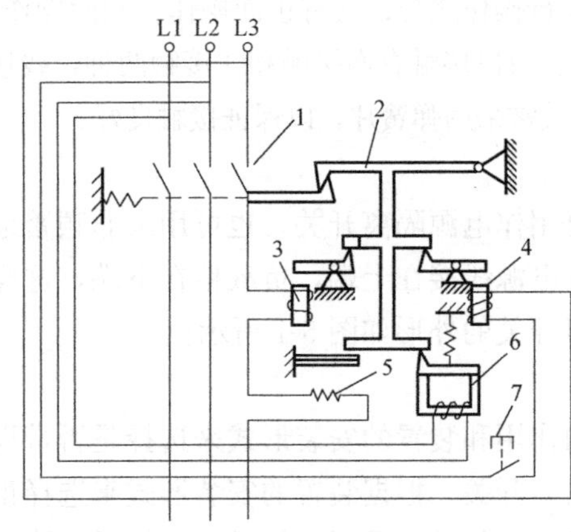

图5-4　空气开关的工作原理示意图
1—主触点；2—自由脱机构；3—过流脱扣器；
4—分励脱扣器；5—热脱扣器；
6—欠压脱扣器；7—启动按钮

空气开关由操作机构、触点、保护装置（各种脱扣器）、灭弧系统等组成。空气开关的工作原理如图5-4所示。空气开关的主触点1是靠手动操作或电动合闸的。主触点1闭合后，自由脱扣机构2将主触点1锁在合闸位置上。过电流脱扣器3的线圈和热脱扣器5的热元件与主电路串联，欠电压脱扣器6的线圈和电源并联。当电路发生短路或严重过载时，过电流脱扣器3的衔铁吸合，使自由脱扣机构2动作，主触点1断开主电路。当电路过载时，热脱扣器5的热元件发热使双金属片上弯曲，推动自由脱扣机构2动作。当电路欠电压时，欠电压脱扣器6的衔铁释放，也使自由脱扣机构2动作。分励脱扣器4则作为远距离控制用，在正常工作时，其线圈是断电的，在需要远距离控制时，按下启动按钮 7，使线圈通电，衔铁带动自由脱扣机构 2 动作，使主触点 1 断开。

5.1.4 按钮

按钮（见图 5-5）是一种常用的控制电器元件，通常用来短时间接通或断开“控制电路”（其电流很小）的手动电器，从而达到控制电动机或其他电气设备运行目的的一种开关。

图 5-5 按钮

按钮的工作原理如图 5-6 所示。按钮帽上未施加外力作用时，常开触头是断开的，而

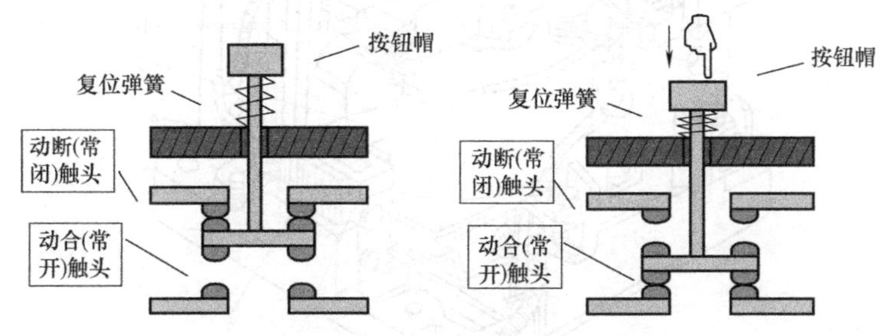

图 5-6 按钮工作原理示意图

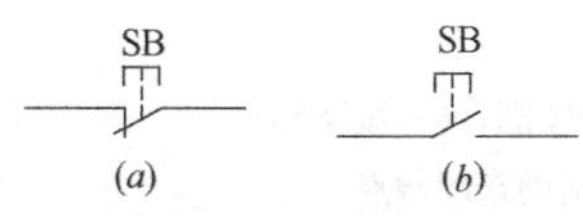

图 5-7 按钮电气符号
（a）常闭按钮；（b）常开按钮

常闭触头则是闭合的。当按钮帽上施加外力，按钮按下后，常开触头连通，而常闭触头则在按下按钮后被断开。外力撤销后，在复位弹簧的作用下，常开和常闭触头恢复原来的状态：常开触头断开，常闭触头闭合。

按钮的电气符号如图 5-7 所示。

5.1.5 接触器

接触器（见图 5-8），是一种用来自动接通或断开大电流电路的电器。它可以频繁地接通或分断交直流电路，并可实现远距离控制。其主要控制对象是电动机，也可用于电热设备、电焊机、电容器组等其他负载。它还具有低电压释放保护功能，接触器具有控制容量大、过载能力强、寿命长、设备简单经济等特点，是电力拖动自动控制线路中使用最广泛的电器元件。

按照所控制电路的种类，接触器可分为交流接触器和直流接触器两大类。图 5-9 所示

图 5-8 交流接触器

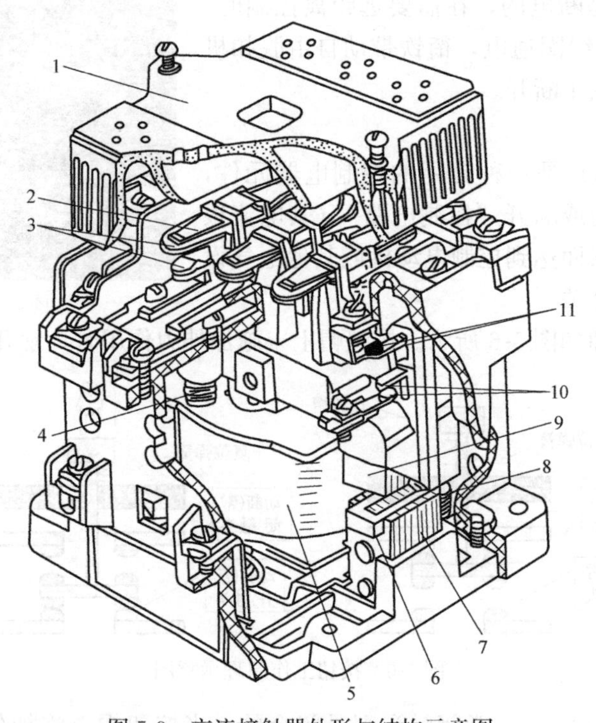

图5-9　交流接触器外形与结构示意图

1—灭弧罩；2—触点压力弹簧片；3—主触点；4—反作用弹簧；5—线圈；6—短路环；
7—静铁芯；8—弹簧；9—动铁芯；10—辅助常开触点；11—辅助常闭触点

为交流接触器的外形与结构示意图。

交流接触器由以下四部分组成：

（1）电磁机构　电磁机构由线圈5、动铁芯9（衔铁）和静铁芯7组成，其作用是将电磁能转换成机械能，产生电磁吸力带动触点动作。

（2）触点系统　包括主触点3和辅助触点10和11。主触点用于通断主电路，通常为三对常开触点。辅助触点用于控制电路，起电气联锁作用，故又称联锁触点，一般常开、常闭各两对。

（3）灭弧装置　容量在10A以上的接触器都有灭弧装置，对于小容量的接触器，常采用双断口触点灭弧、电动力灭弧、相间弧板隔弧及陶土灭弧罩灭弧。对于大容量的接触器，采用纵缝灭弧罩及栅片灭弧。

（4）其他部件　包括反作用弹簧8、缓冲弹簧、触点压力弹簧2、传动机构及外壳等。

电磁式接触器的工作原理（见图5-10）：线圈通电后，在静铁芯中产生磁通及电磁吸力。此电磁吸力克服复位弹簧的反力使动铁芯吸合，带动触点机构动作，动断（常闭）触点打开，动合（常开）触点闭合，接通线路。线圈失电或线圈两端电压显著降低时，静铁芯中的电磁吸力小于复位弹簧的反力，使得动铁芯释放，触点机构复位，断开线路。

接触器的图形符号如图5-11所示，文字符号为KM。

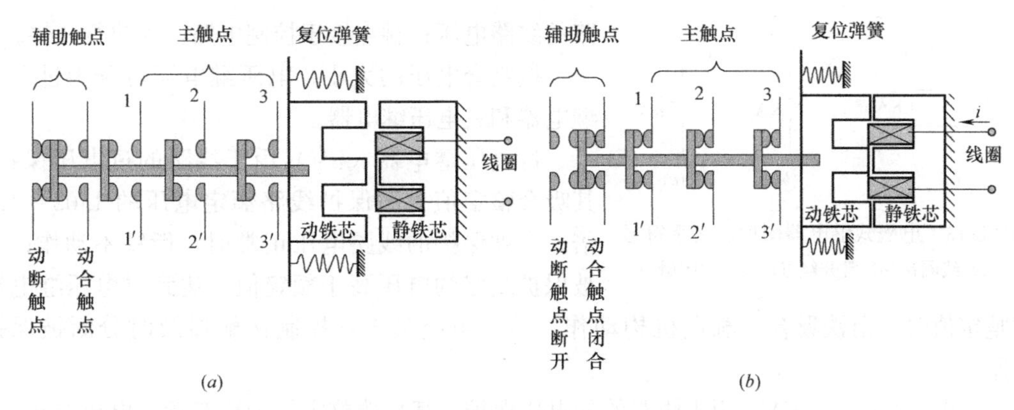

图 5-10　交流接触器工作原理示意图

(*a*) 交流接触器线圈通电前的状态；(*b*) 交流接触器线圈通电后的状态

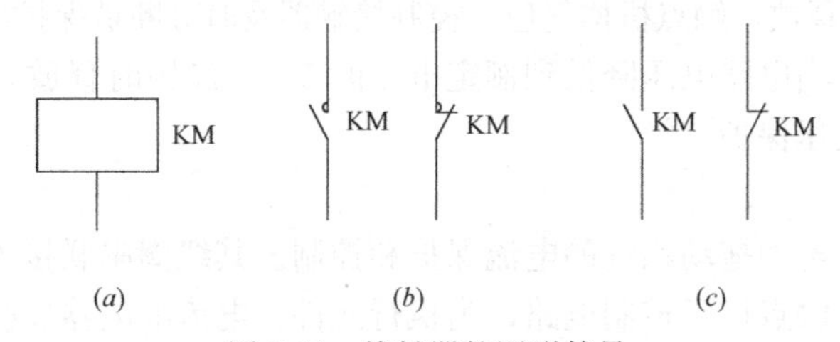

图 5-11　接触器的图形符号

(*a*) 线圈；(*b*) 主触点；(*c*) 辅助触点

5.1.6　继电器

继电器是根据某种输入信号的变化接通或断开控制电路，实现自动控制和保护电力装置的自动电器。

继电器的种类很多，按输入信号的性质分为：电压继电器、电流继电器、时间继电器、温度继电器、速度继电器、压力继电器等；按工作原理可分为：电磁式继电器、感应式继电器、电动式继电器、热继电器和电子式继电器等；按输出形式可分为：有触点和无触点两类；按用途可分为：控制用与保护用继电器等。

1. 电磁式继电器

电磁式继电器的结构及工作原理与接触器基本相同。由电磁系统、触点系统和释放弹簧等组成，电磁式继电器原理图如图 5-12 所示。由于继电器用于控制电路，流过触点的电流比较小（一般 5A 以下），故不需要灭弧装置。

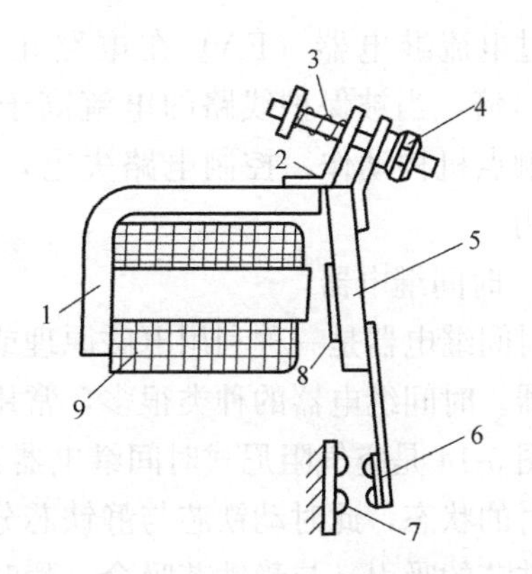

图 5-12　电磁式继电器原理图

1—铁芯；2—旋转棱角；3—释放弹簧；4—调节螺母；5—衔铁；6—动触点；7—静触点；8—非磁性垫片；9—线圈

常用的电磁式继电器有电压继电器、中间继电器和电流继电器。电磁式继电器的图形、文字符号如图 5-13 所示。

2. 电压继电器

电压继电器用于电力拖动系统的电压保护和控制。其线圈并联接入主电路，感测主电

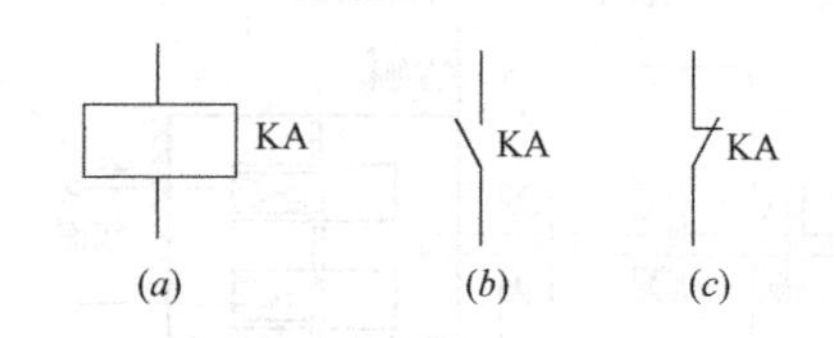

图5-13 电磁式继电器图形、文字符号
(a) 线圈；(b) 常开触点；(c) 常闭触点

路的线路电压；触点接于控制电路，为执行元件。

按吸合电压的大小，电压继电器可分为过电压继电器和欠电压继电器。

过电压继电器（FV）用于线路的过电压保护，其吸合整定值为被保护线路额定电压的1.05～1.2倍。当被保护的线路电压正常时，衔铁不动作；当被保护线路的电压高于额定值，达到过电压继电器的整定值时，衔铁吸合，触点机构动作，控制电路失电，控制接触器及时分断被保护电路。

欠电压继电器（KV）用于线路的欠电压保护，其释放整定值为线路额定电压的0.1～0.6倍。当被保护线路电压正常时，衔铁可靠吸合；当被保护线路电压降至欠电压继电器的释放整定值时，衔铁释放，触点机构复位，控制接触器及时分断被保护电路。

零电压继电器是当电路电压降低到额定电压的5%～25%时释放，对电路实现零电压保护，用于线路的失压保护。

3. 电流继电器

电流继电器用于电力拖动系统的电流保护和控制。其线圈串联接入主电路，用来感测主电路的线路电流；触点接于控制电路，为执行元件。电流继电器反映的是电流信号。常用的电流继电器有欠电流继电器和过电流继电器两种。

欠电流继电器（KA）用于电路欠电流保护，吸引电流为线圈额定电流的30%～65%，释放电流为额定电流的10%～20%，因此，在电路正常工作时，衔铁是吸合的，只有当电流降低到某一整定值时，继电器释放，控制电路失电，从而控制接触器及时分断电路。

过电流继电器（FA）在电路正常工作时不动作，整定范围通常为额定电流的1.1～4倍，当被保护线路的电流高于额定值，达到过电流继电器的整定值时，衔铁吸合，触点机构动作，控制电路失电，从而控制接触器及时分断电路，对电路起过流保护作用。

4. 时间继电器

时间继电器是一种利用电磁原理或机械动作原理，实现触点延时接通或断开的自动控制电器。时间继电器的种类很多，常用的有电磁式、空气阻尼式、电动式和晶体管式等。

图5-14是空气阻尼式时间继电器工作原理示意图。图5-14（*a*）为时间继电器线圈未通电时的状态，此时动铁芯与静铁芯分离。图5-14（*b*）为初始上电时刻，此时动铁芯受到静铁芯的吸引，与静铁芯吸合。瞬时动作触点立即动作，其常开触点闭合，常闭触点断开。而延时动作触点则没有发生变化。由于上电后杠杆失去动铁芯的支撑，在释放弹簧的作用下，使活塞下移。但由于活塞下方空气压力的阻尼，活塞不可能一下子移动到最下边，而是缓慢的经过一定时间后达到图5-14（*c*）的状态。此时杠杆将延时动作触点触动，使其常开触点闭合，常闭触点断开。因此时间继电器的瞬时动作触点和延时动作触点不是同时开闭的。图5-14（*d*）是时间继电器的线圈失电后，动铁芯受恢复弹簧的作用，推动活塞杠杆系统立即恢复初始状态，使瞬时动作触点和延时动作触点都立即动作，恢复原来的状态。

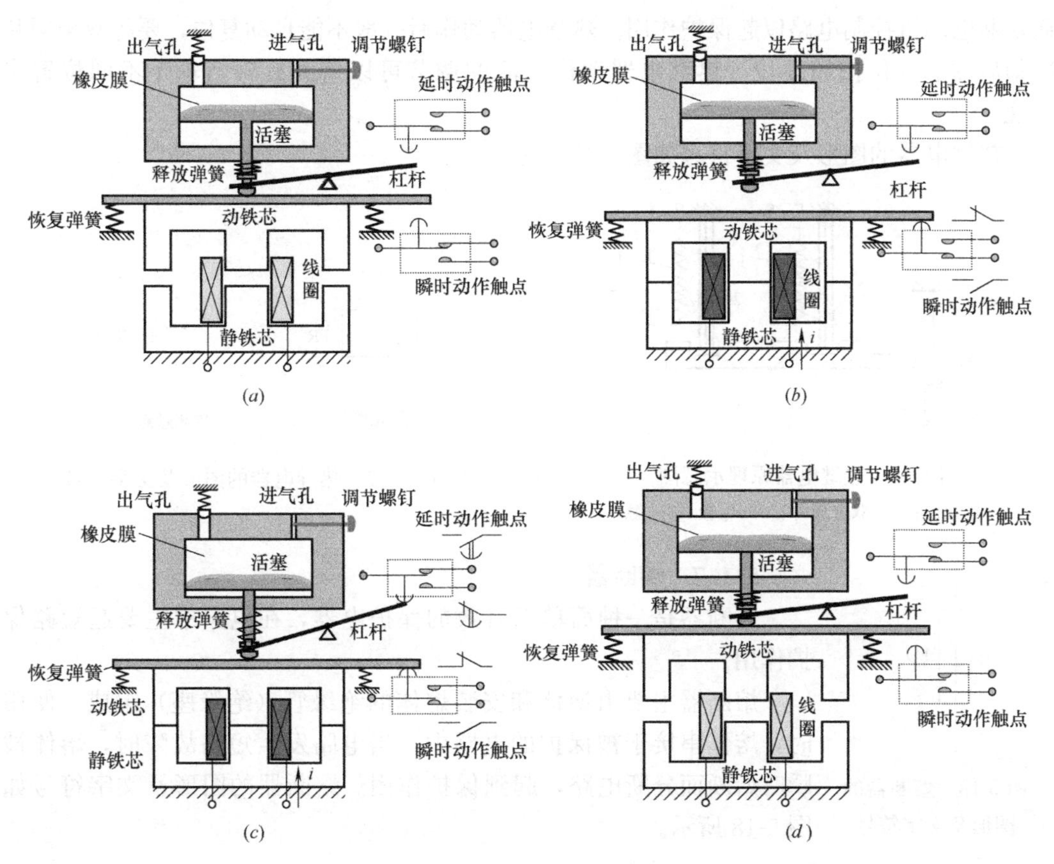

图 5-14 时间继电器工作原理示意图

时间继电器图形符号及文字符号如图 5-15 所示。

5. 热继电器

热继电器（FR）主要用于电力拖动系统中电动机的过载保护。

电动机在实际运行中，常会遇到过载情况，但只要过载不严重、时间短，绕组不超过允许的温升，这种过载是允许的。但如果过载情况严重、时间长，则会加速电动机绝缘的老化，缩短电动机的使用年限，甚至烧毁电动机，因此必须对电动机进行过载保护。

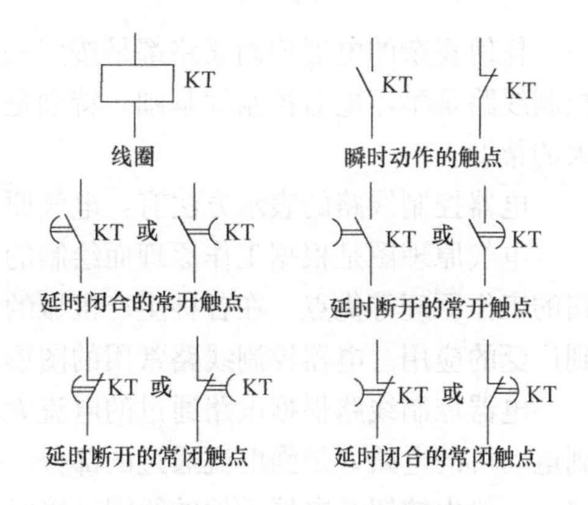

图 5-15 时间继电器

热继电器工作原理如图 5-16 所示。热继电器主要由热元件 1、双金属片 2 和触点 4 组成。热元件由发热电阻丝做成。双金属片由两种热膨胀系数不同的金属辗压而成，当双金属片受热时，会出现弯曲变形。使用时，把热元件串接于电动机的主电路中，而常闭触点串接于电动机的控制电路中。

当电动机正常运行时，热元件产生的热量虽能使双金属片弯曲，但还不足以使热继电器的触点动作。当电动机过载时，双金属片弯曲位移增大，推动导板使常闭触点断开，从而切断电动机控制电路以起保护作用。热继电器动作后一般不能自动复位，要等双金属片冷却后按下复位按钮复位。热继电器动作电流的调节可以借助旋转凸轮于不同位置来实现。

热继电器的图形及文字符号如图5-17所示。

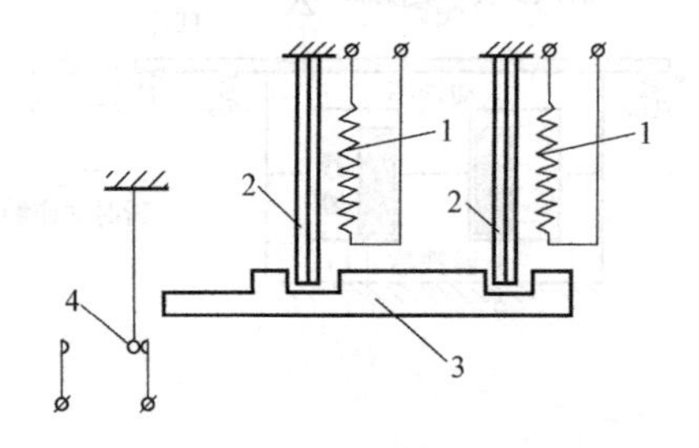

图5-16　热继电器原理示意图
1—热元件；2—双金属片；3—导板；4—触点

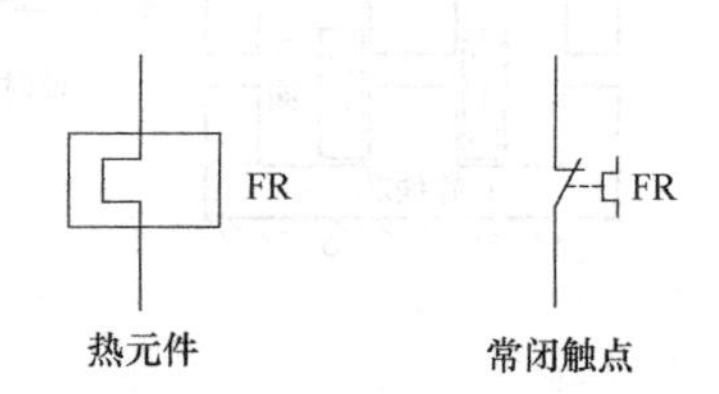

图5-17　热继电器的图形及文字符号

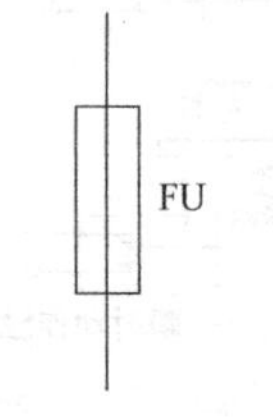

图5-18　熔断器的图形及文字符号

5.1.7　熔断器

熔断器是一种简单而有效的保护电器，在电路中主要起短路保护作用。

熔断器主要由熔体和安装熔体的绝缘管（绝缘座）组成。使用时，熔体串接于被保护的电路中，当电路发生短路故障时，熔体被瞬时熔断而分断电路，起到保护作用。熔断器的图形及文字符号如图5-18所示。

5.2　电动机基本控制线路

任何复杂的电器控制线路都是按照一定的控制原则，由基本的控制线路组成的。基本控制线路是学习电器控制的基础，特别是对整个电器控制线路工作原理的分析与设计有很大的帮助。

电器控制线路的表示方法有：电气原理图、电气接线图、电器布置图。

电气原理图是根据工作原理而绘制的，具有结构简单、层次分明、便于研究和分析电路的工作原理等优点。在各种生产机械的电气控制中，无论在设计部门还是生产现场都得到广泛的应用。电器控制线路常用的图形、文字符号必须符合现行国家标准。

电器控制线路根据电路通过的电流大小可分为主电路和控制电路。主电路包括从电源到电动机的电路，是强电流通过的部分，画在原理图的左边。控制电路是通过弱电流的电路，一般由按钮、电器元件的线圈、接触器的辅助触点、继电器的触点等组成，画在原理图的右边。

采用电器元件展开图的画法。同一电器元件的各部件可以不画在一起，但需用同一文字符号标出。若有多个同类电器，可在文字符号后加上数字序号，如KM1、KM2等。

所有按钮、触点均按没有外力作用和没有通电时的原始状态画出。控制电路的分支线路，原则上按照动作先后顺序排列，两线交叉连接时的电气连接点须用黑点标出。

本节主要介绍典型的电器控制线路。

5.2.1 空气开关直接控制电机启停

空气开关直接控制电机原理图如图 5-19 所示。

5.2.2 电机连续运行控制

主电路由刀开关 QS、熔断器 FU1、接触器 KM 的主触点、热继电器 FR 的发热元件和电动机 M 组成；控制电路由熔断器 FU2、停止按钮 SB1、启动按钮 SB2、接触器 KM 的常开辅助触点和线圈、热继电器 FR 的常闭触点组成，如图 5-20 所示。

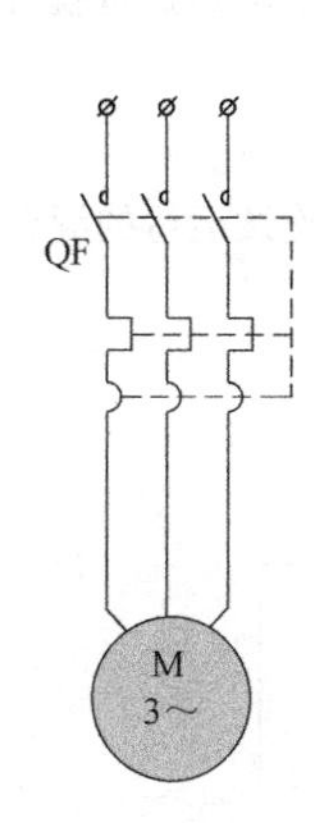

图 5-19 空气开关控制电机原理图

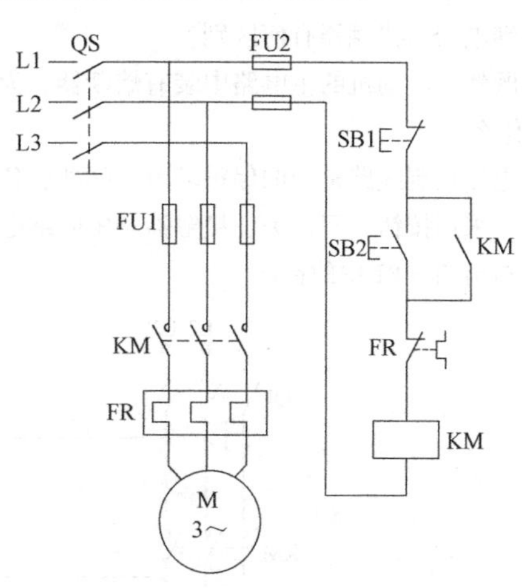

图 5-20 电机连续运行控制线路图

工作过程如下：

启动：合上刀开关 QS→按下启动按钮 SB2→接触器 KM 线圈通电→KM 主触点闭合和常开辅助触点闭合→电动机 M 接通电源运转；（松开 SB2），利用接通的 KM 常开辅助触点自锁、电动机 M 连续运转。

停机：按下停止按钮 SB1→KM 线圈断电→KM 主触点和辅助常开触点断开→电动机 M 断电停转。

在连续控制中，当启动按钮 SB2 松开后，接触器 KM 的线圈通过其辅助常开触点的闭合仍继续保持通电，从而保证电动机的连续运行。这种依靠接触器自身辅助常开触点的闭合而使线圈保持通电的控制方式，称自锁或自保。起到自锁作用的辅助常开触点称自锁触点。

线路设有以下保护环节：

短路保护：短路时熔断器 FU1 的熔体熔断而切断电路，起保护作用。

电动机长期过载保护：采用热继电器 FR。由于热继电器的热惯性较大，即使发热元件流过几倍于额定值的电流，热继电器也不会立即动作。因此在电动机启动时间不太长的情况下，热继电器不会动作，只有在电动机长期过载时，热继电器才会动作，用它的常闭触点断开使控制电路断电。

欠电压、失电压保护：通过接触器 KM 的自锁环节来实现。当电源电压由于某种原因而严重欠电压或失电压（如停电）时，接触器 KM 断电释放，电动机停止转动。当电源电压恢复正常时，接触器线圈不会自行通电，电动机也不会自行启动，只有在操作人员重新按下启动按钮后，电动机才能启动。

本控制线路具有如下三个优点：

（1）防止电源电压严重下降时电动机欠电压运行。

（2）防止电源电压恢复时，电动机自行启动而造成设备和人身事故。

（3）避免多台电动机同时启动造成电网电压的严重下降。

本章习题

1. 继电器与接触器有何区别？

2. 既然在电动机的主电路中装有熔断器，为什么还要装热继电器？装热继电器是否就可以不装熔断器？为什么？

3. 电器控制线路常用的保护环节有哪些？各采用什么电器元件？

4. 试采用按钮、刀开关、接触器和中间继电器，画出异步电动机点动、连续运行的混合控制线路。

5. 指出图5-21中的错误。

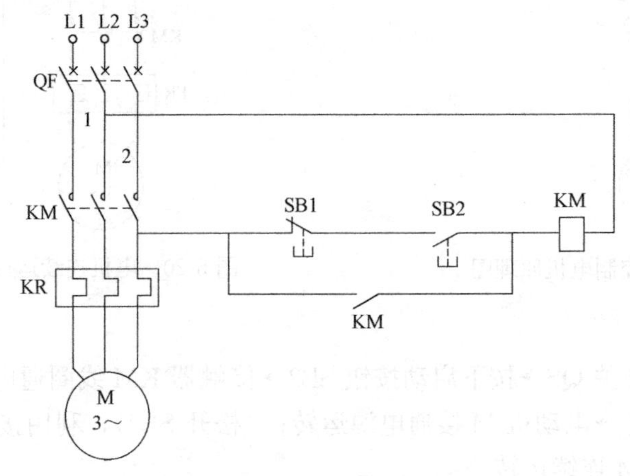

图5-21　电机控制线路图

6. 图5-22所示电动机正反转控制电路中有多处错误，请指出错误并说明如何改正。

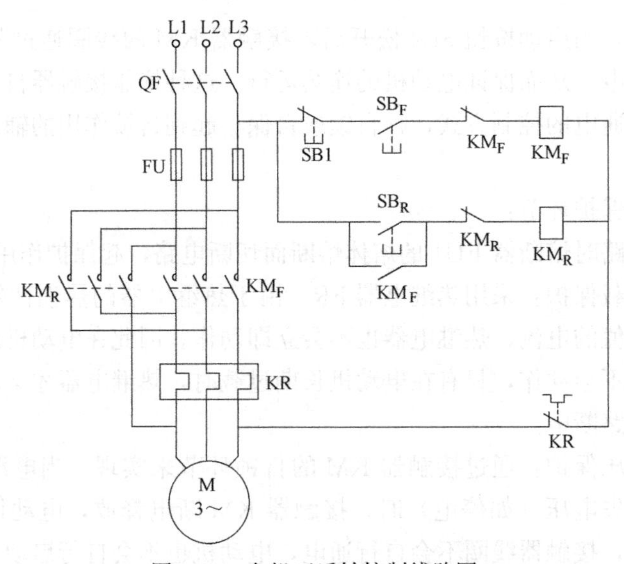

图5-22　电机正反转控制线路图

第6章　计算机控制及计算机网络技术

6.1　计算机控制技术

6.1.1　计算机控制概述

计算机控制是计算机应用的一个很大的分支，是将计算机技术应用于工农业生产以及国防等领域进行自动化控制的一门综合性学科。

计算机控制系统是在计算机技术和自动控制技术的基础上发展起来的。若将自动控制系统中控制器的功能用计算机来实现，就形成了典型的计算机控制系统。计算机具有强大的运算、逻辑判断和信息存储等功能，可以完成基于模型的控制算法，实现最优控制。因此，计算机控制技术是建筑环境与能源系统控制的核心技术之一。

20世纪40年代发展并成熟起来的经典控制理论，在处理简单控制回路时卓有成效。但随着生产和科学技术的不断发展与进步，控制系统的规模越来越大，控制对象越来越复杂，对控制系统的要求也不断提高，常规控制方法和手段难以实现对系统的控制。计算机，尤其是微型计算机在自动控制领域的应用，使自动控制水平产生了巨大的飞跃。

1946年世界上第一台电子计算机埃尼阿克ENIAC（全称为电子数字积分计算机）诞生，但由于价格昂贵，且其可靠性难以满足控制系统的要求，之后近二十年计算机的应用还只是科学计算和实际生产过程的数据采集与处理。1959年德克萨斯州的一家炼油厂成功应用RW-300计算机控制系统，揭开了计算机控制的辉煌一页。1962年英国帝国化工公司制造出一套计算机控制系统，可取代常规仪表对生产过程进行直接控制，开创了直接数字控制的新时期。之后，1971年第一片四位微处理器的出现以及微型计算机的快速发展，为实现分散控制奠定了良好的基础。1975年美国Honeywell公司成功研制世界上第一套集散型控制系统TDC-2000并投入使用，开创了计算机应用于实际生产过程控制的新纪元。

随着计算机技术、自动控制技术以及检测技术、数据库技术、网络与通信技术、现场总线技术和软件接口等相关技术的发展，计算机控制系统会发展到更高级、更安全可靠的阶段，其应用也将会渗透到工业生产和社会生活的各个领域。

6.1.2　计算机控制系统的组成

计算机控制系统是用计算机代替并实现常规模拟仪表控制系统中调节器的功能。然而，计算机处理的是数字信号，自然界中的实际信号都是模拟的，必须实现模拟量和数字量之间的相互转换，计算机才能取代模拟调节器实现数字计算机控制系统。因此，计算机控制系统在常规模拟仪表控制系统方框图的前向通道和反馈通道分别增加了数模转换（D/A）和模数转换（A/D）的部分，如图6-1所示。

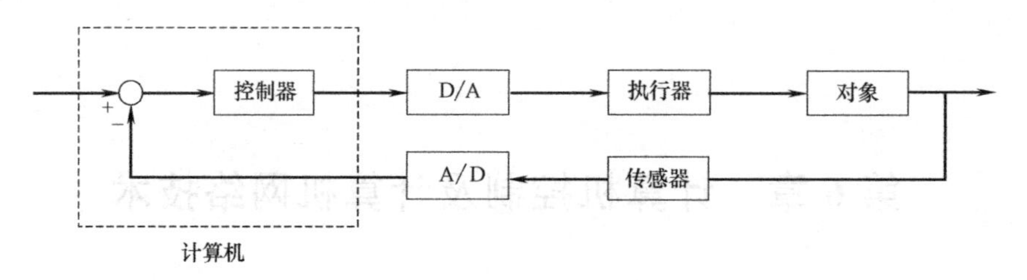

图 6-1　计算机控制系统方框图

计算机控制系统的控制过程包括数据采集、数据处理和输出控制三个主要阶段。为了实现该控制过程，完成监控任务，计算机控制系统主要包括硬件和软件两大部分。

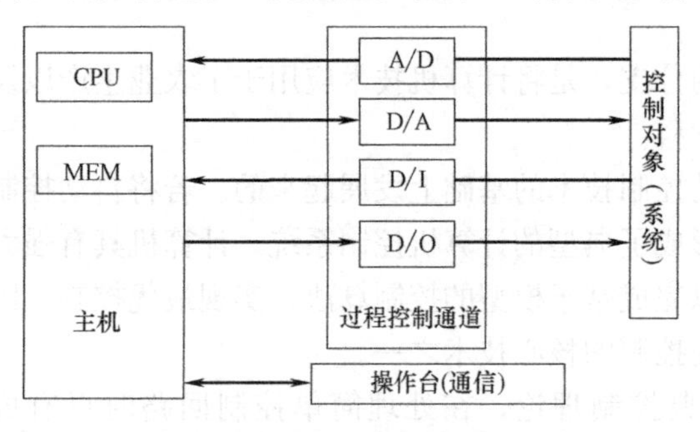

图 6-2　计算机控制系统硬件组成

1. 硬件部分

典型的计算机控制系统的硬件主要包括计算机主机、外围设备、过程输入输出通道以及人机联系设备等，如图 6-2 所示，它们是计算机控制系统的基础。

（1）主机

主机是指用于控制的计算机，包括 CPU、存储器和接口电路等，它是计算机控制系统的核心。主机主要完成被控参数的巡检、数据处理和报警、控制运算、数据和程序的存取等，并向现场设备发送控制指令，实现对被控对象的控制。

（2）外围设备

外围设备主要指各种输入输出设备、外部存储设备以及通信设备等。输入输出设备包括鼠标、键盘、显示器、打印机等，用来输入程序、数据或指令，并将相应数据、设备状态等进行输出、显示；外部存储设备包括磁盘、光盘、移动硬盘等，用来存放程序和数据等；通信设备用来实现计算机控制系统中网络节点间的信息交换和共享。

（3）过程输入输出通道

过程输入输出通道是计算机与被控对象及外部设备连接的桥梁，包括模拟量输入通道、模拟量输出通道、数字量输入通道和数字量输出通道。

1）模拟量输入通道（AI）的任务是将测量变送器输出的、反映生产过程物理参数（如温度、压力、流量等）的模拟电压或电流信号转换成二进制数字信号送给计算机。模拟量输入通道通常由电流电压（I/V）变换器、多路模拟开关、前置放大器、采样保持器、A/D 转换器和接口电路组成。

2）模拟量输出通道（AO）是计算机控制系统实现连续控制的关键。它的任务是将计算机输出的数字信号（控制指令）转换成模拟电压或电流信号，以驱动执行机构动作，实现计算机控制的目的。模拟量输出通道通常由接口电路、D/A 转换器、输出保持器和电压电流（V/I）变换器等组成。

3）数字量输入通道（DI）的任务是将反映生产过程或设备的具有二进制数字“1”和“0”状态的参数信号送至计算机。这种数字信号通常表现为电气开关的闭合/断开、继电器或接触器的吸合/释放、电动机的启动/停止以及指示灯的亮/灭等，所以又称为开关量。数字量输入通道主要由输入缓冲器、输入调理电路、输入口地址译码电路等组成。

4）数字量输出通道（DO）是计算机控制系统实现断续控制的关键。它的任务是将计算机输出的数字控制信号传送给开关器件，控制它们的状态，如指示灯的亮灭、电动机的启停等。数字量输出通道主要由输出寄存器、输出口地址译码器、输出驱动电路等组成。

（4）人机联系设备

人机联系设备是指除常见输入输出设备外的一些用于控制的操作面板或操作台、触摸屏、CRT 或 LED 显示屏等，实现操作员与控制计算机之间的信息交互。

2. 软件部分

一个完整的计算机控制系统，除了硬件组成部分外，还必须有软件。软件是指能够完成各项功能的计算机程序的总和，软件水平的高低在某种程度上决定了计算机控制系统的功能和性能。计算机控制系统软件包括系统软件和应用软件两大部分。

（1）系统软件

系统软件是维持计算机运行操作的基础，专门用于控制和协调计算机及外部设备等各种资源，实现对系统监控与诊断，支持应用软件开发和运行。系统软件一般由供应商提供或专业人员开发，不需要用户自己设计，如 Windows、Linux 等。系统软件使得计算机使用人员和其他软件将计算机当作一个整体，不需要考虑每个硬件是如何工作的。

（2）应用软件

应用软件是用户根据控制对象和自己的实际控制要求，自行编译的面向生产过程的各种程序，如数据采集、数字滤波、键盘的处理、A/D 和 D/A 转换、PID 控制算法、输出与控制等程序。用于应用软件开发的程序设计语言常见的有汇编、C♯、C＋＋、VB、VC 等，也有一些专用的组态软件，如国外的 InTouch、WinCC、Ifix 等，国产的世纪星、三维力控、组态王和 MCGS 等，它们功能强大，使用方便，具有广泛的应用前景。

6.1.3 计算机控制系统的分类

计算控制系统有多种分类方法，按照自动控制形式分为开环控制和闭环控制；按照控制规律可分为程序控制、顺序控制、常规控制、高级控制和智能控制等；按照计算机控制系统的发展及应用可分为操作指导控制系统、直接数字控制系统、计算机监督控制系统、分布式控制系统、现场总线控制系统和计算机集成制造系统，本书只对这六种类型进行介绍。

1. 操作指导控制系统

操作指导控制系统（Operation Guide Control，简称 OGC 系统）是指计算机只通过数据输入通道对生产过程的数据进行采集，根据工艺和生产的需求进行优化计算和处理，并将计算出的优化操作条件和参数进行输出显示或打印，并不直接用来控制生产对象。操作人员根据计算机提供的结果进行必要的操作，实现对生产过程的控制，其控制原理如图 6-3 所示。

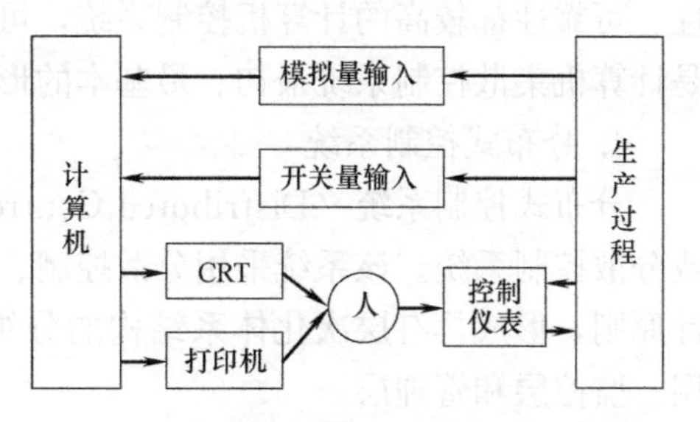

图 6-3 操作指导控制系统原理图

该系统属于开环控制结构，即自动检测＋人工调节，是一种计算机离线最优控制形式。其特点是结构简单，控制灵活、安全，尤其适用于被控对象的数学模型不明确或新设备、新系统的调试阶段。但该系统需要人工参与，效率不高，不能同时控制多个对象。

2. 直接数字控制系统

直接数字控制系统（Direct Digital Control，简称 DDC 系统）是用一台计算机对多个参数进行实时数据采集，按照一定的控制算法进行优化计算，并输出调节指令到执行机构，直接对生产过程进行控制，使被控参数按照工艺要求的规律变化，其控制原理如图 6-4 所示。

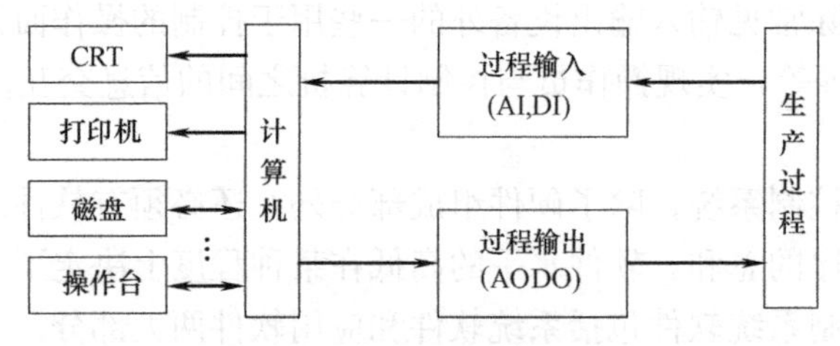

图 6-4　直接数字控制系统原理图

该系统是计算机控制系统的最基本形式，也是应用最多的一种类型，由计算机替代传统控制器，通过过程输入、输出通道对生产过程进行在线实时控制。其特点是可实现多回路多参数的控制，系统灵活性大、可靠性高，能实现各种从常规到先进的控制方式。

3. 计算机监督控制系统

计算机监督控制系统（Supervisory Computer Control，简称 SCC 系统）是一种两级的计算机控制系统，有两种结构形式：SCC＋DDC 控制系统和 SCC＋模拟调节器控制系统。上层 SCC 用计算机按照描述生产过程的数学模型和反映生产过程的参数信息，计算出最佳参数设定值送给下层 DCC 计算机或模拟调节器控制系统，DCC 计算机或模拟调节器根据实时采集的数据，按照一定的控制算法进行优化计算，并输出调节指令到执行机构，对生产过程进行控制，使被控参数按照工艺要求的规律变化，确保生产工况处于最优状态。SCC＋DDC 控制系统的原理如图 6-5 所示。

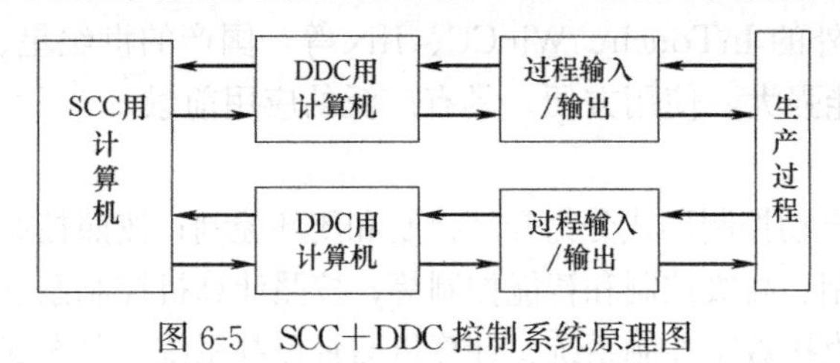

图 6-5　SCC＋DDC 控制系统原理图

计算机监督控制系统是操作指导控制系统与直接数字控制系统的综合，是一类安全性、可靠性都较高的计算机控制系统，可以进行顺序控制、最优控制和自适应控制等，它是计算机集散控制系统最初、最基本的形式。

4. 分布式控制系统

分布式控制系统（Distributed Control System，简称 DCS 系统）又称集散控制系统或分散控制系统。该系统采用分散控制、集中操作、分级管理、分而自治、综合协调的设计原则，形成具有层次化体系结构的分级分布式控制，从下到上可将系统分为现场控制层、监控层和管理层。

现场控制层是分布式控制系统的基础，直接对生产过程进行控制，参与控制的可以是计算机，也可以是可编程逻辑控制器（PLC）或专用的数字控制器。由于生产过程由独立的控制器实现了分散控制，使危险性大大分散，局部的故障不影响整个系统的运行，从而提高了系统的可靠性和整体协调性。

分布式控制系统的结构如图 6-6 所示，系统由面向被控对象的现场 I/O 控制站、面向操作人员的操作员站、面向监控管理人员的工程师站、管理计算机和满足系统通信的计算机网络等部分组成。现场 I/O 控制站与传感器/变送器、执行器等现场仪表的测控信号是 DC 4～20mA 等模拟信号，因此分布式控制系统是一种半数字化系统。

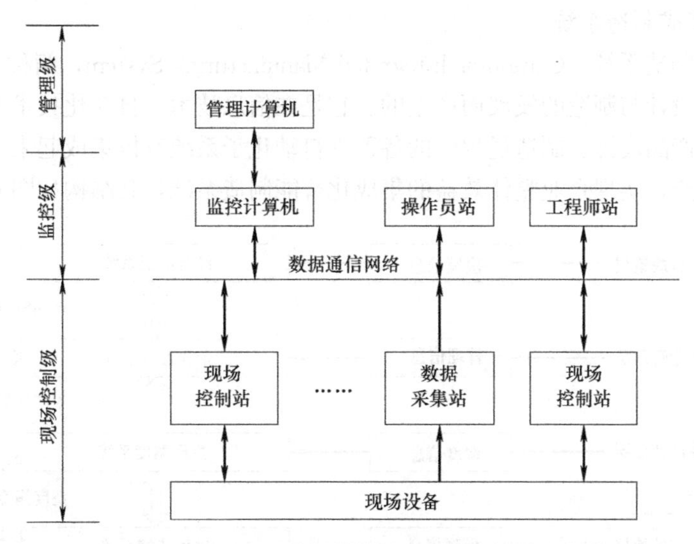

图 6-6 分布式控制系统的结构

5. 现场总线控制系统

现场总线控制系统（Fieldbus Control System，简称 FCS 系统）是 20 世纪 90 年代兴起并迅速发展的一种计算机控制系统，是全数字、半双工、串行双向通信系统。其发展的初衷是用数字通信代替一对一的 I/O 连接方式，把数字通信网络延伸到工业过程现场，因此是一种全数字化系统。根据国际电工委员会 IEC 和美国仪表协会 ISA 的定义，现场总线是连接智能现场设备和自动化系统的数字式、双向传输、多分支结构的通信网络，是控制系统中最低层的通信网络。现场总线控制系统的原理如图 6-7 所示。

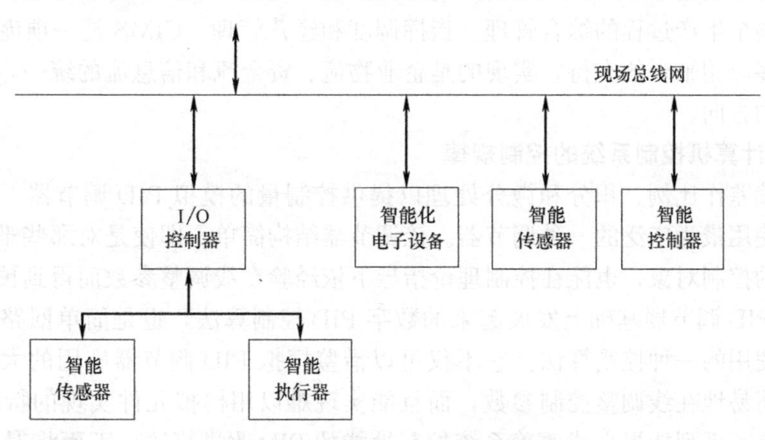

图 6-7 现场总线控制系统原理图

现场总线控制系统作为新一代控制系统，突破了分布式控制系统采用专用通信网络的局限，进一步变革了其“集散”的系统结构，形成了全分布式系统架构，把控制功能彻底下放到现场。生产过程现场的各种仪表都配有分级处理器，属于智能现场设备，都具有通信能力。现场总线控制系统采用了总线式的结构，使各单元的组合更加灵活，因此简化了系统的安装、维护和管理，减少了系统的投资、运行成本和线缆数量，增强了系统的性能，已成为工业控制体系结构发展的重要方向之一。

6. 计算机集成制造系统

计算机集成制造系统（Computer Integrated Manufacturing System，简称 CIMS 系统）是随着计算机辅助设计与制造的发展而产生的。它是在信息技术、自动化技术与制造技术的基础上，把分散在产品设计、制造过程中的各孤立自动化子系统有机集成起来，形成适用于多品种、小批量生产，实现企业整体效益的集成化智能制造系统，其结构如图 6-8 所示。

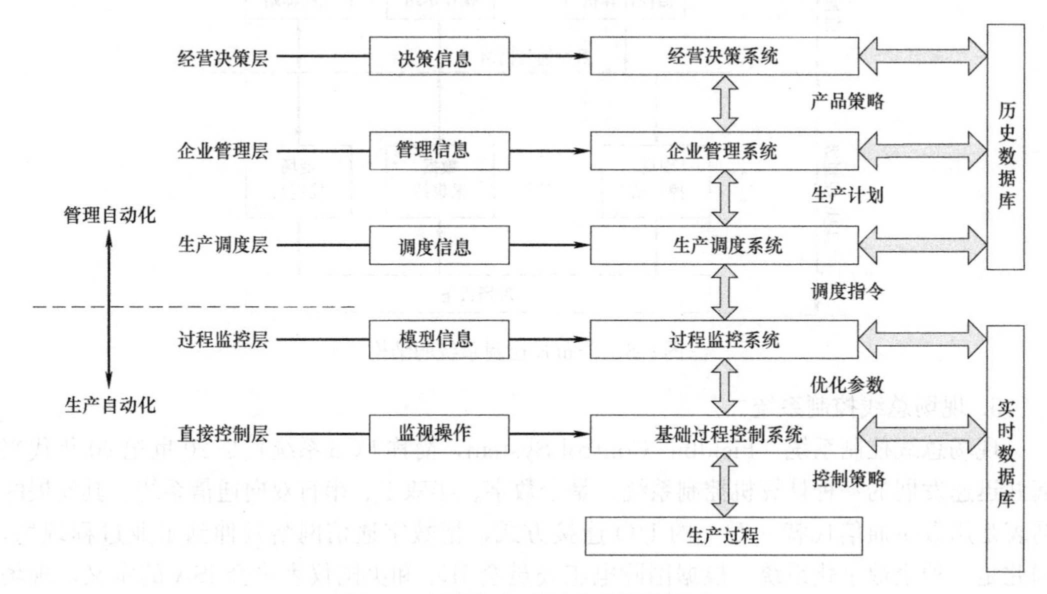

图 6-8　计算机集成制造系统结构图

计算机集成制造系统不仅承担着面向过程控制和优化的任务，还基于获取的生产过程信息，完成整个生产过程的综合管理、指挥调度和经营管理。CIMS 是一项庞大的系统工程，需要许多应用平台的支持，实现的是企业物流、资金流和信息流的统一，是企业真正走向现代化的方向。

6.1.4　计算机控制系统的控制规律

对系统偏差作比例、积分和微分处理以提供控制量的模拟 PID 调节器，是时间连续控制系统中使用最为广泛的一种调节器。该调节器结构简单，即使是对那些难以用准确数学模型描述的控制对象，也能在控制理论指导下依经验在线调整参数而得到预期的控制效果。在模拟 PID 调节器基础上发展起来的数字 PID 控制算法，也是简单回路计算机控制系统中广泛使用的一种控制算法。它不仅可以借鉴模拟 PID 调节器应用的大量实践经验而更安全、简易地在线调整控制参数，而且能实现难以用模拟元件实现的特殊 PID 控制规律，即具有一系列能提高或改善系统控制性能的 PID 改进算法。下面将对数字 PID 控制算法的标准形式、改进算法及参数整定进行介绍。

1. 标准数字 PID 控制算法

在模拟控制系统中，按给定值与测量值的偏差 e 进行控制的 PID 控制器是一种线性调节器，其 PID 表达式如下：

$$u(t)=K_{\mathrm{c}}\left[e(t)+\frac{1}{T_{\mathrm{I}}}\int_{0}^{t}e(t)\mathrm{d}t+T_{\mathrm{D}}\frac{\mathrm{d}e(t)}{\mathrm{d}t}\right]+u_{0} \tag{6-1}$$

其中，K_c、T_I、T_D 分别为模拟调节器的比例增益、积分时间和微分时间，u_0 为偏差 $e=0$ 时的调节输出，常称之为稳态工作点。

由于计算机控制系统是时间离散系统，控制器每隔一个控制周期进行一次控制量的计算并输出到执行机构。为了便于计算机实现 PID 算法，需要将式（6-1）所示的 PID 控制规律离散化。因此将公式中的积分项和微分项分别用求和及增量之比来近似表示。设控制周期为 T，在控制器的采样时刻 $t=kT$ 时，经过下述差分方程

$$\int_{0}^{t}e(t)\approx\sum_{j=0}^{k}Te(j),\frac{\mathrm{d}e(t)}{\mathrm{d}t}\approx\frac{e(k)-e(k-1)}{T}$$

可得到离散型系统的 PID 算式为：

$$u(k)=K_{\mathrm{c}}\left\{e(k)+\frac{T}{T_{\mathrm{I}}}\sum_{j=0}^{k}e(j)+\frac{T_{\mathrm{D}}}{T}[e(k)-e(k-1)]\right\}+u_{0} \tag{6-2}$$

或写成

$$u(k)=K_{\mathrm{c}}e(k)+K_{\mathrm{I}}\sum_{j=0}^{k}e(j)+K_{\mathrm{D}}[e(k)-e(k-1)]+u_{0} \tag{6-3}$$

其中，$u(k)$ 是采样时刻 $t=kT$ 时的计算输出，$K_I=K_c\cdot\frac{T}{T_I}$称为积分系数，$K_D=K_c\cdot\frac{T_D}{T}$称为微分系数。式（6-2）和式（6-3）给出的是执行机构在采样时刻 kT 的位置或控制阀门的开度，被称为位置式 PID 算法。

在位置式算法中，每次的输出与采样时刻 kT 之前所有的状态都有关。它不仅要求计算机对 e 进行不断累加，计算繁琐，而且当计算机发生任何故障时，会造成输出量 u 的变化，从而大幅度地改变阀门位置，这将对安全生产带来严重后果。故目前计算机控制常采用增量式 PID 算法。这种算法得到的计算输出是执行机构的增量值，其表达式为：

$$\begin{aligned}\Delta u(k)&=u(k)-u(k-1)\\&=K_{\mathrm{c}}\left\{[e(k)-e(k-1)]+\frac{T}{T_{\mathrm{I}}}e(k)+\frac{T_{\mathrm{D}}}{T}[e(k)-2e(k-1)+e(k-2)]\right\}\end{aligned} \tag{6-4}$$

或写成

$$\Delta u(k)=K_{\mathrm{c}}[e(k)-e(k-1)]+K_{\mathrm{I}}e(k)+K_{\mathrm{D}}[e(k)-2e(k-1)+e(k-2)] \tag{6-5}$$

可见，除了当前偏差 $e(k)$ 外，采用增量式 PID 算法只需要保留前两个采样周期的偏差，$e(k-1)$ 和 $e(k-2)$，即根据前后三次测量的偏差即可求出控制增量。增量式 PID 算法的优点是编程简单，数据可以递推使用，占用内存少，运算快。此外，为了编程方便，式（6-5）还可以写成如下形式：

$$\begin{aligned}\Delta u(k)&=(K_{\mathrm{c}}+K_{\mathrm{I}}+K_{\mathrm{D}})e(k)-(K_{\mathrm{c}}+2K_{\mathrm{D}})e(k-1)+K_{\mathrm{D}}e(k-2)\\&=Ae(k)-Be(k-1)+Ce(k-2)\end{aligned} \tag{6-6}$$

但上式中系数 A、B、C 已经不能反映比例、积分和微分的作用，只反映各采样时刻的偏差对控制作用的影响，故也称为偏差系数控制算式。

实际上，位置式与增量式控制对整个闭环系统并无本质区别，只是将原来全部由计算机承担的算式，分出一部分由其他部件去完成。例如用步进电机作为系统的输出控制部件

时，就能起此作用。它作为一个积分元件，并兼作输出保持器，对计算机的输出增量 $\Delta u(k)$ 进行累加，实现了 $u=\int\Delta u$ 的作用，而步进电机转过的角度对应于阀门的位置。

2. 数字 PID 控制算法的改进

标准数字 PID 控制算法中，积分项作用过大时会出现积分饱和，微分作用和比例作用过大时会出现微分饱和，这都将使执行机构进入非线性区，从而使系统超调量过大，产生振荡，动态品质下降。但数字 PID 控制可以充分发挥计算机运算速度快、逻辑判断功能强、编程灵活等优势，对标准数字 PID 控制算法进行一系列改进，主要是对积分项和微分项进行改进，以克服以上两种饱和现象，使系统具有较好的动态品质。

（1）积分算法的改进

标准数字 PID 控制算法中，积分控制的作用是减小或消除静态误差，提高精度。只要系统存在偏差，算法中的积分项就会一直对偏差进行累积，以致使控制量 $u(k)$ 的计算值很大。然而实际中控制量因受执行元件机械和物理特性的约束，其取值有一定限制（$u_{\min}\leqslant u\leqslant u_{\max}$）。当计算得到的控制量超出了实际的范围时，系统实际执行的不是控制量的计算值而是边界值，从而使系统进入饱和区，达不到预期的控制效果。这种现象称为“饱和效应”。位置式算法中引起计算饱和的主要是积分运算，故称为“积分饱和”。常用的克服积分饱和的方法有积分分离算法和遇限削弱算法。

1）积分分离算法

积分分离算法的思想是：当被控量与给定值的偏差大于规定的某个阈值时，不进行积分，以避免积分饱和及超调量过大；当被控量接近给定值时，才引入积分作用，以消除偏差，提高控制精度。具体实现过程如下：

积分分离 PID 算法将位置式 PID 算法改写为如下形式：

$$u(k)=K_{\mathrm{c}}\left\{e(k)+\alpha\frac{T}{T_{\mathrm{I}}}\sum_{j=0}^{k}e(j)+\frac{T_{\mathrm{D}}}{T}[e(k)-e(k-1)]\right\}+u_{0} \tag{6-7}$$

上式中 $\alpha=\begin{cases}1, |e(k)|\leqslant\varepsilon\\0, |e(k)|>\varepsilon\end{cases}$，$\varepsilon$ 为根据实际情况设定的阈值，且 $\varepsilon>0$。在实际系统中，阈值 ε 可通过实验整定。引入积分分离后，控制量不易进入饱和区，较大地改善了系统的控制性能。控制效果如图 6-9 所示。

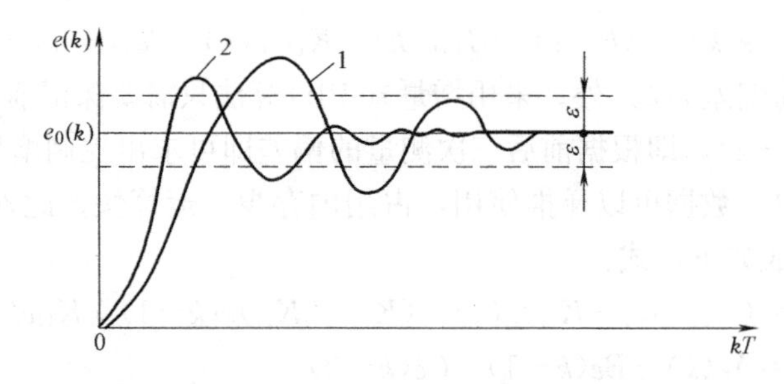

图 6-9　标准 PID 与积分分离 PID 控制算法的控制效果对比

1—标准 PID；2—积分分离 PID

2）遇限削弱算法

上述积分分离算法是在开始时不进行积分，而遇限削弱算法正好与之相反，一开始进行积分，进入限制范围后削弱积分。遇限削弱算法的基本思想是：一旦控制量 $u(k)$ 进入饱和区，则只执行削弱积分项的运算而停止进行增大积分项的运算，即在计算 $u(k)$ 时，将首先判断上一时刻的控制量 $u(k-1)$ 是否超出其限制范围，若已超出，则应根据 $e(k)$ 的符号确定是否应将 k 时刻的偏差 $e(k)$ 计入积分项。具体实现方法为：

若 $u(k-1)\geqslant u_{\max}$，$e(k)\geqslant 0$ 则不进行积分累加；$e(k)<0$ 则进行积分累加。

若 $u(k-1)\leqslant u_{\min}$，$e(k)\leqslant 0$ 则不进行积分累加；$e(k)>0$ 则进行积分累加。

(2) 微分算法的改进

标准数字 PID 控制算法中，微分作用是扩大稳定域，改善系统的动态性能。微分控制只在第一个采样周期中起作用，并且通常会使微分输出 $u_d(0)$ 很大，容易导致输出饱和，即“微分饱和”。此外，对于具有高频扰动的生产过程，由于微分具有放大噪声的作用，若其过于灵敏，容易引起控制过程振荡。因此，在实现数字 PID 控制时，要对信号进行平滑处理，消除高频噪声的影响。常用的方法有：不完全微分 PID 算法和微分先行 PID 算法。

1) 不完全微分 PID 算法

不完全微分 PID 算法是在微分环节或整个 PID 环节串入一个一阶惯性环节（低通滤波器），以平滑微分作用产生的瞬时脉动，可加强微分作用对全过程的影响，同时还可抑制高频噪声。不完全微分 PID 算法具有两种形式：一是惯性环节只加在微分项上，如图 6-10（a）所示；二是惯性环节加在整个 PID 控制器之后，如图 6-10（b）所示。

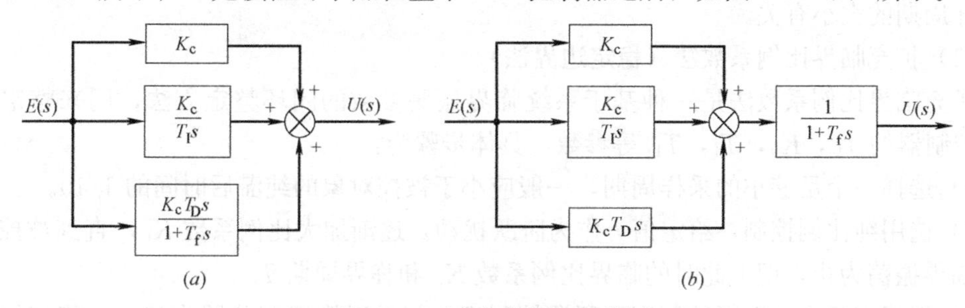

图 6-10 不完全微分 PID 控制

图 6-11 为标准 PID 控制与不完全微分 PID 控制的阶跃响应比较。可以看出，不完全微分算法使微分输出在第一个采用周期内的脉冲幅度下降，并按照指数规律逐渐衰减到零。不完全微分能有效克服标准 PID 算法的不足，尽管有些复杂，但因其具有较理想的控制特性，得到了越来越广泛的应用。

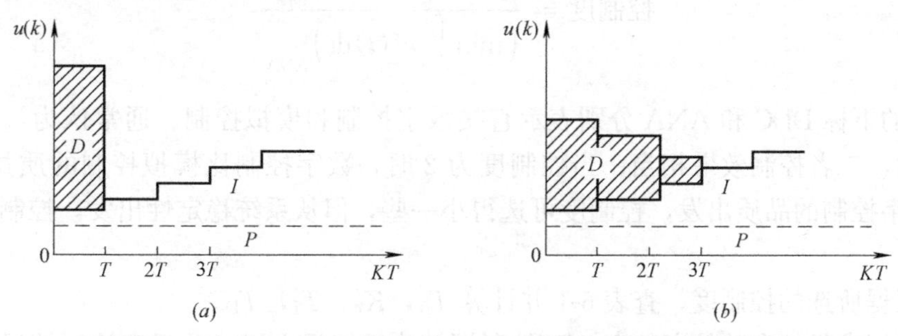

图 6-11 标准 PID 与不完全微分 PID 控制算法的控制效果对比

（a）标准 PID 控制；（b）不完全微分 PID 控制

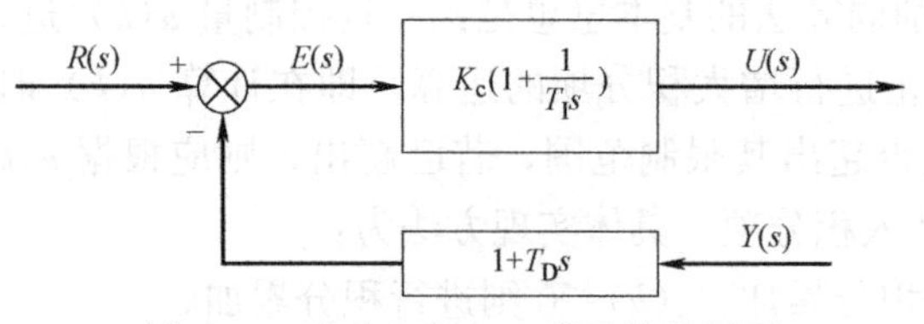

图 6-12　微分先行 PID 算法结构框图

2）微分先行 PID 算法

微分先行 PID 算法的特点是只对输出量（被控量）进行微分，而不对偏差微分，即对给定值无微分作用。微分先行 PID 算法的结构如图 6-12 所示。这样在改变给定值时，输出不会发生突变，避免给系统带来过大的超调量，明显地改善了系统的动态性能，适合于给定值频繁变化的场合。

微分先行 PID 算法（增量式算法）的算式为：

$$\Delta u(k)=K_c\left\{[e(k)-e(k-1)]+\frac{T}{T_I}e(k)-\frac{T_D}{T}[y(k)-2y(k-1)+y(k-2)]-\frac{T_D}{T_I}[y(k)-y(k-1)]\right\} \tag{6-8}$$

3. 数字 PID 控制算法的参数整定

所谓 PID 控制器参数整定，实质上是通过调整 K_c，T_I，T_D，使控制器的特性与被控过程的特性相匹配，以满足某种反映控制系统质量的性能指标。与模拟 PID 调节器不同的是，数字 PID 控制的参数整定，除了需要确定 K_c，T_I，T_D 外，还需要确定系统的采样周期 T_0。因为数字 PID 的控制品质不仅取决于被控对象的动态特性和 PID 参数，而且与采样周期的大小有关。

（1）扩充临界比例系数法（稳定边界法）

扩充临界比例系数法是一种基于系统临界振荡参数的闭环整定方法，用来整定数字 PID 控制器的 T_0，K_c，T_I，T_D 等参数，具体步骤为：

1）选择一个足够小的采样周期，一般应小于被控对象的纯滞后时间的 1/10。

2）选用纯比例控制，给定值 r 作为阶跃扰动，逐渐加大比例系数 K_c，直到被控变量出现临界振荡为止，记下此时的临界比例系数 K_{cr} 和临界周期 T_{cr}。

3）根据实际需要选择控制度。所谓控制度，就是以模拟调节器为基础，将直接数字控制的效果与模拟调节器控制的效果进行比较。控制效果的评价通常采用 $\min\int_0^{\infty}e^2(t)\mathrm{d}t$（最小平方误差积分），即

$$控制度=\frac{\left(\min\int_0^{\infty}e^2(t)\mathrm{d}t\right)_{DDC}}{\left(\min\int_0^{\infty}e^2(t)\mathrm{d}t\right)_{ANA}}$$

式中的下标 DDC 和 ANA 分别表示直接数字控制和模拟控制。通常认为，当控制度为 1.05 时，二者控制效果相当；当控制度为 2 时，数字控制比模拟控制的质量差一倍。从提高数字控制的品质出发，控制度可选得小一些，但从系统稳定性出发，控制度宜选得大一些。

4）根据所选的控制度，查表 6-1 并计算 T_0，K_c，T_I，T_D。

5）根据求得的参数整定数字 PID 控制器，将系统投入运行并观察控制效果。若系统稳定性差，可适当增大控制度并重新计算参数，直到控制效果满意为止。

扩充临界比例系数法数字 PID 参数计算公式　　表 6-1

控制度	调节规律	T_0/T_{cr}	K_c/K_{cr}	T_I/T_{cr}	T_D/T_{cr}
1.05	PI	0.03	0.55	0.88	—
	PID	0.014	0.63	0.49	0.14
1.20	PI	0.05	0.49	0.91	—
	PID	0.043	0.47	0.47	0.16
1.50	PI	0.14	0.42	0.99	—
	PID	0.09	0.34	0.43	0.20
2.00	PI	0.22	0.36	1.05	—
	PID	0.16	0.27	0.40	0.22

（2）扩充响应曲线法（动态特性法）

扩充响应曲线法是将模拟 PID 调节器的响应曲线法推广于数字 PID 的参数整定。具体步骤为：

1）在系统开环的情况下，给被控对象施加一阶跃输入，得到被控参数的阶跃响应曲线，如图 6-13 所示。

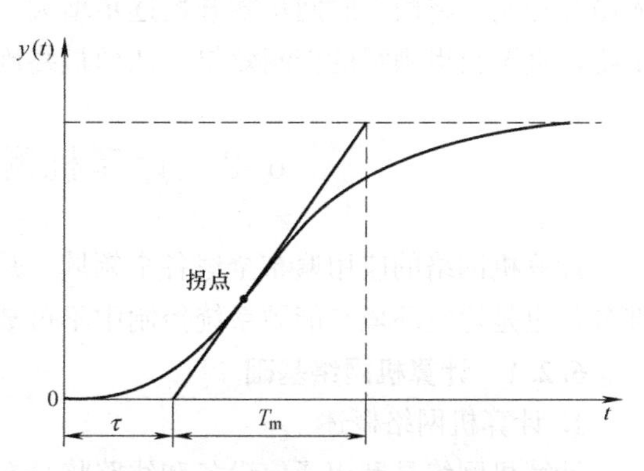

图 6-13　被控对象的阶跃响应曲线

2）在响应曲线的拐点处做切线，求得等效滞后时间 τ 和等效时间常数 T_m，并计算 T_m/τ。

3）选择适当的控制度。

4）根据所求得的 τ，T_m 和 T_m/τ 查表 6-2 并计算 T_0，K_c，T_I，T_D。

5）将系统投入运行并观察控制效果，适当修正参数，直到满意为止。

扩充响应曲线法数字 PID 参数计算公式　　表 6-2

控制度	调节规律	T_0/τ	$K_c/(T_m/\tau)$	T_I/τ	T_D/τ
1.05	PI	0.1	0.84	3.4	—
	PID	0.05	1.15	2.0	0.45
1.20	PI	0.2	0.78	3.6	—
	PID	0.16	1.0	1.9	0.55
1.50	PI	0.5	0.68	3.9	—
	PID	0.34	0.85	1.62	0.65
2.00	PI	0.80	0.57	4.2	—
	PID	0.60	0.60	1.50	0.82

（3）试凑法

在上述方法中，根据查表计算的参数将系统投入运行后，如果系统性能仍不满足要求，可采用试凑法进行微调，经过反复试凑参数，直至出现满意的响应，从而确定 PID 参数。此外，试凑法在实际工程中常被用来进行现场参数整定。通常，增大比例系数 K_c 可加快系统的响应，但容易使稳定性变差；减小积分时间 T_I 将使系统的稳定性变差，但会加快消除系统静差；增大微分时间 T_D 可加快系统的响应，但对扰动的响应也会更加敏感，可使系统稳定性变差。对参数试凑的一般原则是先比例，后积分，最后微分。具体步骤如下：

1）首先只整定比例部分。将 K_c 由小到大变化，观察系统响应，直至得到反应快、超调小的响应曲线，若此时系统静差已在允许的范围内，则可采用纯比例控制。

2）如果采用纯比例控制系统的稳态误差不能满足要求时，则需加入积分控制。先将比例系数减小，可设为原来的 50%～80%，再将积分时间设置为一个较大值，观察系统响应，然后逐步减小积分时间以增大积分作用，并相应地调整比例系数，反复试凑积分时间和比例系数直到系统响应满意为止。

3）如果采用比例积分控制，经过反复调整，系统动态过程仍不能令人满意，则需加入微分控制。将微分时间从零开始逐步增大，同时相应地改变比例系数和积分时间，反复试凑，直至获得满意的控制效果，从而最终确定 PID 参数。

6.2　计算机网络与通信技术

计算机网络的应用遍布全球各个领域，是工业生产以及社会生活不可缺少的重要组成部分，也是建筑环境与能源系统控制中不可缺少的重要一环。

6.2.1　计算机网络基础

1. 计算机网络概述

计算机网络是利用通信设备和线路将分布在不同地理位置且功能独立的多个计算机系统、网络设备和其他信息系统相互连接起来，以功能强大的网络软件、网络协议、网络操作系统等为基础，实现资源共享和信息传递。

计算机网络是计算机技术与通信技术相结合的产物，其基本功能是完成数据处理和数据通信，在逻辑结构上可分为资源子网和通信子网两部分（见图 6-14）。资源子网是计算机网络的外层，由提供资源的主机和请求资源的终端组成，主要负责全网的信息处理；通信子网是计算机网络的内层，主要任务是将各种计算机互联起来完成数据传输、交换和通信处理。

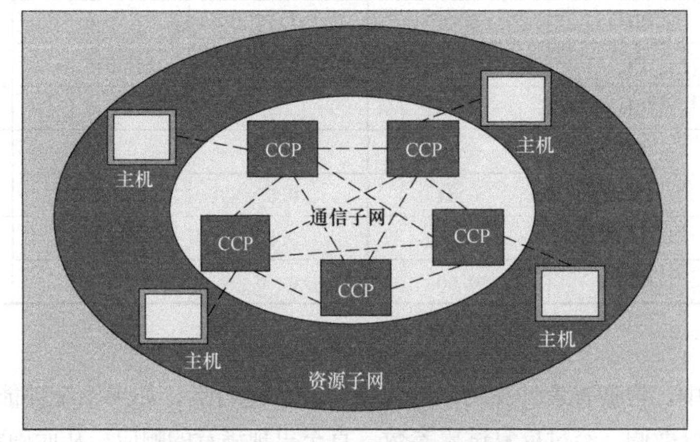

图 6-14　资源子网和通信子网示意图

CCP——Communication Control Processor（通信控制处理机）

2. 计算机网络拓扑

计算机网络拓扑是指计算机网络的结构，即组成网络的设备分布情况以及它们的连接方法和形式。常见的网络拓扑形式有星形拓扑、环形拓扑、总线拓扑、树形拓扑以及混合拓扑等，如图 6-15 所示。

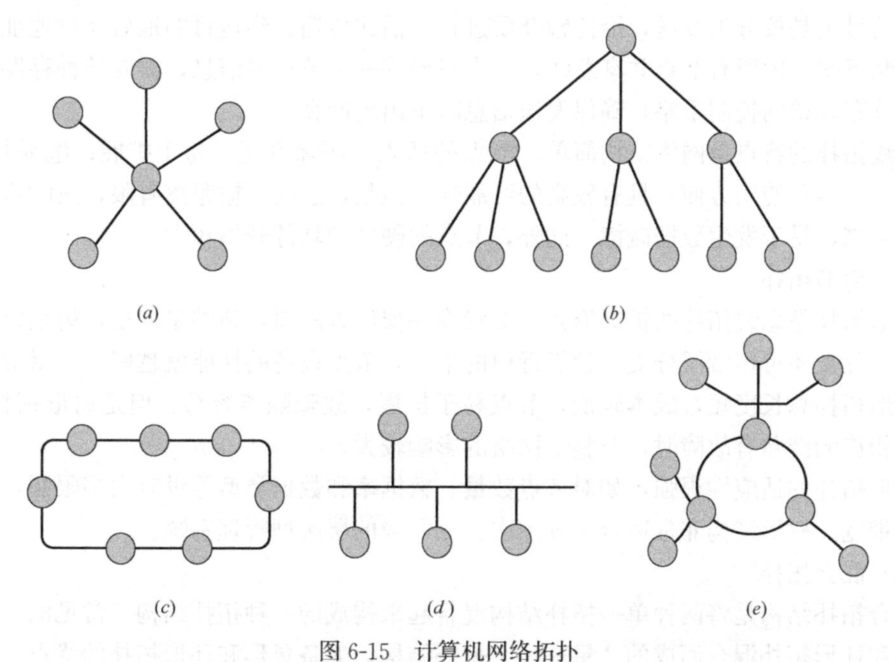

图 6-15 计算机网络拓扑

(a) 星形拓扑；(b) 树形拓扑；(c) 环形拓扑；(d) 总线形拓扑；(e) 混合形拓扑

(1) 星形拓扑

在星形拓扑结构中，网络中的每个节点通过点到点的方式连接到一个中央节点，由该中央节点向目的节点传送信息。在这种拓扑结构中，中央节点执行集中式通信控制策略，一个节点要传送数据，首先向中央节点发出请求，要求与目的节点建立连接，连接建立后该节点才向目的节点发送数据。因此，中央节点相当复杂，而其他各节点通信处理负担小，结构简单。

星形拓扑的特点是控制简单，故障诊断和隔离容易，方便服务，适用于低数据率设备和要求终端密集的地方。但是，需要耗费大量的电缆，安装、维护的工作量大。而且，中央节点负担重，容易形成“瓶颈”，一旦发生故障，则全网受影响。

(2) 环形拓扑

在环形拓扑中，每个节点通过中继器接入网络，所有的中继器及其物理线路构成封闭环状网络。每个节点发送数据，按分组进行，数据拆成分组加上控制信息插入环上，通过其他中继器达到目的节点。由于多个节点共享环路，需要某种访问控制方式确定每个节点何时能向环上插入分组。环形拓扑的网络设备是简单的中继器，而每个节点需提供拆包和存取控制逻辑等复杂功能。

环形拓扑的特点是数据传输具有单向性，传输控制机制比较简单，电缆长度短，实时性较好，中继器之间可使用高速链路（如光纤）。但是，一个节点的故障会引起全网故障，且故障检测困难，可靠性方面存在局限。此外，环形拓扑的介质访问控制协议都采用令牌传递的方式，在负载较小时，信道利用率相对较低。

（3）总线拓扑

在总线拓扑中，单条总线作为共用的传输介质，网络中所有节点通过相应的硬件接口和电缆直接连接到这根总线上。总线上任一节点都能发送信号，且其他所有节点都能接收信号。信号也是按分组发送，沿传输介质进行广播式传播，到达目的地后经过地址识别将信息复制下来。因所有节点共享总线，一次只允许一个节点发信息，需要某种存取控制方式（如分布式访问控制策略）确保发送信息时不出现冲突。

总线拓扑的特点是网络结构简单，节点的插入、删除方便，易于扩展；电缆长度短、造价低，安装和使用方便；具有较高的可靠性。但是，总线传输距离有限，故障诊断和隔离比较困难，易于发生数据碰撞。此外，节点的硬件和软件开销较大。

（4）树形拓扑

树形拓扑是总线拓扑的扩展形式，形状像一棵倒置的树，顶端是树根，树根以下带分支，每个分支还可再带子分支。越靠近树的根部，节点设备的性能就越好。与星形拓扑相比，树形拓扑总长度短，成本较低，节点易于扩展，故障隔离容易。但是树形拓扑复杂，与节点相连的链路有故障时，对整个网络的影响较大。

树形拓扑的适应性很强，如对节点数量、数据率和数据类型等没有太多限制，可达到很高的带宽。树形结构非常适合于分主次、分等级的层次型管理系统。

（5）混合拓扑

混合拓扑结构是将两种单一拓扑结构混合起来构成的一种拓扑结构。常见的一种是星形拓扑和环形拓扑混合而成的“星—环”拓扑结构，兼备星形和环形拓扑的优点。这样的拓扑结构更能满足较大网络的拓展，解决环形拓扑在连接用户数量的限制，同时又解决了星形拓扑在传输距离上的局限。但它需要智能型集线器，以实现网络故障的自诊断和故障节点的隔离。

3. 计算机网络的分类

计算机网络除了有多种拓扑结构外，还可以按以下方式进行分类。

（1）按分布范围分为局域网、城域网和广域网

局域网是一种规模较小的网络，覆盖范围有限，分布距离一般不超过几千米，通常由一个单位自行组网并专用，采用廉价高速的宽带信道。所以局域网受外界干扰小、传输速率高，经济可靠。

广域网是由远程线路（电话交换网、公用数据网、卫星等）将地理位置不同的两个或多个局域网互联起来的网络。广域网覆盖范围广，可以延伸到全世界，但传输速率较低，它的传输装置和媒体通常由电信部门提供。

城域网是在局域网基础上发展起来的覆盖大城市范围的计算机网络，覆盖范围介于局域网与广域网之间，运行方式与局域网类似，支持高速传输和综合业务。

计算机控制系统一般采用局域网或局域网的互联。

（2）按交换方式分为电路交换网、报文交换网和分组交换网

电路交换网包含一条物理路径，通信过程从建立链路、数据传输到释放链路一直占用该路径。电路交换网主要有两种，公共交换电话网（PSTN）和综合业务数字网（ISDN）。

报文交换网是采用“存储—转发”技术，用户数据可暂时存储在交换机内，并通过网

络中的其他交换机选择空闲的路径进行转发。

分组交换网是继电路交换网和报文交换网之后一种新型交换网络，主要用于数据通信。它将用户的数据划分成一定长度的分组，不同用户分组可以交织在网络中的物理链路上传输。它比电路交换的利用率高，比报文交换的时延要小，而具有实时通信的能力。大多数计算机网络都采用分组交换技术。

(3) 按管理性质分为公用网和专用网

公用网由电信部门或其他提供通信服务的经营部门组建、管理和控制，网络内的传输和转接装置可供任何部门和个人使用；公用网常用于广域网络的构建，支持用户的远程通信。如我国的电信网、广电网、联通网等。

专用网是由用户部门组建经营的网络，不容许其他用户和部门使用；由于投资的因素，专用网常为局域网或者是通过租借电信部门的线路而组建的广域网络。如由学校组建的校园网、由企业组建的企业网等。

计算机控制系统的网络通常为专用网。随着计算机控制系统的需求变化，尤其是远程监控的需求，将专用网互联公用网来组建各种计算机控制网络普遍增多，已成为计算机控制系统的发展趋势。

4. 计算机网络的传输媒体

计算机网络的传输媒体分为有线和无线两种。有线媒体主要包括双绞线、同轴电缆和光纤；无线媒体主要包括无线电波和红外线。下面重点介绍有线媒体。

(1) 双绞线

双绞线是最常用的一种传输媒体。它由两根绝缘导线以螺旋形相互绞合而成，价格低廉，易于连接。一对双绞线形成一条通信链路，可支持模拟和数字信号传输。双绞线有屏蔽和非屏蔽两种。

(2) 同轴电缆

同轴电缆是由两个同轴布置的导体组成，传输的信号完全封闭在外导体内部。其结构是一个空心外部圆柱形导体围裹着一个内部导体。同轴电缆具有辐射小和抗干扰能力强的特点，常用于工业电视或有线电视。

(3) 光纤

光纤由纤芯、包层及保护涂层组成。它采用一种非常细的石英玻璃纤维作为纤芯，由于其折射率高于包层的折射率，当光线从纤芯射向包层时，会反射回高折射率的芯线，这种反射过程不断进行，使得光线沿着芯线传输。光纤具有误码率低、频带宽、绝缘性好、抗干扰能力强等特点，在数据通信中的地位越来越高。

5. 计算机网络标准

(1) 开放系统互联模型

开放系统互连（Open System Interconnection，OSI）参考模型，是国际标准化组织（International Organization for Standardization，ISO）为异型计算机互联提供一个共同的基础和标准，并为保持相关标准的一致性和兼容性提供共同参考而制定的一种功能结构的框架。这里所谓的开放，是强调对 OSI 标准的遵从。一个开放的系统可以与世界上任何地方遵从相同标准的任何其他系统通信。

OSI 参考模型是在博采众长的基础上形成的系统互联技术的产物，它不仅促进了数据通信的发展，还导致了整个计算机网络的发展。该模型将开放系统的通信功能划分为 7 个层次，从低到高分别是：物理层、数据链路层、网络层、传输层、会话层、表示层和应用层（见图 6-16）。OSI 参考模型的低三层（物理层、数据链路层和网络层）主要提供电信传输能力，以点到点通信为主，应归入计算机网络中通信子网的范畴；高三层（会话层、表示层和应用层）以提供应用程序处理功能为主，应归入资源子网的范畴；传输层起着衔接上三层和下三层的作用。

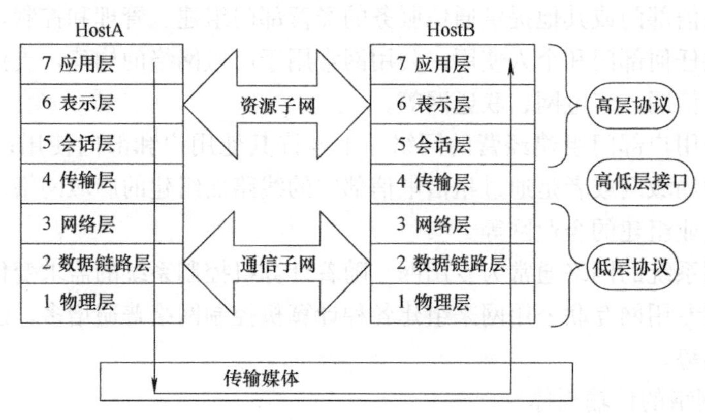

图 6-16　OSI 参考模型

1）物理层

物理层是 OSI 参考模型的第一层，向下是物理设备的接口，向上为数据链路层提供服务。它提供建立、保持和断开物理连接的机械的、电气的、功能的和过程的条件，简而言之，物理层提供有关同步和比特流在物理介质上的传输手段。物理层虽然处于最底层，却是整个开放系统的基础。

2）数据链路层

数据链路层提供一种可靠的、通过传输媒体传输数据的方法。相邻节点之间的数据交换通过分帧进行，各帧在发送端按顺序传送，然后通过接收端的校验和应答来保证可靠的数据传输。数据链路层将本质上不可靠的传输媒体变成可靠的传输通路提供给网络层，它具有如下功能：链路连接的建立、拆除和分离；帧定界和帧同步；顺序控制；差错检测和恢复；链路标识和流量控制等。

3）网络层

网络层规定了网络连接的建立、保持和断开的协议，承担把信息从一个网络节点传送到另一个网络节点的任务。它主要是利用数据链路层提供的相邻节点间的无差错数据传输功能，通过路由选择、流量控制、定址和寻址等功能，实现两个系统之间的连接。

4）传输层

传输层是高层和低层之间建立衔接的接口层，完成开放系统之间的数据传送控制。主要功能是开放系统之间数据的收发确认。同时，还用于弥补各种通信网络的质量差异，对经过下三层之后仍然存在的传输差错进行恢复，进一步提高可靠性。另外，还通过复用、分段和组合、连接和分离、分流和合流等技术措施，提高吞吐量和服务质量。

5）会话层

会话层是网络会话单位的控制层，主要功能是按照在应用进程之间约定的原则，按照正确的顺序收、发数据，进行各种形态的对话。会话层、表示层、应用层构成开放系统的高三层，面向应用进程提供分布处理、对话管理、信息表示、检查和恢复与语义上下文有关的传送差错等。

6）表示层

表示层是数据表示形式的控制层，其主要功能是把应用层提供的信息变换为能够共同理解的形式，提供字符代码、数据格式、控制信息格式等的统一表示。此外，表示层还负责所传送数据的压缩/解压缩、加密/解密等。

7）应用层

应用层是OSI参考模型的最高层，它的主要功能是实现应用进程（如用户程序、终端操作员等）之间的信息交换。同时，还具有一系列业务处理所需要的服务功能，如文件传输、电子邮件、远程登录等。

（2）IEEE 802标准

IEEE 802标准是美国电气和电子工程师协会（Institute of Electrical and Electronics Engineers，IEEE）为描述网络产品的铺设、物理拓扑、电气拓扑和介质访问控制方式制定的不同用途的标准，并用802后面的不同数字加以区分，比如IEEE 802.3是以太网标准，IEEE 802.5是令牌环网标准等。IEEE还把IEEE 802标准送交国际标准化组织（ISO）。ISO把其称为ISO 802标准，因此，许多IEEE标准也是ISO标准。例如，IEEE 802.3标准就是ISO 802.3标准。

IEEE 802标准定义了OSI参考模型的物理层和数据链路层，并将这两层进行了再分解，即把数据链路层分为逻辑链路控制（LLC）和介质访问控制（MAC）两个子层，如图6-17所示。

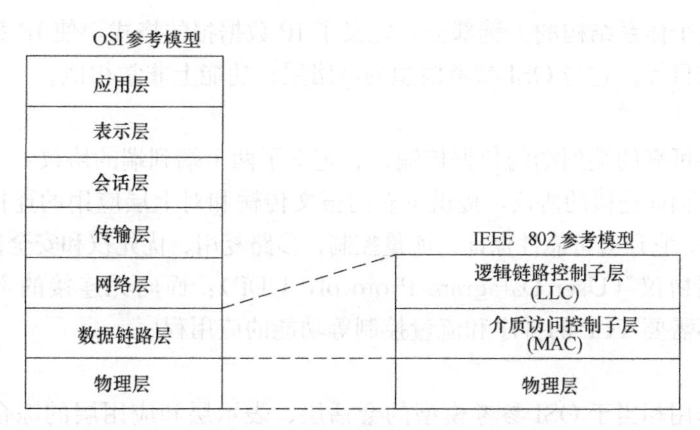

图6-17 IEEE 802参考模型与OSI参考模型的比较

1）物理层

物理层包括物理介质、物理介质连接设备、连接单元和物理收发信号格式。它的主要功能是实现比特流的传输和接收、为进行同步用的前同步码的产生和删除、信号的编码与译码、规定了拓扑结构和传输速率等。

2）逻辑数据链路控制子层

逻辑链路控制子层的主要功能是：建立和释放数据链路层的逻辑连接、提供与上层的接口。它会启动控制信号的交互、组合数据的流通、解释命令、发出响应并且执行错误控制及恢复等。

3）介质访问控制子层

介质访问控制子层负责解决与介质接入有关的问题和在物理层的基础上进行无差错的通信。它的主要功能是：发送时将上层交下来的数据封装成帧进行发送，接收时对帧进行拆卸，将数据交给上层；实现和维护MAC协议；进行比特差错检查与寻址等。

（3）TCP/IP协议

TCP/IP协议是多台相同或不同类型的计算机进行信息交换的一组通信协议组成的协议集。传输控制协议（Transmission Control Protocol，TCP）和网际互联协议（Internet Protocol，IP）是其中两个极其重要的协议。TCP协议可确保所有传送到某个系统的数据能正确无误地到达该系统，IP协议制定了所有在网络上流通的包标准。由于TCP/IP协议的可靠性和有效性，它已成为目前广泛应用的网间互联标准。

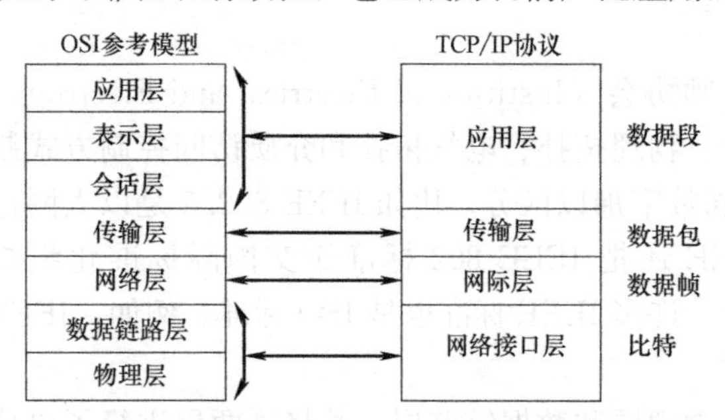

图6-18　TCP/IP协议与OSI参考模型的体系结构比较

TCP/IP协议采用了4层的体系结构：网络接口层、网际层、传输层和应用层，如图6-18所示。

1）网络接口层

网络接口层在TCP/IP协议模型中并没有详细描述，对应OSI参考模型的物理层和数据链路层。它负责通过物理网络传送IP数据报，或将接收的帧转化成IP数据报并交给网际层。

2）网际层

网际层是整个体系结构的关键部分，定义了IP数据报的格式，使IP数据报经过任何网络独立地传向目标。它与OSI参考模型的网络层在功能上非常相似。

3）传输层

传输层提供可靠的端到端的数据传输，它定义了两个端到端的协议：

TCP协议：面向连接的协议，提供可靠的报文传输和对上层应用的连接服务。除了基本的数据传输外，它还有可靠性保证、流量控制、多路复用、优先权和安全性控制等功能。

用户数据报协议（User Datagram Protocol，UDP）：面向无连接的不可靠传输的协议，主要用于不需要TCP的排序和流量控制等功能的应用程序。

4）应用层

应用层的作用相当于OSI参考模型的会话层、表示层和应用层的综合，向用户提供一组常用的应用程序。它包含了TCP/IP协议中的所有高层协议，如：HTTP、FTP、SMTP、DNS服务等。

6. 计算机网络的互联设备

计算机网络进行互联时，不能直接用电缆进行简单的连接，通常都需要一个或多个中间设备，即网络互联设备。常见的网络互联设备有转发器、网桥、路由器和网关等，基于OSI参考模型各层的不同功能，它们分别实现不同层的协议和功能的转换。

（1）转发器

转发器是一种作用在物理层的底层设备，包括中继器和集线器。转发器的主要功能是用于两个相同类型网段的互联，将一个网段上的衰减信号进行放大、整形成为标准信号，然后转发到其他网段上，实现延长传输的目的。转发器形式简单，安装方便，价格低廉。

（2）网桥

网桥也叫桥接器，是连接两个局域网的一种存储/转发设备，作用在数据链路层。它可以完成具有相同或相似体系结构网络系统的连接，进行数据接收、地址过滤和数据转发等，提供数据链路层上的协议转换。网桥具有互联方便、隔离流量、提高网络可靠性等功能。

（3）路由器

路由器是一个典型的网络层设备，用于连接多个逻辑上分开的网络。当数据从一个子网传输到另一个子网时，可通过路由器的路由功能来完成。因此路由器的主要工作是为经过路由器的每个数据包寻找一条最佳传输路径，并将该数据包有效地传送到目的站点。

（4）网关

网关又称网间连接器、协议转换器。网关在网络层以上实现网络互联，是最复杂的网络互联设备。它可以将具有不同体系结构的计算机网络连接在一起，属于最高层（应用层）的设备。有些网关可以通过软件来实现协议的转换，并起到与硬件类似的作用。

6.2.2 计算控制网络及通信协议

在建筑环境与能源系统中，为了实现不同设备之间的互操作及系统互联，达到信息、资源共享的目标，通常需要一种能够被大家广泛接受、共同遵守的工作语言，即数据通信协议（或标准）。目前常用的通信协议有 BACnet 协议和 LonTalk 协议，它们是楼宇自动化领域最常用的网络通信协议。

1. LonWorks 技术和 LonTalk 协议

美国 Echelon 公司于 1991 年推出了局部操作网络 LON（Local Operating Networks）总线，继而开发了 LonWorks 技术，为 LON 总线设计、成品化提供了一套完整的平台。目前 LonWorks 技术在工业、楼宇、能源、消防、停车场管理等自动化领域得到了广泛应用。LonWorks 技术使用的开放式通信协议 LonTalk 协议为设备之间交换控制状态信息建立了一个通用的标准，使以往孤立的系统和产品融为一体，形成一个网络控制系统。

（1）LonWorks 技术的组成

LonWorks 技术是一个集成 LON 网络的开发平台，主要包括以下几个组成部分：

1）LonWorks 节点和路由器；

2）LonTalk 协议；

3）LonWorks 收发器；

4）LonWorks 网络和节点开发工具。

（2）LonWorks 技术的优点

LonWorks 技术是诸多现场总线中技术最完整、应用领域最广的一种技术。与其他总线技术相比，其主要优点为：

1）网络结构灵活，组网方便。它支持多种网络拓扑结构，包括总线拓扑、星形拓扑、树形拓扑、混合型拓扑等，可适应复杂的现场环境，布线方便。

2）支持多种传输介质，包括双绞线、同轴电缆、光纤、无线微波、红外线、超声波等，甚至多种介质能在同一网络中混合使用；支持的传输速率为 78bit/s 和 1.25Mbit/s，最大传输距离由拓扑形式和传输介质决定。

3）具有完善的开发工具。提供完善的系统开发环境，采用开放的 Neuron C（ANSIC 的扩展）语言。

4）无主的网络系统。LonWorks 网络中各节点的地位相同，网络管理可设在任一节点处，并可安装多个网络管理器。

5）开发 LonWorks 网络节点的时间短，易于维护。

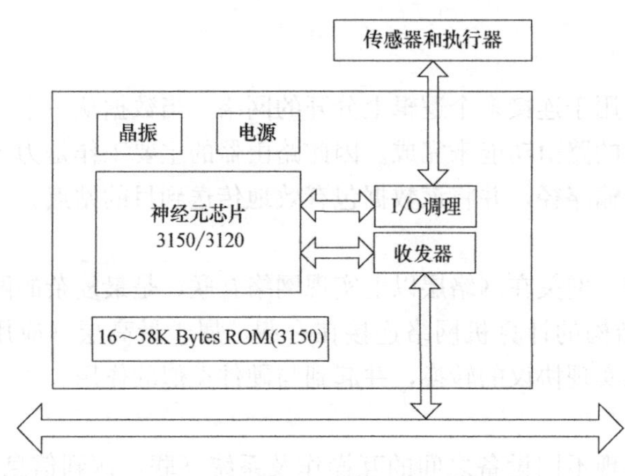

图 6-19　LonWorks 神经元芯片节点

（3）LonWorks 控制节点

LonWorks 是控制网络层次上的技术，节点是其最重要的组成部分。节点的任务是获取和传输数据，并根据所获取的数据信息来执行相应的控制逻辑。一个典型的 LonWorks 节点包括神经元芯片（Neuron 芯片）、I/O 处理单元、收发器和电源等，如图 6-19 所示。

神经元芯片是 LonWorks 技术的核心器件，它由介质访问控制处理器、网络处理器和应用处理器组成。神经元芯片固化有 OSI 模型的全部七层协议，使节点既能管理网络通信，又具有控制功能。由神经元芯片构成的节点之间可以进行对等通信。神经元芯片主要包含 MC 143150 系列和 MC 143120 系列两大类，它们的区别在于 MC 143150 系列支持外部存储器，适合更为复杂的应用，而 MC 143120 系列只有固定的 ROM，不支持外部存储器。图 6-20 为神经元芯片的结构框图。

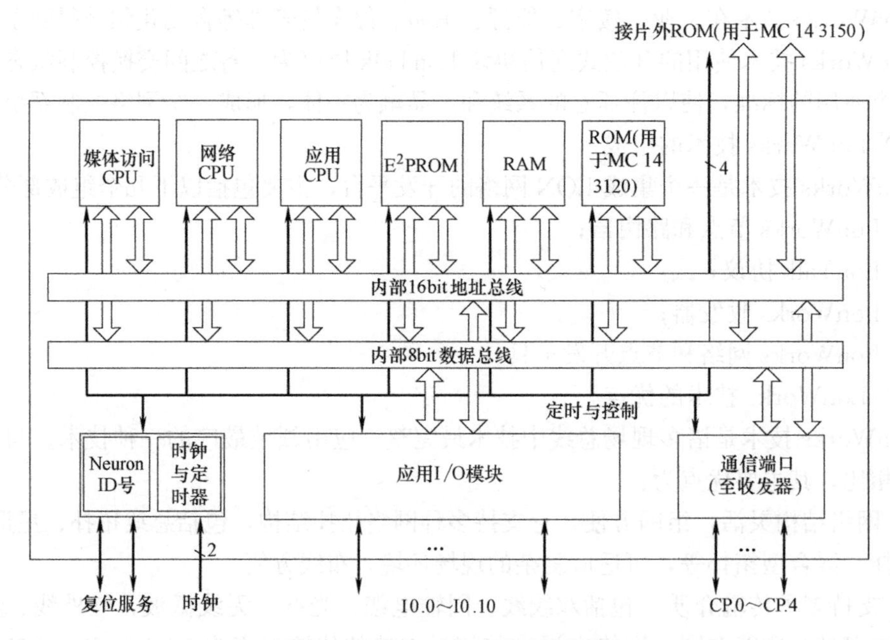

图 6-20　神经元芯片的结构框图

(4) LonTalk 协议

LonTalk 协议是专为 LON 总线设计的，具有良好的操作性，它具有以下特点：

1) 发送的报文都是很短的数据；

2) 通信带宽不高；

3) 网络上的节点往往是低成本、低维护的单片机；

4) 多节点多通信介质；

5) 实时性、可靠性高。

LonTalk 协议是 LonWorks 系统的灵魂，它固化于神经元芯片中。LonTalk 协议是完全符合 OSI 模型的开放式通信协议，它对应于 OSI 模型各相应层所提供的服务见表 6-3。由于 LonTalk 协议对 OSI 七层协议的支持，使 LON 总线能够直接面向对象通信，具体实现就是采用网络变量这一形式。

LonTalk 与 OSI 的七层协议比较 **表 6-3**

OSI 参考模型层次		标准服务	LonTalk 协议提供的服务
7	应用层	网络应用	网络变量及其类型的标准化及识别
6	表示层	数据表示	网络变量的发送
5	会话层	远程遥控动作	请求/应答，认证，网络管理
4	传输层	端对端可靠传输	确认和非确认，点对点广播，认证排序等
3	网络层	传输分组	寻址，路由选择
2	数据链路层	帧结构和介质访问	帧形成，数据编码，CRC 差错检测
1	物理层	电路连接	多种介质，电气接口，调试方式

LonTalk 协议在物理层支持多种通信协议，也就是为适应不同的通信介质而支持不同的数据解码和编码。它支持的通信介质有：双绞线、电力线、无线、红外线、同轴电缆和光纤，甚至是用户自定义的通信介质。

2. BACnet 协议

BACnet (Building Automation and Control Networks) 协议是 1987 年由美国通风、空调和制冷工程师协会 (ASHRAE) 发起，并成立标准项目委员会 135P (Stand Project Committee, SPC 135P)，历经八年半时间开发，于 1995 年正式形成的 ASHRAE 标准，同年通过 ANSI 认证成为美国国家标准，2003 年成为 ISO 的正式标准 ISO 16484-5。

BACnet 协议由一系列与软/硬件相关的通信协议组成，主要包括建筑设备自动控制功能及其数据信息的表示方式、5 种 LAN 通信协议及它们之间的通信协议组成。BACnet 协议不同于普通的网络协议，比如 Ethernet 和 TCP/IP 协议，它强调控制器之间的数据通信结构，主要针对供暖、通风、空调、制冷控制设备所设计，同时也为其他楼宇控制系统 (例如照明、安保、消防等系统) 的集成提供一个基本原则，不太适用于智能传感器、执行器等末端设备。

(1) BACnet 协议的体系结构

BACnet 协议模型参考了 OSI 七层级模型，但没有从网络的最低层重新定义自己的层次，而是选用已成熟的局域网技术，对 OSI 模型进行了简化，形成包容多种局域网的、简单而实用的四级体系结构，即物理层、数据链路层、网络层和应用层，如表 6-4 所示。

BACnet 协议的体系结构与 OSI 参考模型比较　　表 6-4

BACnet 协议的体系结构					OSI 参考模型
BACnet 应用层					应用层
BACnet 网络层					网络层
ISO 8802-2		MS/TP	PTP	LonTalk	数据链路层
ISO 8802-2	ARCnet	EIA-485	EIA-232	LonTalk	物理层

BACnet 支持的网络有 Ethernet、ARCnet、LonTalk、EIA485、MS/TP、PTP 等，尽管它们的拓扑结构、价格性能不同，但均可通过 BACnet 路由器实现 BACnet 设备的互联。

(2) BACnet 协议的对象

在建筑环境与能源系统中，设备之间的相互通信必须有一个统一的方法，BACnet 协议采用“对象”(Object) 的概念，将不同厂家的设备功能抽象为网络间可识别的目标，使用“对象标识符”对设备进行描述。一个 BACnet 对象就是一个表示设备功能的数据结构或数据元素的集合。大部分 BACnet 数据信息直接或间接用一个或多个对象表示。目前，BACnet 定义了 23 种标准对象类型，比如模拟输入对象、模拟输出对象、数字输入对象、数字输出对象、命令对象、设备对象、文件对象等，分别对应实际的传感器输入、连续控制输出、开关量输入、继电器输出、特定操作、物理设备、数据文件等。此外，对于一些特例，BACnet 也可定义非标准对象类型。

一个对象通过其“属性”(Properties) 向网络中其他 BACnet 设备描述对象本身及其当前状态，通过这些属性该对象才能被其他 BACnet 设备操控和相互通信。通过不同对象的组合实现 DDC 不同的控制功能。

(3) BACnet 协议的服务

当 BACnet 对象抽象地表示一个设备的网络访问功能时，它的服务就是使应用程序能够访问其他设备的功能，即一个 BACnet 设备可以向其他 BACnet 设备进行申请、获取信息，命令其他设备执行某种操作或通知事件发生的方法。BACnet 协议定义了 35 种服务功能，可以分为 6 组：报警与事件服务、文件访问服务、对象访问服务、远程设备管理服务、虚拟终端服务以及网络安全服务等。

(4) BACnet 与 Internet 的互联

BACnet 设备间的通信采用的是 BACnet 协议，而 Internet 采用的是 IP 协议。BACnet 设备要利用 Internet 进行通信，必须采用 IP 协议。目前，实现 Internet 和 BACnet 网络互联的技术有两种：第一种称为“隧道技术”，即用一种叫 BACnet/IP 的包封装拆装设备作为路由器，来完成 BACnet 报文在互联网上的传递；第二种就是 BACnet/IP 网络技术，采用该技术的 BACnet/IP 设备，可直接将 BACnet 报文封装在 IP 包里，在 Internet 里进行传输。后者较为成熟，但也有些不足，因此催生了新的标准 WebService-BACnet。

3. BACnet 协议与 LonTalk 协议的关系

BACnet 协议和 LonTalk 协议均是开放性的协议，能够实现实时控制域和管理信息域的网络化运作。尽管两者目标不一致，但在应用时却有交叉。

LonTalk 协议是实时控制域为建筑物自控系统中传感器与执行器之间的网络化、实现互操作性产品制定的，是传感器与执行器等现场设备之间实现互操作的网络标准。由于LonTalk协议对相互操作类型的系统运用效果良好，因此适合智能型大楼中HVAC、电力供应、照明系统、消防系统、保安系统之间进行通信和互操作。

BACnet协议是信息管理域为实现不同系统互联而制定的标准。BACnet比LonTalk有更为大量的数据通信和运行作高级复杂算法的能力，有更强大的过程处理、组织处理能力，适于大型智能建筑。大型智能建筑分为若干区域，此时很可能有几个不同的系统（不同厂家的）存在，如果希望可以在一个用户界面进行整个系统的操作，BACnet是最经济、最理想的选择。

总之，在实时控制域方面，尤其在设备级适于采用LonTalk协议；在信息管理域方面、在上层网之间互联适于采用BACnet协议，两者之间不是竞争而是互补。

本章习题

1. 简述计算机控制系统的主要组成，画出组成框图。
2. 计算机控制系统是如何分类的？
3. 分别写出标准数字PID控制算法的位置式算式和增量式算式，并简述其特点。
4. 什么是积分饱和？克服积分饱和的措施有哪些？如何实现？
5. 扩充临界比例系数法如何进行PID参数整定？
6. 简述试凑法进行PID参数整定的步骤。
7. 常见的计算机网络拓扑形式有哪几种？用图形表示并描述其特点。
8. OSI参考模型的七层功能是什么？
9. 简述LonWorks技术的组成及特点。
10. 简述LonTalk协议的作用、体系结构和适用领域。
11. 简述BACnet协议的作用、体系结构和适用领域。
12. 简述BACnet协议和LonTalk协议之间的关系。

第7章　中央空调自动控制系统

7.1　概　　述

中央空调自动控制系统的主要任务是通过对空气的温度、湿度、洁净度等主要参数进行自动控制，以满足人们对正常生活和工作环境以及某些行业对工艺环境的要求，使得在任何自然情况下都能维持某一特定空间或房间的温度、湿度等环境参数达到一定的技术指标。空调末端设备是中央空调系统必不可少的重要组成部分。随着科技进步和社会经济的发展，现代建筑的中央空调系统大都要求全年运行且能保证足够的新风量，还要求各区域各空间环境参数能够独立灵活地控制，系统中的各种空调末端设备就是承担这种空气调节任务的基本装置。空调末端设备的自动控制不仅能够保证中央空调系统的正常工作、满足环境参数的基本要求，还能实时监控设备的运行状态，实现整个系统的优化管理和节能降耗。

中央空调系统的末端设备主要包括新风机组、空调机组、风机盘管以及配套的风机、检测装置和执行机构等，其中空气处理机组又分为定风量空调机组和变风量空调机组两种系统。

7.2　新风机组自动控制系统

随着人们对建筑环境要求的提高以及室内空气品质的重视，一个健康、舒适的室内空气环境成为大家共同追求的目标。然而，室内装修和家具等可能含有有毒、有害的挥发性污染物，室内人员也会产生二氧化碳和其他异味等，而且现代建筑物密闭性较高，因此需要向室内引入足够的新风，以稀释室内污染物，保证空气的洁净度和环境舒适度。

7.2.1　新风机组的功能

新风机组是为室内提供新鲜空气的一种空气调节设备，其功能是在室外抽取新鲜的空气经过除尘过滤、除湿（或加湿）以及升温（或降温）等处理后通过风机送入室内，以替换室内原有的空气，使室内环境参数达到恒温恒湿或者单纯提供新鲜空气。单纯的新风系统是一种直流式空调系统，在空气处理过程中新风机组所承担的空气处理任务和空调机组所承担的任务不同，为了避免室外空气对室内温度、湿度状态的干扰，要求新风系统的送风至少不增加室内的空调负荷。

新风机组分为三类：一类是半集中式空调系统中用来集中处理新风的空气处理装置，新风在机组内进行过滤及热湿处理，然后通过风机经管道送入各个房间；第二类是温湿度独立控制系统，溶液式热泵新风机组主要提供新风，承担空调湿负荷；第三类是辐射冷暖与除湿新风相结合的温湿度独立控制系统，独立新风系统承担全部的潜热负荷。目前，新风机组大多是与风机盘管组合，以半集中式空调系统的形式出现。这类风机盘管加新风的系统形式主要应用于人员密度不大、有较多房间的写字楼和高档住宅中。

7.2.2 新风机组的组成

新风机组由新风阀、过滤器、空气冷却器（或空气加热器）、送风机等组成。为实现新风机组对新风的集中处理功能，应配置压差开关、风阀执行器、温度传感器、湿度传感器、防冻开关、电动调节阀、DDC 控制器等控制仪表构成新风机组控制系统。图 7-1 为新风机组 DDC 系统原理图。

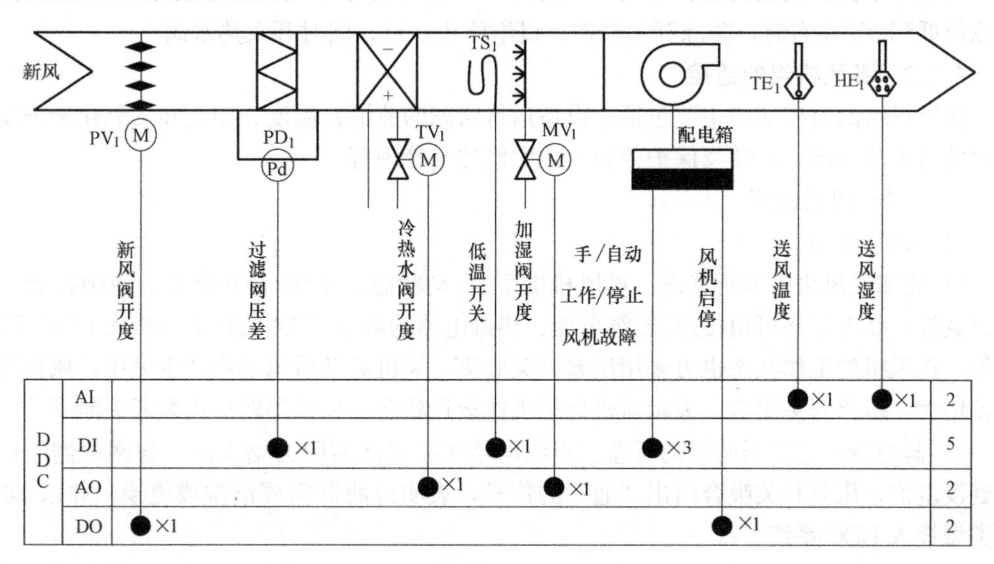

图 7-1 新风机组 DDC 系统原理图

新风机组常用的传感器、执行器有：

（1）风阀执行器

用于三位浮点和调节控制的电子式电机驱动的执行器，角行程，AC24V/AC 230V；标称扭矩 15Nm，0°～90°之间的可调节范围，预接 0.9m 长接线电缆。

根据辅助功能不同，风阀执行器可选辅助功能包括：阀位指示器、反馈电位计、旋转角度范围等定位信号的偏移量与范围可调以及可调辅助开关。使用模拟量调节（DC 0～10V）或者三位式控制。

（2）球阀执行器

三位控制或模拟量调节的电动执行器，AC 24V/AC 230V，带 0.9m 长电线。适用于 *DN*15～*DN*50 的两通螺纹球阀。使用模拟量调节（DC 0～10V）或三位控制。

（3）风管式温度传感器

风管温度传感器分为有源和无源两种。如果单纯检测风管内送风或排风的空气温度，可采用无源温度传感器；如果同时检测温、湿度参数，应采用有源温湿度传感器。有源风管温湿度传感器工作电压 AC 24V 或 DC 13.5～35V，信号输出 DC 0～10V 或 4～20mA。

（4）风管式湿度传感器

相对湿度的检测与温度相关，所以风管式湿度传感器输出相对湿度和温度参数。风管式湿度传感器通常安装在新风口处，用于新风湿度测量。

（5）微压差开关

检查空气过滤器的过滤效果，随时观测过滤网的压差以便更换过滤器，可选用250Pa、500Pa、1kPa等差压值。微压差开关吸合时对应的压差可根据过滤器阻力情况预先设定。

（6）压差开关

用于监测液体或气体的过压、真空、压差等状态，监测过滤网或风机的状态。

（7）防冻开关

用于冬季保护机组内盘管冻裂，可选用1～7.5℃防冻开关，动作参数设在5℃。当其所测值低到5℃左右时，防冻开关动作，机组停止运行，同时开大热水阀。

7.2.3　新风机组的监控

新风机组的监控功能主要包括：设备运行状态的监测；温度、湿度和二氧化碳浓度等参数的监测与控制；联锁及保护控制；集中监控与管理等。

1. 新风机组的监测

（1）状态监测

1）监测送风机的运行状态。送风机的手/自动状态、工作/停止状态、故障报警（是否过载等）状态等都可由接触器/继电器、热继电器的触点以DI数据类型接入DDC系统。此外，送风机的工作状态也可采用压差开关监测，风机启动后风道内产生风压，风机两侧压差增大，压差开关闭合，表示风机处于工作运行状态。风机停转后压差开关断开。

2）监测新风过滤器两侧的压差。当滤网堵塞、过滤器阻力增大时，滤网两侧的压差达到设定值，压差开关吸合给出“通”的信号，表明过滤器需要清洗或更换，并以DI数据类型接入DDC系统。

3）监测防冻开关的状态。当防冻开关吸合时给出“通”的信号，以DI数据类型接入DDC系统，DDC系统控制器进行联锁停机保护。

4）有些DDC系统还通过一路DI信号监测新风阀的打开/关闭状态。此外，为了准确掌握冷水（或热水）电动调节阀以及加湿器电动调节阀的阀门位置，还分别通过一路AI信号监测阀门的阀位反馈信号。

（2）参数监测

新风机组监控的空气参数主要是送风机出口处的空气温度和湿度，以便了解新风机组是否将新风处理到要求的状态。可以选用热电阻或输出信号为DC 4～20mA或DC 0～10V的温、湿度传感器，以AI的数据类型接入DDC系统。温、湿度传感器的测量范围和精度要与二次仪表匹配并高于工艺要求的测量精度。舒适性空调的测温精度应不超过±0.5℃，相对湿度测量精度应不超过±3%。

有些系统还需测量新风的温度和湿度。此时可在新风口上安装温、湿度传感器，通过AI信号接入DDC系统。不是所有新风口上都必需安装新风温、湿度传感器，可以监测室外温、湿度作为新风温、湿度参数以供参考。

2. 新风机组的控制

新风机组的控制内容主要包括送风温度控制、送风相对湿度控制、二氧化碳（CO_2）浓度控制等，如果新风机组要承担室内负荷（直流式机组），则还要控制室内温度。

（1）送风温度控制

送风温度控制是指被控量为新风机组送风机的出口温度。送风温度控制是以满足室内卫生要求而不是负担室内负荷来使用的，即新风不承担室内负荷，只对新风机组的送风温度进行控制。因此，控制过程以被处理的新风出口温度保持恒定为原则，一般夏季送风温度控制在26℃，冬季送风温度控制在20℃。送风温度控制系统由控制设备和新风系统组成，主要设备包括温度传感器、温度控制器、空气冷却器（或加热器）、电动调节阀和新风阀等。为了管理方便，温度传感器一般设于该机组所在机房内的送风管上，控制器一般设于机组所在的机房内。送风温度控制系统一般采用单回路控制系统，控制器一般采用PI控制器，其控制原理为温度传感器将实际送风温度信号送给温度控制器，与设定值进行比较，根据比较结果按照预先设定的控制规律输出相应的控制信号，使电动调节阀动作，以改变冷水（或热水）流量，从而维持送风温度恒定。

由于冬、夏季对室内空气参数要求不同，冬、夏季送风温度应有不同的要求，全年有两个控制值——冬季控制值和夏季控制值。通常是夏季控制冷却盘管的水量，冬季控制加热盘管的水量或蒸汽盘管的蒸汽流量，因此必须考虑控制器冬、夏工况的转换问题。

（2）送风相对湿度控制

送风相对湿度控制是指被控量为新风机组的送风机出口相对湿度。除新风系统外，控制系统主要由湿度传感器、湿度控制器、加湿阀等组成。与送风温度控制系统类似，送风相对湿度控制系统一般采用单回路控制系统，控制器一般采用PI控制器，其控制原理为：在冬季工况，湿度传感器通过湿度控制器控制加湿阀的动作以改变蒸汽量，以维持送风湿度恒定。由于这种方式的稳定性较好，湿度传感器可设于房间内送风管道上。

（3）室内温度控制

对于一些直流式系统，新风不仅要满足环境卫生标准，还要承担全部室内负荷。由于室内负荷是随时间不断变化的，单纯采用控制送风温度的方式无法满足室内温度指标要求（可能出现过热或过冷现象）。这时，应该在被控房间的典型区域设置温度传感器，对该区域的温度进行实时控制。直流式系统通常设有排风系统，也可以将温度传感器设于排风管道并适当修正设定值。在一些工程中，由于考虑到风机盘管的除湿能力限制等原因，新风机组必须承担部分室内负荷，新风机组通过控制冷、热盘管上水阀的开度来调节机组送风的温度和湿度，这一类型的系统新风机组的送风温、湿度应该处理到机器露点，或者是考虑一定温升（管道或风机）后的机器露点。

（4）二氧化碳浓度控制

新风机组的最大风量通常是按满足卫生要求而设计的（考虑承担室内负荷的直流式机组除外），这时房间人数按满员考虑。在实际使用过程中，房间人数并非总是满员的，当人员数量不多时，可以减少新风量以节省能源，这种方法特别适合于某些采用新风机组加风机盘管系统的办公建筑物中间歇使用的小型会议室等场所。为了保证基本的室内空气品质，通常采用测量室内CO_2浓度的方法来衡量，如图7-2所示，各房间均设CO_2浓度控制器，控制其新风支管上的电动风阀的开度。同时，为了防止系统内静压过高，在总送风管上设置静压控制器控制风机转速。因此，这样做不但新风冷负荷减少，而且风机能耗也将下降。

显然，CO_2浓度控制的主要任务是根据CO_2浓度控制新风量，这种控制方式属于变风量控制（关于变风量控制详见第7.3.2节）。这种控制方式目前应用并不很多，一个重要原因是CO_2浓度控制器产品并不普及。而且这种控制方式的投资较大，运行调试复杂，其综合经济效益需要进行具体分析。

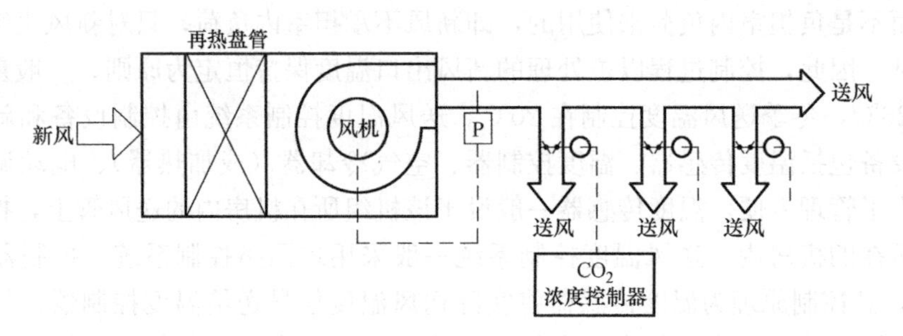

图 7-2 CO_2 浓度控制

3. 新风机组联锁控制及保护

(1) 新风机组联锁控制

为了保证系统正常运行以及设备安全，新风机组启动和停止时，机电设备的控制通常要遵循一定的顺序。

新风机组启动顺序控制：新风阀开启→送风机启动→冷/热水调节阀开启→加湿阀开启。

新风机组停机顺序控制：加湿阀关闭→冷/热水调节阀关闭→送风机停机→新风阀关闭。

(2) 新风机组防冻及联锁控制

在冬季室外设计温度低于0℃的地区，应考虑对新风机组的盘管进行防冻保护，以防止因热水温度过低或热水停止供应时机组内温度过低而冻裂盘管。常用的防冻措施是机组内设置低温防冻开关。工程实际中通常将防冻开关安装在迎着新风的热水盘管表面上。当冬季热水温度降低或热水停止供应导致盘管温度过低时，低温防冻开关给出一路DI信号通过DDC系统控制器自动停止风机运行。为防止冷风过量的渗透引起盘管冻裂，应在风机停止运行时联锁关闭新风阀。当热水恢复供应或水温升高时，则打开新风阀，重新启动风机，恢复机组的正常运行。

此外，还可考虑在选择热水盘管时能限制盘管电动调节阀的最小开度，最小开度设置后应能保证盘管内水不结冰的最小水量。尤其是对两管制系统中的冷、热两用盘管更是如此。

除了冬季防冻保护外，还要监测过滤器是否堵塞、风机是否过载等，以保证机组和设备的安全。这在新风机组状态监测部分已有介绍。

4. 新风机组的集中管理

各DDC系统控制器可通过现场总线与中央管理计算机相连，集中管理各机组的远程信息。

显示新风机组的运行状态，显示送风温度、湿度、风阀、水阀的状态。

通过中央管理计算机发出控制信号启/停机组，修改送风参数的设定值。

机组出现过滤器两侧的压差过大、冬季热水中断、风机过载等故障停机时，可通过中央管理计算机报警。

机组的启/停及阀门的调节均可由现场DDC控制器与中央管理计算机操作，可实现自动/远程控制的切换。

7.3 空调机组自动控制系统

空调机组与新风机组不同的是引入了回风，将新风、回风按一定比例混合，在空调机组内进行热湿处理，然后送入空调房间。空调机组的控制任务是将空调房间的温度、湿度控制在允许范围内，即控制参数为室内空气参数，而不是送风参数。空调机组按新风量的多少可以分为直流式系统、闭式系统和混合式系统。混合式空调机组兼有直流式和闭式的优点，在宾馆、剧场等场所的空调系统中应用非常普遍。混合式空调机组的空调器处理的空气由新风和回风混合而成。混合式空调机组按送风量是否变化，又分为定风量空调机组与变风量空调机组。

7.3.1 定风量空调自动控制系统

1. 定风量空调系统工作原理

定风量空调系统的特点是保持送风量固定不变，通过改变送风温度来满足室内冷热负荷的变化。以夏季为例，若送入室内的冷量 Q（kW）为：

$$Q=c\rho G(t_{\mathrm{n}}-t_{\mathrm{s}}) \tag{7-1}$$

式中 c——空气的比热容，kJ/(kg·K)；

ρ——空气密度，kg/m^3；

G——送风量，m^3/s；

t_{n}——室内温度，℃；

t_{s}——送风温度，℃。

从式（7-1）可以看出，如果使送风量 G 保持不变，则只需改变送风温度 t_{s} 就可以改变送入室内的冷量。因此，改变送风温度即可适应室内负荷变化，维持室温不变，这就是定风量空调系统的工作原理。

2. 定风量空调系统的监控

定风量空调机组主要由新风阀、回风阀、排风阀、过滤器、表冷器（或加热器）、送风机、回风机、加湿器、二次加热器等组成。定风量空调系统的运行参数检测和机组保护以及报警功能等与新风机组基本相同，只是因为控制目标的不同使得空调机组的组成和监控内容更加复杂。定风量空调系统通过对新风阀、回风阀及排风阀开度的比例控制，保证系统在最佳的新风/回风混合状态下运行，经空气处理机组处理的混合空气送入被控房间，实现空调房间的温湿度控制。图 7-3 为定风量空调系统 DDC 监控原理图。

（1）检测内容

1）空调机组新风温、湿度。在新风管道内设置室外新风温、湿度传感器。

2）空调机组回风温、湿度（房间温、湿度）。可在回风管道内设置温、湿度传感器，测量房间内的平均温、湿度，必要时对设定值进行修正；也可以在房间代表点处设置温、湿度传感器。

3）空调机组回风二氧化碳浓度。在回风管道内设置二氧化碳浓度传感器。

4）送风机出口温、湿度。在送风管道内设置温、湿度传感器。

5）送风风量。在送风管道内设置风量检测装置。

6）过滤器压差超限报警。采用压差开关测量过滤器两端压差，当压差超限时，压差

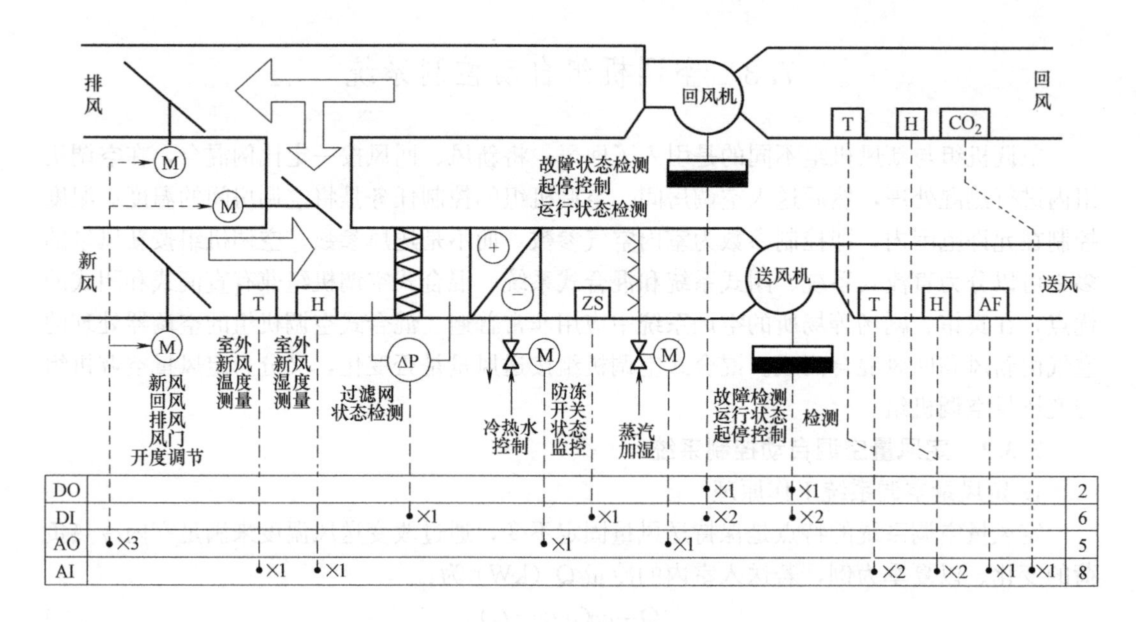

图 7-3　定风量空调系统 DDC 监控原理图

开关闭合报警，提醒维护人员清洗过滤器。

7）送风机、回风机运行状态显示、故障报警。根据风机交流接触器辅助触点的状态监测风机的运行状态，根据热继电器的状态监测风机是否有故障报警。此外，有时还需要监测风机的手/自动状态等。

8）防冻保护控制。与新风机组类似，在机组内设置低温防冻开关并进行低温报警，提醒维护人员（或联锁）采取防冻措施。

（2）控制内容

定风量空调系统控制内容主要包括：送风机、回风机的启/停控制，室内温度自动控制，室内湿度自动控制以及新风阀、回风阀、排风阀的比例控制。下面重点介绍室内温度、湿度的自动控制方法。

1）定风量空调机组的室内温度控制

室内温度控制是空调系统的重要控制环节。通常以室内温度或回风温度作为被控参数，将温度传感器检测的实际温度送给温度控制器并与给定温度值相比较，根据温度偏差，由控制器按照 PID 控制规律调节表冷器冷水（或加热器热水）调节阀的开度，以控制冷水（或热水）的水量，使房间温度保持在一定值。

图 7-4 为表冷器（或加热器）水量的调节方法。其中，图 7-4（*a*）所示是调节进入表冷器（或加热器）的冷/热水流量，可通过调节表冷器（或加热器）管道上的两通阀［见图 7-4（*c*）］或三通阀［见图 7-4（*d*）］来实现。采用两通阀调节水流量时，供水干管的总流量也将发生变化，流量的变化又导致供水干管的静压发生变化，对整个系统的压力分布和流量分布产生影响。采用三通阀调节时，一部分冷/热水通过表冷器（或加热器），另一部分通过旁通管路，从而不改变供水干管的总流量，这样可以保证供水干管的静压稳定，但水泵的流量不变，水泵耗电量大。图 7-4（*b*）所示是控制一次加热器处的旁通联动风阀，以调节通过一次加热器处的风量和不通过一次加热器风量的比例来进行调节。此种

方法多用于热媒为蒸汽的加热器，其调节特点是温度波动小，稳定性好。上述调节冷/热媒的空气表冷器或加热器的冷量或热量来控制室温的方法，主要用于一般工艺性空调系统。对于温度精度要求高的空调系统，需要使用电加热器对室温进行微调。

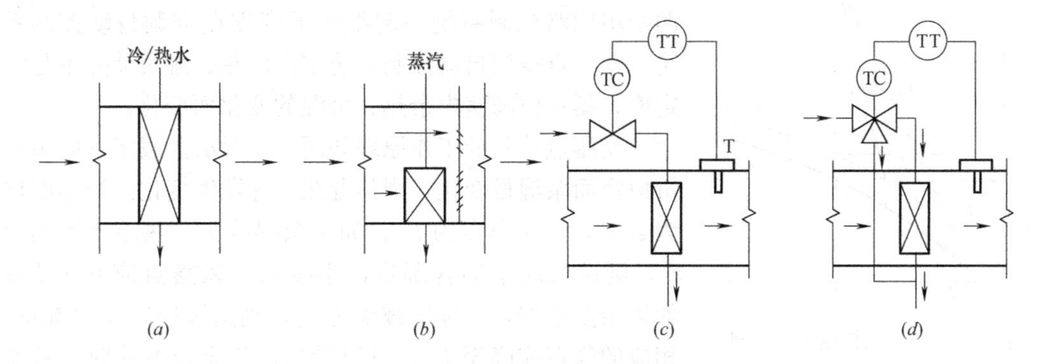

图 7-4 加热器加热量和表冷器水量的调节方法

在定风量空调控制系统中，由于室外新风温度随天气变化，对室内温度控制系统是一个扰动，使室温调节总滞后于新风温度的变化。为了提高控制品质，使室内环境更舒适，系统更节能，可以把室外新风温度作为前馈信号加入室内温度控制系统，组成新风补偿（也称为室外温度补偿）自动控制系统，以前馈补偿的方式消除新风温度变化对输出的影响。例如：在夏季工况，中午时室外新风温度升高，如果此时冷水阀开度正好满足室内冷负荷的要求，系统正处于平衡状态，而新风温度的升高就是一个扰动信号，前馈补偿的原理就是将这个新风温度增量经控制器运算后输出一个相应的控制电平，使冷水阀开度增大，以增大供冷量，从而提前补偿了新风温度升高对室内温度的影响。由于冬、夏季的补偿要求不同，控制分为冬、夏两个工况，通过转换开关进行季节切换。此外，也可以采取室内温度给定值随室外新风温度变化而有规则变化的方式进行新风温度补偿。例如：在冬季工况，当室外温度为 10℃以下时，室内温度给定值随室外新风温度的降低适当提高，以补偿建筑物（如门窗、墙）冷辐射对室温的影响；在夏季工况，室内温度给定值能自动随室外新风温度的上升而按一定比例上升，这样可以消除因室内外温差大所产生的冷热冲击，既提高了舒适度又降低了能耗。

由于空调机组中各设备的时间常数都远小于房间的时间常数，空调机组处理空气的调节特性与房间温度的调节特性有很大不同，室内温度单回路控制系统有较大的超调量。对于控制精度要求较高的空调系统，可以采用以室内温度为主控参数、以送风温度为副控参数的复合控制系统（串级控制）。室内温度控制器根据室内温度与设定值的偏差，按照一定的控制规律（如 PID 运算）将控制输出信号作为送风温度控制器的设定值，送风温度控制器根据该设定值与送风温度实测值的偏差，输出信号控制表冷器（或加热器）的电动阀门的开度，改变冷/热水流量。

2）定风量空调机组的室内湿度控制

空调机组室内湿度控制与室内温度控制的过程不太一样，主要取决于所采用的控制方法：直接控制法（变露点控制法）和间接控制法（定露点控制法）。

① 直接控制法

直接控制法又称为变露点控制法，是指控制器使空调系统保持变化的送风露点，来控制室内的相对湿度。对于室内相对湿度要求较严格、室内产湿量变化较大的场所，可以在室内直接设置温、湿度传感器，将测得的室内温、湿度直接与设定值相比较，由控制器给出控制信号调节电动阀的开度。这样温度控制与湿度控制两个单回路控制系统一起组成了变露点空调自动控制系统。变露点空调自动控制系统室内的热、湿负荷并不是恒定值，露点值随室内余热、余湿的变化而变化。

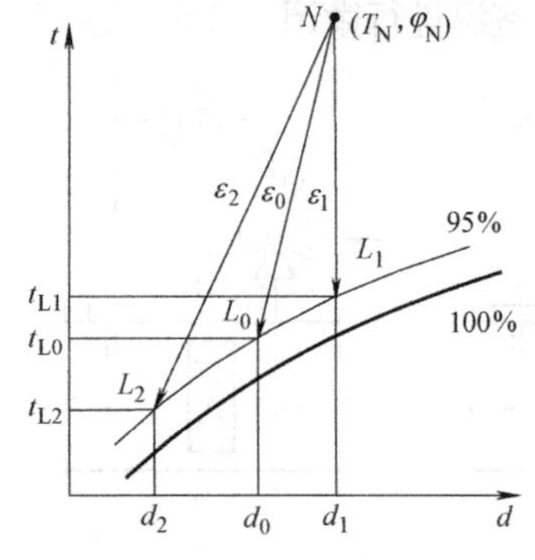

图 7-5　变露点控制工作原理

变露点控制的工作原理如图 7-5 所示。假定室内余热量恒定而余湿量变化，则热湿比 ε 将发生变化。当热湿比为 ε_0 时，送风露点为 L_0；如果余湿减少，热湿比增加为 ε_1，则送风应增加含湿量，相应的送风露点应升至 L_1；如果余湿增加，热湿比减少为 ε_2，则送风应减少含湿量，相应的露点应降至 L_2。可以看出，当余湿变化时，只要改变送风状态露点温度就能满足被调对象相对湿度不变的要求，这就是变露点控制方法的控制原理。

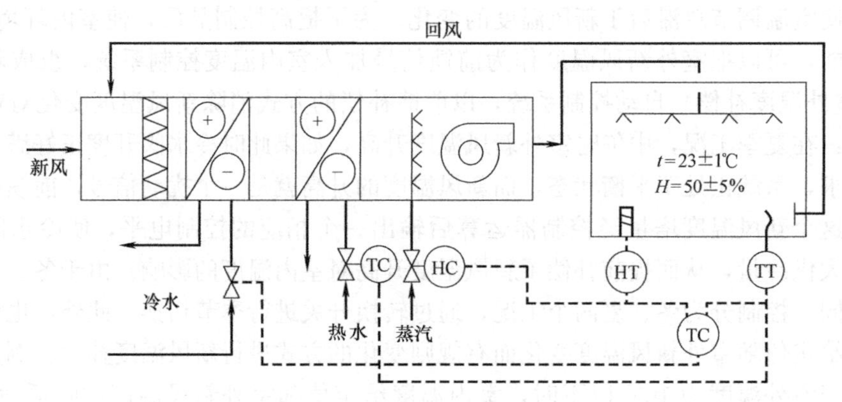

图 7-6　采用表冷器的无露点温湿度控制方式

图 7-6 为采用水冷表冷器和无露点温湿度控制方式，这是一种恒温恒湿空调工程的空气处理方式。为了有效地将室内的温度和相对湿度控制在所要求的精度范围内，室内装有温度传感器和电容式相对湿度传感器，由于加热器和加湿器功能单一，可分别进行独立的温度控制和湿度控制。但是由于表冷器具备降温和去湿两种功能，其运行既关系室内温度，又影响室内相对湿度，所以需要同时由两个信号控制，通过选择器比较，从温度和湿度两个信号中选取其中的大者作为有效信号来控制表冷器的运行，使温度和相对湿度两者的控制要求都将得到满足。

(a) 当房间湿度参数满足条件，但温度参数不满足条件时，可单独控制表冷器或加热器，对房间温度进行控制，但要注意相对湿度的变化；

(b) 当房间温度参数满足要求，湿度参数偏低时，可调节加湿器工作，调节房间湿度参数；

(c) 当房间温度参数满足要求，湿度参数偏高时，需要控制表冷器降温除湿；

(d) 当房间温度和湿度参数都不满足要求时，夏季工况需要控制表冷器降温除湿。

可以看出温度和湿度参数中特别是湿度参数得不到满足时，应采用对表冷器或加湿器分别进行符合其要求的控制。

② 间接控制法

间接控制法又称为定露点控制法，是指控制器使空调系统保持恒定的送风露点，来控制室内的相对湿度。定露点自动控制系统是由一个集中式空气处理系统给两个空气区域（比如 a 区和 b 区）送风，而且两个区域室内热负荷差别较大，需增设再热盘管（或电加热器）加热，分别调节两区的温度，但由于散湿量较小或两区散湿量差别不大，可用同一个机器露点温度来控制室内相对湿度。定露点温度控制方式适用于室内没有湿负荷或者湿负荷很小或湿负荷相对稳定的场合。这种方法是通过控制机器露点温度来控制室内相对湿度，所以称为"间接控制法"。下面给出两种具体的定露点温度控制方法。

（a）改变喷水温度控制送风露点。这种控制方式的基本原理是当室内负荷的变化引起送风露点变化时，露点温度控制器按一定的控制方案输出控制信号，调节循环水阀的开度，利用改变冷（热）水和循环水的混合比，将露点温度控制在给定的范围内。图 7-7 所示是我国早期在大型恒温恒湿空调工程中常用的一种空气处理方式，是一种典型的采用喷水室的定露点温度控制法。控制系统由温度传感器、温度控制器、喷水室及喷水室电动阀、加热器及电动阀等组成。以夏季工况为例，取室内控制目标参数的计算露点温度（根据标准大气压下的焓湿图，如 20℃和 50％相对湿度下的机器露点温度是 10℃），以温度 10℃作为喷水室后机器露点温度设定值来进行定露点温度控制。在喷水室挡水板后设置露点温度传感器，将露点温度测量值与设定值进行比较，根据偏差控制喷水室冷水电动阀的开度，保证喷水室挡水板后空气温度的稳定。

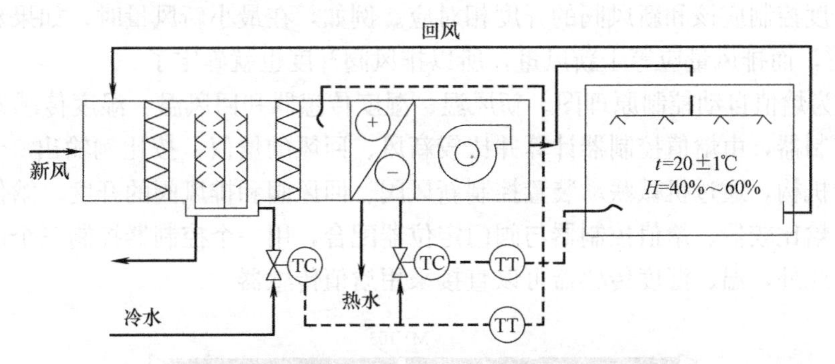

图 7-7　采用喷水室的定露点温湿度控制方式

（b）水冷表冷器和定露点温度控制方式。图 7-8 所示为采用水冷表冷器的定露点温度控制方式的空气处理流程。其空气处理过程与上述喷水室类似，主要不同在于水冷表冷器是通过传热面的间接冷却，在相同的供冷温度条件下所能处理达到的机器露点温度显然高于喷水室。所以，在采用这种空气冷却设备时，需注意室内要求保持的基准温度和基准相对湿度所确定的露点温度不能太低。否则，即使冷水机组供应 5℃的冷水，也可能满足不了要求。

3）新风阀、回风阀及排风阀的比例控制

充足的新风量是保证室内空气质量的前提条件。但是，如果在夏季工况或冬季工况下过多地引入新风又会影响室内原有的空气状态，增加室内负荷，造成能源浪费。因此，需要根据空调房间的需求对新风电动阀、回风电动阀以及排风电动阀进行调节，以保证合理

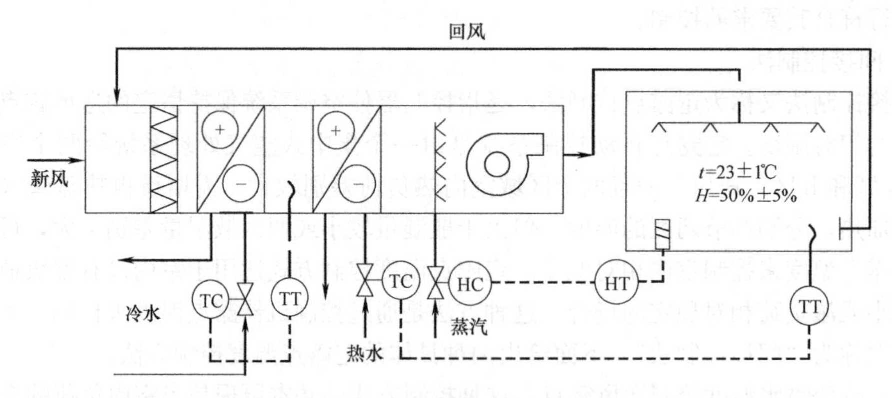

图7-8　采用表冷器的定露点温湿度控制方式

的新风量供应，使系统在最佳新风/回风比的状态下运行，从而达到既保证空气质量又能节约能源的目的。

具体实现方法是把装设在回风管、新风管的温、湿度传感器所检测的温度、湿度参数送给DDC系统控制器，对回风及新风的焓值进行计算，并根据回风和新风的焓值按比例输出相应的控制信号控制回风阀和新风阀的开度。以夏季制冷工况为例，当室外空气焓值小于室内空气焓值时，系统采用最大新风比，尽可能利用室外新风承担室内负荷，以节约系统能耗；当室外空气焓值大于室内空气焓值时，应采用最小新风比，尽可能避免室外新风状态对室内空气参数的影响。最小新风量的设置可以根据室内 CO_2 浓度等参数确定。排风阀的开度控制应该和新风阀的开度相对应。例如，在最小新风量时，如果新风量占送风量的30％，而排风量应等于新风量，所以排风阀开度也就确定了。

图7-9为焓值自动控制原理图。新风温、湿度传感器和回风温、湿度传感器都将信号输入焓值控制器，由焓值控制器计算并比较新风、回风的焓值，按比例输出0～10V控制信号给执行机构，通过机械联动装置控制新风阀、回风阀和排风阀的开度。焓值控制器实质上是一个焓比较器。焓值控制器与阀门定位器配合，用一个控制器控制三个风阀，实现分程控制。此外，温、湿度传感器可以直接采用焓值传感器。

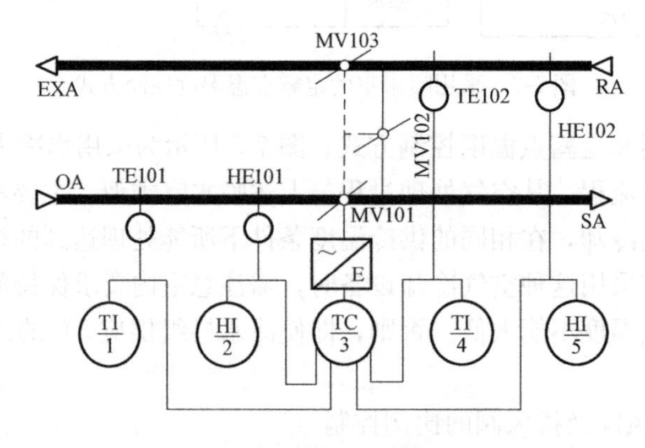

图7-9　焓值自动控制原理图

在定风量空调系统中，除了上述基于新、回风焓值按比例控制各风阀开度外，应尽量在冬季工况和夏季工况采用最小新风比，在过渡季采用全新风，这样可以提高室内空气质量并节省运行能耗。

(3) 联锁控制

定风量空调系统联锁控制内容如下：

空调机组启动顺序控制：新风阀开启（新风阀、排风阀开到最小，回风阀开到最大)→送风机启动→回风机启动→水量调节阀开启→加湿阀开启。

空调机组停机顺序控制：加湿阀关闭→水量调节阀关闭→回风机停机→送风机停机→新风阀、排风阀全关，回风阀全开。

7.3.2　变风量空调自动控制系统

1. 变风量空调系统概述

变风量（Variable Air Volume，VAV）空调系统是一种通过自动改变送入空调区域的送风量来调节室内温、湿度的全空气空调系统。该系统的工作原理是当空调房间负荷发生变化时，系统送风温度不变，系统末端装置自动调节送入房间的送风量来满足房间对冷热负荷的需要。通常采用变频调速来调节送风机电机转速的方式实现送风量的控制。

VAV 空调系统由空气处理设备（Air-Handling Units，AHU)、风管系统（新风/排风/送风/回风管道)、变风量末端装置（变风量空调箱）和送风散流器等组成，与一系列自动控制设备及 DDC 控制器一起构成 VAV 空调自动控制系统。图 7-10 为变风量空调机组结构原理图。

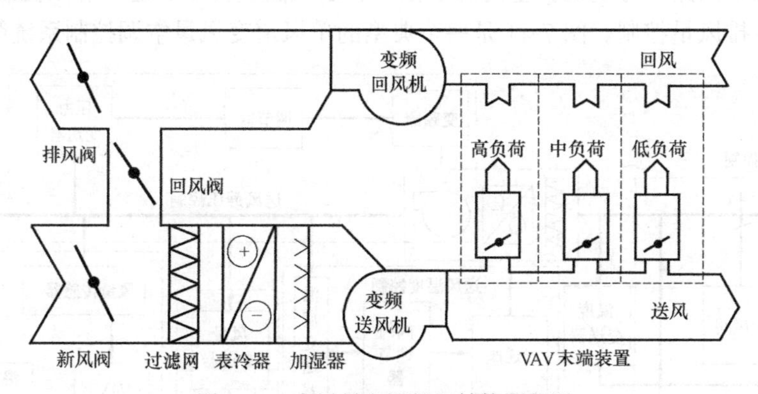

图 7-10　变风量空调机组结构原理图

变风量空调系统的特点是：

(1) 由于在空调系统运行过程中，出现最大负荷的时间不到总运行时间的 10%，全年平均负荷率仅为 50%，在绝大部分时间内都处于部分负荷运行状态，而变风量系统通过减少送风量大幅降低了风机输送功耗，具有明显的节能效果。在过渡季节，可以充分利用新风作为自然冷源与回风混合，直至全部采用新风，以实现节能的目的。VAV 系统与定风量系统相比可以节能 30%～70%。

(2) 能实现各局部区域的灵活控制。与一般定风量系统相比，VAV 系统能更有效地调节局部区域的温度，避免产生局部区域过冷或过热现象。

(3) VAV 空调系统空气品质好，与风机盘管系统相比冷水管与冷凝水管不进入建筑吊顶空间，没有风机盘管凝水等问题。

(4) VAV 空调控制系统因涉及多个控制环节，系统运行相对复杂。系统初投资比较大。

2. 变风量末端装置

变风量末端装置是变风量空调系统的关键设备。VAV空调系统通过末端装置来调节送风量，适应室内负荷的变化，以维持室内的温湿度稳定。末端装置的主要控制功能有：测量控制区域的温度，通过末端温度控制器设定末端送风量值；测量送风量，通过末端风量控制器控制末端送风阀门开度；控制加热装置的调节阀开度或控制电加热器的加热量；控制末端风机启停（并联型末端）；再设空调机组送风参数（送风温度、送风量或者送风静压值）等。还可以上传数据到中央管理计算机系统或从中央管理计算机系统下载控制设定参数。

变风量末端装置在国外已经发展了20多年，拥有不同的类型和规格。VAV空调系统根据不同的末端装置类型，有不同的分类方法。根据送风温度可分为常温送风系统（送风温度11～16℃，通常为13℃），低温送风系统（送风温度4～11℃）和高温送风系统（送风温度16～19℃）；根据是否对送风压力进行补偿，分为压力有关型（或压力相关型）和压力无关型；按单、双风道分类，可分为单风道型和双风道型；按有无风机分类，可分为基本型和风机动力型，其中风机动力型又分为串联风机型和并联风机型。

3. 变风量空调系统的控制

在变风量空调系统中，除了送/回风机、末端装置、阀门及风道组成的风回路外，还有5个自动控制回路，分别是：室内温度控制、送风温度控制、送风静压控制、送回风量匹配控制及新排风量控制。图7-11是一个典型的单风道变风量空调控制系统简图。

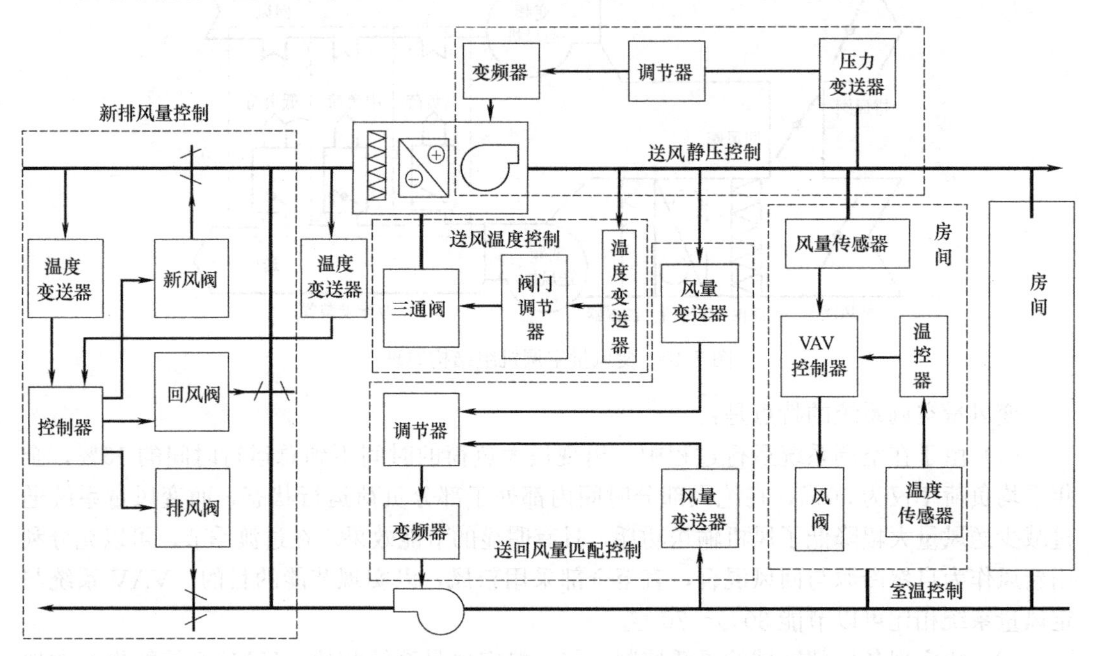

图7-11　典型单风道变风量空调控制系统简图

变风量控制器和室内温控器一起构成室内串级控制，室内温度为主控制量，空气流量为辅助控制量。室内温度传感器检测到实际温度，与设定温度比较，室内温控器根据差值输出所需风量的调整信号，由变风量控制器调节变风量末端的风阀开度，改变送风量，使室内温度保持在设定范围。同时，风道压力传感器检测风道内的压力变化，采用PI或者

PID 调节，通过变频器控制变风量空调送风机的转速，消除压力波动的影响，维持静压恒定。

五个控制回路中如果有一个回路的参数发生变化，其他几个回路的控制参数也要随之改变。以夏季供冷工况为例，当某个房间的温度低于设定值时，分析各回路的变化情况：

① 室温低于设定值时，温控器就会调节变风量末端装置中的风阀开度减少送入该房间的风量，以使房间温度升高；

② 风阀开度减小，送风系统阻力增加，会造成送风静压升高，当静压超过设定值时，控制器通过控制变频器降低送风机转速，减少系统的总送风量，保持系统静压稳定；

③ 送风量的减少会导致送回风量差值的变化，送回风量匹配控制器会减少回风量以维持送回风量差值设定值；

④ 风道内静压的变化将导致新、排风量的变化，控制器将调节新风量，以保证室内空气的质量。

（1）室内温度控制

变风量空调系统通过控制送入房间的风量以维持室内温、湿度恒定。风量的大小取决于房间负荷，以室内温度的变化为依据。由于变风量空调系统通过调节末端装置的风阀开度来控制送风量，所以室内温度控制实际上就是对空调末端装置的控制。

1）单风道基本型末端装置的控制

单风道型变风量末端装置是最基本的变风量末端装置，主要由进风管、风速传感器、风阀、执行机构、控制器、阀轴、保温材料、箱体等部分组成，如图 7-12 所示。进风管中，设有一个十字形毕托管（风速传感器），测量风管内的全压和静压，根据两者之差求出动压后可得到风速，进而可求出末端装置的送风量。

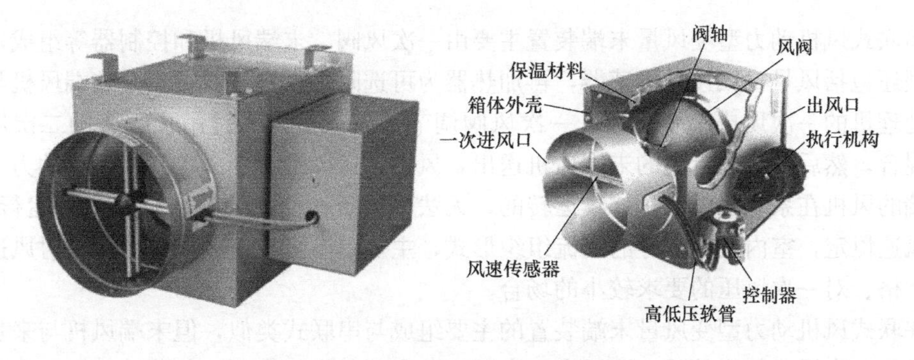

图 7-12 单风道型变风量末端装置

图 7-13 为单风道基本型变风量末端装置控制原理示意图。TC 为末端装置的温度控制器，FC 为末端装置风量控制器，V 为末端装置的风阀执行器。实测的室内温度送至温控器 TC，并与温度设定值比较，温控器 TC 根据温度差计算送风量的设定值，送给风量控制器 FC，FC 根据风量的实测值与设定值之差按预定的控制规律去控制风阀 V 的开度，使送入房间的冷（热）量与室内的负荷相匹配。

2）风机动力型末端装置的控制

风机动力型末端装置是在基本型末端装置的基础上加设风机。根据风机与一次风的关系，分为串联式风机动力型变风量末端装置和并联式风机动力型变风量末端装置，如图

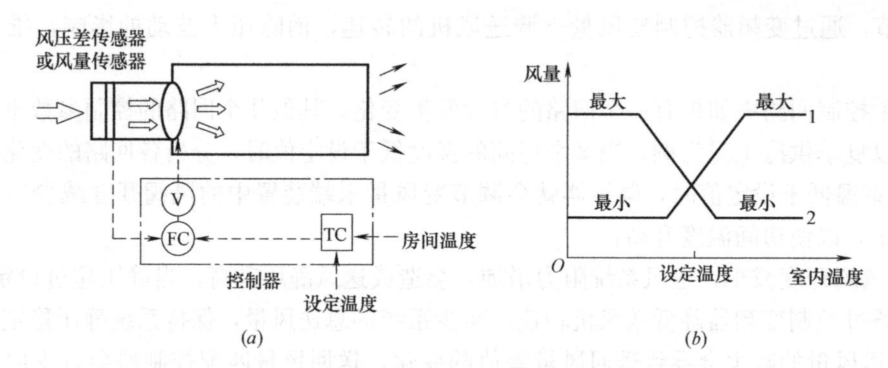

图 7-13 单风道基本型变风量末端装置控制原理示意图

7-14 所示。

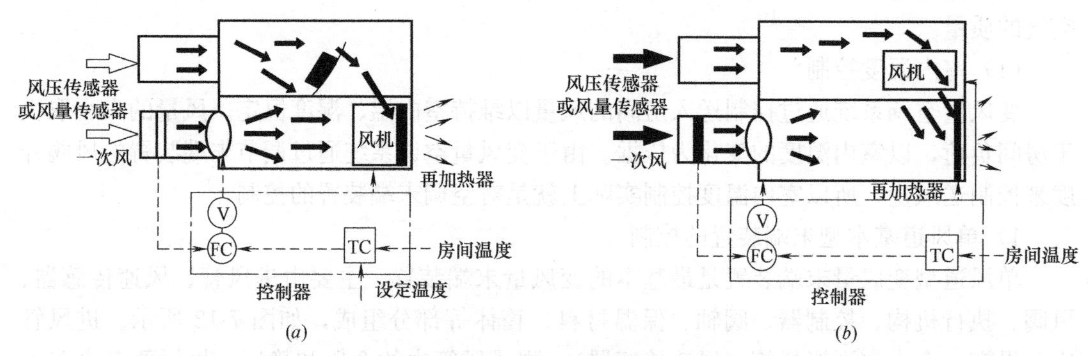

图 7-14 风机动力型变风量末端装置

(a)串联式;(b)并联式

串联式风机动力型变风量末端装置主要由一次风阀、末端风机和控制器等组成，压力无关型还包括风量（风速）传感器，再加热器为可选附件。其主要特点是末端风机与来自空气处理机的一次风成串联关系。一次风阀调节一次风量与通过吊顶吸入的二次风（回风）混合，然后通过装置内的末端风机送出，风机总送风量不变。串联式风机动力型变风量末端的风机在系统运行时是连续运转的，无法根据负荷变化节省末端风机的运行能耗，但是风速恒定，室内具有很好的气流组织形式，主要用于夏季送冷风，适用于对风速要求较为严格、对一次风压的要求较小的场合。

并联式风机动力型变风量末端装置的主要组成与串联式类似，但末端风机与来自空气处理机的一次风成并联关系，即只有二次风经过末端风机。当房间负荷减小时，为维持室内温度，一次风量减小，当一次风量低于某最小值时，并联风机投入运行，与从吊顶吸入的二次风（回风）混合，然后送入室内。如果房间温度进一步下降，辅助加热器投入运行。并联式风机动力型变风量末端装置送入空调房间的空气是变风量，末端风机以间歇方式运行，更节能，噪声也相对更低。主要用于冬季供暖和夜间低负荷运行的末端，对一次风压要求较大，必须确保一次风静压大于风机静压（防止回流）。

3）压力相关型和压力无关型末端装置的控制

压力相关型末端装置和压力无关型末端装置的结构、控制原理及控制效果都不同，如图 7-15 所示。

压力相关型末端装置由室内温度传感器、电动风阀、集成控制模块等组成。末端温度

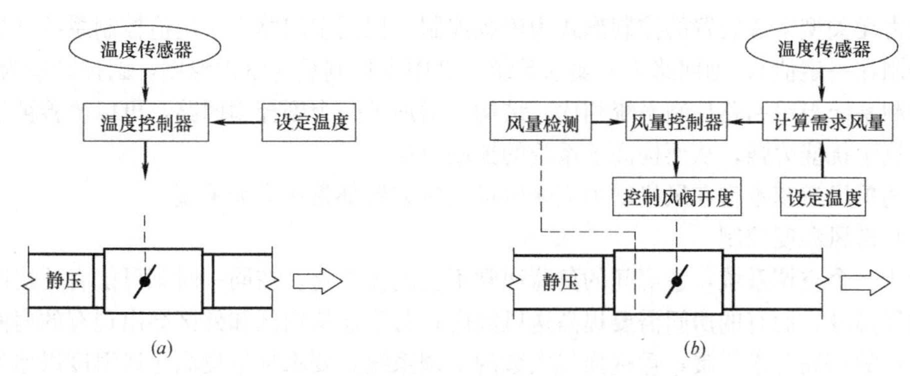

图 7-15 压力相关型和压力无关型末端装置控制原理图
(a) 压力相关型；(b) 压力无关型

控制器根据房间温度实测值与设定值之差，直接调整末端装置中的风阀开度，改变送入房间的风量来控制房间温度，控制方框图如图 7-16 所示。阀门开度的变化会影响到风管的静压，静压的变化又会使风速变化。也就是说末端装置的实际送风量受风管静压的影响，当送风压力发生变化时，即使阀门开度不变，风量也会改变。因此，当某个房间温度达到要求值时，由于其他房间风量的变化或总的送风机风量的变化导致连接末端装置风道处的空气压力有变化，从而使进入这个房间的风量发生变化。但由于房间热惯性较大，此时房间温度并不变化。待房间温度发生足够大的变化后，再对风阀进行调整，又会反过来影响其他房间的风量，并引起温度变化，这样各房间风阀不断调节，风量和温度不断变化，导致系统不稳定。

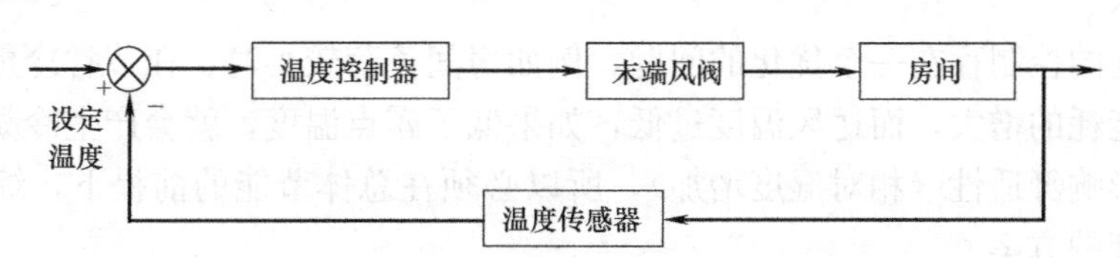

图 7-16 压力相关型末端装置室温控制方框图

压力无关型末端装置由室内温度传感器、电动风阀、风量传感器、集成控制模块等组成。此种末端上装有风量测量装置，房间温度的变化不再由温度控制器直接改变风阀开度，而是去修正风量设定值。风阀则根据实测的风量与风量设定值进行调整。这样，当风管压力或风速变化后，风量控制器根据检测信号对阀门开度进行修正，使进入房间的风量不受风管内静压变化的影响，从而维持原来的风量，房间温度也不会引起波动。图 7-17 为压力无关型末端装置室温控制方框图。

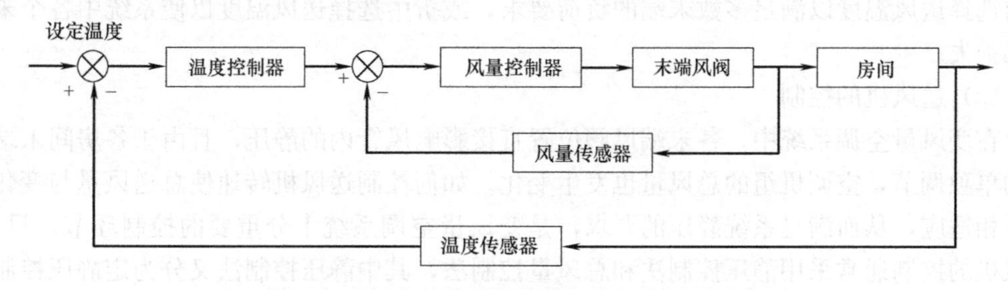

图 7-17 压力无关型末端装置室温控制方框图

压力无关型末端装置的控制形式为串级控制。控制主回路为一定值控制系统（将室内温度控制在一定值），副回路为一随动系统。其中主控制量为室内温度，副控制量为风量。串级控制系统与单回路控制系统相比，结构上增加了一个副控制回路，可以改善被控对象特性，抗干扰能力强，从而提高了系统的控制质量。

上述单风道基本型和风机动力型变风量末端装置都是压力无关型。

(2) 送风温度控制

对于一个空调系统，各房间的负荷通常不会同步变化。在同一时刻可能有的房间需要降低送风温度，而有的房间需要提高送风温度；对于建筑内区和外区会出现有的房间要求供冷，有的房间要求供暖；重视换气次数的空调系统，要求尽量提高送风温度以增加换气次数；而重视低温送风的空调系统，则要求尽量降低送风温度以减小送风量。

由于变风量系统采用固定送风温度方式，送风温度不仅要考虑被控房间温度和相对湿度的需求，还要兼顾降低能耗指标。所以，如何确定送风温度是变风量空调系统能否保证控制指标、降低能源消耗的关键。

1) 根据送风温差来确定送风温度

送风温差的大小取决于所选用的房间设计温度和表面冷却器的表面有效温度，或作为空气处理后的机器露点温度的大小。对绝大多数民用建筑来说，舒适性空调的室内设计状态，应使干球温度维持在24～28℃范围内。无论是冷水式系统，还是直接蒸发式系统，实际运行时机器露点处在10～14℃范围内是比较合理的。也就是说，空调系统的送风温差一般设为露点温度以上1℃。这样既保证了温度调节的快速性和相对湿度的要求，又不会出现冷凝水。

送风温度的控制存在一个优化的问题，例如房间负荷较小时，在节省冷量的同时也可能带来风机能耗的增大，而送风温度过低，如果低于露点温度，就会产生冷凝水，而提高送风温度会影响舒适性（相对湿度增加），所以必须在总体节能的前提下，综合考虑实行调节送风温度的方案。

2) 试错法送风温度控制

该方法只能以某一恒定的变化率沿着某一方向（增大或减小）改变送风温度，当某个参照变量达到临界值时，试错法送风温度控制才改变方向。

3) 投票法送风温度控制

其原理是对于某一空调显热负荷，若该末端存在送风量允许范围，则势必相应地存在送风温度允许范围。若系统中各末端的允许送风温度范围存在共同区间，则该区间内的任意一个送风温度均可使各末端满足负荷要求。若不存在共同区间，则可在最高得票温度范围内选择送风温度以满足多数末端的负荷要求，或折中选择送风温度以使系统中各个末端平摊损失。

(3) 送风机的控制

在变风量空调系统中，各末端风阀位置直接影响风管内的静压，且由于各房间末端装置的单独调节，空调机组的总风量也发生变化。如何控制送风机转速使总送风量与变化的风量相适应，从而满足系统静压的要求，是变风量空调系统十分重要的控制环节。目前，送风机的控制通常采用静压控制法和总风量控制法，其中静压控制法又分为定静压控制法和变静压控制法。

1）定静压控制法

定静压控制法是变风量空调系统最早使用的控制方法，在欧美设计市场比较流行。该方法已有多年的运行经验，因此国内普遍使用的仍是这种方法。所谓定静压控制是在保证系统风管上某一点（或几点平均，常在离风机约 2/3 处）静压一定的前提下，室内要求的风量由变风量末端装置的风阀进行调节；系统送风量由风管上某一点（或几点平均）的静压与该点所设定静压的偏差按已定的控制规律控制变频器，由变频器调节风机转速来确定。图 7-18 是定静压变风量系统送风机控制方框图。

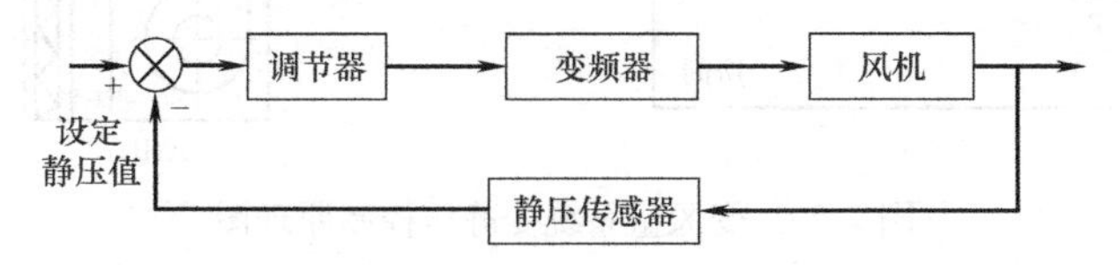

图 7-18　定静压变风量系统送风机控制方框图

在变风量空调管网较复杂（如双风管系统或不对称风管系统等）时，静压传感器的设置位置及数量很难确定，往往凭经验，科学性差；当节流式变风量空调系统处于低负荷时，若系统送风量由某点（或几点平均）的静压值来控制，不可避免地会使得风机转速过高，达不到最佳节能效果；当末端装置的风阀开度过小时，气流通过的噪声加大，影响室内环境。

采用定静压法对系统送风量进行控制时，还可以根据送风温度控制器改变送风温度来满足室内环境舒适性的要求。此时定静压法称为定静压变温度控制，控制原理如图 7-19 所示。

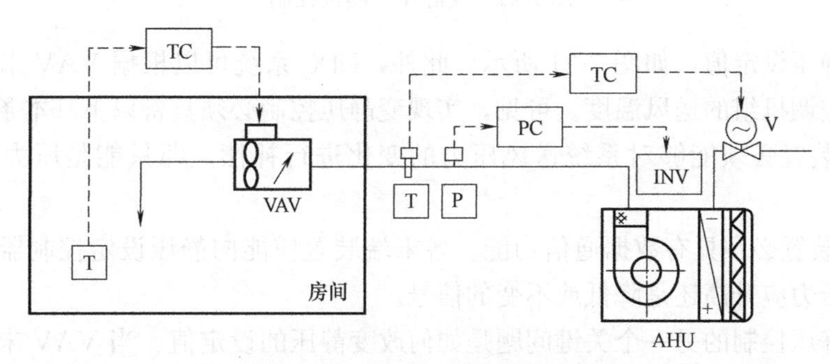

图 7-19　定静压变温度控制原理图

TC—温度控制器；PC—静压控制器；INV—变频器

2）变静压控制法

变静压控制法，又称最小静压控制法，是在保证系统风量要求的同时尽量降低送风静压。变静压控制的基本思想是当系统送风管上的总风量发生变化时，对风机转速进行控制，在保证各空调末端风量要求的前提下，尽量使 VAV 末端装置的风阀处于接近全开的状态（如 75%～95%），把系统静压降至最低，因而能最大限度地降低风机转速，从而达到节约风机能耗的目的。变静压法的控制原理是根据 VAV 末端风阀的开度，阶段性地改变风管中压力测点的静压设定值，依此控制送风机转速，尽量使静压保持允许的最低值。图 7-20 是变风量系统变静压控制原理图。

每个 VAV 末端装置均向 DDC 系统的静压设定控制器发出末端风阀的阀位信号，据

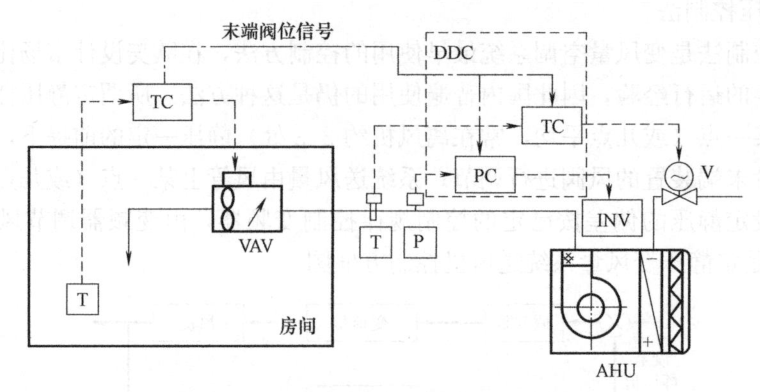

图7-20　变风量系统变静压控制原理图

TC—温度控制器；PC—静压控制器；INV—变频器

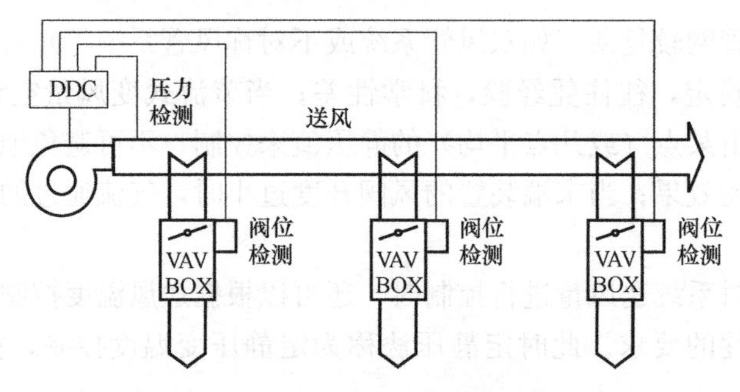

图7-21　变静压＋阀位控制

此修订系统静压设定值，如图7-21所示。此外，DDC系统可以根据VAV末端装置的风阀开度设定空调机组的送风温度。可见，实现变静压控制必须具备以下基本条件：

① 末端装置必须能够对系统送风压力的变化进行补偿，即只能是压力无关型末端装置；

② 末端装置必须具有数据通信功能。各末端装置应能向静压设定控制器实时发出阀位信号以及压力应升高还是降低或不变的信号。

实现变静压控制的另一个关键问题是如何改变静压的设定值。当VAV末端装置的风阀长时间处于全开状态时，基本上可以认为当前送风量偏少、静压设定值偏低了，因此需要通知DDC系统控制器提高风机的送风量。具体可采用如下控制策略：

① 每隔一段时间（如5min）检查一次所有VAV末端调节风阀的开度；

② 如果VAV末端装置的风阀全部处于开度较小状态（如小于75%），表明系统静压过高（系统送风量大于每个VAV末端装置需要的风量），需要降低风机转速。可以降低静压设定值一个步长（如减少50Pa），步长的大小视系统的压力状况而定。

③ 如果多个VAV末端装置的风阀处于全开状态，而且每个末端的实际风量等于末端温度控制器给出的风量设定值时，表明系统静压合适，静压设定值不变。

④ 如果多个VAV末端装置的风阀处于全开状态，而且每个末端的实际风量低于末端温度控制器给出的风量设定值时，表明系统静压偏低，需要提高风机转速。可以使静压设定值增加一个步长（如增加50Pa）。

3）总风量控制法

总风量控制法是一种新的变风量空调系统送风机的控制方法。不同于静压控制法，总风量控制是根据系统各 VAV 末端装置的风量之和与系统当前总风量相匹配的原则设计的。当 VAV 末端装置为压力无关型时，末端温度控制器输出的是房间风量设定值，反映了该末端装置所在房间的当前需求送风量，因此所有末端装置的设定风量之和就是系统当前要求的总送风量。总风量法的控制原理是不采用静压调节，根据各房间室内温度检测值与温度设定值计算得出房间末端装置的风量设定值，并通过数据通信将其上传至系统 DDC 控制器，计算出各末端装置的设定送风量之和作为空气处理机组的总送风量，根据总风量与风机转速的关系对风机转速进行调节。图 7-22 是变风量系统总风量控制原理图。

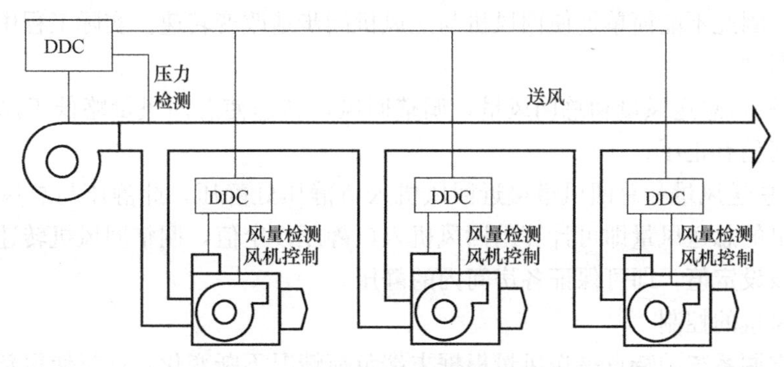

图 7-22 变风量系统总风量控制原理图

根据风机相似定律，在空调系统阻力系数不变的情况下，总风量和风机转速成正比关系：

$$\frac{G_1}{G_2}=\lambda\frac{N_1}{N_2} \tag{7-2}$$

式中 N_1，N_2——改变前、后的风机转速，单位为 r/min；

G_1，G_2——风机转速改变前、后的送风量，m^3/h；

λ——比例系数。

根据此关系，在设计工况下有一个设计风量和设计风机转速，则在运行过程中有一个需求的运行风量，自然对应需求的风机转速。尽管实际工况和设计工况系统阻力有所变化，可近似表示为：

$$\frac{G_{运行}}{N_{运行}}=\frac{G_{设计}}{N_{设计}} \tag{7-3}$$

实际运行中所有的末端装置需求的风量不可能是按同一比例变化的。考虑到各末端风量要求的不均衡性，适当地增加一个安全系数就可简单地实现风机的变频控制。

总风量控制法在控制系统形式上具有比静压控制法更加简单的结构，它避免了压力控制环节，减少了一个闭环控制回路，也不需要变静压控制时的末端风阀开度信号，而是直接根据设定风量计算出要求的风机转速，具有某种程度上的前馈控制含义，能很好地降低控制系统的调试难度，提高控制系统的可靠性和稳定性。此外，总风量控制在风机节能上介于变静压控制和定静压控制之间，并更接近于变静压控制。由于变静压控制法较为复杂，而且容易引起系统振荡，所以总风量控制法从控制和节能角度上综合考虑，不失为一种替代传统静压控制法的有效方法。但是系统还应保留静压检测环节，以保证能够实时监控送风系统的工作状况。

（4）回风机的控制

回风机控制的目的是使回风量与送风量匹配，保证房间不会出现太大的负压或正压。由于送风机要维持风道内的静压，其工作点随转速的变化而变化，因此送风量并非与转速成正比，而回风道中如果没有可随时调整的风阀，回风量基本上与回风机的转速成正比。对于变静压控制或总风量控制，由于风道内静压不是恒定的而是随风量变化的，各末端装置的风阀开度范围基本不变，风道内的阻力特性变化不大，送风机的工作点变化不大，因此送风机风量近似与转速成正比，于是回风机转速即可与送风机同步，这与风道内维持额定正压不同。因此不能简单地使回风机与送风机同步地改变转速。实际工程中可行的控制方法有以下两种：

1）同时测量总送风量和总回风量，调整回风机转速使总回风量略低于总送风量，即可维持各房间稍有正压。

2）测量总送风量和总回风道接近回风机入口静压处静压，此静压与总风量的平方成正比，由测出的总送风量即可计算出回风机入口静压设定值，调整回风机转速使回风机入口静压达到该设定值，即可保证各房间内的静压。

（5）新风量的控制

变风量空调系统的特点是送风量根据末端负荷情况不断变化，这就使得新风和回风混风段内的压力也随之变化。例如：当系统的送风量下降时，会使混合段的压力升高，导致新风入口到混合段的压差减小，使吸入的新风百分比不变，但新风绝对量减少。这对于舒适性空调系统空气质量会变差，因此需要采取一定的新风量控制措施。但是变风量空调系统的新风量控制不同于定风量空调系统，要更复杂一些。现行的变风量空调控制系统的新风量控制方法很多，常见的有以下几种：

1）设定最小新风阀开度　设定最小新风阀开度可近似认为是固定新风比的控制方法，是沿用定风量空调系统的新风控制方法。根据不同季节和室内外焓值变化情况，对新风阀设定一个最小开度，以此来提供合理的新风量。然而，VAV空调系统在保持最小新风阀开度恒定的情况下，随着系统送风量的下降，新风入口到混合段的压差减小，新风量也会下降。如果引起送风量下降的负荷减少不是因为人员数量变化，即室内要求新风量不变，这种情况会造成新风不足。所以，这种新风量控制方式不能够很好地满足变风量系统对新风的要求。

2）根据送风量变化调节新风阀开度　这种方法相当于固定新风量的控制方法，是针对上面提到的固定新风阀开度存在的不足而提出的。它是在VAV空调系统的送风量发生变化时对新风阀的开度进行调节，这样可使送入室内的新风量不随送风量的变化而变化。这种方法理论上十分简单，但在实际中不一定能够保证新风量恒定。其一，当VAV空调系统的送风量变化时，新风入口到混合段的压差也发生变化，这种压差与风阀开度的关系不是一个线性关系，风阀开度的调整量较难确定；其二，风阀不适合频繁动作。

3）风机跟踪法控制新风量　这种方法的控制原理是送风量减去回风量等于新风量，并维持其不变。因此，需要同时测量送风量和回风量，根据两者之差，即新风量，经过运算转换，用得出的风量去控制回风机，从而保持新风量不变。这种方法在理论上是合理的，但实际上由于其测量原理是基于小量等于大量之差的原理，其必然后果是大量的一个较小的相对误差所带来的小量的绝对误差就会很大。例如，要保持新风量不变必须精确测量送、回风管的动压，但是反映风速动压是全压和静压的差值，由于动压值相对较小，而全压和静压误差相对较大，所以其差值的误差就更大了。

当各变风量末端装置是压力无关型且具有通信功能时，空调机组 DDC 系统控制器可以实时掌握各房间风量的实测值。而每个房间都有事先定义的最小新风量要求（取决于人员数量），由各房间实测风量与该房间额定最小新风量确定最小新风比。新风阀、排风阀的开度近似于新风比，所以可据此调整新风阀、排风阀。还可以在新风管道上测量实际新风量，再用计算出的各房间实测风量之和乘以最小新风比作为新风量的设定值，进行新风量闭环负反馈控制，这样新风量的调整更加准确。

7.4 风机盘管控制系统

风机盘管是中央空调系统中使用最广泛的末端设备。风机盘管能够向房间连续或断续地输送具有一定温差的空气，保持房间的热湿平衡和温、湿度要求。风机盘管由风机、盘管换热器、空气过滤器、温度控制器等组成。其工作原理是依靠风机的强制作用，使房间内的空气在机组内不断地循环，并通过冷水（或热水）盘管被冷却（或加热），以保持房间温度的恒定。同时，由新风机组集中处理后的新风，通过专门的新风管道分别送入各空调房间，以满足空调房间的卫生要求。

风机盘管系统与集中式中央空调系统相比，没有大风道，只有冷（热）水管和较小的新风管道，安装布置方便、占用空间小、可单独调节，广泛用于温、湿度精度要求不高、房间较小且数量多、需要单独控制的舒适性空调中。

7.4.1 独立风机盘管控制系统

独立风机盘管控制系统由温控器、风机盘管和电动阀等组成。风机盘管按冷、热媒管路分为两管制和四管制，两管制系统采用一路供水和一路回水，冷热合用，在夏季制冷时冷水在系统中循环，冬季制热时热水在系统中循环。四管制系统采用两供水回路和两回水回路，冷热媒分开供应。

根据水系统定流量或变流量的不同要求，电动阀采用三通阀或两通阀。根据不同的控制原理，又分为电磁阀（两线阀）和电动阀（三线阀）调节。图 7-23 是风机盘管的接线图。其中，图 7-23（*a*）是三速开关、两线电磁阀的接线图，图 7-23（*b*）是三速开关、三线电动阀的接线图。风机盘管温控器上一般有 7 个接线端子，分别为 220V 相线、零线、电机的高、中、低三档线和电磁阀的接线端［见图 7-23（*a*）］或电动阀接线端［见图 7-23（*b*）］。

独立风机盘管的控制分简单控制和温度控制两种，由带三速开关的室内温控器完成。

（1）简单控制：风机盘管上不安装电动调节阀，冷、热水直接进入盘管循环，使用三速开关直接手动控制风机转速和启停。早期产品是机械式的三速开关温控器，可以现场设定高、中、低风速，进行初步的温度控制。不对盘管中冷、热水流量进行控制，会造成整机在没有热交换时的结露现象。

（2）温度控制：温控器根据设定温度与实际检测温度的比较，自动控制电动两通阀或

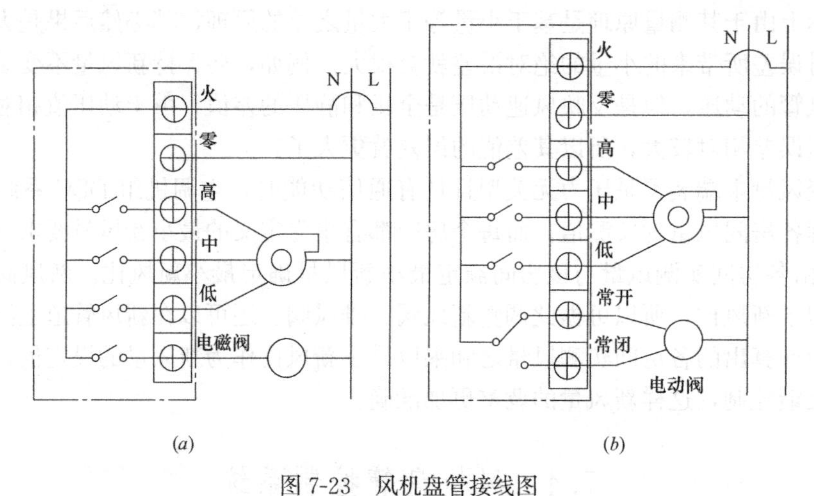

图 7-23　风机盘管接线图

（a）三速开关、两线电磁阀接线图；（b）三速开关、三线电动阀接线图

三通阀的开闭，根据风机三速转换位置控制风机转速或根据设定值控制风机的三速转换与启停。

图 7-24 是常见风机盘管温控器控制面板图。其中，图 7-24（a）是拨盘温控器，图 7-24（b）是数字式温控器。温控器安装在空调房间内，通过控制盘管冷、热水流量和送风量达到控制房间温度的目的。如图 7-24（a）所示，温控器带有通（ON）/断（OFF）两个工作位置，开关拨到“ON”的工作位置时，当室温高于设定温度时（以夏天为例），温控器继电器触点闭合、电磁阀打开，为房间提供空气处理的冷媒水；当室内温度达到设定温度时，温控器继电器动作，切断电磁阀电源，阀门关闭。拨动三速开关到“高、中、低”任意位置，风机盘管的风机按选择的风速向室内送风，使室内温度保持在设定的范围内。

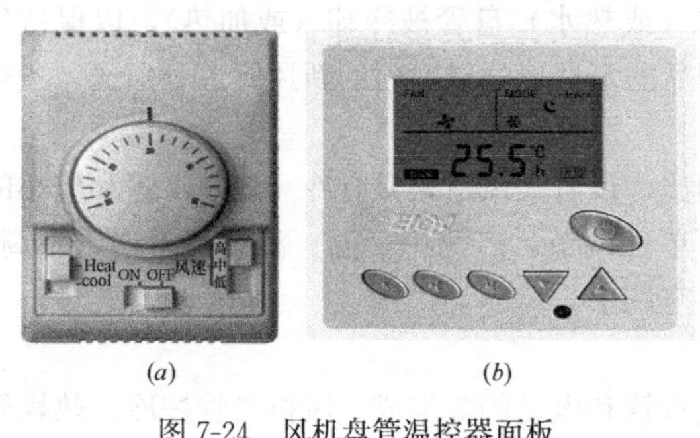

图 7-24　风机盘管温控器面板

7.4.2　风机盘管联网控制系统

随着数字式温控器的发展与应用，以及用户对控制精度和节能要求的提高，出现了数字式联网型温控器。这种可联网的风机盘管温度控制器，能将原先独立于楼宇自动化系统之外的风机盘管纳入到 BAS 系统进行控制与管理，通过联网实现对风机盘管的集中控制，提高楼宇自控系统的管理水平。适用于对舒适性和节能要求较高的大空间或区域联网的场合。

风机盘管联网控制系统的工作原理和运行方式与独立风机盘管控制系统相似，主要区别是这种系统的控制器具有联网通信功能。图 7-25 是常见风机盘管联网控制系统的控制原理图。

风机盘管联网控制系统可以通过 DDC 控制器或具有联网功能的温控器完成，主要功能有：控制风机的开停、选择风机转速；监测温度参数；控制表冷器或加热器中冷、热媒

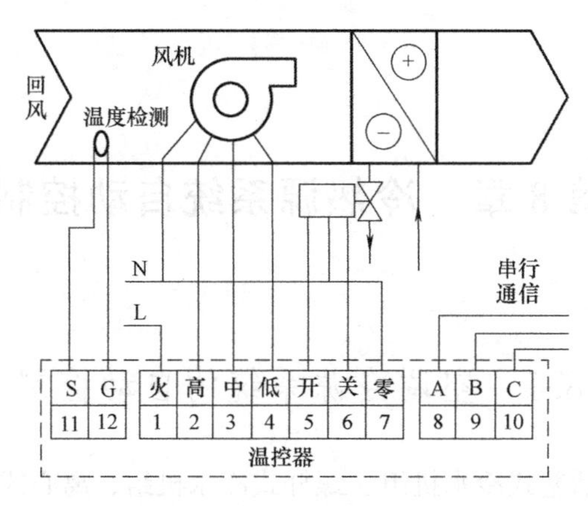

图 7-25 风机盘管联网控制系统原理图

的流量和阀门的开闭；控制电加热器的开关；风机盘管工作状态检测。除了能够通过室内温控器对风机盘管进行控制和参数设定之外，风机盘管联网控制系统还可以实现对分布在各个房间的风机盘管进行预设时间表的定时启停控制和远程控制等。无论采用哪种控制方式，风机盘管的电磁阀或电动阀都应该与风机开关联锁，当风机停转时关闭盘管的电动阀门。

本 章 习 题

1. 结合新风机组 DDC 系统原理图，阐述新风机组的监控内容。简述新风机组送风温度控制系统的组成及控制原理。

2. 简述如何根据 CO_2 浓度控制新风量。

3. 简述定风量空调系统的工作原理。结合定风量空调系统 DDC 原理图，阐述其检测内容及仪表布置。

4. 简述定风量空调系统室内温度的控制原理。

5. 什么是变风量空调系统，其特点是什么？

6. 变风量空调系统的控制内容有哪些？在进行室内温度控制时压力相关型末端装置和压力无关型末端装置的控制原理有什么不同？

7. 变风量空调系统送风机的控制方法有哪些？分别阐述其控制原理和特点。

第 8 章　冷热源系统自动控制

8.1　空调冷源系统的自动控制

常用的空调冷源有活塞式冷水机组、螺杆式冷水机组、离心式冷水机组和吸收式冷水机组，有些机组兼具有制冷、制热两个功能，称为冷热水机组或热泵。空调冷源系统通常包括冷水机组、冷水系统和冷却水系统。如图 8-1 所示。

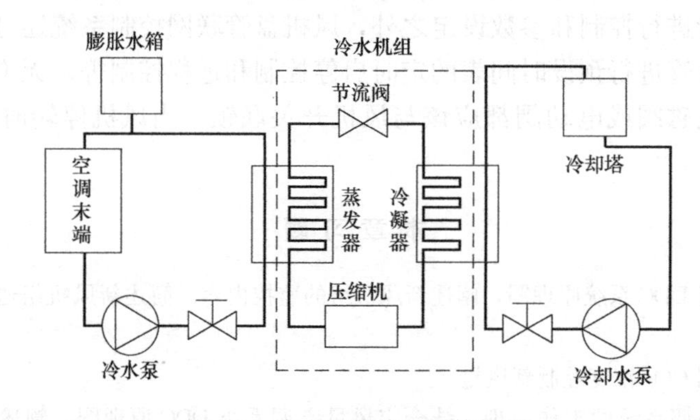

图 8-1　中央空调冷源系统框图

8.1.1　冷源系统运行参数监控

空调冷源系统的参数监控主要是对冷水机组、冷水回路、冷却水回路的关键运行参数进行监控，其中，冷水机组本身具有完善的监控系统，空调冷源监控系统不参与冷水机组的参数调节，只监控机组的启停、冷水机组运行台数、故障报警和负荷情况等，机组可通过串行接口输出机组的重要运行参数；对于冷水和冷却水回路，监控系统监测参数包括供回水温度、流量、压力、压差及循环泵运行台数、设备启停等。通过冷水循环系统和冷却水循环系统的自动控制，满足空调末端设备对空调冷源冷水的需要，同时达到节约能源的目的。图 8-2 是空调冷源系统监控原理图。

1. 冷源系统运行参数的监测

(1) 制冷机组主要状态参数监测

1) 制冷机工作运行状态监测——交流接触器的辅助触点吸合状态；

2) 故障报警状态监测——热继电器触点状态；

3) 制冷机组运行时间、累计运行时间及启动次数记录。

(2) 制冷机组过程参数监测

1) 制冷机蒸发器、冷凝器供回水温度监测——PT100 或 PT1000 温度传感器；

2) 制冷机蒸发器冷媒管路压力监测——采用扩散硅压力变送器；

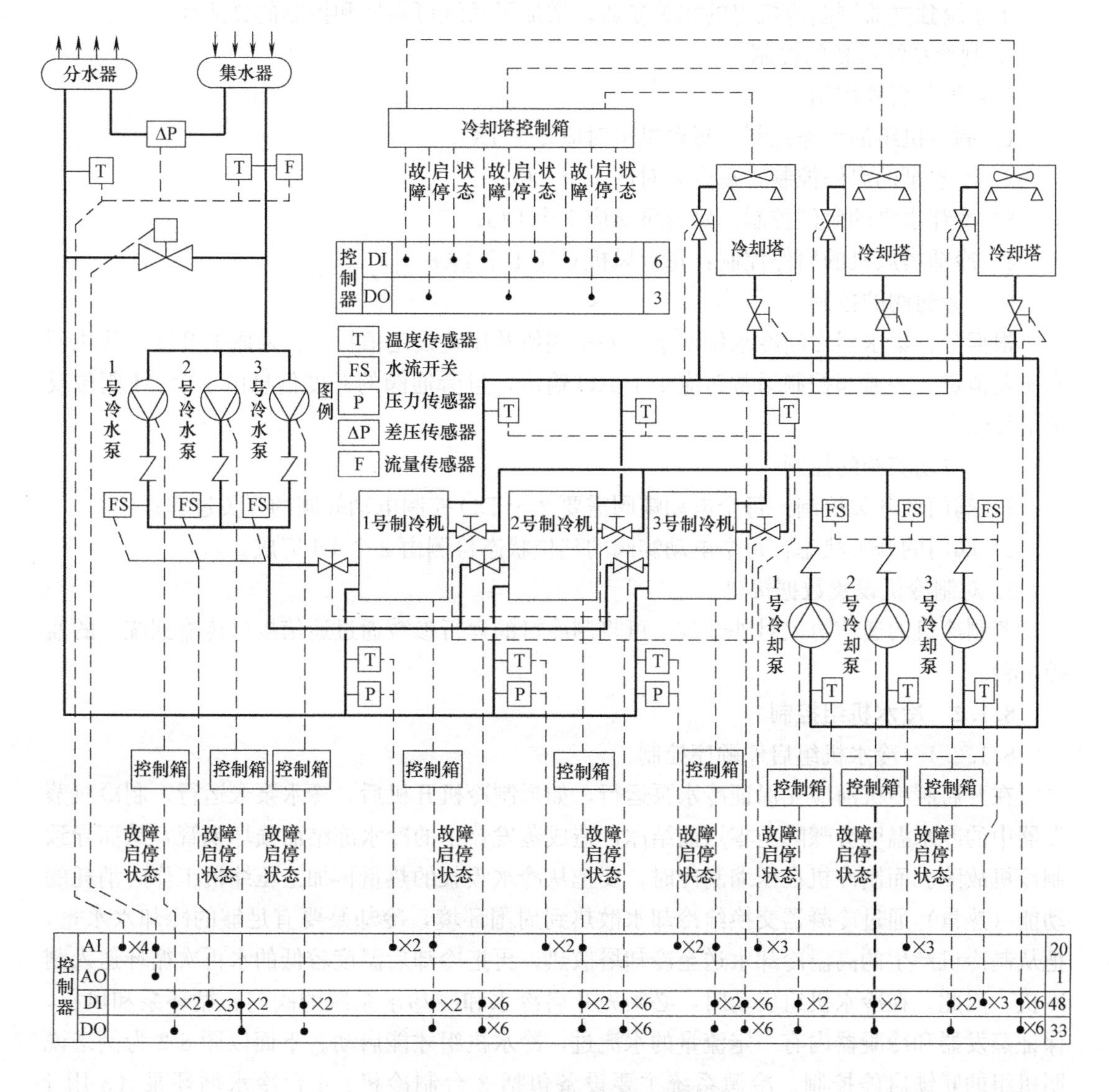

图 8-2 空调冷源系统监控原理图

3）制冷机润滑系统油温和油压监测——采用温度变送器和压力变送器；

4）制冷机组负荷水平监测——监测制冷机组功率，采用功率变送器或智能电表。

（3）冷水泵、冷却水泵和冷却塔风机的监测

1）冷水泵、冷却水泵和冷却塔风机运行状态监测——接触器的辅助触点、水流开关状态；

2）冷水泵、冷却水泵和冷却塔风机故障状态监测——热继电器触点状态；

3）冷水泵、冷却水泵和冷却塔风机累计运行时间、运行次数检测。

（4）水系统参数监测

1）冷水和冷却水供、回水总管的温度监测——PT100 或 PT1000 温度传感器；

2）冷水和冷却水供、回水总管的压力和压差监测——压力变送器和差压变送器；

3）冷水流量监测——采用电磁流量计或超声波流量计。

水系统独立监测制冷机组的相关参数，增加了系统可靠性和控制的灵活性。

2. 制冷系统设备的控制

(1) 设备启停控制

1) 制冷机组的启停控制：每台机组对应 1 个 DO；

2) 冷水泵的启停控制：每台泵对应 1 个 DO；

3) 冷却水泵的启停控制：每台泵对应 1 个 DO；

4) 冷却塔风机的启停控制：每台风机对应 1 个 DO。

(2) 旁通阀的控制

根据分、集水器之间冷水供回水压差检测值及压差设定值控制旁通阀的开度，使供回水压差恒定。旁通阀控制通常对应 1 个 AO 输出，且旁通阀的开度信息由 1 个 AI 阀位反馈信号输入。

(3) 电动蝶阀的控制

1) 阀门的开关控制：每个电动蝶阀需要 2 个 DO 控制电动蝶阀的开关过程；

2) 阀门的开关状态：每个电动蝶阀的到位状态检测由 2 个 DI 完成。

3. 对制冷机设置数据接口

若制冷机的通信协议对外开放，可将制冷机的运行参数通过通信接口传输到统一的监控平台。

8.1.2　冷水机组控制

8.1.2.1　冷水机组启停顺序控制

在开启制冷机前应先保证冷水泵运行，如果制冷机开机后，冷水泵未运行，制冷机蒸发器中的冷水温度会骤降至零点而结冰，造成蒸发器中的冷水冻结而损坏铜管，从而导致制冷机故障。而制冷机在压缩制冷时，要把从冷水吸收的热量再加上压缩机工作时消耗的动能（热量）通过冷凝器交换给冷却水散热到周围环境，冷却泵要有足够的冷却水水量，把从制冷机产生的高温冷却水送至冷却塔散热，再把冷却后温度较低的水再次循环送入制冷机。因此，在冷水机组启动时，必须先开启冷水和冷却水系统的阀门、循环泵和风机，保证蒸发器和冷凝器内有一定流量的水流过，冷水机组才能启动。下面以图 8-3 为例来说明机组的联锁启停控制。冷源系统主要设备包括 3 台制冷机、4 台冷水循环泵（3 用 1

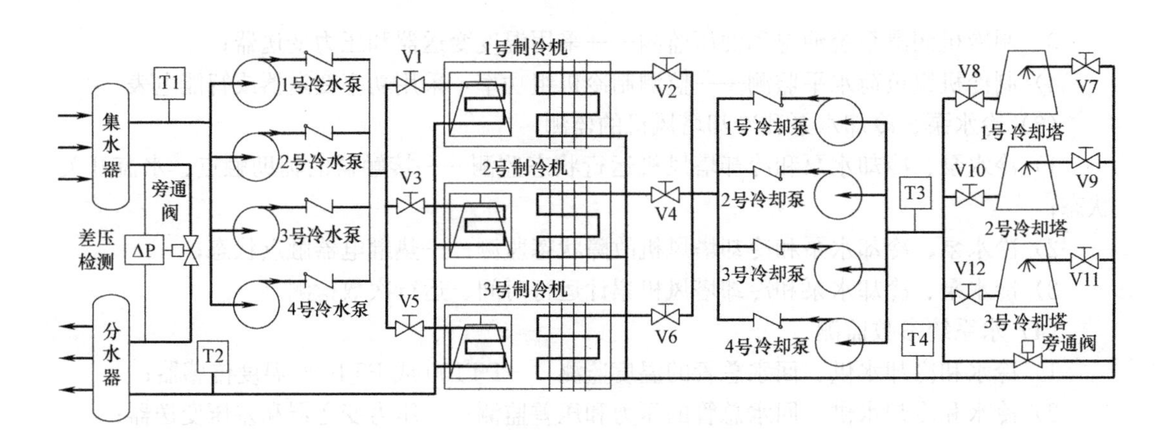

图 8-3　空调冷源系统的工作流程图

备）、4 台冷却水循环泵（3 用 1 备）和 3 台冷却塔。启停控制包括冷水循环泵、冷却水循环泵、冷却塔风机、冷水机组及相应的电动蝶阀控制。

1. 正常开机顺序及延时启动

为了便于叙述，假设图 8-3 中制冷机、冷却塔和水泵累积运行时间，3 号制冷机作为备用，以下只讨论 1 号、2 号制冷机的联动顺序。

（1）启动第一台制冷机的步骤　开 1 号冷却塔→开 1 号冷却塔蝶阀 V7、V8，冷却水蝶阀 V2→30s 后，启动 1 号冷却水泵（根据需要启动 1 号冷却塔风机）→240s 后打开冷水蝶阀 V1→30s 后开 1 号冷水泵→240s 后开 1 号制冷机（延时时间可根据具体系统确定，一般机组负荷越大延时时间越长）。

（2）1 号制冷机启动后，再启动 2 号制冷机的步骤　在启动另一台制冷机之前，首先应让正在工作的制冷机接近满负荷运行。当所监测的蒸发器出水温度超过了设定值的允许偏差上限，或其水流量超过了该机组所允许的最大流量时，可以启动另一台制冷机。因为已经有一台机组在工作，再启动另一台机组时，就要考虑先启动水泵还是先开阀的问题了。根据离心式水泵操作规范要求，先启动水泵后再打开阀门，这样有利于减小电动机的启动电流，有利于制冷机的工作。也有水泵和对应阀门同时开启的用法。水泵启动和阀门开启的时间间隔要根据具体情况确定。下面是第二台制冷机启动的顺序。

开 2 号冷却塔→启动 2 号冷却水泵（根据需要启动 2 号冷却塔风机）→10s 后开冷却塔蝶阀 V9、V10，冷却水蝶阀 V4→60s 后开 2 号冷水泵→30s 后开相应冷水蝶阀 V3→240s 后开 2 号制冷机。

为防止 2 号制冷机启动可能会造成正在运行的 1 号制冷机蒸发器流量的突然下降，需要采取以下两项保护措施：

1）为缓解由于水流量突然下降出现铜管内冷水冻结的危险，采取关小机组进口导叶阀或提高机组供水温度设定值，保持 1～3min，使正在运行的制冷机暂时降低负荷。

2）缓慢打开新启动制冷机蒸发器的电动蝶阀，其打开速度要根据所启动制冷机所能容忍的最大允许流量变化率而定。最大允许流量变化率越大，其电动蝶阀从全关到全开所需要的时间越短。例如：对于最大允许流量变化率每分钟为 30%的机组，其电动蝶阀从全关到全开，大约为 3min；对于最大允许流量变化率每分钟为 10%的机组，约需要 10min；而对于最大允许流量变化率每分钟为 5%的机组，则需要 20min 左右。

2. 制冷机的加/卸载过程控制

（1）加载过程

1）每台机组两次启、停间隔时间最少 5min。

2）当压缩机停机时间超过设定的最小停机时间间隔，且冷水出口温度高于“设定值＋温差值”（通常设定值为 7℃，温差值可在 1～5℃之间设定）时，需要机组投入运行，启动时应选择运行时间最短的机组启动。压缩机加载间隔时间可设定为 20～30min 之间（以离心式机组为例）。

3）当冷水出口温度在“设定值＋温差值”与设定值之间时，机组停止加载运行。

（2）卸载过程

1）当冷水出口温度低于“设定值－温差值”时，机组将开始卸载，先卸载运行时间最长的机组；满足卸载时间间隔后，冷水出口温度仍然低于“设定值－温差值”时再继续卸载。

2）当系统出现故障或停机时，机组投入快速卸载运行，每台机组先转入25%能量运行30s后停机。

3）当压缩机本身系统出现故障时，该机组停止运行，待故障消除后，按复位键该机组重新自动投入运行。

8.1.3　冷水系统的自动控制

8.1.3.1　冷水系统控制的基本要求

1. 冷水系统的监控任务

（1）保证制冷机的蒸发器有足够、稳定的水量，以使蒸发器高效、正常工作，防止冻结现象。

（2）保证用户端一定的供水压力，向用户提供充足的冷水量，以满足用户的需求。

（3）根据空调末端负荷的变化，自动调整冷水机组的供冷量，以降低能耗。

（4）在满足运行指标的范围内，尽可能减少输水系统中循环水泵的电能消耗。

2. 冷水系统运行参数设置

（1）空调主机冷水供水温度典型的设置值为7℃，不宜降低，温度可以升高到9℃或10℃不会明显影响中央空调系统的舒适度，并可以降低机组能源消耗；但冷水温度的提高对空调末端设备对房间的湿度控制有一定影响。

（2）供回水温差典型的设置值为5℃，可以在4～6℃之间选择，提倡大温差小流量运行，切忌在小温差大流量状态下运行。

从输送能量的角度，空调冷水供回水温差越大，需要的水流量就可以减小，水泵的电能消耗就减少；但冷水流量减少，会引起制冷机蒸发器由于流速降低而使换热系数降低，造成机组效率降低；同时，如果蒸发器的水流量过低，会产生冻结而造成蒸发器损坏。

实际工程中有很多空调系统的供回水温差只有2～3℃，如果能将制冷机组的供回水温差提高到5℃，将可以适当降低水泵转速，如果在保证水力平衡的基础上，水流量减少50%，水泵耗电量将减少87.5%，节能效果非常明显。

如果水系统中各个支路阻力不平衡，当流量减少时，阻力大的支路会出现水流量减小到不能满足控制要求的情况，在夏季表现为房间室温降不下来，这时不得不提高流量、降低温差来运行。如果加大流量，阻力小的支路就会超过需要的水流量，那些阻力大的支路的水流量则刚好满足要求，不会出现夏季室温降不下来的情况。这种空调系统的运行是以增大流量和耗电量为代价的。

下面就冷水一次泵系统和二次泵系统的定流量和变流量控制方式进行具体的分析。

8.1.3.2　一次泵定流量系统控制

一次泵定流量系统中每台制冷机组配有一台水泵，水泵保持定流量运行，水泵与机组联动，每当加载一台制冷机时，其对应的水泵先启动，当卸载一台机组时，关闭机组，然后关闭水泵。

1. 一次泵系统的工作原理

一次泵系统如图8-4所示，由3台冷水机组和3台循环泵组成，冷水机组和循环泵串联后再并联，在旁通管上设旁通阀。当用户侧负荷发生变化时，用户侧的冷水流量、供回水温差、阀门开度和供回水管道之间的压差都会发生改变。控制系统根据监测参数的变化通过控制制冷机组和水泵的启停和旁通阀的开度，维持负荷侧变流量、机组定流量运行，并保证系统所需要的扬程和流量。

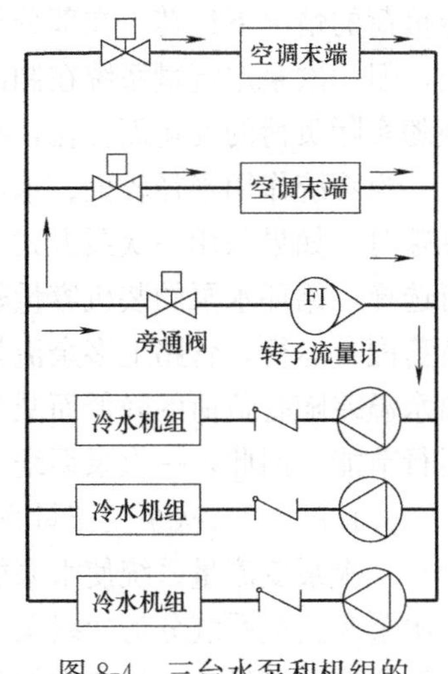

图 8-4 三台水泵和机组的一次泵系统

2. 一次泵定流量系统的设计要求

(1) 在空调末端上安装电动两通阀或电动调节阀。一般情况下，风机盘管采用电动两通阀，空气处理机组采用电动调节阀。

(2) 在供回水总管之间设旁通管，并安装由压差控制的旁通电动调节阀，根据1台制冷机组的冷水流量来确定旁通管管径和调节阀的参数。

(3) 制冷机组和冷水循环泵进行连接时要做到一一对应。可以采用共用集管连接，但必须做到在每台冷水机组的入口或出口水管道上设置电动蝶阀，并应与对应的冷水机组和水泵联锁启停。

(4) 系统能够根据空调负荷的变化，自动控制冷水机组及循环水泵的运行台数，根据差压控制旁通阀的开度。

3. 一次泵定流量系统控制策略

对于一次泵定流量系统的运行控制，通过控制旁通阀的开度和冷水机组的增减，满足末端用户的使用要求，具体控制策略如下：

(1) 差压旁通控制　为保证制冷机组蒸发器的定流量运行，当空调末端流量发生变化时，供回水回路的压力和压差都会发生变化，根据检测的压力或压差的变化，调节旁通阀的开度，稳定供回水压力，保证了蒸发器的定流量。

(2) 回水温度控制　根据冷水系统中回水温度的大小决定冷水机组的运行台数，当回水温度高于设定温度上限运行一段时间（通常为10～15min），表明制冷量不够，应再启动一台制冷机组，反之，当回水温度低于设定温度下限一段时间，停一台机组。

(3) 旁通管流量控制　在旁通管安装流量计，根据对旁通管流量的检测控制机组和水泵的运行。

(4) 旁通阀开度控制　由于负荷侧水量不可能大于制冷机水量，所以，也可根据旁通阀开度及旁通阀限位开关的状态实现机组启停控制。旁通阀的开度能反映用户侧的实际水量需求，所以这种控制实质上也是流量控制的一种方式。

(5) 温度、流量和阀门开度综合控制　为了避免当流量在控制范围附近频繁波动时造成水泵的频繁启停，同时为了保证系统控制的可靠性，在实际控制系统中应根据温度、流量和阀门开度等参数的变化并依据时间参数综合进行控制。

注意：在冷水机组和水泵启停控制过程中，应将冷水回水温度作为重要的参照量，并且要在充分的时间延时后，确认系统的运行工况稳定后再进行控制。

负荷侧变流量的一次泵系统，根据空调系统设计工况选择水泵流量，形式简单，通过末端用户设置的两通阀自动控制各末端的冷水量需求，系统的运行水量处于实时变化之中，在一般情况下均能较好地满足要求，是目前应用最广泛、最成熟的系统形式。

空调系统是按照满负荷设计的，但实际运行中，空调设备绝大部分时间内在远低于额定负荷的情况下运转。在部分负荷下，虽然冷水机组可以根据实际负荷调节相应的冷量输出，但一次泵定流量系统在制冷机组蒸发器的流量配置是固定的，系统的冷水流量并没有跟随实际负荷的变化而变化，冷水泵能耗也没有跟随实际负荷的减少而降低。

当系统作用半径较大、水流阻力较高，且各环路负荷特性相差较大，或压力损失相当悬殊时，如果采用一次泵方式，水泵流量和扬程要根据主机流量和最不利环路的水阻力进行选择，循环水泵的装机容量较大，部分负荷运行时，由于水泵为定流量运行，水泵要满负荷配合运行，管路上多余流量与压头只能通过加大旁通阀门分流，会出现冷水机组的进出水温差随着负荷的降低而减少，会出现大流量小温差情况，不利于在运行过程中水泵的运行节能。因此，一次泵系统一般适用于最远环路总长度在500m之内的中小型工程。

8.1.3.3 二次泵变流量系统控制

二次泵变流量系统使水泵能够跟随负荷侧空调末端负荷的变化降低水泵的电能消耗。二次泵变流量系统分为两级泵：一级泵负责克服冷机侧的阻力，水泵设计流量为制冷机组蒸发器额定流量，通过合理的计算选型，使一级泵运行在最佳效率工况点。在冷水负荷侧供水管路上增加二级泵用来克服空调末端的阻力，可以在不同的末端环路上单独设置二级泵，实现冷水机组的定流量和负荷侧的变流量运行。

二级泵可以根据该环路负荷的变化进行独立控制、变频调节。在系统的空调末端负荷大、设备数量多、设备分布分散、冷水管路长、管路阻力大的场合，冷水回路有必要采用二级泵来满足空调末端对冷水供水压力的要求。

1. 二次泵水系统的组成

如图8-5所示，一级泵克服旁通管AB以下的水路水流阻力（即：制冷机组、一级水泵及管路和阀门的阻力），二级泵克服AB旁通管以上的环路阻力（包括用户侧水阻力）。通过旁通管AB将整个水系统分为冷水制备和冷水输送两部分，同时将系统的阻力和能耗也分成两部分。

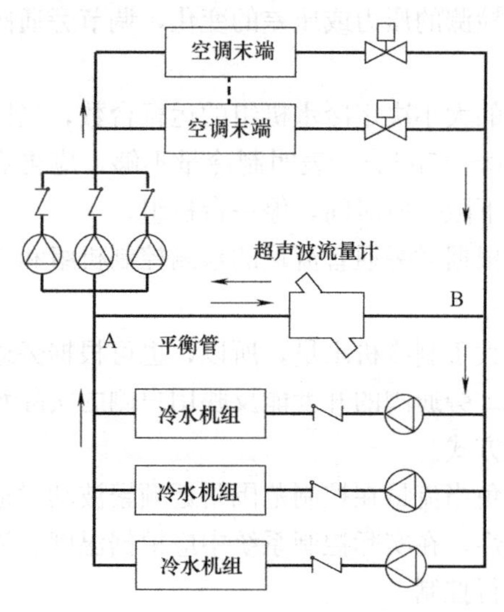

图8-5 二次泵变流量系统

（1）空调水系统在冷源侧设置一级泵，定流量运行，保证冷水机组蒸发器流量恒定。

（2）在负荷侧设置二级泵，分别满足各供冷环路不同需求。

（3）在末端冷水盘管上安装两通调节阀，使二次系统变流量，通过变频器调节二级泵改变系统水流量。

（4）旁通平衡管实现了一次侧定流量与二次侧变流量，旁通平衡管上不安装任何阀门或者增加水阻力的部件，可安装超声波流量传感器。

二次泵系统适用于系统较大、阻力较高且各环路负荷特性或阻力相差悬殊的场合，节能效果显著。由于二次泵系统中的一级泵只承担冷源侧冷水的循环，水泵功率可以比一次泵定流量系统的功率有所减小，有利于降低水泵功耗；二级泵承担负荷侧的冷水输送，在末端部分负荷时，二级泵可以根据负荷的变化进行流量调节，提供相适应的冷水流量。与一次泵定流量系统相比有一定的节能效果。

二次泵系统可以分为两个相对独立的控制系统。

(1) 冷源侧一级泵的定流量控制以及制冷机组加/卸载控制。

(2) 负荷侧二级泵变频调速控制。

2. 二次泵变流量系统监控

二次泵系统以旁通平衡管取代旁通阀，一级泵采用定速控制，保持冷水制备回路的定流量要求。平衡管 AB 对运行过程中所起的作用是平衡一级泵侧和二级泵侧的水量差值。当一级泵的供水量大于二级泵的需水量时，AB 管内有一部分未被利用的冷水从 A 点流向 B 点，与回水混合后流回蒸发器。反之，当一级泵的供水量小于二级泵的需水量时，有一部分回水从 B 点流向 A 点与供水混合。

如果经过旁通平衡管回流的冷源侧的冷水多，将导致冷水机组工作效率下降，并表明负荷侧对冷水的需求减少，应关停相应的机组和水泵。反之，如果回流的负荷侧冷水多，供水温度升高，会引起空调末端装置工作效率的降低，表明现有工作的制冷机组不能够满足负荷侧对冷水的需求，应开启新的机组和水泵。图 8-6 是二次泵变流量系统监控原理图。

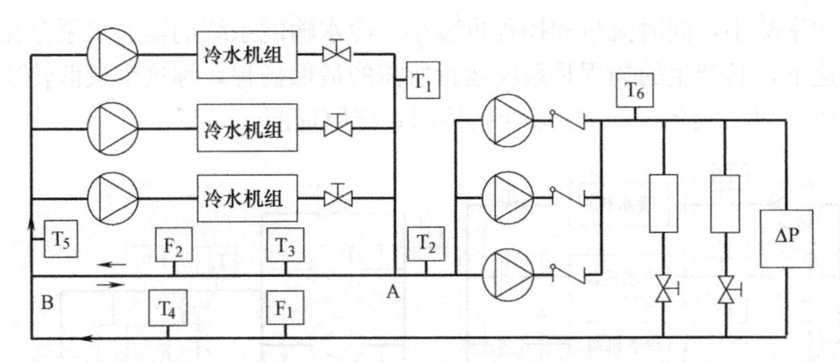

图 8-6　二次泵变流量监控原理图

(1) 二次泵变流量系统的参数监测

表 8-1 是二次泵变流量系统的参数监测。

二次泵变流量系统的参数监测　　　　表 8-1

编号	传感器	监测内容
T_1	温度传感器	制冷机组冷水供水温度
T_2	温度传感器	负荷侧冷水供水温度
T_3	温度传感器	平衡管内冷水温度
T_4	温度传感器	负荷侧冷水回水温度
T_5	温度传感器	制冷机组冷水回水温度
T_6	温度传感器	二级泵冷水供水温度
F_1	流量传感器	负荷侧冷水回水流量
F_2	流量传感器	平衡管冷水流量检测，控制机组启停
ΔP	差压传感器	利用差压检测控制二级泵转速

(2) 一级泵环路加减制冷机组和水泵的控制方法

通常以检测平衡管流量的盈亏来决定冷水机组和水泵的工作台数，其一般做法是：

1）当旁通管内水量（一次水量大于二次水量）大于单台机组额定流量的110%时，则关闭一台冷水机组及相应一次泵；

2）当旁通管内水量（一次水量小于二次水量）达到单台机组额定流量的20%～30%时，则开启一台冷水机组及相应一次泵。

（3）负荷侧环路的变流量控制

1）二级泵工频运行的台数控制

在没有安装变频设备的二级泵回路中，为了适应系统流量的变化，水泵组采用台数控制，台数控制策略应用广泛，方法简单。目前广泛采用的是压差控制法。用供回水管压差控制法控制二级泵台数。当用户负荷减少时，压差控制器检测到的压差大于设定值，关掉一台二级泵，减小压差。当用户负荷增大时，压差控制器检测到的压差小于设定值，开启一台二级泵，增大压差。根据压差直接控制二级泵启停的控制方法，会造成供水压力波动过大，不能满足控制要求，二级泵的变频控制是主要的使用方法。

2）二级泵变频控制

在采用转速控制的系统中，首先要确保水泵提供的扬程满足系统的要求。当水泵转速降低时，其功率减小，同时流量和扬程也减小。冷水输配系统的输送水泵存在一个最低转速，在该转速下，其产生的扬程是系统运行所需的最低扬程，称这个最低转速是该系统水泵的下限转速。图8-7给出了二次泵变频控制系统原理图。

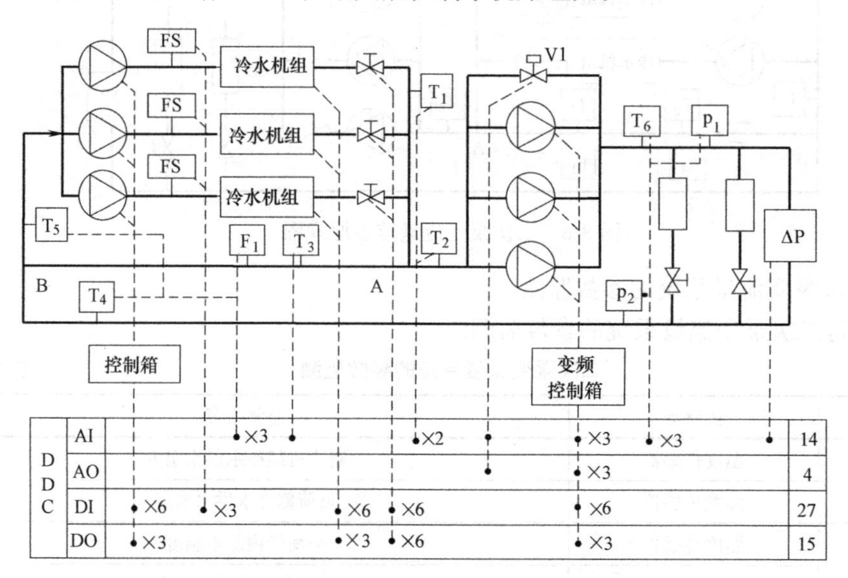

图8-7　二次泵变频控制系统原理图

系统增加了变频调速控制装置，每台水泵配有1台变频器，具体控制方法如下：

① 二次侧压差变频控制法

根据供回水压差调整二级泵组的转速使供回水压差恒定的控制方法称为压差变频控制法。具体方法是：根据系统环路特性设定给定压差值 ΔP，控制器采集到通过压差变送器实测得到的瞬时压差 ΔP 与给定压差比较，若大于给定压差，则变频控制器降低输出频率，进而降低二级泵组的转速，反之，增大二级泵的转速。图8-8是供回水压差控制法的原理框图。

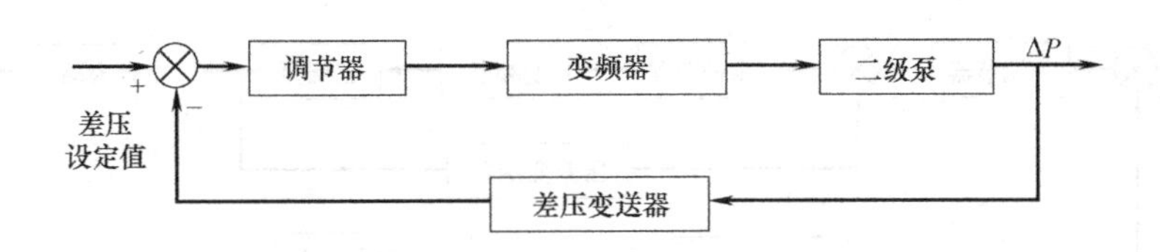

图 8-8　供回水压差控制法原理框图

二级泵运行时，其运转频率也是受到限制的，最低频率设置在 22～25Hz 为宜，以防止水泵堵转。最高频率可为 50Hz，但是，为了运行安全性考虑，当运转频率超过 45Hz 时，就应增加 1 台泵并联运转。二级泵投入同时运行的台数不管多少，它们都应在相同频率下运行。

当用户负荷很小时，用户的需水量小于水泵频率下限所提供的水量，变频调速控制装置将开启次级回路的电动旁通阀 V_1（见图 8-7），使多余的水量由旁通阀直接到回水管。

压差控制的缺点：首先，给定压差不好确定；其次，为了满足最不利环路负荷（最远端房间的冷负荷），给定压差往往较大，造成系统运行时二次泵的转速偏高，不利于节能；另外，当整个环路负荷减小流量趋于零时，还要维持给定压差设定值，也不利于节能。

② 二次侧温差控制法

温差控制法分为二级泵控制和一级泵控制。根据二级泵的供回水温差控制二级泵组的转速，使供回水温差维持在设定值。一级泵及相应制冷机组的控制，则是根据二级泵的运行频率和温差来进行控制。图 8-9 是温差控制法的原理框图。

（a）二级泵温差控制

T_2 为检测到的冷水供水温度，T_4 为回水温度，则温差 $\Delta t = T_4 - T_2$。当冷负荷增加，空调末端需要的冷量随之增加，Δt 则会变大，反之变小。变流量空调系统要把供回水温差控制在一个值或一段范围之内（4～7℃）。一般来说，调节二级泵的频率可以使 Δt 恒定。

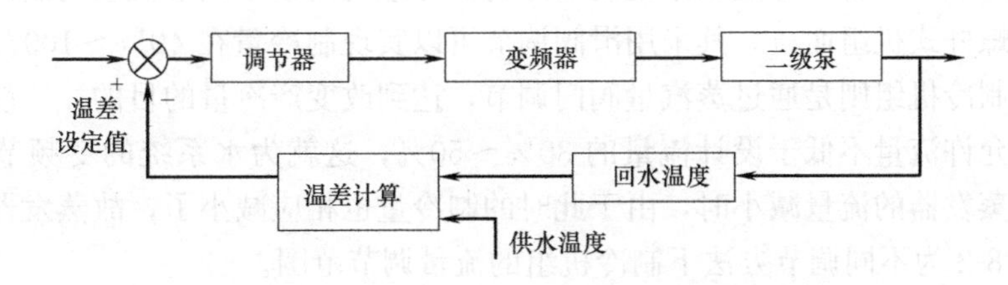

图 8-9　供回水温差控制法原理框图

（b）二级泵串级调节

将大滞后对象供回水温差作为主环参数控制对象，供回水管路压差作为副环参数来调节二级泵频率，控制框图如图 8-10 所示。

冷负荷降低，冷水流量减小，这时供回水压差会增大，副调节器根据主调节器给定的压差与实际压差的偏差快速降低二级泵频率。由于频率变化时引起流量变化的时间很短，经过副回路及时调整一般不影响供回水温差；如果扰动幅值较大，虽然经过副回路的及时校正，仍会影响冷水供回水温差，此时再由主回路进一步调节，从而完全克服上述扰动，

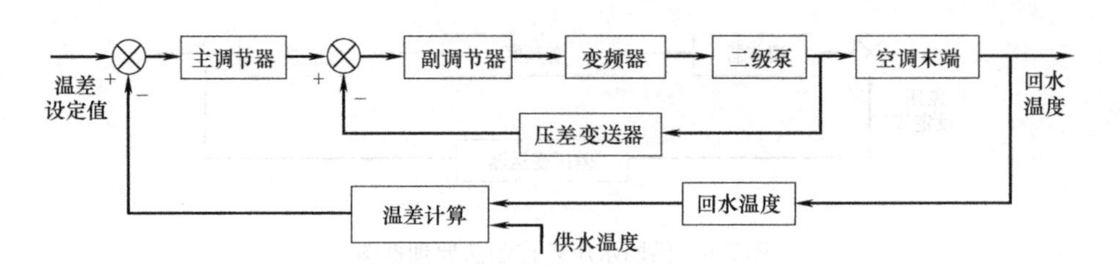

图8-10　二级泵温差、压差串级调节系统框图

使供回水温差调整到给定值上来。

(c) 水泵台数与转速联合控制

单纯的台数控制不能满足流量的连续变化，单纯的转速控制虽然在较大的流量段能实现连续调节，但在流量很小时，由于系统对扬程的要求，水泵还是需要在下限转速以上运行，另外，变频器和电机低频率运行时效率会降低，这导致部分电能的浪费。

为了解决单纯的台数控制和转速控制的缺点，出现结合两者的控制方法，即台数与转速联合控制。当两台水泵定速运行不能满足系统流量要求，而3台水泵定速运行流量大于系统流量要求时，可以采用控制3台水泵的转速，以达到系统流量要求。当系统流量减小至两台水泵定速运行流量以下时，停掉一台水泵，控制两台水泵的转速，以满足系统流量要求。当系统流量增加至两台水泵定速运行流量以上时，增开一台水泵，控制3台水泵的转速。

水泵的台数与转速联合控制方式克服了单纯的台数控制方式和转速控制方式的缺点。目前，实际工程中的水输配系统的节能运行都是采用这种控制方式。

8.1.3.4　一次泵变频调速系统控制

随着现代控制技术的快速发展，目前制冷机组在一定范围内变流量运行对其运行的安全性并无影响，机组蒸发器和冷凝器的流量变化范围为设计流量的30%～130%。对于现在大多数制冷机组而言，都能根据建筑实际对供冷量的需求来调节机组的制冷量，使供需相匹配。就螺杆式机组而言，其采用滑阀调节可以实现制冷量在40%～100%之间无级调节。吸收式制冷机组则是通过蒸汽量阀门调节，达到改变产冷量的目的。一般制冷机蒸发器和冷凝器允许流量不低于设计流量的30%～50%，这就为水系统的变频节能提供了保证。当通过蒸发器的流量减小时，由于此时的制冷量也相应减小了，故蒸发器不会发生冻结现象，表8-2为不同调节方法下制冷机组的流量调节范围。

不同调节方法下制冷机组的流量调节范围　　表8-2

制冷机组形式	调节方法	调节范围
活塞式	气缸卸载能量调节	30%，66%，100%
螺杆式	卸载滑阀调节	40%～120%，(无级)
离心式	入口导流叶片开启度调	30%～130%(无级)
吸收式	蒸汽量阀门开度调节	无级

将一次泵定流量系统中的冷水循环泵改为变频调速，制冷机组蒸发器的冷水由定流量改为变流量，这就是一次泵变频调速变流量系统。如图8-11是一次泵变频调速控制系统

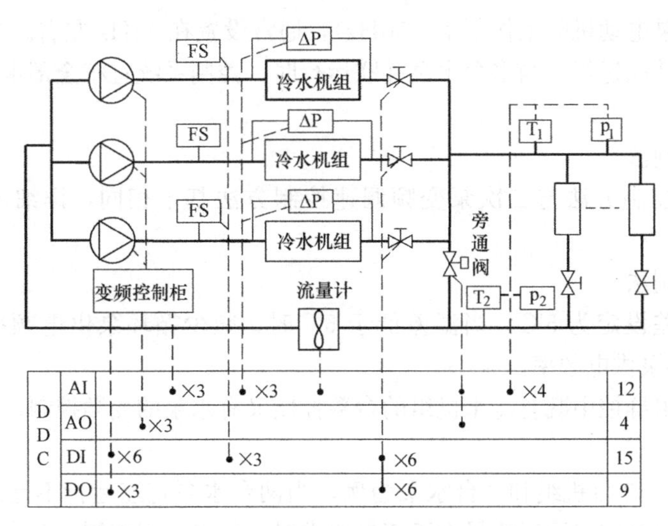

图 8-11 一次泵变频调速控制系统原理图

原理图。

1. 一次泵变流量控制系统

(1) 制冷机组和水泵采用先串后并的连接方式，3 台变频器分别控制 3 台水泵，可对各冷水泵分别实现变频控制。在供回水环路干管或末端设置压差检测，各制冷机供水管路安装水流开关等。

(2) 在回水管安装流量计，检测最小流量值。空调末端仍然安装两通调节阀并检测末端供回水的压差，旁通管上旁通阀变为辅助性调节回水流量，正常情况下调节阀处于关闭状态。通过检测最不利的冷水供回水环路的压差值，并根据主管道回水流量控制冷水泵的转速，保证系统满足负荷的需求。

(3) 检测各制冷机组蒸发器两端供回水压差。根据压差值确定正在运行的单台主机的流量能否满足其蒸发器的最低流量要求。

(4) 水泵的转速由系统最远端供回水压差来控制。当系统回水流量降低到各台制冷机组的最小允许流量时，控制旁通阀分流一部分水量，使冷水机组流量满足安全运行要求。

(5) 检测供水温度和回水温度，为变流量控制提供依据。

一次泵变频调速系统可以根据负荷的变化，利用水泵变频调节冷水供水流量来达到节能的目的。相对于一次泵定流量和二次泵变流量系统来讲，一次泵变流量系统具有节约初投资、降低运行能耗、减少水泵在功率峰值运行时间、减小机房面积的优点。

一次泵变频调速系统可以应用于现有空调系统的节能改造。目前，国内的一些空调水系统采用的是一次泵定流量系统，将现有系统改造为一次泵变流量系统，所需要的投资和改造的规模都比较小。

2. 一次泵变流量系统控制策略

一次泵变流量系统的控制包括：变频控制、旁通阀控制和加减制冷机组控制及相关参数监测等。

(1) 控制系统应设置冷水泵的最低频率和最高频率

最低频率受水泵堵转频率和空调主机最小流量的限制，一般设置在 25～30Hz 之间，最高频率就是水泵电动机的工作频率（50Hz），通常设置在45Hz左右。当超过45Hz时，就增加1台水泵并联运行。当多台水泵并联运行时，控制系统宜将全部水泵在相同频率下运行。

（2）压差控制法

一次泵变频控制方法与二次泵变频调速控制方法基本相同，详细内容见前面相关章节。

（3）温差控制法

一般可将温差设定为5℃，当温差低于5℃时，减少循环泵供电频率；当温差大于5℃时，增大循环泵供电频率。

多台制冷机组群控中既有冷水机组的台数控制又有水泵的变频控制，必须采用台数与调速联合控制。

以图8-11所示3台机组和3台水泵为例，当两台水泵定速运行不能满足冷水供水流量要求，而3台水泵定速运行流量大于流量要求时，可以采用控制3台水泵的转速，以达到流量要求。当冷水供水流量减小至两台水泵定速运行流量以下时，停掉一台水泵，控制另外两台水泵的转速，以满足系统流量要求。当系统流量增加至两台水泵定速运行流量以上时，增开一台水泵，控制3台水泵的转速。

（4）采用调节阀开度作为控制参数

空调水系统可以抽象为一个由许多管道、热交换器、调节阀以及各种管路附件组成的分布参数系统，每一个调节阀或截止阀的变化都会造成整个管路系统阻力分布的变化，在总流量变化的同时造成流量分配关系的变化；而供、回水干管间的差压只能反映总流量的变化，而不能反映流量分配关系的变化。

考虑到在控制系统正常工作的前提下，空调水系统中各调节阀的开度基本上能够反映负荷的大小。因此，可直接采用各调节阀的开度作为流量调节的参数。其控制策略是当整个系统中所有用户都采用调节阀控制流量时，应控制变频器频率输出，保证系统中所有调节阀的开度应大于60%、小于90%，即设定调节阀的开度在60%～90%之间的某一个范围，具体控制过程如下：

1）如果系统中至少有一个调节阀的开度大于90%（表明流量供应不足），则变频器输出频率升高一个级差（一般取0.1～0.2Hz）；

2）如果系统中至少有一个调节阀的开度小于60%（表明流量供应偏多），则变频器输出频率降低一个级差；如果系统中所有调节阀的开度都在规定之间，则保持当前变频器的输出频率不变。

这种控制策略实际上是将原先根据压差或压力控制的恒压供水改为变压供水。由于能够尽可能地保持调节阀处于较大的开度，降低了阀门压降，从而降低了水泵扬程，降低了水泵电机的转速。因此，变压供水能够比恒压供水节约更多的能量。

这种控制策略能够有效实施的前提是：整个空调水系统的管路和阀门经过了合理的选配，并正确地调整了水力平衡。

随着制冷机技术与自控技术的发展，冷水机组变流量运行的安全性已可以得到保障，一次泵变流量系统利用变频装置，根据末端负荷调节系统水流量，能够最大限度地降低水泵的能耗，与传统的一次泵定流量系统和二次泵系统相比具有明显的节能优势，对空调系统节能具有很大意义。

8.1.4 冷却水系统控制

图 8-12 是空调冷却水系统的示意图，主要设备包括冷水机组冷凝器、冷却水循环泵和冷却塔。冷却水经过冷凝器换热对制冷剂冷却，温度上升，通过冷却塔散热，使冷却水温度降低，经冷却水循环泵重新进入冷凝器。在每台冷机的冷却水侧安装电动蝶阀，在冷机开启时打开相应的电动蝶阀，在冷机关闭时，关闭电动蝶阀。否则当冷机不运行时，会有另一台冷却水泵的水从这台冷机通过，使得工作的冷机冷却水不足，机组效率降低。

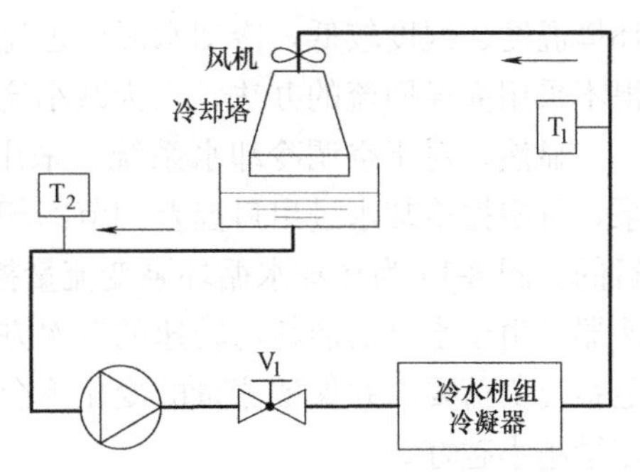

图 8-12　冷却水系统工作流程图

无论是吸收式还是压缩式冷水机组，机组在运行期间其吸收器和冷凝器都将产生大量的热量。这部分热量必须由冷却水及时带走。如果冷却效果差，则对机组的制冷效果影响很大。冷水机组冷却水的进/出口水温设计值一般为 32℃/37℃，也有一些机组的冷却水进/出口水温为 30℃/35℃。适当降低冷却水的温度可增加过冷度，随着冷却水进水温度的降低，制冷机组的制冷量与制冷性能系数 *COP* 有所提高。当冷却水进水温度由 32℃降低到 26℃时，制冷量与 *COP* 均提高约 20%。但冷却水温度过低，压缩制冷时润滑油油温过低，影响冷机正常运行；对于吸收式制冷，冷却水温度过低将引起溴化锂溶液结晶，使制冷机不能正常工作。

8.1.4.1 冷却水循环泵流量控制

如果冷凝器冷却水流量过小会使冷凝温度和冷凝压力过高，造成制冷效率下降或制冷机报警等故障，而当冷凝器冷却水流量过大时，又会造成循环过程的能源浪费。受技术和传统设计观念所限，尤其是冷却水系统的控制涉及制冷机组负荷、外界环境的温湿度和制冷机自身能耗变化等多种因素，空调冷却水系统一般是定流量系统。所谓定流量系统是指冷却水循环泵采用定频泵，使冷却水循环泵恰好工作在冷机要求的设计流量。图 8-13 是

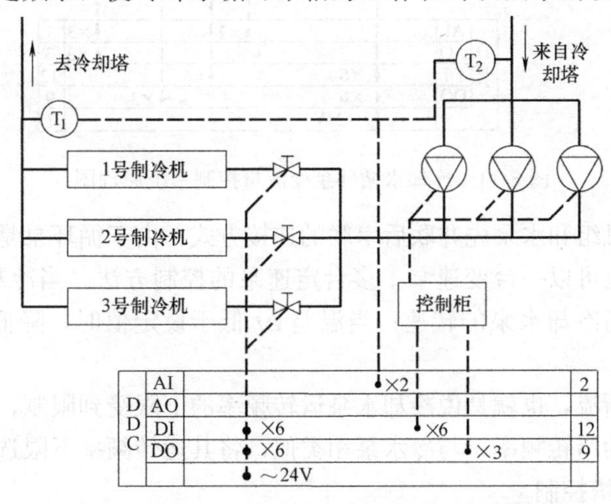

图 8-13　冷却水循环泵定流量控制系统原理图

冷却水循环泵定流量控制系统原理图，定流量系统在工频状态下全速运行，不能随制冷机负荷变化和外界环境条件变化相应调整运行工况和流量，经常会出现大流量、小温差、低水温的不利工况，增加了泵的运行能耗。尤其是过渡季节，空调末端负荷一般较小、外界环境温度、湿度较低，冷却水温度也比较低，为了保障冷水机组正常的运行工况，有时不得不采用旁通回流的办法，人为减小流经冷却塔的水流量以提高冷却水的回水温度。

显然，对于空调冷却水系统，采用定流量方式将会造成水泵电能的浪费。采用变频泵，可根据冷却水进出口温差调节冷却泵的转速，从而使冷却泵的电耗降低，达到节能的目的。图 8-14 为冷却水循环泵变流量控制系统原理图，与图 8-13 的区别是增加了变频调速器。由于水泵的能耗与转速的三次方呈正比，所以，对冷却水系统变流量控制时，在满足系统负荷要求并保证流量的变化不会引起机组 *COP* 值的大幅降低的前提下调控冷却水流量越小越好。

通常空调冷却水变流量系统采用定温差控制方法，使冷却水进出水温差保持不变，流量将随着负荷的变化成比例变化。通常要注意设定水泵运行的最低频率，确保整个水系统有足够的供水压力和流量，以保证机组运行安全。

冷却水变频调速系统的配置与冷水循环系统的配置基本相同，通常采用 1 台冷水机组配置 1 台冷却水泵和 1 台变频器。每套中央空调系统增加 1 台冷却水泵作为备用，备用泵与工作泵之间可用手动切换，也可用自动切换。若多台冷却水泵同时运行时，所有水泵都保持相同频率运行，可以达到最佳的效果。

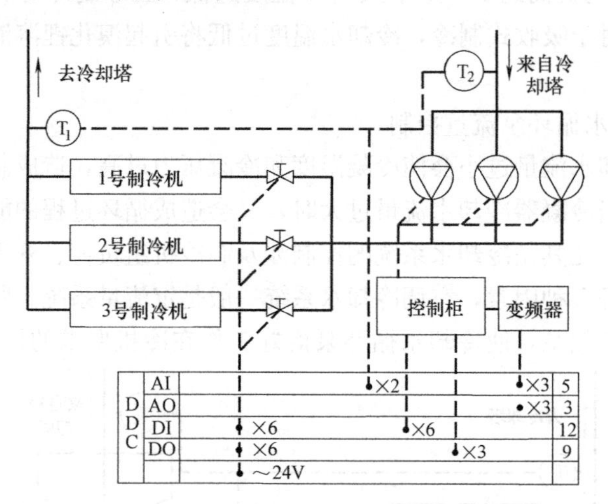

图 8-14　冷却水循环泵变流量控制系统原理图

系统也可采用机组和水泵先并联后串联的连接方式，由于循环泵是并联运行，可每台水泵配置变频器，也可以一台变速泵＋多台定速泵的控制方法。当冷却水进出口温差 Δt 高于设定值时，提高冷却水泵的转速；当温差 Δt 低于设定值时，降低冷却水泵的转速，使进出口温差恒定。

冷却水不允许断流，也就是说冷却水泵运转频率的下限受到限制，冷却水泵最低运转频率应高于该水泵的堵转频率，与冷水泵相类似，将其运转频率下限选择在 30Hz 左右。

8.1.4.2　冷却塔控制

冷却塔风机、循环泵、相应的控制阀门与冷水机组通常是电气联锁的，但并非要求冷却塔风机必须随冷水机组同时运行，一旦冷却水回水温度不能保证时（温度高于设定值），则自动启动冷却塔风机。因此，可以利用冷却水回水温度来控制相应的冷却塔风机，风机以台数控制或变速控制构成一个独立控制回路。当冷却塔出水温度高于设定温度时，则增开一台冷却塔，低于设定温度可停开一台冷却塔，有的冷却塔风机还采用双速电机，通过转速的变化调节冷却水温度。因此，还应配合高/低速的转换来确定冷却塔的运行台数。

冷却塔的水路系统通过统一的供回水干管与冷却塔群连接，如图 8-15 所示，图 8-15（*a*）在冷却塔上没有安装电动两通阀，即不对布水进行调整。此时，如果只开部分冷却塔风机，冷却水仍均布在各台冷却塔上，则开启冷却塔风机的冷却塔塔底的冷却水温度低，关闭冷却塔风机的冷却塔塔底的冷却水温度高，这样混合后将导致进入冷机的冷却水温度偏高。图 8-15（*b*）在每台冷却塔上都安装电动两通阀，当冷却塔风机关闭时，电动阀关闭，冷却塔风机启动时，电动阀打开。这种方式将实现比较好的冷却效果。但是，如果冷却塔底部不是一个彼此联通的水池，而是通过管道连接，则工作的冷却塔的水从水池流到汇流点 O 将有一定的沿程阻力损失，而不工作的冷却塔由于没有水流动，所以就没有沿程阻力损失。O 点的压力等于不工作冷却塔水位形成的压力值，以 O 点作为基准点，则工作冷却塔的水位等于不工作冷却塔水位加上沿程阻力损失折算的压差水位值。这将导致不工作的冷却塔水池水位降低，工作冷却塔水池水位升高。由于不工作冷却塔水池水位降低，将导致自动浮球补水阀打开并补水，而整个系统并不需要补水，导致工作冷却塔的水位上升，最终溢出。因此，在实际工程中，这样的水路系统连接一般不安装电动两通阀，而是采用“停风不停水”的方式工作，但会导致回水温度偏高。冷却塔控制最好的方式是“均匀布水，风机变频”，各台冷却塔均匀布水，根据回水温度同步改变风机的供电频率，直至风机停止运行，改为自然通风降温。

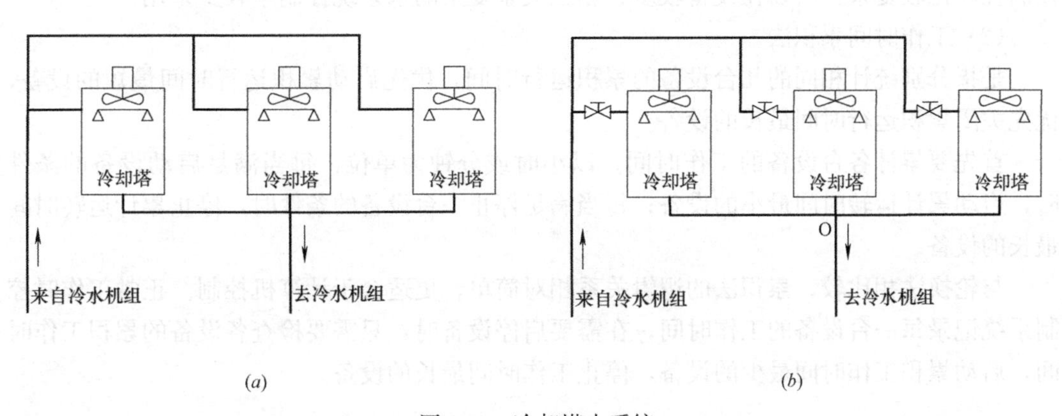

图 8-15 冷却塔水系统

（*a*）无电动两通阀；（*b*）有电动两通阀

当冷却水回水温度较低时，还应考虑冷却水温度过低反而不利于制冷机工作等问题，在冷却塔供、回水管间设置旁通阀，可通过控制旁通阀开度，让部分冷却水可以不经过冷却塔直接返回机组，以保证冷却水温度不会过低。

综上所述，冷却塔的控制策略为：给定进入冷机的冷却水温度下限为 $T_{0\min}$，若冷却水温度大于 $T_{0\min}$，则增加各台风机供电频率；若冷却水温度小于 $T_{0\min}$，则降低各台风机供电频率；如果冷却水温度小于 T_{0min}，且各台风机供电频率已经降低到最小值，逐台停止风机，直到水温回到 T_{0min}；如果冷却水温度小于 T_{0min}，且各台风机都已经停机，则开启冷却水供回水干管旁通阀，使冷却水温度等于 T_{0min}。只要有一台风机在工作，旁通阀就应处于关闭状态。

8.1.5　设备相互备用切换与均衡运行控制

冷水系统的各种设备基本上都是多台（套）配备，各设备之间协同运行，同类设备之间互为备用。假设制冷系统有 3 台冷水机组、3 台冷却塔风机、4 台冷水循环泵、4 台冷却水循环泵，通过控制冷水机组、循环水泵及风机的工作台数满足系统末端负荷的变化。所以，在系统运行过程中不可避免地会出现冷水机组和风机、水泵工作时间平衡的情况。以水泵为例，频繁启停的水泵会加剧泵体内各部件的机械磨损，缩短了水泵的有效使用寿命，而工作时间少的水泵，由于长期在水中浸泡增加了电机定子绕组和内部构件受潮、阀门生锈的机会，从而增大了水泵发生故障的概率。

为了保证机组的安全运行，延长设备使用寿命，并使设备和系统处在高效率的工作状态，通常要求设备累计运行时间尽可能相同，即同类设备均衡运行。单纯采用继电器电路很难保证设备的均衡运行控制，设备均衡运行通常由 DDC 控制器完成。一般采用两种方法来实现设备的均衡运行，即：设备轮换法和工作时间累积法。

（1）设备轮换法

相关设备定时轮换工作，在多泵系统中，可以根据设备的启停规律，改变设备的启停顺序，例如一个 3 台水泵的系统，在 1 号泵启动运行到完成工作停机后，当需要再次启动时，可以安排 2 号泵工作，再控制 3 号泵启动，通过这种控制方式保证各设备工作时间的基本均衡。由于轮换法以固定设备的工作顺序为目标，在设备工作关系复杂的系统中，其控制程序比较复杂，所以在设备较多、相互关系复杂的水系统控制中较少采用。

（2）工作时间累积法

是指分别统计相同的几台设备的累积运行时间，优先启动累积运行时间最短的设备，优先关闭累积运行时间最长的设备。

首先要累计各台设备的工作时间，以小时或分钟为单位，每当满足启动设备的条件时，启动累计运转时间最小的设备；每当满足停止一台设备的条件时，停止累计运转时间最长的设备。

与轮换法相比较，累积法的逻辑关系相对简单，更适合于计算机控制。正常工作时控制系统记录每一台设备的工作时间，在需要启停设备时，只需要检查各设备的累积工作时间，启动累积工作时间最少的设备，停止工作时间最长的设备。

8.2　集中供热系统自动控制

集中供热系统是指以热水或蒸汽作为热媒，集中向一个或多个具有各种热用户（如供暖、热水供应及生产工艺等设备）的较大区域供应热能的系统。其中生活用热水及生产工艺用热属于常年热负荷，它们的变化与气候条件关系不大，在全年中的变化较小。而供暖热负荷属于季节性热负荷，它与室外温度、湿度、风向、风速和太阳辐射强度等气候条件密切相关，其中起决定作用的是室外温度。这类热负荷在全年中变化较大，所以，集中供热系统的自动控制主要是对集中供暖系统的自动控制。

随着现代化城市及工业的发展，集中供热系统越来越趋向大型化，对供热的效果要求更加严格，对系统运行的经济性、安全性和可靠性的要求也越来越高，这就要求集中供热系统配置自动化设备，根据设定参数进行自动调节和系统的自动控制，以满足热用户及热设备对热能供应和节约能源的要求。

8.2.1 换热站的供热形式

城市供暖通常是多个小区共用一个供暖换热站，每个小区都有一个独立的供暖回路。尽管每个小区供暖的范围和规模不同，但其供暖系统的管网配置都是一样的。每个换热站分别包括一次供暖回路和二次供暖回路，两者之间通过换热器实现热交换。供暖热源提供经过热力主管循环的一次高温热水，经过换热器对二次回水加热后，作为供给小区的二次热水，经小区家庭取暖装置循环后变成二次回水。因此，换热站是集中供热系统供热网络与热用户的连接场所，是热源与热用户之间的一个中间环节，其供热品质的好坏对改善热网热力工况、提高供热质量起着重要作用。

热用户的供暖方式有散热器供暖、空调热风供暖、地板辐射供暖等形式。散热器供暖供/回水温度设计值一般为 75℃/50℃；空调热风供暖供/回水温度设计值一般为 60℃/50℃；地板辐射供暖供/回水温度设计值一般为 45～50℃/35～40℃。

无论是热网提供的热水或蒸汽，还是自备锅炉提供的蒸汽或热水，其温度都高于以上几种供暖方式的设计温度，不能满足工艺要求。因此，在供热系统中热水（蒸汽）网路和供暖用户需要进行从高温热水或高温蒸汽到供暖热水的转换。

1. 间接连接的供热形式

以热交换器或换热器实现换热方式称为间接连接的换热方式。在换热站或供暖系统热用户入口处设置换热器，一次管网与二次管网被换热器隔离，二者水力工况不发生联系，形成两个独立的系统。换热站工作原理如图 8-16 所示。换热系统包括一次管网，二次管网及补水系统三部分。

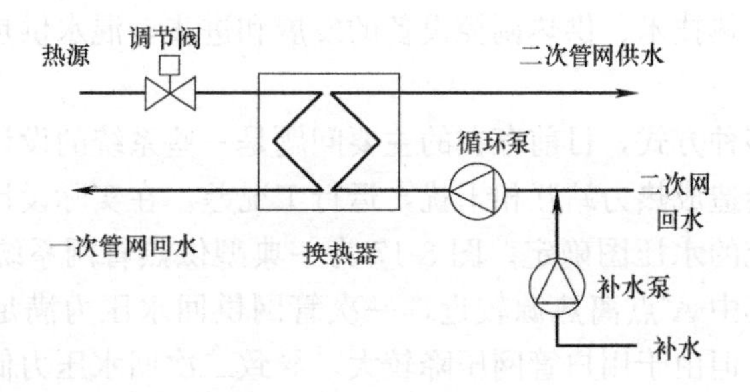

图 8-16 换热站工作原理图

供热厂提供的高温高压热水（或蒸汽）由一次管网送至各换热站，各分站将一次管网的高温高压介质经换热器将热能传递给二次循环水，形成二次管网供暖热水，再由二次管网送至热用户，经过热用户换热后的回水返回二次管网回水管中。二次管网中的循环水由热力站的循环水泵驱动循环流动，如果二次管网回水压力不足，可由补水泵向回水管网补水。

（1）汽—水换热站

汽—水换热站（300℃以下蒸汽水，供/回水设计温度为95℃/70℃），由热电厂生产的蒸汽经管网输送到换热站，在换热器与冷媒低温水进行充分的热交换，蒸汽形成的凝结水经疏水器聚集到凝结水箱中并返回热源处；在换热器中与蒸汽进行热交换后的冷媒低温水经分水器进入到供暖管网中，从供暖管网中返回集水器，经除污器进入到循环泵进行下一轮循环，补水泵及时补充因管网跑冒滴漏等所遗失的水量，以便保持一定的压力，形成经济稳定的运行状态，控制台通过压力变送器和温度传感器对设备的运行情况进行实时监测和控制。

（2）水—水换热站

供热厂产生的130℃的一次管网高温水与二次管网回水主管道输送来的水进行热交换，一次侧高温水降温到80℃并返回热源处，二次侧经过换热器加热到75℃后经供水主管道循环至各热用户，温度降到50℃返回换热站。水—水换热站的控制过程与汽—水换热站相同，也需要补水泵及时补充因管网跑冒滴漏等所遗失的水量，以便保持一定的压力，形成经济稳定的运行状态，控制台通过压力变送器和温度传感器对设备的运行情况进行实时监测和控制。

2. 混水供热的基本形式

混水供热方式是直接连接的一种换热方式。近年来，由于节能、节电的需求以及变频调速水泵的广泛应用，混水泵的连接方式，呈现出明显优势。特别是针对热用户的不同供暖形式，采用分布式混水泵系统，只要改变不同的混合比（二次管网混水量与一次管网供水量之比），就能很方便地实现上述各种不同供暖形式的参数要求。

混水供热技术并不是新技术，混水供热与间接供热相比，省去了换热器和换热站内的补水系统，具有占地面积小、工程造价低、热损失小的优点；与直供系统相比，可以降低一次管网的管径，减少循环水量，节省投资和节省水泵的电耗。但混水供热技术对于调节控制水平的要求比较高，一次高温水与二次混入水的配比难于控制、各个混水站之间容易出现水力失衡，随着供热技术、供热调控设备的发展和进步，混水供热系统的使用也得到了较快的发展。

混水供热模式有多种方式，目前存在的主要问题是一些系统的设计全系统采用一种混水模式，实际运行时会造成热力站互相干扰，运行工况差。在实际设计中具体采用哪种模式应根据供热管网系统的水压图确定。图8-17为一典型供热管网系统水压图，A、B、C三点为典型位置点。其中A点离热源较近，一次管网供回水压力满足用户需求；B点供水压力满足用户需求，但由于用户管网压降较大，导致二次回水压力低于一次管网回水压力要求；C点距离热源较远，一次供水压力不满足用户需求。针对上述3种不同情况，采取3种不同的混水模式。

（1）A点：旁通管上设置循环泵

对于一次水供、回水压力正常的混水站，具有足够的资用压头（用户入口供回水压差），只需要在供回水管道之间增加一条旁通管道作为混水管道，混水管道上增加混水泵和止回阀，并在一次供、回水的管道上增加调节阀，可以实现混水运行。混水泵的流量要满足设计混入水量的要求，扬程在满足二次侧供回水压差的同时，还要克服混水管道的阻力。图8-18是旁通管上安装混水泵的供热形式。

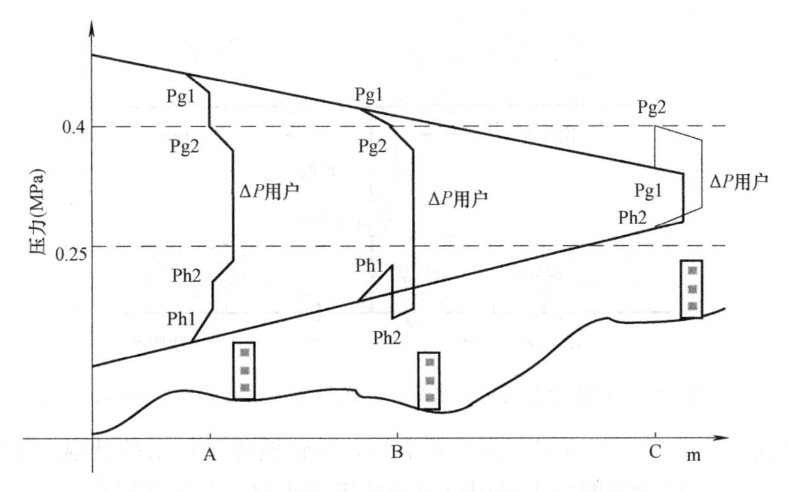

图 8-17　供热管网系统水压图

1）工艺流程　一次管网进来的高温供水与循环泵打出的低温回水混合后作为二次管网的供水，二次管网的供水经用户循环散热后变为二次管网回水，一部分进入一次管网回水回至主管网，另一部分经循环泵打至一次管网供水与其混合后作为二次管网的供水进用户循环。

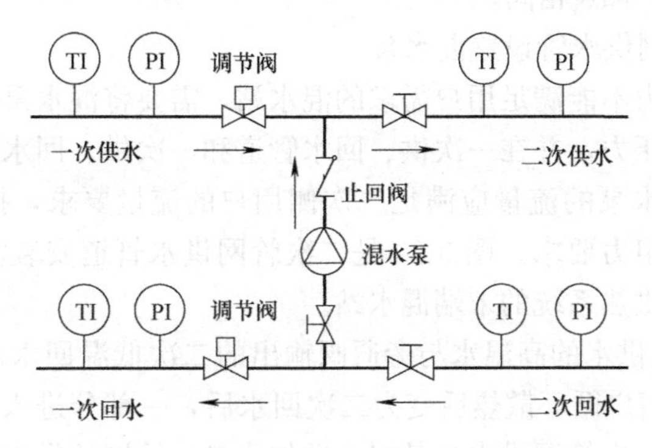

图 8-18　旁通管上安装混水泵

2）自动控制　包括二次供水温度控制和一次回水压力控制两个回路。

① 二次供水温度控制　根据二次供水温度的设定值和测量值之间的偏差调节一次供水电动调节阀的开度，通过改变一次供水和二次回水的混水流量比例实现二次供水温度的控制。

② 一次回水压力控制　根据一次回水的压力设定值和测量值之间的偏差调节一次回水电动调节阀的开度，实现一次回水压力的稳定。

（2）B 点：旁通管上设置循环泵＋一次管网回水支管上设加压泵

适用于一次管网供水压力满足用户需求，但由于用户管网资用压头较大，二次管网回水压力低于一次管网回水压力需求的场合。由于供水压力满足要求，所以在旁通管上安装混水泵；由于回水压力低于一次管网回水压力要求，所以在一次管网回水支管上安装加压泵。混水泵的流量要满足设计混入水量的要求，扬程在满足二次侧供回水压差的同时，还要克服混水管道的阻力。加压泵的流量要满足回水流量的设计要求，加压泵的扬程可根据一次管网回水压力与二次管网回水压力差值确定。工艺原理如图 8-19 所示。

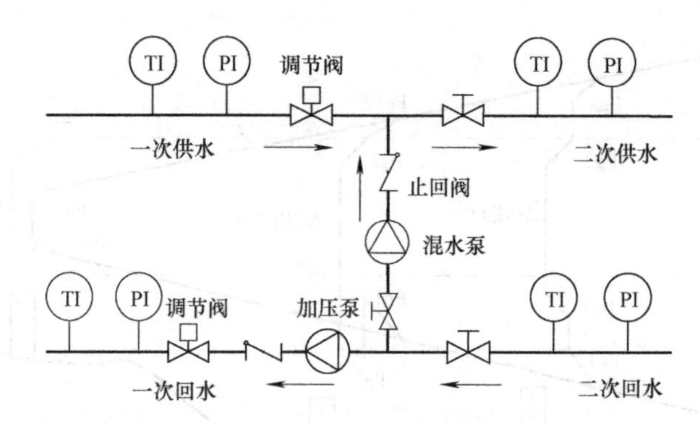

图 8-19　旁通管上安装混水泵＋一次管网回水支管安装加压泵

1）工艺流程　一次管网进来的高温供水与旁通管循环泵打出的低温回水混合后作为二次管网的供水，二次管网的供水经用户循环散热后变为二次管网回水，一部分进入一次管网回水回至主管网，另一部分经循环泵打至一次管网供水与其混合后作为二次管网的供水进用户循环。由于由二次管网回水进入一次管网回水的压力较低，通过加压泵将回水压力提高到一次管网回水压力要求值上，以实现管网的正常运行。

2）自动控制　与图 8-18 相同。

（3）C 点：二次管网供水管设置混水泵

对于二次侧供水压力不能满足用户需求的混水站，需要将混水泵安装在二次供水管道上，用于提高二次供水压力，并在一次供、回水管道和一次供、回水管道之间的混水管道上同时安装调节阀。混水泵的流量应满足二次侧用户的流量要求，扬程应满足二次侧管道、用户及混水管道的阻力要求。图 8-20 是二次管网供水管道安装混水泵供热形式，这种形式多用于整个混水供热系统的末端混水站。

1）工艺流程　一次供水的高温水与旁通阀输出的二次低温回水混合后经二次供水加压泵输出，二次供水经用户循环散热后变为二次回水后，一部分进入一次回水主管网，另一部分通过旁通阀进入一次管网供水与其混合后作为二次管网的供水进用户循环。

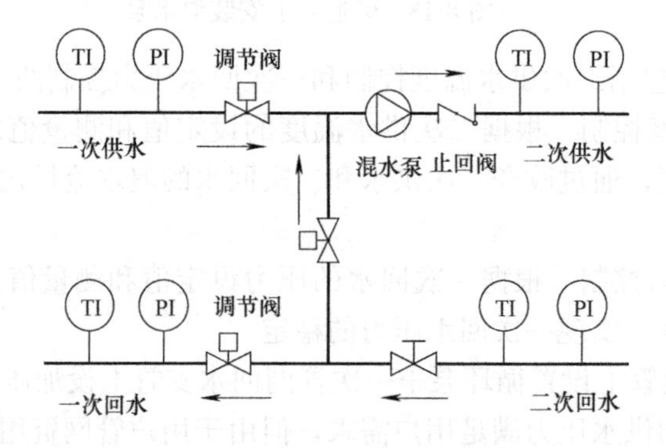

图 8-20　二次管网供水管安装混水泵

2）自动控制

① 二次供水温度控制　根据二次供水温度的设定值和测量值之间的偏差调节一次供水电动调节阀和旁通管道电动调节阀的开度，通过改变一次供水和二次回水的混水流量比例实现二次供水温度的控制。

② 一次回水压力控制　根据一次回水的压力设定值和测量值之间的偏差调节一次回水电动调节阀的开度，实现一次回水压力的稳定。

若二次管网回水压力与一次管网回水压力需求较接近，一次管网回水管道上的调节阀可取消。在实际工程中电动调节阀也可用自力式调节阀实现。

需要注意的是，目前很多文献和实际工程中还有一种混水模式——回水加压混水模式，如图 8-21 所示。

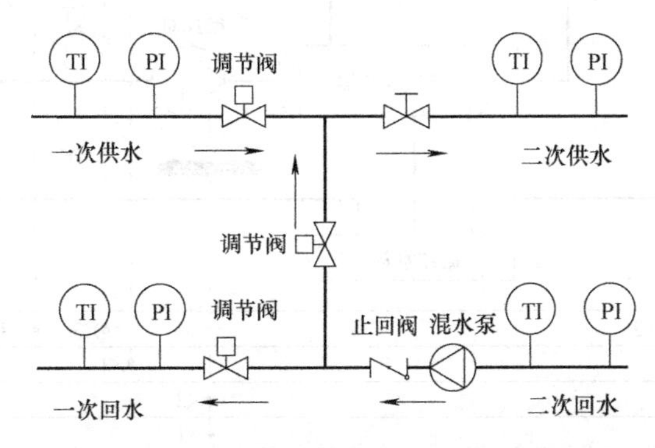

图 8-21　二次管网回水管道上安装混水泵

此种方式的混水泵必须把混水压力提高到与二次管网供水压力相等的程度时才能混水。这样带来的后果是二次管网送回一次管网的那部分回水压力超过了一次管网的回水压力。如不设减压阀把此剩余压头损耗掉，一次管网回水的压力将被提升，从而破坏了一次管网的水力工况，所以此种方式不易采用。目前有些供热企业对此种方式的缺点认识不清，仍然大量采用，不但造成了大量的能源浪费，而且给系统的运行调节带来难以克服的困难。

8.2.2　集中供热的自动控制系统

集中供热系统的自动检测与控制，根据热源、热交换站及热力入口装置采用不同的自动控制系统。

1. 集中热交换站的自动控制系统

在锅炉房内设置蒸汽锅炉或热水锅炉作为热源，向一个较大的区域供应热能的系统，称为区域锅炉房集中供热系统。在区域供热中，大多以蒸汽作为热媒，经过集中热交换站产生热水，供应供暖等用热设备的所需热量。在蒸汽锅炉房内设置集中热交换站的自动控制系统如图 8-22 所示。

集中热交换站的自动控制系统可对锅炉蒸汽等的压力及流量、供暖系统的供水及回水的压力、温度和流量进行自动检测，在仪表室集中显示，并调节进入加热器的蒸汽量对热水的供水温度进行自动控制，满足供暖及通风用热的要求，并对蒸汽、热水的用量进行计量，以实现科学化管理。

2. 集中供热的热力站自动控制系统

集中供热系统的热力站是城市供热网路向热用户供热的连接场所，它具有调节送往热用户的热媒参数以及实现能量转换和计量的作用。根据热力站的位置可分为局部热力点、集中热力站和区域性热力站，因此也就相应地有局部热力点自动控制系统、集中热力站自

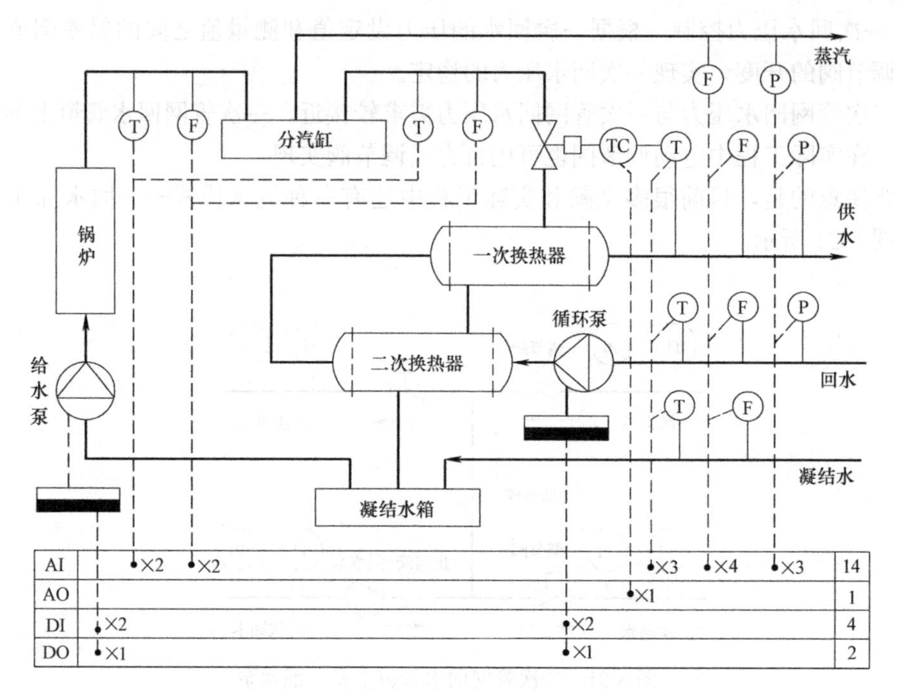

图 8-22　蒸汽锅炉房内设置集中热交换站自动控制系统图

动控制系统和区域性热力站自动控制系统。

(1) 局部热力点自动控制系统

局部热力点又叫用户热力站。设置在单栋民用建筑及公共建筑的地沟入口或该用户的地下室或底层处，通过它向该用户或相邻几个用户分配热能。在用户供、回水总管上均应设置阀门、压力表和温度计。分为直接连接、间接连接和混水连接三种方式。

1) 直接连接

图 8-23 为直接连接局部热力点自动控制系统图。设置了供回水压力与温度的检测、回水流量检测，DDC 控制器可以根据监测的流量及供回水温度实现供暖系统的热量计量，也可以直接安装热表。另外还设置了根据室外温度调节供暖系统循环水流量的量调节方案，从而能够控制供热量，维持室内温度恒定。

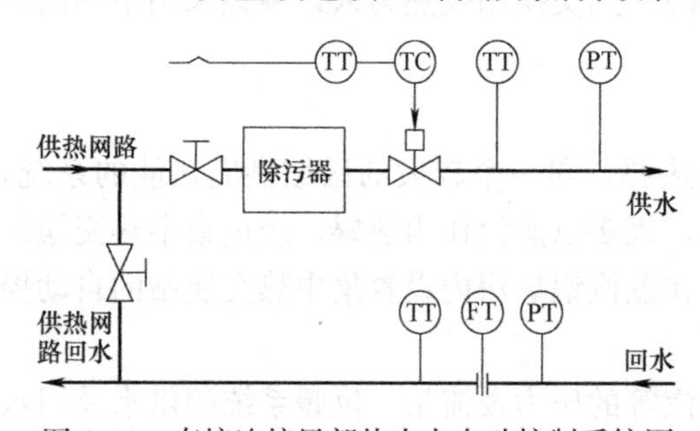

图 8-23　直接连接局部热力点自动控制系统图

2) 间接连接

如图 8-24 所示，该自动控制系统包括热网供水和回水的压力、温度的检测及供热量的检测与记录，供暖系统的供水与回水的温度、压力的检测和供暖系统供水温度的自动控制系统。当供水温度高于设定值时，调节器通过调节阀将流经加热器的介质流量减小；当供水温度较低时，就开大流经加热器的介质流量，从而实现供水温度的自动控制。

3) 混水连接（在供水管上装加压泵）

如图 8-25 所示，一般用于当入口供水管内压力不够的情况。由于装有减压阀和流量

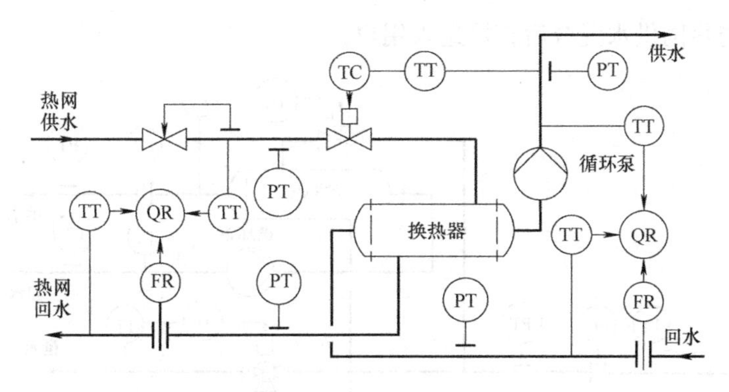

图 8-24　间接连接式入口装置自动控制系统图

控制阀，可使供暖系统免受外网压力的影响，从而保持较低的压力，又可使温度调节阀前后的压差保持稳定，改善其控制性能。溢流阀用于安全的目的，防止在减压阀失效的情况下，用户系统压力增高并超过其允许的界限。供暖系统的供水温度是靠安装在回水管上的调节阀进行流量调节来实现的。

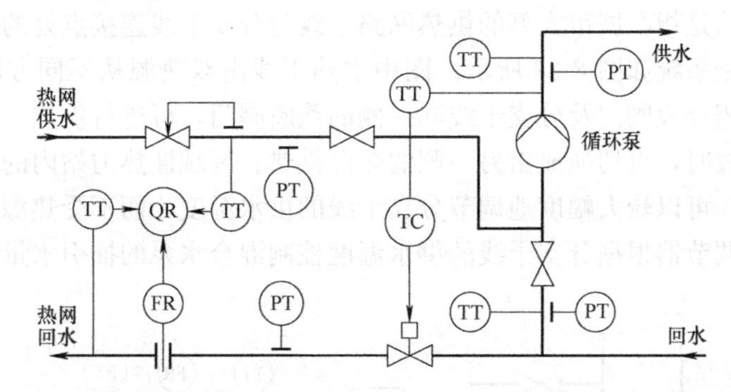

图 8-25　二次水泵进行混合的直接连接入口装置自动控制系统图

（2）集中热力站自动控制系统

集中热力站通常也称为小区热力站，多设在单独的建筑物内，是供热网路向多栋房屋或建筑小区分配热能、调节与计量热能的场所。集中热力站比用户引入口装置更完善，设备更复杂，功能更齐全。

集中热力站的自动控制系统设置必要的参数检测、自动调节与计量装置。在外网的供水管及回水管路上安装了压力、温度的测量系统和流量检测与记录系统，可检测供水量、回水量，并能进行热计量。热水供应用户与热水网路可采用间接连接或直接连接方式，如图 8-26 所示。

1）供暖热用户与热水网路的间接连接

用户的回水和城市生活给水一起进入水—水加热器被外网水加热，用户供水靠循环水泵提供动力在用户循环管路中流动。热网与用户的水力工况完全隔开。温度调节器依据用户的供水温度调节进入水—水加热器的循环水量，在供水输出端设置流量计，计量用户的用水量。

2）供暖热用户与热水网路的直接连接

该系统热网供水温度高于供暖用户的设计水温，在热力站旁通管设混水泵，抽引供暖系统的回水，与热网供水混合后直接送入用户。

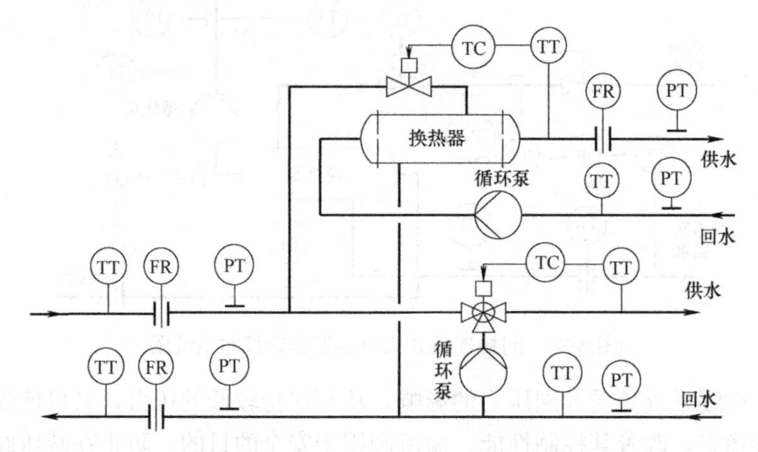

图8-26　集中热力站自动控制系统图

(3) 区域性热力站自动控制系统

区域性热力站是指在城市大型的供热网路干线与分支干线连接点处的热力装置。区域性热力站自动控制系统如图8-27所示。图中供热干线由双热源从不同方向进行供热，在正常运行时，关闭分段阀门及分支干线同一侧的截断阀门，可进行供热。而当一侧的热源或主干线出现事故时，可切换成由另一侧的热源供热。区域性热力站内的混合水泵抽引分支干线中的回水，可以较大幅度地调节分支干线的供水温度，而不受热源规定水温调节曲线的制约。温度调节器根据分支干线的供水温度控制混合水泵的抽引水量，从而实现供水温度的自动控制。

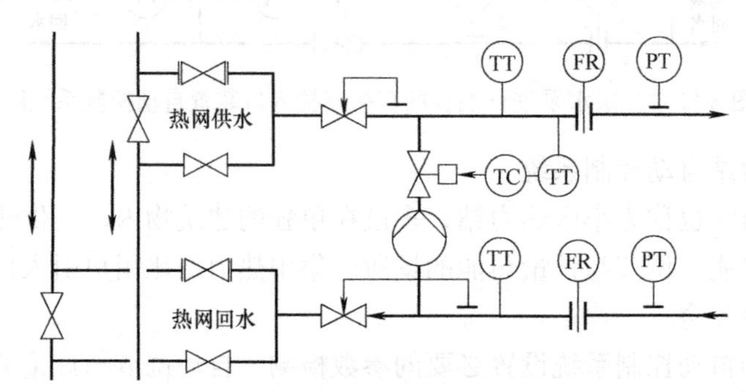

图8-27　区域性热力站自动控制系统图

在热力站的管路上还应设置分支供水温度、压力和流量的检测仪表，在分支回水管上也应设置压力、温度和流量的检测仪表，进行自动检测和计量。

8.2.3　间接连接供热的换热站监控系统设计

1. 换热站控制系统组成

(1) 换热站工艺设备　水—水换热器、循环泵、补水泵。

(2) 传感器及变送器　用于对换热站的运行参数及室内外温度进行检测，包括：一、二次供水温度，室内外温度测量传感器，二次侧供水流量，一、二次供水压力等测量变送器。

(3) 执行机构　用于对换热站运行的各调节机构进行调节控制，主要由电动调节阀、变频器和水泵电动机等组成。

(4) DDC或PLC 用于对换热站运行的自动控制和运行参数进行监测控制、记录、统计、报警、报表打印等。

图8-28为热交换系统监控原理框图。

2. 控制要求

为了实现供热的高效运行，对换热站的控制有如下要求：

(1) 二次管网流量应跟随热用户的所需流量。二次管网流量过大会造成能源浪费，二次管网流量过小又不能满足热用户的用热需求。

(2) 二次管网供水温度在一定的室外温度下应保持稳定。供水温度稳定与否是满足热用户需热量的重要指标。

(3) 二次管网回水温度在一定的室外温度下应保持稳定。它是保证供热系统二次管网高效运行的必要条件。换热器的传热量与供、回水温差成正比，为了避免供热系统运行在“大流量、小温差”的状态，必须提高换热器的传热效率。

(4) 二次管网恒压点压力应保持稳定。热网正常运行对水压的基本要求是：保证热用户有足够的资用压头，保证水压不损坏散热设备，保证供热系统充满水不倒空，保证系统不汽化，保持恒压点压力的稳定，控制热网热水压力的波动，保证供、回水温度的稳定。

(5) 管网失水状况下的补水控制。在二次管网供水出现跑冒滴漏造成回水量减少时，能自动向二次管网回水管道补水。

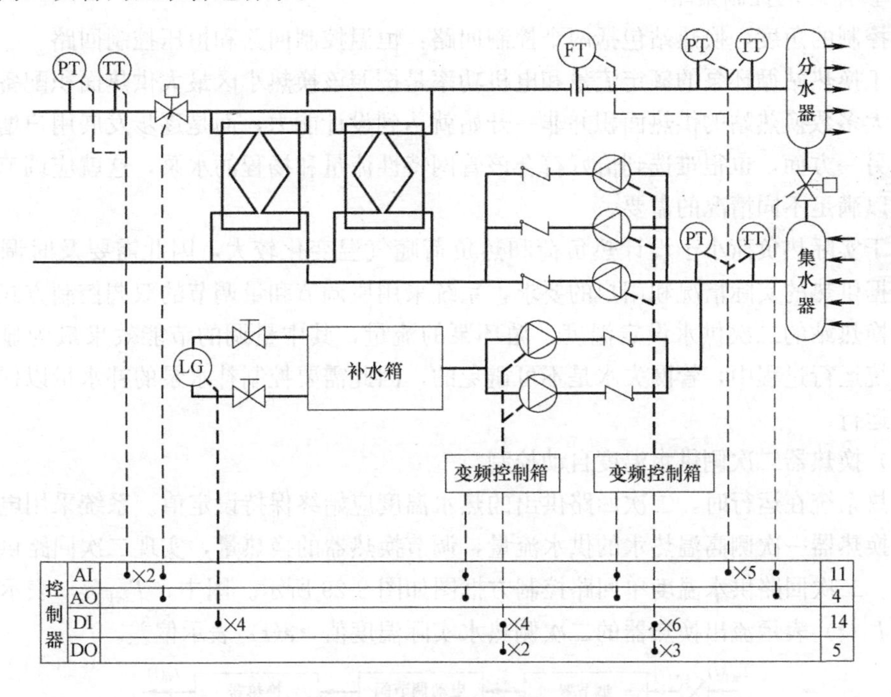

图8-28 热交换系统监控原理图

3. 换热站运行参数与工作状态监测及常用传感器和变送器

(1) 热交换器一次侧热水供回水温度测量：取自安装在热水供水干管和回水干管上的温度传感器，采用管式水温度传感器。

(2) 热交换器一次侧热水供回水压力测量：取自安装在热水供水管和回水干管（蒸汽供汽管与冷凝水回水干管）上的压力变送器，采用管式压力变送器。

(3) 热交换器一次侧热水回水（或冷凝水回水）流量测量：取自安装在热水回水干管上的流量传感器，常选用孔板压差流量计。

(4) 二次侧热水供、回水温度测量：取自安装在二次侧供、回水干管上的温度传感器输出，安装位置与二次热水流量计的安装位置协调一致，常选用管式水温传感器。

(5) 热交换器二次侧热水流量测量：取自安装在热水回水干管上的孔板压差流量变送器，安装位置与二次回水温度同流量的监测点相同。

(6) 换热器二次热水供回水压力（压差）测量：取自安装在换热器二次热水供回水干管上的液体压力传感器输出，常用管式液体压力变送器。

(7) 二次侧循环泵启停状态：取自循环泵配电箱接触器辅助触点。

(8) 补水泵启停状态：取自补水泵配电箱接触器辅助触点。

(9) 二次侧循环泵故障报警：取自循环泵配电箱热继电器触点。

(10) 补水泵故障报警：取自补水泵配电箱热继电器触点。

(11) 补水箱水位监测：取自补水箱液位开关，通常设有：溢流、停泵、启泵、低限报警 4 个液位状态。

(12) 水流开关状态：水流开关状态输出点。

4. 换热站的控制策略

从控制的角度，换热站包括两个控制回路：恒温控制回路和恒压控制回路。

由于换热站循环泵的额定流量和电机功率是按照该换热小区最大供热面积配备的，而实际上大多数换热站的供热面积并非一开始就达到设计能力，而是逐步发展用户增加供热面积；另一方面，也很难选到恰好符合该管网特性流量和扬程的水泵，这就应调节水泵的流量，以满足不同情况的需要。

由于实际热负荷小于设计热负荷和热负荷随气温变化较大，因此需要及时调节供热量。根据供热的实际情况和用户的要求，系统采用质调节和量调节的双调控制方式，即同时控制换热站的二次供水设定温度、循环泵的流量，其中量调的节能效果最为显著。另外，系统运行过程中，管网失水是不可避免的，因此需要控制补水泵的补水量以保证系统的稳定运行。

(1) 换热器二次侧供水温度自动控制

供热系统在运行时，二次回路供出的热水温度应始终保持设定值。系统采用电动调节阀调节换热器一次侧高温热水的供水流量，调节换热器的换热量，实现二次回路供水温度的控制。二次回路供水温度单回路控制方框图如图 8-29 所示。图中，$T_{set}(t)$ 表示温度设定值，$T_0(t)$ 表示流出换热器的二次侧热水实际温度值，$e(t)$ 表示偏差。

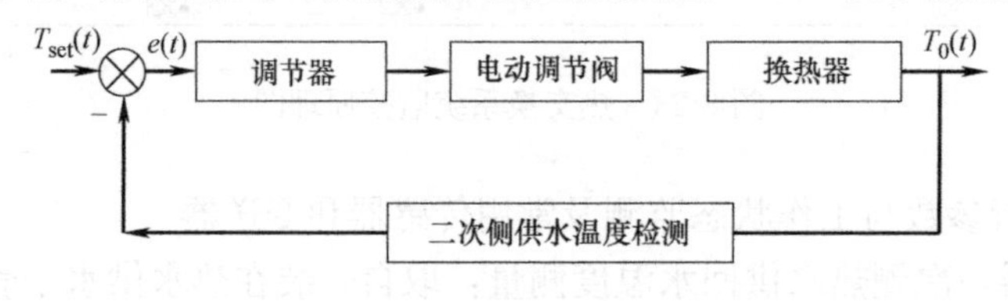

图 8-29　换热器供水温度自动控制

当一次热媒为热水时，电动调节阀应采用等百分比流量特性调节阀。控制器将温度传感器测量的热交换器二次水出口温度与给定值比较，根据偏差由控制器按照设定的调节规律输出控制信号，调节一次侧热水电动阀的开度，使二次热水出口温度接近并保持在设定值。

当一次热媒为蒸汽时，其系统构成和控制原理与一次热媒为热水时相同，只是电动调节阀应采用直线流量特性调节阀。

(2) 循环水的流量控制

循环水的流量控制通常有两种：热水回水温度法（或热量控制法）和供回水压差控制法。

1) 回水温度法　二次供水的水温与一次供水的温度和流量有关，与二次回水流量有关，还与环境温度有关。在维持热交换器二次侧输出的热水温度稳定的基础上，热水经过终端负载进行能量交换后回水温度下降，通常设定二次侧供水温度：65～70℃，回水温度：50℃左右，通过回水管道回到热交换器进行换热，温度提高后再次被送入用户进行热交换。

供热系统的最终目标是保持热用户室内温度的稳定，但由于热用户没有室温调节器，且对众多热用户的室温不可能形成闭环控制。为做到经济运行又保证供热质量，最有效的方法是控制换热站的二次供水温度。回水温度的高低，基本上能够反映系统的热负荷情况。

回水温度高，说明系统热负荷小；回水温度低，说明系统热负荷大，因此，可以用回水温度来调节热交换器的运行台数、热水循环泵运行台数以及循环泵的转速，控制系统稳定运行并达到节约能源的目的。具体的二次回水温度的控制策略是：

① 如果二次侧的回水温度低（以55～50℃为设定值），增加水泵运行台数或提高水泵转速，增加循环水泵的流量；

② 如果二次侧供水的回水温度高（以55～50℃为设定值），减少水泵运行台数或降低水泵转速，减少循环水泵的流量。

这里没有考虑环境温度变化的影响，如果室外温度改变，要使室内的温度基本恒定，一种控制策略是用二次供水与回水的温差来控制循环泵变频器的转速，设定二次侧供水与回水的温差为15℃。当二次侧供水与回水的温差大于15℃时，循环泵变频器加速，循环水的流量增加；当二次供水与回水的温差小于15℃时，循环泵变频器减速，循环水的流量减少。

注意：回水温度法要考虑，当用户热负荷需求量减小时，循环水的流量会随之减小，循环泵的转速较低，会造成循环水的供水压力降低，不能满足高层热用户的需求。因此，在温度、温差控制的基础上，温差的目标值可以在一定范围内根据热用户所处的高度要求的最低扬程来进行适当调节。

同样，根据分水器、集水器的供、回水温度及回水干管的流量测量值，实时计算空调末端设备所需热负荷，按实际热负荷自动调整热交换器及热水循环泵的台数。

2) 供回水压差控制法　根据供水压力或供回水压差控制二次侧供水系统的运行，是一种较为简单和常用的控制方法，特别是在系统调试和试运行阶段，通过检测供回水压力，控制供水泵变频装置改变水泵转速，以维持建筑供热系统的供水压力或供回水压差在设定值范围内。依据供水压力控制系统运行的最大特点是能够较容易地保证供热系统满足供热指标，其缺点是不利于系统的节能运行。所以，供水压力控制法在系统调试阶段可以采用，但在系统正常运行后应改为供回水压差控制或回水温度法控制，图8-30是换热器二次侧供水回路定压自动控制原理框图。

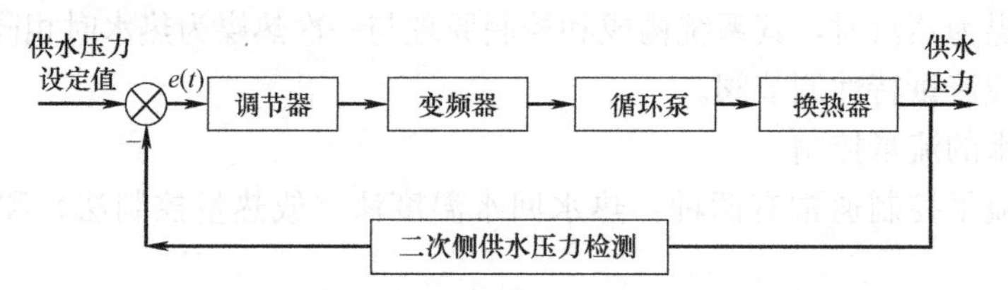

图8-30 换热器二次侧供水回路定压自动控制原理框图

下面是压差控制的两种方法：

① 将压差控制值设定为恒定值。为保证系统最大负荷时的安全运行，应将此时运行所需的供回水压差作为压差控制值，此设定方法虽然简单，但当系统在部分负荷运行时，会导致较多的能量浪费，因此不推荐采用。

② 根据环境温度来确定供回水压差控制值。此法适用于建筑热负荷主要取决于室外空气温度的情形，即围护结构热负荷占建筑热负荷主导地位的建筑，建筑供热系统根据室外空气温度设定压差控制值，当室外温度较低，对热负荷需求较大时，应适当提高压差设定值；反之，当室外温度较高，对热负荷需求减少时，应减小压差设定值，这种变压差的控制方式是一种可行和易于操作的方法。

但对于内热源较大的建筑（如体育馆，实验室、数据中心等），用这种方法控制水泵的转速是不经济的。

(3) 二次管网变频恒压补水控制

热水供热系统在运行中管网失水是不可避免的，如果不及时补水，不仅会造成管网压力降低，还会使管网及汽—水换热器内的水汽化，造成整个供热系统不能正常运行，甚至停止运行。

通常的设计方案有两种：

1) 采用间断性补水

这种系统在热网回水管上安装电接点压力表，利用电接点压力表的微动触点开关，根据管网压力的上下限整定值来自动控制补水泵的启动和停止。这是一种两位式控制方法，由于补水泵功率比较小，水泵的启停对管网和电网有冲击，但影响有限，这一补水方式采用补水泵断续工作，既能满足系统补水的需要，又能降低电能消耗。

2) 采用变频调速技术，利用恒压供水的原理控制补水泵

检测回水压力与给定压力值相比较，当低于设定值则加大补水流量，反之，则减少流量，保证系统压力恒定。压力传感器安装在回水主管直线段最为理想，即：将压力变送器安装在回水主管上，假设回水压力为0.4MPa，变频器的给定值设置为0.4MPa。当供热系统的压力低于0.4MPa时，变频器的输出频率上升，开始补水；达到0.4MPa时，反馈信号与给定信号基本相等，变频器输出频率下降。

换热站配备两台补水泵，正常运行时一台补水泵变频运行。当系统出现不正常的严重失水时，当一台补水泵达到工频转速依然没有达到回水压力时，启动另一台补水泵工频

运行。

通过调节二次侧供水温度或调节二次侧循环水供回水压差都可以实现对房间温度的控制。如果一次侧和二次侧的产权归属不同，换热站一次侧归热力部门，换热站二次侧归小区或住户，在温度的调节方式上，建议采用通过控制变频器调节二次循环水流量的方式控制房间温度。例如：换热器二次侧水系统由一台变频器和3台循环水泵组成。采用一台变频器控制一台循环泵运行，另外两台循环泵可工频运行，以保证循环水系统的供水压力，当一台变频循环泵达到最高转速时仍达不到设定压力，逐台投入循环泵工频运行，直至达到设定的压力值。反之亦然。

从节能角度看，如果变频器输出频率稳定在额定频率的70%～80%时，能够满足控制要求，这时的节能效果比较好，但如果变频器的输出频率长时间运行在工频状态，变频器就失去了存在的价值，这时可以考虑通过调节一次侧流量提高二次侧供水温度的方法来满足控制指标。具体采用哪种控制方案，要根据控制对象的具体要求和条件决定。

5. 换热站的设备控制与系统的保护

(1) 设备的顺序控制

1) 热交换系统启动顺序控制：启动二次热水循环泵→开启一次侧热水/蒸汽阀门。

2) 热交换系统停止顺序控制：关闭一次侧热水/蒸汽阀门→停止二次热水循环泵。

(2) 系统定时运行与设备的远程控制

控制系统能够对设备进行远程开关控制，按照预设的运行时间表自动定时启停，并根据设备的运行时间均衡控制设备的启停。

(3) 报警与保护功能

1) 补水失灵报警：在补水过程中设定一个时间延迟程序，如果补水泵在这个时间内仍未工作，即循环水泵的转速和出水压力都未发生变化，系统要报警，同时，使系统自动停机。

2) 循环水压力过低报警：设定一个压力下限值（在编程时设定），采集的循环水压力低于该值，发出报警。

3) 超负荷报警：当供水温度和回水温度的最大差值大于设定值时，系统超载报警。

4) 停电和来电报警：当系统断电时报警，同时关闭电动阀。在停电后再来电时能够延时自动启动，换热站重新启动前一段时间内延时警报，用以提醒可能在现场维护的工作人员。

5) 其他保护功能：包括常规的过压保护、欠压保护、缺项保护、漏电保护、过流保护等功能。

本 章 习 题

1. 若一位制冷机房运行人员，先启动制冷机组，后启动冷冻水循环泵，可以吗？为什么？

2. 一次泵定流量系统、二次泵变流量系统和一次泵变流量系统的特点分别是什么？分别适用什么场合？

3. 二次泵变流量系统中平衡管的作用是什么？若让你根据平衡管内水流量的大小控制一次泵和制冷机组的运行台数，请设计监控方案。

4. 二次泵系统循环泵的变频控制通常包括压差控制和温差控制，试画出循环泵变频压差控制和温差控制系统方框图，并叙述其控制原理。

5. 若冷却水系统包含3台冷却水泵和3台冷却塔，请针对3台冷却水泵和3台冷却塔风机设计监控方案。

6. 混水供热的基本形式包括哪几种？如何实现其参数调控？分别适用什么场合？

7. 什么是供热系统的质调？什么是供热系统的量调？分别有何优缺点？

8. 换热站控制的基本要求有哪些？

9. 画出换热站中换热器二次侧供水温度自动控制系统方框图，并叙述其控制原理。

10. 在换热站中，通常可根据换热器二次侧回水温度的大小控制二次侧循环泵的运行台数或运行频率，试叙述其控制原理。

11. 根据图8-7二次泵变频调速控制系统监控DDC图，试阐述其监控原理。

12. 根据图8-28换热站热交换系统监控DDC图，试阐述其监控原理。

第9章　天然气冷热电分布式能源系统自动控制

9.1 概　　述

分布式能源系统既可以有效解决建筑高能耗、高污染问题，又可以缓解化石资源枯竭导致的能源危机。国家发展改革委对分布式能源的定义是：分布式能源是近年来兴起的利用小型设备向用户提供能源供应的新的能源利用形式。与传统的集中式能源系统相比，分布式能源接近负荷，不需要建设大电网进行远距离高压或超高压输电，大大减少线路损失，减少输配电建设投资和运行费用。由于兼具发电、供热供冷等多种能源形式，分布式能源可有效实现能源的梯级利用，达到更高能源综合利用效率。分布式能源设备启停方便，负荷调节灵活，各系统相互独立，系统的可靠性和安全性较高。此外，分布式能源多采用天然气等清洁能源或可再生能源，比传统的集中式能源更加环保。天然气冷热电分布式能源系统（CCHP，Combined Cooling Heating and Power）是指以天然气清洁能源为燃料，应用燃气轮机、燃气内燃机、微燃机等各种热动力发电机组和余热利用机组的能量转化设备，为用户提供冷、热、电各种负荷需求的分布式供能系统。天然气冷热电分布式能源是分布式能源体系的核心技术，天然气冷热电分布式能源系统与传统能源形式比较具有以下优势：

（1）提高能源综合利用效率。将高品位热能用来发电，低品位的烟气和热水余热通过余热利用装置用于供热或制冷，通过能源的梯级利用，提高了能源综合利用效率，是一种高效的能源综合利用方式。

（2）排放低，环境效益高。由于天然气为清洁能源，具有很好的减排效果，SO_2 排放几乎为0，CO_2 排放减少50%以上，悬浮颗粒物产生量减少95%。显著降低了二氧化碳及其他有害气体的排放，可以缓解节能减排压力。

（3）输配电损少，经济效益较高。分布式能源以小规模、模块化、分散式的布置在能源需求侧。几乎没有长距离输送，很大程度上降低了输配线路、管线的投资成本、输配损失以及管网不平衡损失。

（4）提高供电安全性和可靠性。原则上以自用为主，并网不上网，使用电用气峰谷负荷互补，实现电网、气网削峰填谷，与电网形成友好互补关系。

天然气冷热电联供系统按原动机形式的不同，可主要分为内燃机驱动冷热电联供系统、燃气轮机驱动冷热电联供系统、微燃机驱动冷热电联供系统三种形式。燃气内燃机发电机组容量范围为200～5000kW，适合于规模相对较小的医院、办公楼、酒店宾馆、车站、商场等公共建筑。燃气内燃发电机的主流品牌有康明斯（cummins）、卡特比勒（Caterpillar）、颜巴赫（Jenbacher）等，主要特点是发电效率高、排放清洁度高，但负载突变适应能力较差。燃气轮机发电机组容量范围为1000～500000kW，适合于大型楼宇式冷热电联供系统和区域型冷热电联供系统。燃气轮机的主要优点是小而轻，机组启动时间短。缺点是效率不够高，尤其低负荷运行时效率会大幅下降。燃气轮机的典型制造商有索拉、GE、西门子/西屋、阿尔斯通/ABB、罗罗、三菱等。国际上通常将发电功率范围在25～250kW的燃气轮机称为微型燃气轮机（简称微燃机），是20世纪90年代发展起来的一种先进动力装置。微燃机将燃气轮机和发电机设计成一体，机组尺寸显著减少，重量轻，适用于小型的楼宇式冷热电联供系统，具有广阔的发展前景。目前，Capstone有30kW和60kW产品，Elliott有45kW和80kW产品，GE有75～350kW产品，Bowman有35～200kW产品。

9.2　天然气冷热电分布式能源系统典型工艺流程

1. 燃气轮机分布式能源系统典型工艺流程

（1）燃气轮机＋烟气型溴化锂吸收式空调机组

一定压力的燃气与压缩空气在燃烧室内燃烧，驱动发电机组发电，排出450～600℃的高温烟气，高温烟气驱动烟气型溴化锂吸收式空调机组进行制冷和制热，当用户冷热负荷不满足要求时，可选用带补燃功能的烟气型吸收式空调机组。系统工艺流程如图9-1所示。

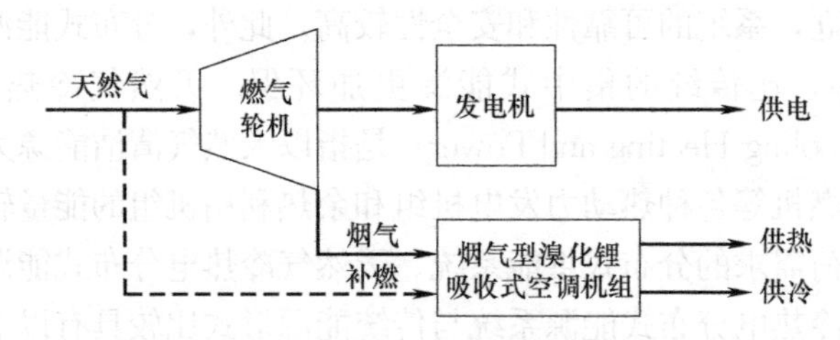

图9-1　燃气轮机＋烟气型吸收式溴化锂空调机组系统工艺流程

（2）燃气轮机＋余热锅炉＋蒸汽型溴化锂吸收式空调机组

燃气轮机发电之后排放的高温烟气进入余热锅炉制取蒸汽，夏季用来驱动溴化锂吸收式机组制冷；冬季可将蒸汽直接用于供热或驱动吸收式空调机组供热。当燃气轮机停机或系统输出的能量低于用户负荷时，不足部分由补燃锅炉提供。此系统配置具有控制操作简单、运行稳定、可靠性高等优点，热负荷较大或对蒸汽需求量大的场所适宜采用此种系统配置形式。系统工艺流程如图9-2所示。

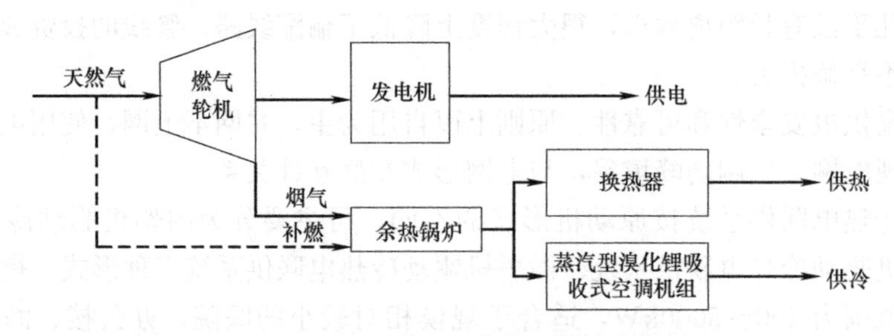

图9-2　燃气轮机＋余热锅炉＋蒸汽型溴化锂吸收式制冷机系统工艺流程

（3）燃气—蒸汽联合循环发电＋余热锅炉＋蒸汽型溴化锂吸收式空调机组

燃气轮机排放的高温排气利用余热锅炉换热产生蒸汽，再通过蒸汽来驱动蒸汽轮机发电，发电后的乏汽、蒸汽轮机中的抽气以及从余热锅炉排出的部分蒸汽通过溴化锂吸收式制冷机和换热器来提供建筑所需要的冷热负荷。此种系统配置形式比传统的蒸汽发电系统具有更高的发电效率，经济性、安全性、可靠性高，在环保方面也具有明显优势。系统工艺流程如图 9-3 所示。

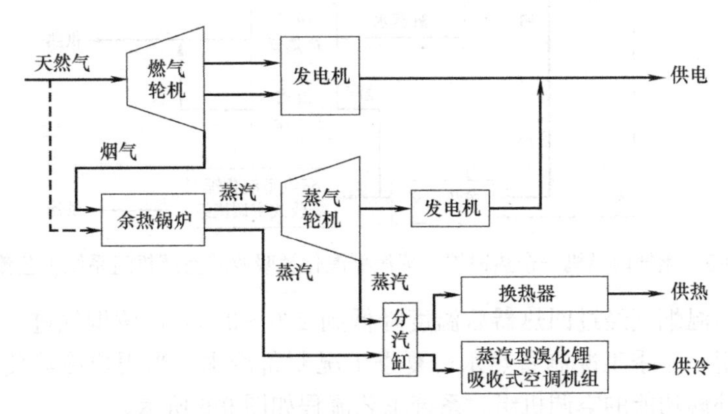

图 9-3　燃气轮机和蒸汽轮机联合循环系统工艺流程

2. 燃气内燃机分布式能源系统典型工艺流程

(1) 燃气内燃机＋烟气热水型溴化锂吸收式空调机组

内燃机有高温烟气和缸套水两种余热利用形式，可直接通过烟气热水型溴化锂吸收式空调机组回收利用，制取建筑所需冷热负荷。内燃机排放的烟气温度一般在 350～500℃，缸套水温度通常高于 90℃，余热量约占燃料提供能量的 30％～40％，可直接用于供热，另外也可考虑在溴化锂机组尾部增加一级换热器，回收烟气的剩余热量来制取生产热水。系统工艺流程如图 9-4 所示。

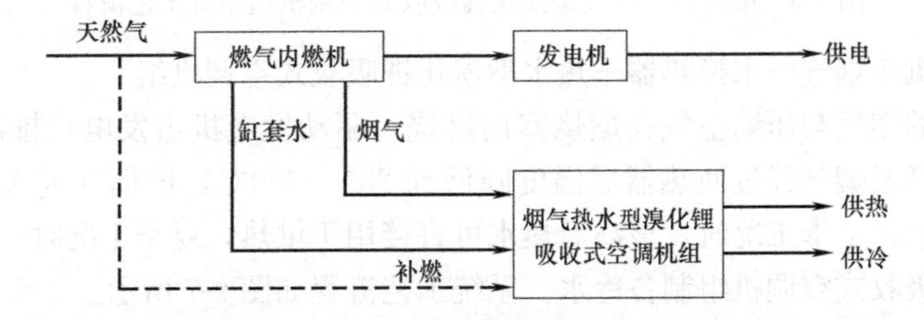

图 9-4　内燃机和烟气热水溴化锂吸收式空调机组系统工艺流程

(2) 燃气内燃机＋余热锅炉＋蒸汽型溴化锂吸收式空调机组

燃气内燃机发电的同时产生高温烟气进入余热锅炉，余热锅炉制备蒸汽。夏季，余热锅炉产生的蒸汽驱动蒸汽型溴化锂吸收式空调机组向用户提供冷水，当燃气内燃机停机或冷负荷不能满足要求时由补燃锅炉提供，也可采取电制冷。冬季余热锅炉产生的蒸汽通过蒸汽—水板式换热器提供供暖热水。燃气内燃机的缸套水通过板式换热器为用户提供供暖用水或生活热水。系统工艺流程如图 9-5 所示。

3. 微燃机分布式能源系统典型工艺流程

微燃机和燃气轮机相同，都只有高温烟气一种余热形式，由于在微燃机内设有回热器，使得微燃机的烟气温度只有 200～300℃。

(1) 微燃机＋烟气型溴化锂吸收式空调机组

一定压力的燃气与压缩空气在燃烧室内燃烧，驱动发电机组发电，排出 450～600℃

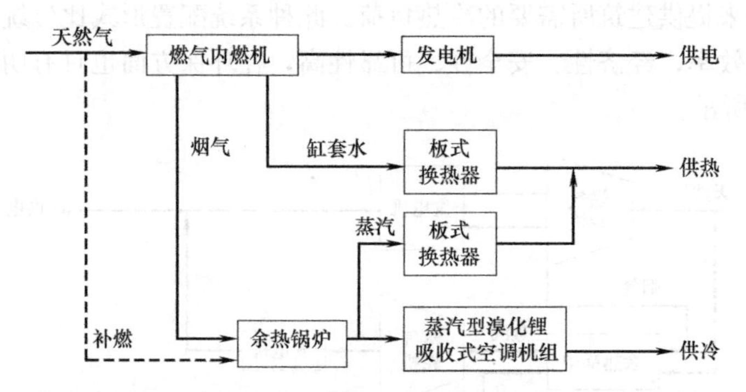

图 9-5　燃气内燃机＋余热锅炉＋蒸汽型溴化锂吸收式空调机组系统工艺流程

的高温烟气，高温烟气经过回热器后温度降低到 200～300℃，该烟气进入烟气型溴化锂吸收式空调机组，冬季工况制备热水，夏季工况制备冷水。当用户冷热负荷不满足要求时，可选用带补燃功能的空调机组。系统工艺流程如图 9-6 所示。

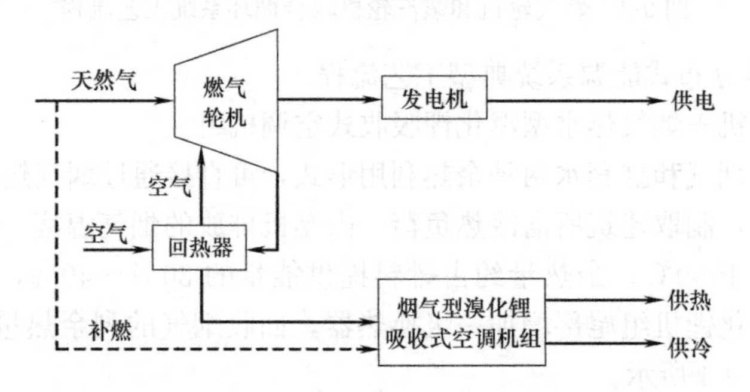

图 9-6　微燃机＋烟气型溴化锂吸收式空调机组系统工艺流程

(2) 微燃机＋烟气一水换热器＋热水型溴化锂吸收式空调机组

一定压力的燃气与压缩空气在燃烧室内燃烧，驱动发电机组发电，排出 450～600℃的高温烟气，高温烟气经过回热器后温度降低到 200～300℃，该烟气进入烟气—水换热器制备高温热水，冬季工况时，该高温热水可直接用于供热，夏季工况时，高温热水进入热水型溴化锂吸收式空调机组制备冷水。系统工艺流程如图 9-7 所示。

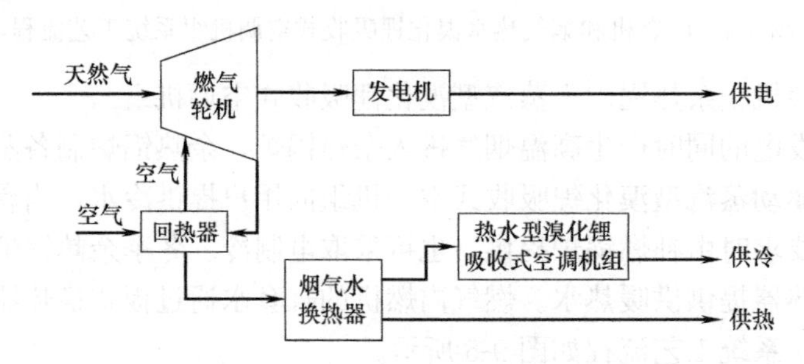

图 9-7　微燃机＋烟气一水换热器＋热水型溴化锂吸收式空调机组

9.3　微燃机分布式能源系统自动控制

微燃机多采用回热循环，发电效率为 26％～32％，排烟温度为 200～300℃，功率在

30kW以下，可采用多台模块化组合，在控制过程中可根据用户负荷的变化实现模块台数的控制，避免机组在低负荷、低效率下运行，提高部分负荷性能。本章以微燃机分布式能源系统为例讲述。

图9-8为微燃机分布式能源系统典型工艺流程，主要设备是微燃机和烟气型溴化锂吸收式空调机组。微燃机发电一方面供用户使用，一方面为分布式能源系统供电，包括电制冷空调和循环泵等。发电后产生的烟气进入烟气型溴化锂吸收式空调机组，夏季制备7℃/12℃冷水，冬季制备60℃/50℃热水，满足用户冷热负荷的需要。溴化锂空调机组的排气温度一般在120℃左右，可通过烟气—水热交换器换热，为用户制备生活热水，经过烟气—水热交换器的排烟温度可降低到30℃，可以很好地实现能源的梯级利用。

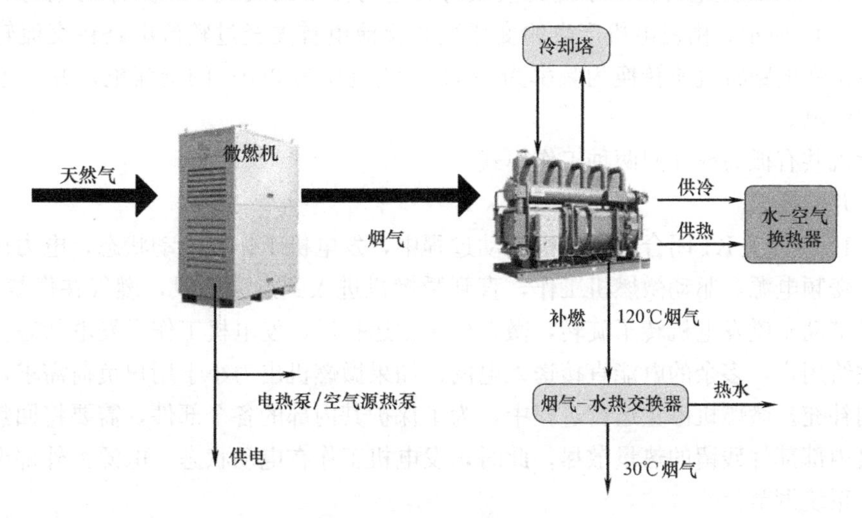

图9-8　微燃机分布式能源系统典型工艺流程

9.3.1　微燃机

1. 微燃机基本工作原理

微燃机的内部结构主要包括涡轮透平、发电机、燃烧室、回热器和空气压缩机等（见图9-9）。

涡轮透平：燃烧产生的高温高压燃气推动透平叶片高速旋转，将热能转变为机械能。

发电机：涡轮透平带动发电机发电，将机械能转为电能。由流经微燃机的空气流冷却，无需外加冷却装置。微燃机内部采用的是永磁交流发电机。在微燃机启动和停止的过程中，该发电机工作在电动状态。

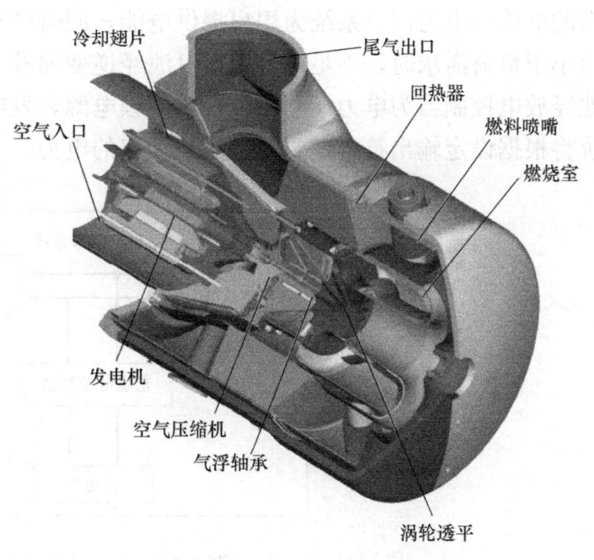

图9-9　微燃机内部结构

燃烧室：空气和燃料在燃烧室混合燃烧，燃料的化学能转变为热能驱动涡轮透平做功，最终热能转变为机械能带动发电机转子旋转。

空气压缩机：和涡轮透平相连，由涡轮透平带动压缩空气，为燃气的燃烧提供充足的空气量。

回热器：微燃机的高温烟气通过回热器加热压缩空气，回收烟气热量，提高燃烧温度，从而提高机组的发电效率。

气浮轴承：透平叶轮、空气压缩机叶轮和发电机永磁体使用同一根旋转轴，即气浮轴承，是整套涡轮机系统仅有的一个运动部件，最高转速可达 96000r/min。

涡轮透平经气浮轴承带动永磁发电机发电，产生变压变频的交流电，输出频率为 1000～3000Hz，经过电力调节系统转换成符合电力需求的交流电。具体的电力调节系统结构如图 9-10 所示。由发电机产生的变压变频交流电首先经过整流电路将交流转变成直流，再经逆变电路将直流转换为频率为 50Hz、线电压为 380V 的交流电，并入电网或给用户直接供电。

微燃机共有孤岛或并网两种工作模式。

(1) 并网模式

图 9-10 中开关 K1 闭合。微燃机启动过程中，发电机工作在电动状态，电力调节系统作为一个变频电源，驱动微燃机工作，直到微燃机进入到点火阶段，燃气在燃烧室燃烧，驱动透平带动永磁发电机转子旋转，微燃机正常运行后，发电机工作在发电状态。其发出的电能供给用户，多余的电能直接送入电网；如果微燃机出力小于用户负荷需求，不足部分由电网补充。微燃机停止运行过程中，为了保护其内部的各个部件，需要将回热器和其他微燃机内部部件残留的热量散尽，此时，发电机工作在电动状态，电源为外部电网，由电力调节系统调节。

(2) 孤岛模式

图 9-10 中开关 K1 断开。微燃机启动过程中，发电机工作在电动状态，由蓄电池经放电控制器为电力调节系统提供变频电源。微燃机正常运行后，发电机工作在发电状态。发出的电能经电力调节系统为用户提供电能，同时经充电控制器为蓄电池充电；若微燃机出力小于负荷需求时，不足部分由蓄电池经逆变器补充。微燃机停止过程中，同样是由蓄电池经放电控制器为电力调节系统提供变频电源，发电机工作在电动状态。孤岛运行时，系统将根据设定输出符合需要的电压和频率的电力。

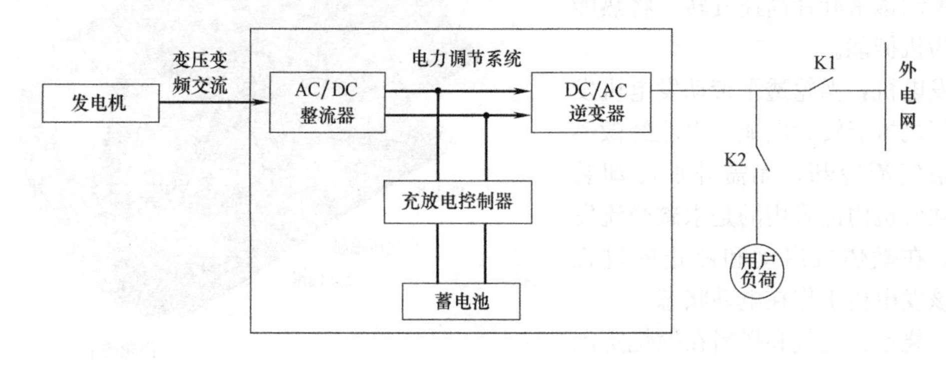

图 9-10　电力调节系统结构图

2. 微燃机控制方法

微燃机目标是：在保证发动机不超过极限工作边界的条件下，发动机输出的功率能够快速跟随负荷的变化，且发电效率最高。

一般微型燃气轮机变工况运行时转速不变，传统的单轴微型燃气轮机变工况运行时，其功率和排烟温度均是通过燃料流量进行控制的。显然温度控制和功率控制存在耦合，在图 9-11 中功率控制器的输出和温度控制器的输出采用低选器对燃气流量调节阀实施调节。

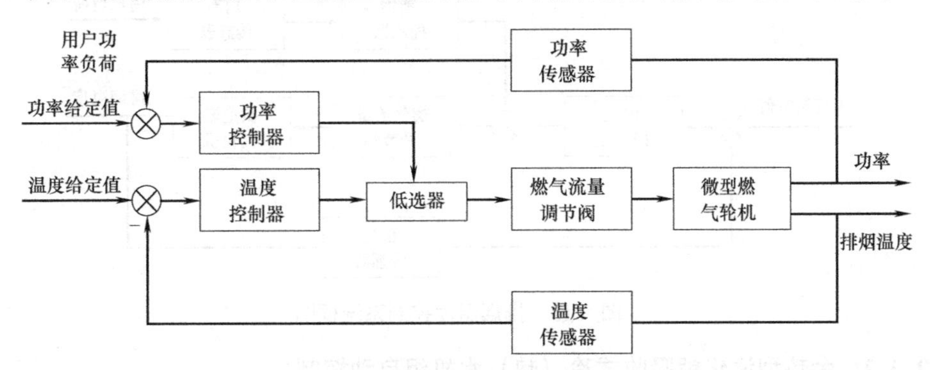

图 9-11 传统微燃机控制方法

实际上，微燃机在变工况时若采取变转速运行，将提高微燃机的运行效率，相同的功率下将减少燃气量。通过控制发电机的电磁转矩可以改变微燃机转轴转速，采用控制排烟温度调节燃料流量，以保证机组的出力和热效率。这种控制方法实现了转速和排气温度的分别控制，既有效提高微燃机的效率，又可以防止因微燃机性能退化而引起的超温喘振现象。图 9-12 为发电机转速控制系统框图，从图中可以看出，发电机转速控制系统属于串级控制系统。内环为转速控制系统，外环为功率跟踪控制系统。功率给定值由用户负荷决定，显然功率给定值不是定值，随着用户负荷的变化而变化。功率控制器根据功率—转速最优控制曲线输出该功率下的转速最优值，作为转速控制器的给定值。转速控制器通过改变电磁转矩，调节微燃机转速，直到电机的输出功率满足负荷需求。例如，加载时，功率控制器根据负荷的功率需求输出微燃机转速给定值，转速控制器减小电磁转矩，转子加速，输出功率增加，调节过程中电机提供负载所需功率的不足部分，可通过蓄电池快速放电来得以保证。负载突卸时，增大电机的电磁转矩，使微燃机转速快速下降到指令转速。微燃机输出功率大于负载的那部分功率，可通过控制加入的刹车电阻来吸收。

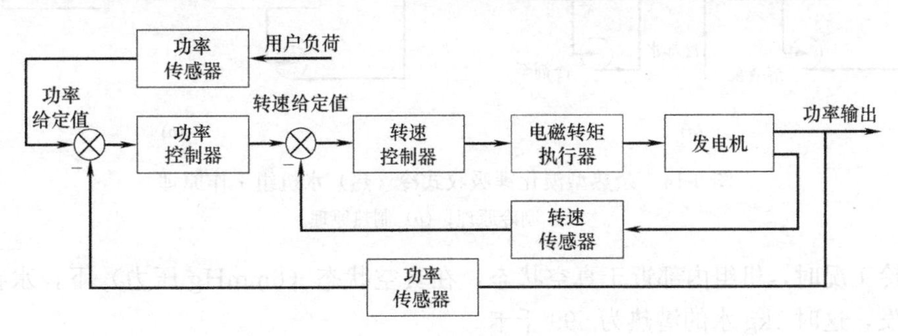

图 9-12 发电机转速控制系统框图

图 9-13 为排烟温度控制系统框图，微燃机的主要工况包括启动、回热器热平衡、带

载加速、带载减速等多个工作状态。针对不同工作状态选取不同的排烟温度设定值，来实现对发动机燃气量的精确控制。在此控制系统中，用户功率负荷作为前馈信号。当用户功率负荷变化时，还没有引起排烟温度变化前，提前由前馈控制器施加调节作用，及时跟随负荷的变化，避免了排烟温度的大幅度扰动。而对于其他的干扰，当引起排烟温度变化时，则由温度反馈控制系统克服。

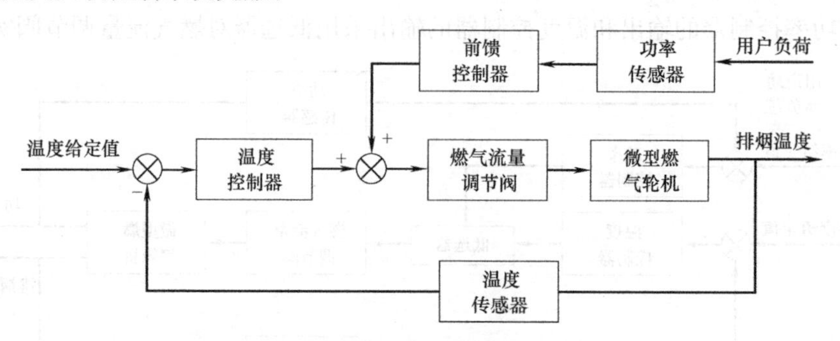

图 9-13　排烟温度控制系统框图

9.3.2　余热型溴化锂吸收式冷（热）水机组自动控制

1. 基本原理

余热型溴化锂吸收式空调机组是以燃气轮机、微燃机或内燃机等发电设备的废热为驱动热源，水为制冷剂，溴化锂为吸收剂制取空调用热水或冷水的设备。图 9-14 为溴化锂吸收式空调机组制冷和制热原理图。

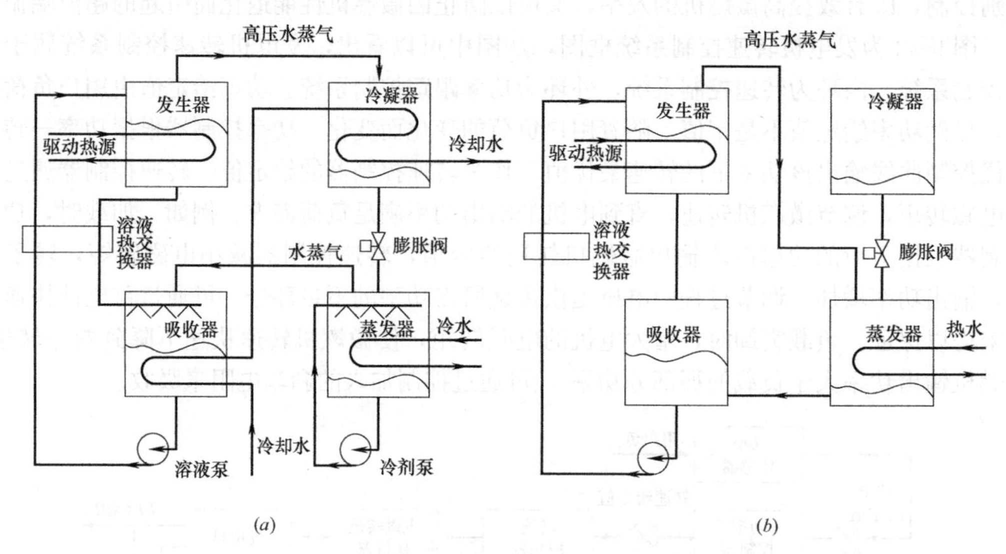

图 9-14　余热型溴化锂吸收式冷（热）水机组工作原理

（*a*）制冷原理；（*b*）制热原理

制冷工况时，机组内部近于真空状态，在真空状态（6mmHg 压力）下，水在 4℃就可以蒸发，这时 1kg 水的潜热为 599 千卡。

发电机组排出的废热在发生器内对稀溶液进行加热，产生高压水蒸气，同时溶液浓缩成浓溶液经溶液热交换器返回吸收器。高压水蒸气进入冷凝器经冷却水冷凝，热量被排入大气，形成饱和冷剂水。饱和冷剂水经膨胀阀减压减温到蒸发器，被冷剂泵抽出通过喷淋板喷淋到蒸发盘管表面，吸收冷水热量沸腾蒸发，形成水蒸气。蒸发器内的压力保持在6mmHg左右，因而冷剂得以保持在4℃蒸发，排出的冷水温度将会持续下降并最终保持在7℃左右。水蒸气进入吸收器和从发生器来的浓溶液混合形成稀溶液，吸收过程中放出的热量转移到吸收液中，由冷却水带走，同时形成的稀溶液由溶液泵抽到发生器。这个过程不断循环，最终源源不断地制取空调所需冷水。另外，机组内设置了在发生器中形成的高温浓溶液与低温稀溶液进行热交换的热交换器，用以提高机组的效率。

制热工况时，发电机组排出的废热在发生器内对稀溶液进行加热，产生高压水蒸气，同时溶液浓缩成浓溶液返回吸收器。高压水蒸气进入蒸发器，对蒸发器盘管内的热水加热，放出汽化潜热冷凝成水，使管内的热水温度升高。冷凝水进入吸收器和发生器返回的浓溶液混合形成稀溶液，由溶液泵抽出进入发生器。这个过程不断循环，最终源源不断地制取空调所需热水。溶液泵通常采取变频控制，以保证溶液循环量一直处于最佳状态。

2. 烟气型溴化锂吸收式冷（热）水机组控制

烟气型溴化锂吸收式冷（热）水机组和外部的连接包括烟气进出口烟道连接，冷却水进出口管道连接和冷水进出口管道连接。通常冷却水的设计进口温度为32℃，出口温度为38℃。冷水的设计出口温度为7℃，进口温度为12℃。在此，不考虑烟气型溴化锂吸收式冷（热）水机组内部的控制。图9-15为烟气型溴化锂吸收式冷（热）水机组冷水出口水温控制原理图。烟道设置烟气电动三通调节阀，当用户冷负荷降低时，会导致冷水出口水温降低，在冷水出口水温设置温度传感器，检测冷水出口温度，将此信号送入温度控制器，调节烟气电动三通调节阀的开度，增大直排烟道烟气流量，减少进入机组烟气流量，从而降低制冷量。若用户冷负荷增大，会导致冷水出口水温升高，温度传感器检测冷水出口温度，将此信号送入温度控制器，调节烟气电动三通调节阀的开度，减少直排烟道烟气流量，增大进入机组烟气流量，从而提高制冷量。进入机组烟气流量和制冷量基本呈线性关系。冷水回水温度的控制和冷却水入口温度的控制和制冷机组相同，在此不再累述。

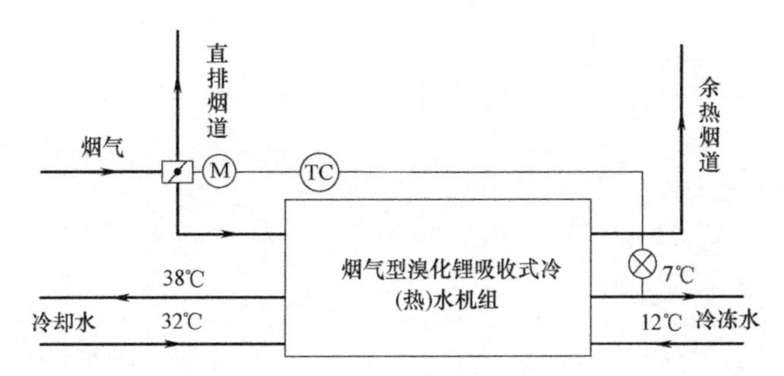

图9-15 烟气型溴化锂吸收式冷（热）水机组冷冻水出口水温控制原理图

本章习题

1. 天然气冷热电分布式能源系统与传统能源形式比较具有哪些优势？
2. 天然气冷热电联供系统按原动机形式的不同，可分为哪几种系统？各有什么特点？
3. 燃气轮机分布式能源系统典型工艺流程有哪几种，都是如何运行？

4. 燃气内燃机分布式能源系统典型工艺流程有哪几种，都是如何运行？

5. 画出微燃机中发电机功率控制系统框图和烟气温度控制系统框图，并叙述其控制原理。

6. 叙述烟气型溴化锂吸收式冷（热）水机组制冷和制热原理。

7. 若要将烟气型溴化锂吸收式冷（热）水机组出口温度控制在 7℃，试画出其控制原理图，并叙述其控制原理。

第10章　建筑环境与能源系统自动控制应用工程

10.1　山东省浅层地热能—太阳能示范工程监控系统

10.1.1　工程概况

山东省浅层地热能—太阳能示范工程由地源热泵系统、风机盘管系统、地板供暖系统、地埋管系统、太阳能热水系统等组成。系统工况包括地源热泵系统、太阳能地源热泵复合系统、太阳能蓄热系统。本工程建筑高度6.6m，建筑面积355.19m²。通过负荷计算得夏季冷负荷60kW，冬季冷负荷55kW。冷热源机房内置一台热泵机组，夏季功率13kW，制冷量63.8kW；冬季功率15.5kW，制热量65.2kW。为本工程制备夏季空调冷水、冬季空调热水和地板供暖热水。夏季冷水供/回水温度7℃/12℃，冬季热水供/回水温度45℃/40℃。内置容量1m³储热水箱，用来储存太阳能集热器热量。循环泵包括地源侧循环泵、用户侧循环泵和太阳能供热循环泵。地源侧循环泵功率3kW，扬程26m，流量15m³/h；用户侧循环泵功率2.2kW，扬程24m，流量13.5m³/h；太阳能供暖循环泵功率1.5kW，扬程16m，流量13.5m³/h；太阳能回灌泵功率0.55kW，扬程18m，流量1.0m³/h。工艺流程示意图如图10-1所示。

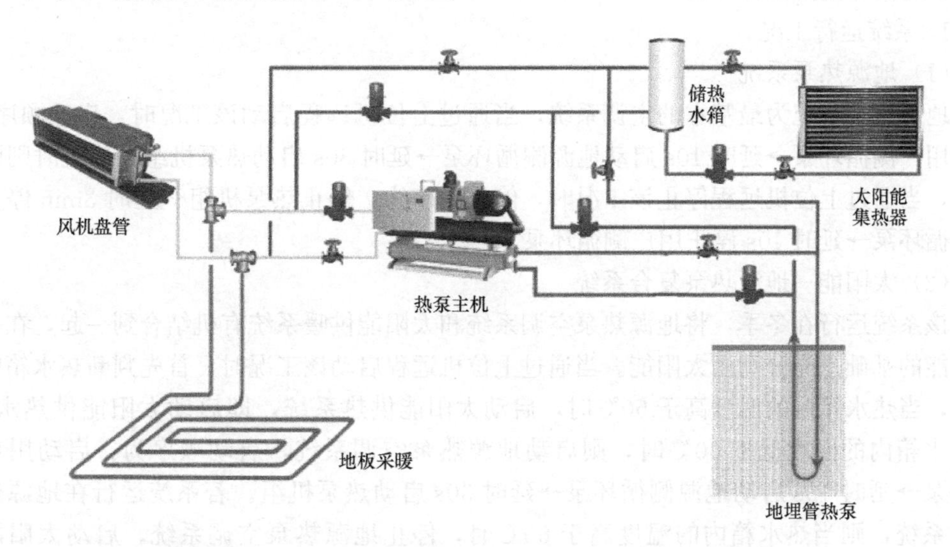

图10-1　山东省浅层地热能—太阳能示范工程工艺流程

10.1.2　监控设计功能需求

太阳能—地源热泵技术是一种节能环保的暖通空调系统形式，要想达到太阳能—地源热泵系统在各种地域内平稳、节能运行，自动检测与控制技术是必不可少的。同时，自动控制技术、数据库技术、通信技术与人工智能技术的结合为系统的优化调节与远程控制提供重要帮助。太阳能—地源热泵空调系统监控应具备的主要功能有：

1. 检测功能

监控系统可以通过安装在太阳能—地源热泵系统现场的各类传感器，对太阳能—地源热泵系统的各种参数（例如，温度、压力、流量等）、系统设备的运行状态（包括热泵的运行状态、水泵的运行状态等）进行检测。并将这些测量数据通过模拟量输入通道和数字量输入通道输入到计算机进行数据处理分析，并且所有参数均可在显示器上显示。

2. 手动/自动模式

控制系统可以工作在手动/自动两种工作模式下。手动和自动模式下均可实现远程/现场控制和参数设定。

3. 远程/现场控制

控制系统具有远程控制和现场控制两种控制功能。尤其对于无人值守的系统，可以通过局域网对热泵机组、循环泵等进行远程控制或参数修改等。同时，系统也可以直接操作控制柜，实现现场控制。

4. 自动报警功能

当太阳能—地源热泵系统在运行过程中某一参数超过了其上、下限设定值或设备故障时，系统会自动提示报警信息。对一些必要的参数，监控系统还设置了报警联动功能，即超限时系统会自动停止运行。

5. 历史数据记录和报表统计

为了便于系统分析和智能优化控制，将采集的动态数据存入历史数据库，随时提供查询和打印参数变化实时趋势图和历史趋势图、报警记录和数据记录报表等。

10.1.3　监控设计方案

1. 系统运行工况

（1）地源热泵系统

地源热泵系统为最基本的空调系统，当通过上位机远程启动该工况时，启动顺序为：启动用户侧循环泵→延时10s启动地源侧循环泵→延时30s启动热泵机组。停机时则顺序相反，当通过上位机远程停止该工况时，停止顺序为：停止热泵机组→延时3min停止地源侧循环泵→延时10s停止用户侧循环泵。

（2）太阳能—地源热泵复合系统

该系统运行在冬季，将地源热泵空调系统和太阳能供暖系统有机结合到一起，在采用地热能的基础上充分利用太阳能。当通过上位机远程启动该工况时，首先判断热水箱内的温度，当热水箱内的温度高于60℃时，启动太阳能供热系统，即启动太阳能供热水泵；当热水箱内的温度低于60℃时，则启动地源热泵空调系统，启动顺序为：启动用户侧循环泵→延时10s启动地源侧循环泵→延时30s启动热泵机组。若系统运行在地源热泵空调系统，则当热水箱内的温度高于60℃时，停止地源热泵空调系统，启动太阳能供热系统。启停顺序为：停止热泵机组→延时3min停止用户侧循环泵→延时10s停止地源侧循环泵→延时1min启动太阳能供热水泵。随着系统的运行，当热水箱内的温度低于40℃时，则停止太阳能供热水泵，启动地源热泵空调系统。启停顺序为：停止太阳能供热水泵→延时1min启动用户侧循环泵→延时10s启动地源侧循环泵→延时10s启动热泵机组。

（3）过渡季蓄热系统

当水箱内温度大于50℃，启动太阳能回灌泵，当水箱内温度小于25℃，停止回灌泵。

2. 太阳能—地源热泵系统监控设计

监控系统可以通过安装在太阳能—地源热泵系统现场的各类传感器，对太阳能—地源热泵系统的各种参数（例如，温度、压力、流量、功率等）、系统设备的运行状态（包括热泵的运行状态、水泵的运行状态等）进行监测，并根据系统的运行要求对相应的设备进行控制。

（1）热泵机组

选用特灵WPWE240型产品，该热泵机组为双压缩机，线控器安装在热泵机组上，该款产品的设计只能就地启动，不能远程控制。后经过和厂家协商，对硬件电路进行改造，实现了机组的远程控制。热泵机组的监控功能包括，热泵启停控制、热泵运行状态检测、手/自动状态检测、故障报警和热泵机组功率检测。在功率检测中，功率变送器的输入标称值为380V·5A，输出4～20mA电流信号。由于热泵机组工作电流较大，故采用75∶5的电流互感器。则视在功率S为：

$$S=\frac{75}{5}\times\sqrt{3}\times380\times5=49.363\text{kW}$$

若变送器的实际输出电流为I，则热泵机组的实际功率为：

$$P=\frac{75}{5}\times\sqrt{3}\times380\times5\times\frac{I-4}{20-4}\ (\text{W}) \tag{10-1}$$

（2）用户侧供回水总管

用户侧供回水总管包括供回水温度检测、供回水压力检测和流量检测。温度传感器选用PT100铂电阻，测量范围0～100℃，输出4～20mA，带现场温度显示，精度0.2℃。压力测量选用JYB扩散硅压力变送器，测量范围0～0.6MPa，输出4～20mA，精度1级。流量测量选用KLDL电磁流量计，流量测量范围0～30m^3/h，输出4～20mA，精度1级。

（3）地源侧供回水总管

地源侧供回水总管包括地埋管供回水温度检测、供回水压力检测和流量检测。其选用的传感器和用户侧供回水总管相同。

（4）地埋管

地埋管共有14口井，其中1、2、3、4、7、8、11、12为单U，5、6、9、10、13、14为双U。地埋管共安装18只温度传感器，其中1号井和4号井分别安装4只，安装深度分别为100m、75m、50m和25m；7号井、8号井和13号井在50m处分别安装2只；9号井在50m深处安装4只。温度传感器采用PT100铂电阻，三根引线。

（5）热水箱

通过太阳能集热器对水箱内的水进行加热。当集热器的温度与水箱内的温度之差大于10℃时，启动集热器循环泵；当集热器的温度与水箱内的温度之差小于2℃时，停止集热器循环泵。该泵的控制由集热器厂家提供的现场设备实现。同时在热水箱内安装一PT100铂电阻，测量热水箱的温度，量程范围0～100℃，输出4～20mA电流信号。系统根据该温度启动或停止热水循环泵和太阳能回灌泵。

（6）循环泵

循环泵包括用户侧循环泵、地源侧循环泵和太阳能供热循环泵。供电电压均为380V，功率1.5kW。其中用户侧循环泵和地源侧循环泵采用特灵公司提供的水力模块。三个循环泵的控制和检测是相同的，包括水泵启停控制、运行状态检测、手/自动状态检测、故障报警和水泵功率检测。其中水泵功率的检测采用功率变送器。与热泵机组选用相同的功率变送器，即输入标称值为380V·5A，输出4～20mA电流信号。因用户侧和地源测循环泵工作电流小于5A，功率变送器与水泵供电电路直接连接。太阳能热水循环泵因其启动电流较大，故选用变比为30：5的电流互感器。

（7）太阳能回灌泵

太阳能回灌泵的供电采取两种形式，正常情况下采用太阳能电池供电，若太阳能供电不足，则自动切换到市电供电。供电电压220V，功率0.55kW，太阳能回灌泵的监控包括水泵启停控制、运行状态检测、手/自动状态检测、故障报警和水泵功率检测。功率变送器的输入标称值为220V·5A，输出4～20mA电流信号。视在功率S为：

$$S=220\times 5=1.1\text{kW}$$

回灌泵实测功率为：

$$P=220\times 5\times \frac{I-4}{20-4}\ (\text{W}) \tag{10-2}$$

表10-1为太阳能—地源热泵系统监控功能表，图10-2为太阳能—地源热泵监控系统图。

太阳能—地源热泵系统监控功能表　　表10-1

设备名称	监控功能	AI(点数)	AO(点数)	DI(点数)	DO(点数)
热泵机组	设备启停				1
	设备状态			1	
	手/自动状态			1	
	故障报警			1	
	功率测量	1			
用户侧供回水总管	供水温度检测	1			
	回水温度检测	1			
	供水压力检测	1			
	回水压力检测	1			
	回水流量检测	1			
地源侧供回水总管	供水温度检测	1			
	回水温度检测	1			
	供水压力检测	1			
	回水压力检测	1			
	回水流量检测	1			
地埋管	温度检测	18			
热水箱	温度检测	1			

续表

设备名称	监控功能	AI(点数)	AO(点数)	DI(点数)	DO(点数)
循环泵(用户侧、地源侧和太阳能热水)	设备启停				3
	设备状态			3	
	手/自动状态			3	
	故障报警			3	
	功率测量	3			
回灌泵	设备启停				1
	设备状态			1	
	手/自动状态			1	
	故障报警			1	
	功率测量	1			

10.1.4　硬件设计

1. 集中控制系统硬件结构

图 10-3 为太阳能—地源热泵系统集中控制系统结构图，采用 SIMATIC　S7-300PLC 实现对整个系统的数据采集和设备控制。在工控机（通常称为上位机）中安装 CP5611 通信卡。用于 PLC 通过 PROFIBUS 总线与上位机通信。智能现场模块包括 1 块 6ES7 313-6CF03-0AB0 16DI/16DO 输入输出模块和 5 块 6ES7 331-1KF02-0AB0 8 路 AI 输入模块。在整个太阳能—地源热泵系统中共包括一台热泵机组和 4 台水泵。因此数字量输入输出模块包括 5 路设备运行状态输入，5 路设备故障报警输入，5 路手动自动状态输入和 5 路设备启停控制输出。5 块模拟量输入模块型号相同，该模块输入信号较广泛，可以是电压、电流或电阻信号，根据不同的输入其接线不同。模拟量输入包括 18 路地埋管温度信号，4 路供回水温度信号，1 路热水箱温度信号，4 路供回水压力信号，2 路流量信号和 5 路功率变送器信号。共 34 路模拟信号。剩下 6 路为备用。模拟量输入中，除了地埋管温度信号为三线制 PT100 电阻信号外，其他皆为 4～20mA 电流信号。

2. 设备电气控制电路

对于 4 台水泵的电气控制电路和热泵机组的电气控制电路是相同的，下面以负荷侧水泵电气控制为例。图 10-4 为负荷侧循环水泵电气控制原理图，左侧主电路中 KM100 为交流接触器，KH 为热继电器，FU 为熔断器。右侧控制电路中 KA 为中间继电器，SA1 为手动/自动切换开关，断开时为手动状态。SB01 为启动按钮，SB02 为停止按钮。H001 为启动按钮指示灯，H002 为停止按钮指示灯，KA001 为远程控制中间继电器。

当 SA1 旋钮开关切换到手动档，即 SA1 旋钮开关断开，则当按下启动按钮后，KM100 交流接触器线圈通电，KM100 常开触点闭合，启动指示灯亮，停止指示灯灭，水泵启动。当按下停止按钮，KM100 线圈失电，常开触点断开，停止指示灯亮，启动指示灯灭，水泵停止运行。当 SA1 旋钮开关切换到自动档，即 SA1 旋钮开关闭合，则手动控制供电开关断开，自动控制供电开关闭合。当通过 PLC 控制水泵启动时，继电器 KA001 线圈通电，常开触点闭合，交流接触器 KM100 线圈通电，水泵启动。

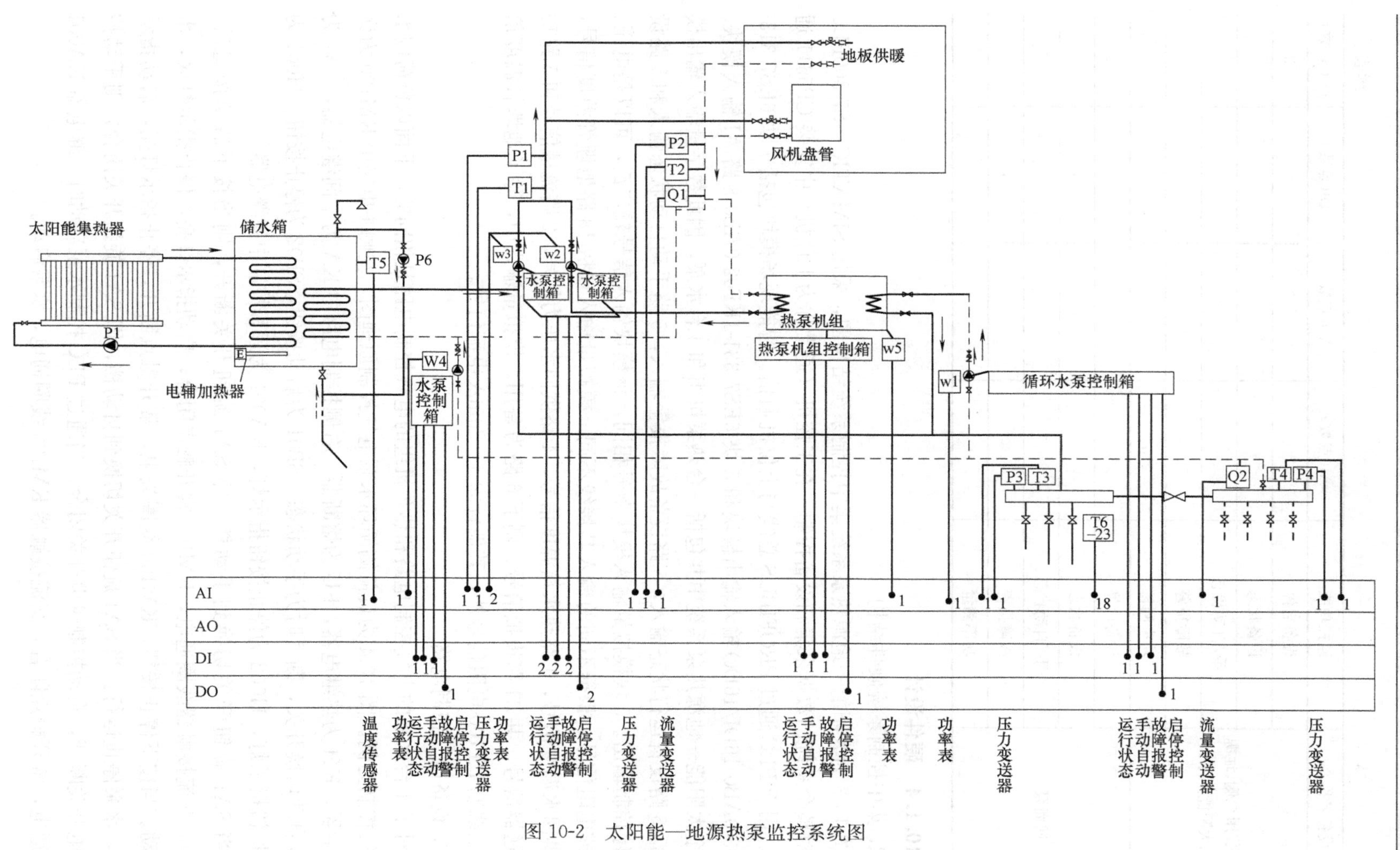

图 10-2　太阳能—地源热泵监控系统图

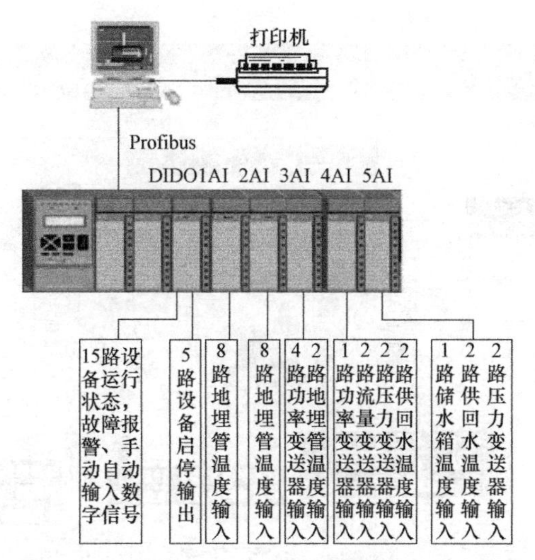

图 10-3 太阳能—地源热泵系统集中控制结构图

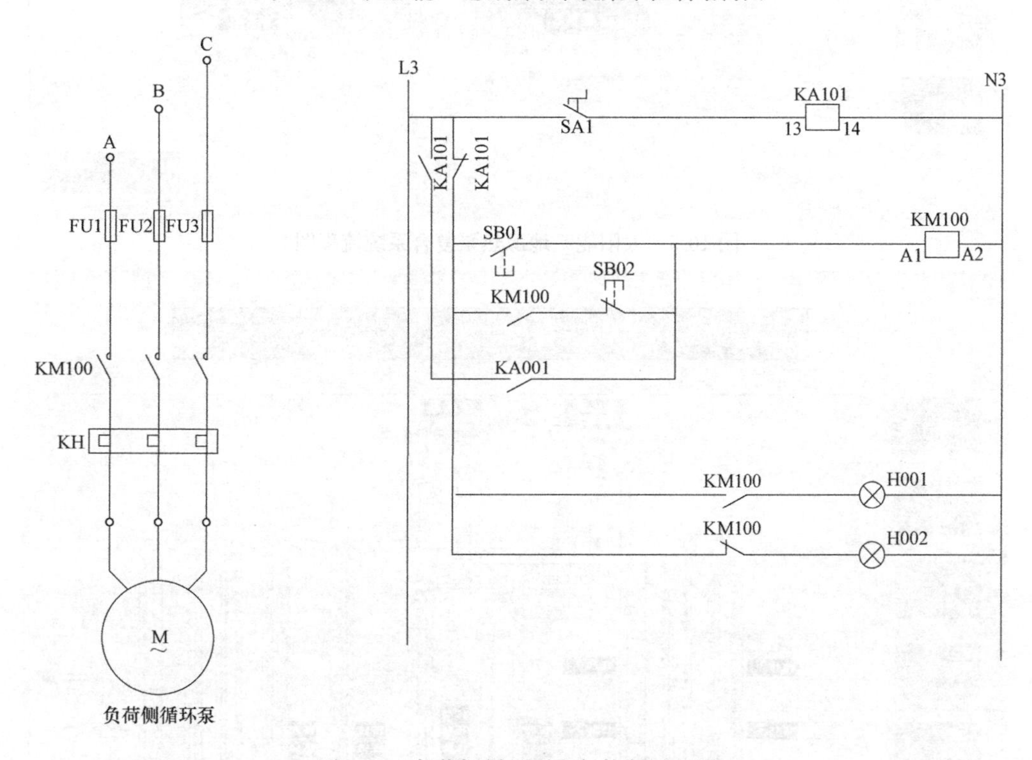

图 10-4 负荷侧循环泵电气控制原理图

10.1.5 软件设计

在上位机中，采用组态软件 WinCC 进行编程，程序包括过程画面、地埋管温度画面、报警画面、历史记录、打印报表等功能。其中，过程画面包括夏季工况、冬季工况和过渡季工况。图 10-5 为太阳能—地源热泵复合系统流程图，系统运行时，管道内的流体可在画面上动态流动，现场的主要运行参数，例如用户侧供回水温度、压力和流量信号，地源测供回水温度、压力和流量信号等可在画面上动态显示。图 10-6 为地埋管温度实时监测图，不同地埋管、不同深度的温度可在画面上实时显示。

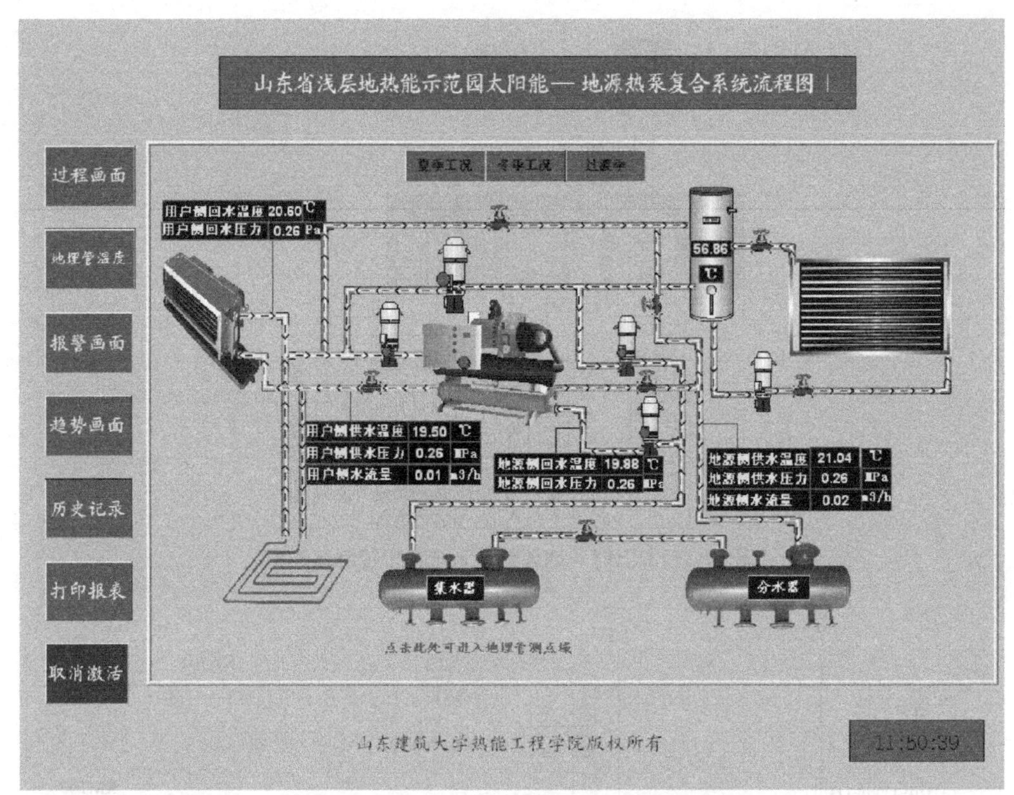

图 10-5　太阳能—地源热泵复合系统流程图

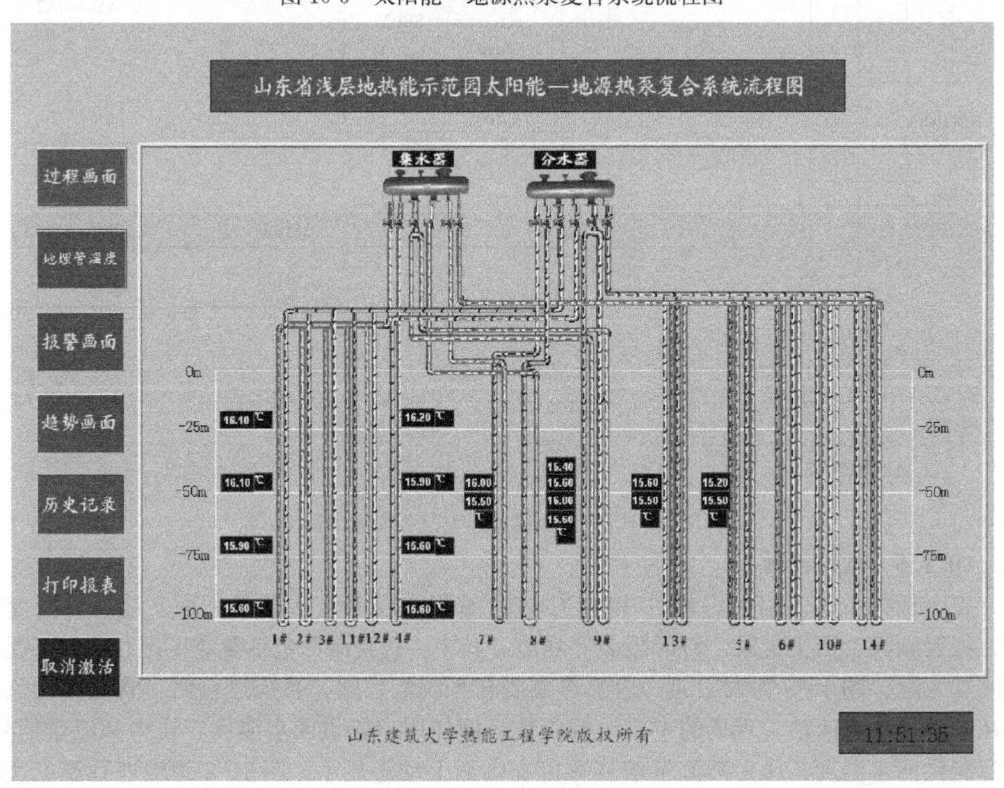

图 10-6　地温实时监视图

10.2 太阳能辅助 VRV 地源热泵空调系统实验平台

10.2.1 实验平台概况

为了更好地对太阳能—浅层地热能这一新型系统进行研究，进而指导工程设计，以可再生能源省部共建实验室建设为契机，建立了太阳能辅助 VRV 地源热泵空调系统综合利用实验平台。该实验平台共设计了 3 种不同的运行工况，分别为 VRV 地源热泵系统、太阳能辅助 VRV 地源热泵系统和太阳能蓄热系统。太阳能辅助 VRV 地源热泵空调系统监控平台不仅自动采集现场的温度、压力、流量和功率等现场信息，而且可以监控现场设备的运行，实现自动报警和远程控制。为太阳能辅助 VRV 地源热泵空调系统的科学研究提供了一个智能化的实验平台。该实验平台主要由竖直地埋管换热器、水平地埋管换热器、太阳能集热器、热泵机房与建筑空调末端等部分组成，系统原理图如图 10-7 所示 。监控系统通过安装在太阳能辅助 VRV 地源热泵空调系统现场的各类传感器，对该系统的各种参数（例如，温度、压力、流量、功率等）、系统设备的运行状态（包括热泵机组的运行状态、水泵的运行状态等）进行监测。并根据系统的运行要求控制相应的设备。

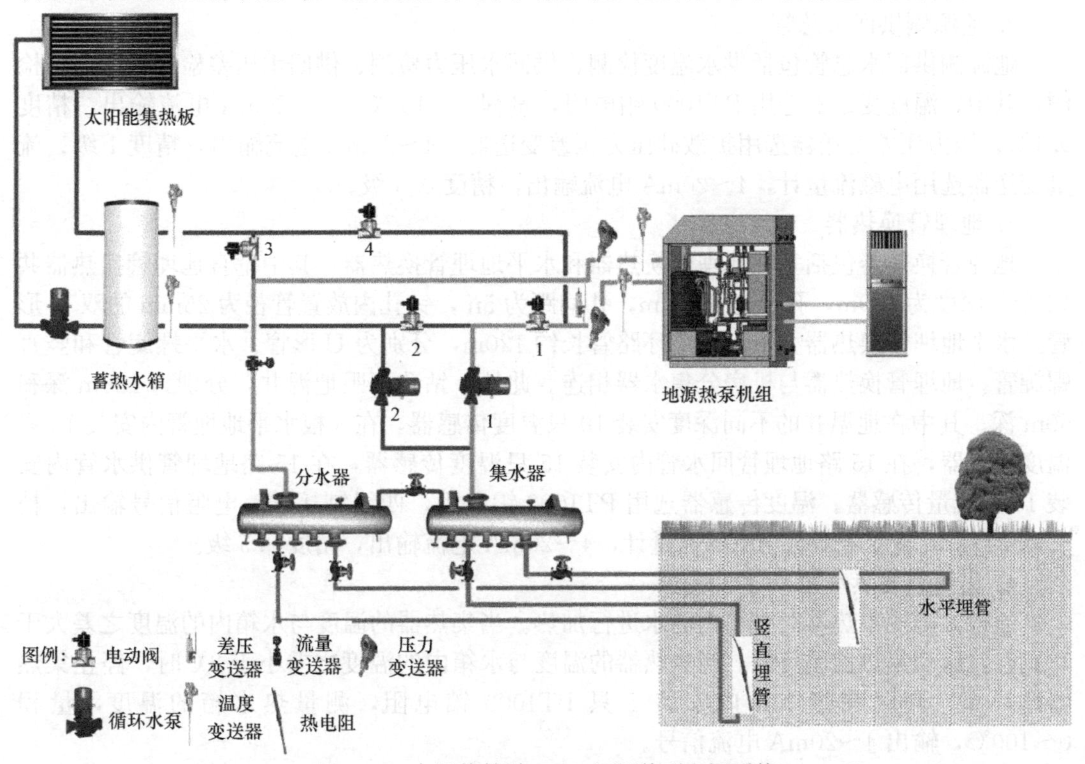

图 10-7 太阳能辅助 VRV 地源热泵空调系统

10.2.2 太阳能辅助 VRV 地源热泵系统监控设计

太阳能辅助 VRV 地源热泵空调系统可分为三个子系统，即太阳能蓄热系统、地源热泵空调系统以及太阳能辅助地源热泵供暖系统。根据不同季节和不同的使用要求共分为四种运行工况：

（1）太阳能辅助地源热泵供暖工况。在供暖季，供暖以地源热泵空调系统为主，太阳能系统辅助地源热泵系统供暖。太阳能蓄热水箱和地埋管系统串联，提高地埋管换热器进入热泵机组的循环水的温度，有利于提高地源热泵的运行效率。根据图 10-7，此时应该开启循环泵1，打开电动阀2和电动阀4，关闭电动阀1和电动阀3。

（2）VRV地源热泵单独供暖工况。此时开启循环泵1，打开电动阀1，其余关闭。

（3）VRV地源热泵制冷工况。在夏季，主要利用地源热泵进行制冷，与供暖工况下设备的开启状态一致，地源热泵工况的切换由主机设定完成。

（4）太阳能蓄热工况。在过渡季，将太阳能集热通过地埋管换热器储存到地下，平衡土壤温度。此时开启循环泵2，打开电动阀3，其余关闭。

1. VRV地源热泵中央空调

VRV地源热泵中央空调选用三星DVM WATER水冷式数码涡旋中央空调系统，该中央空调系统属于VRV（Varied Refrigerant Volume）系统，主机为地源热泵机组，室内机9台，布置在8个房间。DVW WATER热泵机组的主机与室内机采用冷媒进行一次换热。主机采用高效板式热交换器进行水冷交换，与风冷机组相比不受外界环境温度的影响。DVW WATER热泵机组采用数码涡旋压缩机，只有负载和卸载两种工作状态，在一定周期内通过控制负载与卸载的工作时间长短实现压缩机变冷媒流量输出，实现10%～100%的宽范围容量调节。热泵机组的启停控制由室内机决定，其监控功能包括热泵运行状态检测、手/自动状态检测、故障报警和功率检测等。

2. 地源侧供回水总管

地源侧供回水总管包括供水温度检测、供回水压力检测、供回水压差检测和总流量检测。其中，温度变送器选用PT1000铂电阻，量程0～100℃，4～20mA电流输出，精度0.1℃；压力压差变送器选用扩散硅压力压差变送器，4～20mA电流输出，精度1级；流量变送器选用电磁流量计，4～20mA电流输出，精度0.5级。

3. 地埋管换热器

地埋管换热器包括垂直地埋管换热器和水平地埋管换热器，其中垂直地埋管换热器共12个，深度为120m，孔径为150mm，孔间距为5m，钻孔内放置管径为25mm的双U形管。水平地埋管换热器3个，每个环路管长约120m，分别为U形管、水平螺旋管和竖直螺旋管。地埋管换热器与机房分集水器相连。此外，钻孔两眼地温井，分别为100m深和50m深。其中在地温井的不同深度安装10只温度传感器，在3根水平地埋管内安装12只温度传感器，在15路地埋管回水管内安装15只温度传感器，在15路地埋管供水管内安装15只流量传感器。温度传感器选用PT1000铂电阻，四线制接线，电阻信号输出，精度0.1℃；流量变送器选用电磁流量计，4～20mA电流输出，精度0.5级。

4. 集热器与热水箱

通过太阳能集热器对水箱内的水进行加热。当集热器的温度与水箱内的温度之差大于10℃时，启动集热器循环泵；当集热器的温度与水箱内的温度之差小于2℃时，停止集热器循环泵。同时在热水箱内安装1只PT1000铂电阻，测量热水箱的温度，量程0～100℃，输出4～20mA电流信号。

5. 循环泵

循环泵供电电压380V，功率1.5kW。循环泵的启停由热泵机组控制，启停顺序如下：室内机启动→热泵机组启动循环泵→热泵机组通过水流开关检测到水流动时，启动热泵机组。为了实现系统的变流量调节，循环泵采用变频控制。为此上位机对循环泵的监控包括变频控制、运行状态检测、手/自动状态检测、故障报警和水泵功率检测等。

6. 太阳能回灌泵

太阳能回灌泵的供电电压380V，功率0.55kW，为了实现地埋管换热器变流量运行研究，回灌泵采取变频控制，太阳能回灌泵的监控包括水泵启停控制、变频控制、运行状态检测、手/自动状态检测、故障报警和水泵功率检测等。

表 10-2 为太阳能辅助 VRV 地源热泵系统监控参数表，

太阳能辅助地源热泵系统监控参数表　　表 10-2

设备名称	监控功能	AI(点数)	AO(点数)	DI(点数)	DO(点数)
VRV 热泵机组	设备状态			1	
	故障报警			1	
	功率测量	1			
地源侧供回水总管	供水温度检测	1			
	回水温度检测	1			
	供水压力检测	1			
	回水压力检测	1			
	回水总流量检测	1			
垂直地埋管	温度检测	9			
水平地埋管	温度检测	12			
地埋管回水管	温度检测	15			
	分流量检测	15			
热水箱	水箱温度检测	1			
	水箱入口温度检测	1			
	水箱出口温度检测	1			
用户侧循环泵	设备启停				1
	设备状态			1	
	手/自动状态			1	
	故障报警			1	
	功率测量	1			
	变频控制		1		
回灌泵	设备启停				1
	设备状态			1	
	手/自动状态			1	
	故障报警			1	
	功率测量	1			
	变频控制		1		
电动蝶阀	阀开				4
	阀关				4
	阀门状态			4	

10.2.3　硬件平台设计

太阳能辅助 VRV 地源热泵系统的监控平台硬件原理图如图 10-8 所示，监控系统采用 PROFIBUS-DP 主从通信结构，上位机是由研华工控机和 CP5611 通信板卡组成，下位机采用西门子公司的 S7-300 系列 PLC，它由 CPU 模块和扩展单元组成。电源模块选用 PS307 5A，可提供 24V、5V 直流电源。CPU 模块选用 CPU313C-2DP，自带 DI16/DO16 24VC 的数字量输入输出模块，完成现场设备运行状态和故障信号的采集，并集成有 PROFIBUS-DP 接口，用于通信设备的连接。模拟量输入模块分别选用 SM331：AI8×RTD 热电阻输入模块和 SM331：AI8×12 模拟量输入模块，热电阻输入模块用于采集热电阻 PT1000 无源电阻信号，采用四线制接线。模拟量输入模块完成现场 4～20mA 电流信号的采集，与温度变送器、压力压差变送器、流量变送器、功率变送器等连接。模拟量输出模块选用 SM332：AO8×12，实现变频器的变频控制功能。由于电能表的通信协议为 Modbus 协议，故采用 Modbus 转 Profibus-DP 模块。CP5611 卡用于上位机软件与 PLC 的通信，形成了 Profibus 现场总线系统。

三星 VRV 热泵中央空调的监控由 DMS2 完成，DMS2 为数据管理服务器，实现对室内机的信息采集、管理和控制。该服务器支持 TCP/IP 协议，采用 B/S（浏览器/服务器）结构，客户端采用浏览器的形式访问数据管理服务器。热泵机组与室内机之间通信采用 485 通信协议。

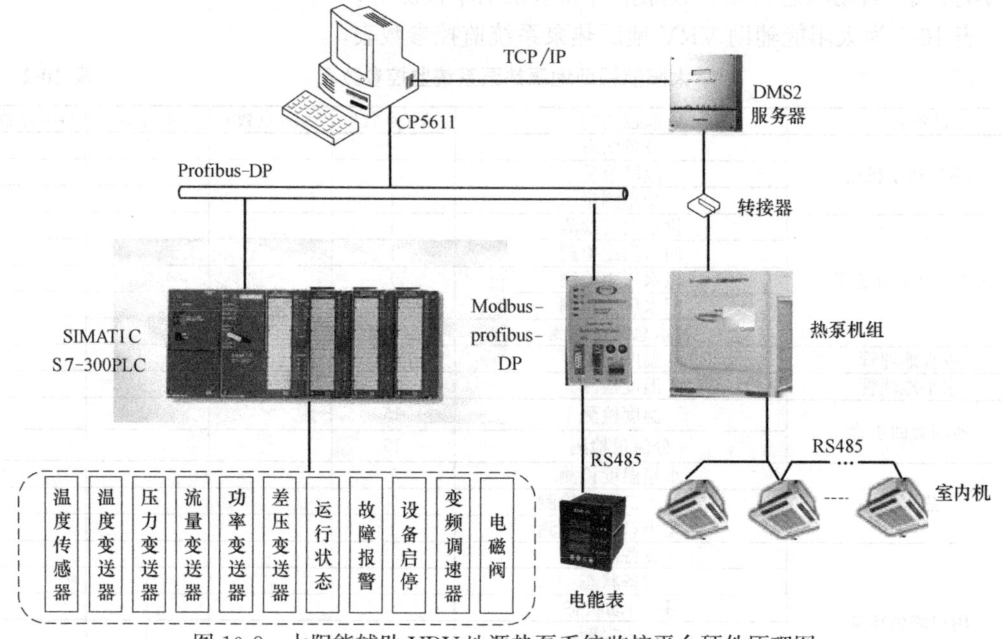

图 10-8　太阳能辅助 VRV 地源热泵系统监控平台硬件原理图

10.2.4　软件平台设计

系统软件选用西门子公司的含有 HMI（Human Machine Interface）/SCADA（Supervisory Control And Data Acquisition）的组态软件 WINCC6.2（Windows Controll Center），它不仅具有视窗监视和数据采集功能，还具有组态、开发和开放功能，其使用 Microsoft SQL Server 2005 作为组态和归档的背景数据库，可以使用 ODBC、DAO、OLE-DB、WINCC OLE-DB 方便地访问归档数据。

根据对实验操作的需求，利用 WINCC 的变量管理器、图形编辑器、报警记录、变量记录、用户管理器以及全局脚本等各种功能组态监控系统的人机界面。系统监控界面的设计如图 10-9 所示。

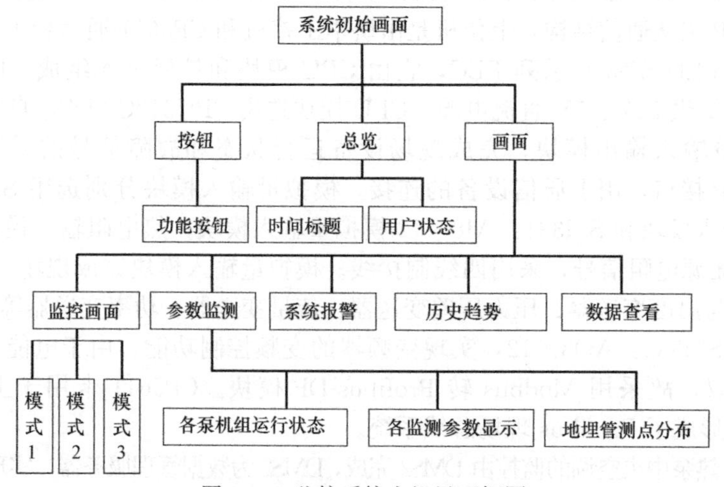

图 10-9　监控系统人机界面框图

系统监控主界面分为 3 个部分：总览部分、按钮部分和画面部分。总览部分包括画面标题、日期标识和用户登录状态。按钮部分布置了各个工况画面的切换按钮以及反映现场参数的直观画面切换按钮，在画面部分组态了各种显示画面。

为了操作方便和画面的直观，本系统设计的画面均采用“画中画”的形式，所有人机交互界面都是在系统主界面上显示，对于系统主界面左边的按钮，都有与之对应的画面窗口控件，画面窗口中都组态了相关的画面，有的画面中同时又嵌入了多个画面窗口，这样就形成了画面的嵌套显示。

图 10-10 为监控系统主画面，主要显示系统的总流程图，现场主要参数的实时采集数据在流程图画面上动态显示。点击工况切换按钮（右侧圆圈外），可将系统工况切换到热泵系统、太阳能蓄热系统或太阳能辅助地源热泵系统。在这三种工况画面上分别设置了工况的启停控制按钮，并且各个工况启停控制相互约束，即在某一工况运行的情况下，另一工况不能进行启动操作。

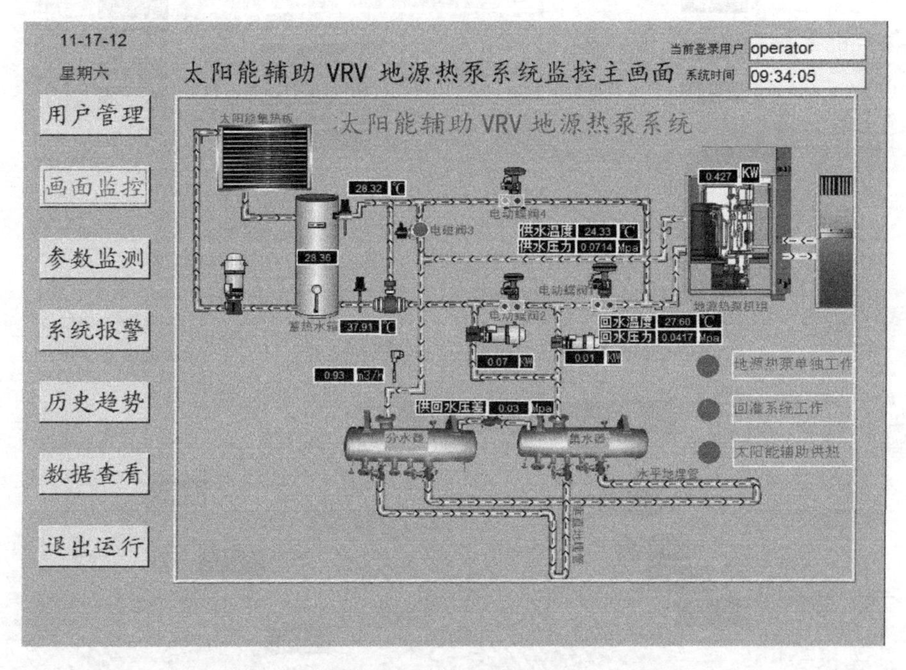

图 10-10 监控系统主画面

参数监测画面主要显示各测点的参数，包括温度、压力、流量、功率等模拟量信号以及泵、阀的启停状态等开关量信号。图 10-10 为参数监测画面，其中图 10-11（*a*）为参数监测主界面，图 10-11（*b*）为水平地埋管参数监测画面。

系统报警界面将报警信息直观地显示在界面上，包括传感器达到警戒值以及泵和机组的故障报警信息等。当供回水压力超过了系统管路能够承受的最大值，或热继电器发出故障信号时，监控界面会发出报警信息，提示实验人员对设备实施保护措施。历史趋势界面能够将监测参数值直观地以图表的形式显示在界面上，为系统运行状况分析提供了方便。数据查看界面显示了当前运行时的历史数据，通过界面上的数据导出按钮可以将运行过程中存储的历史数据通过自行编写的 VB 应用程序导出到 Excel 中，以便于对数据进行处理和分析。图 10-12为系统报警界面，图 10-13 为数据查看界面，图 10-14 为历史趋势图界面。

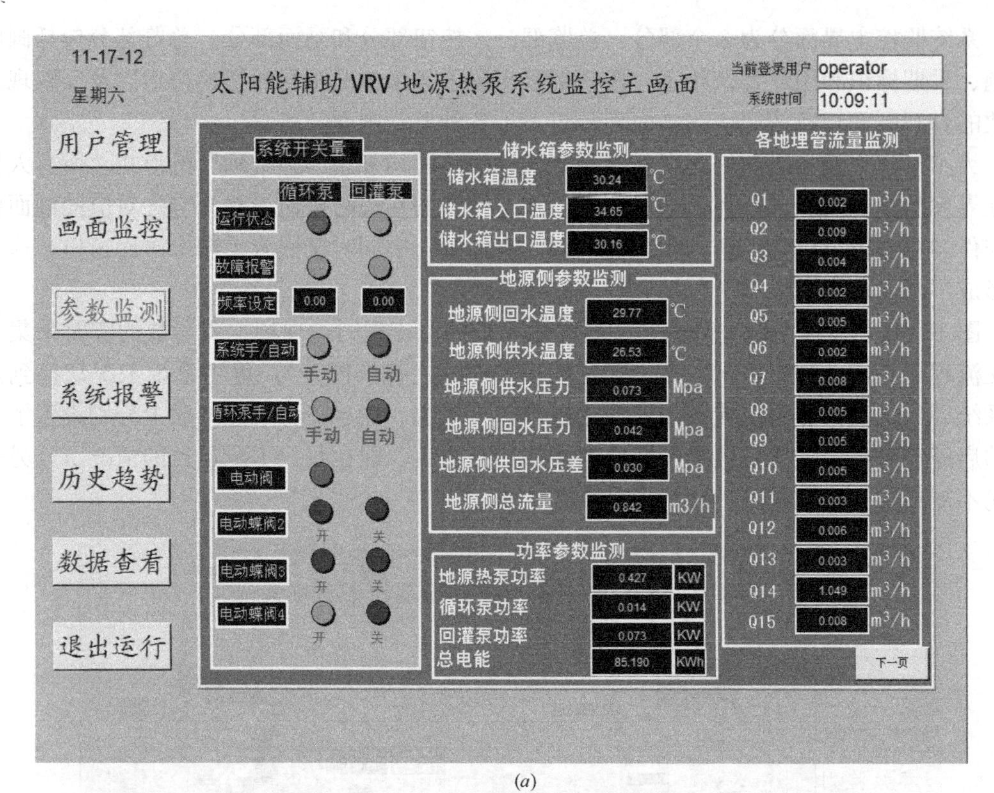

(a)

(b)

图 10-11　参数监测画面

(a) 参数监测主界面；(b) 水平地埋管参数监测画面

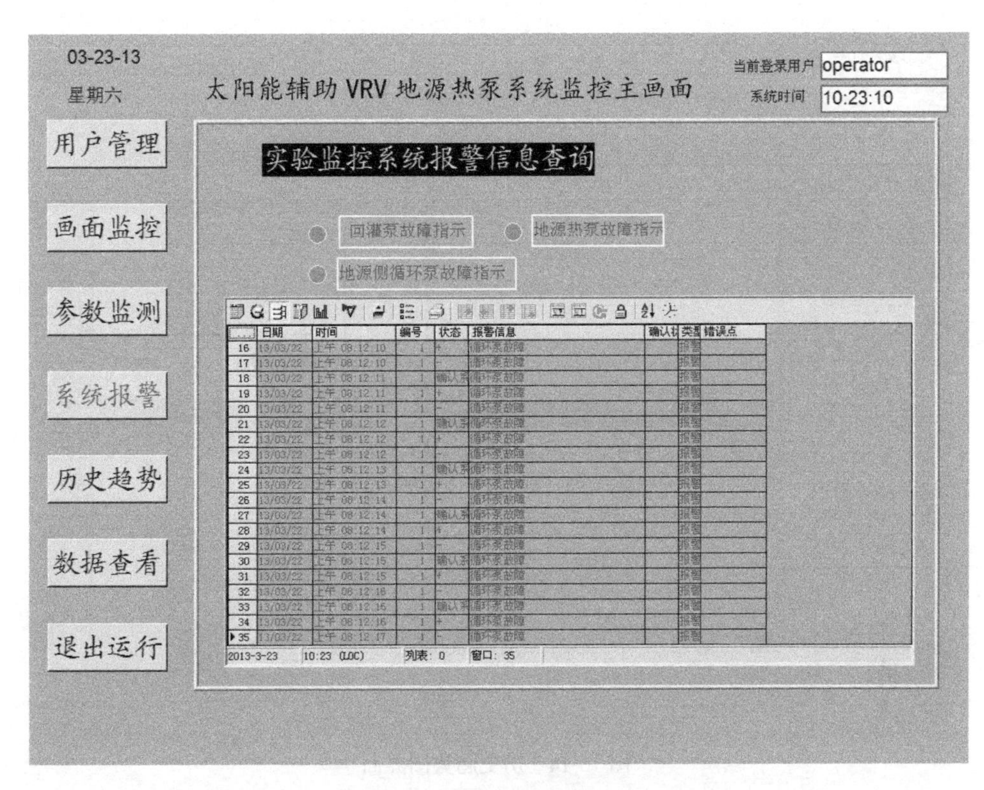

图 10-12　系统报警界面

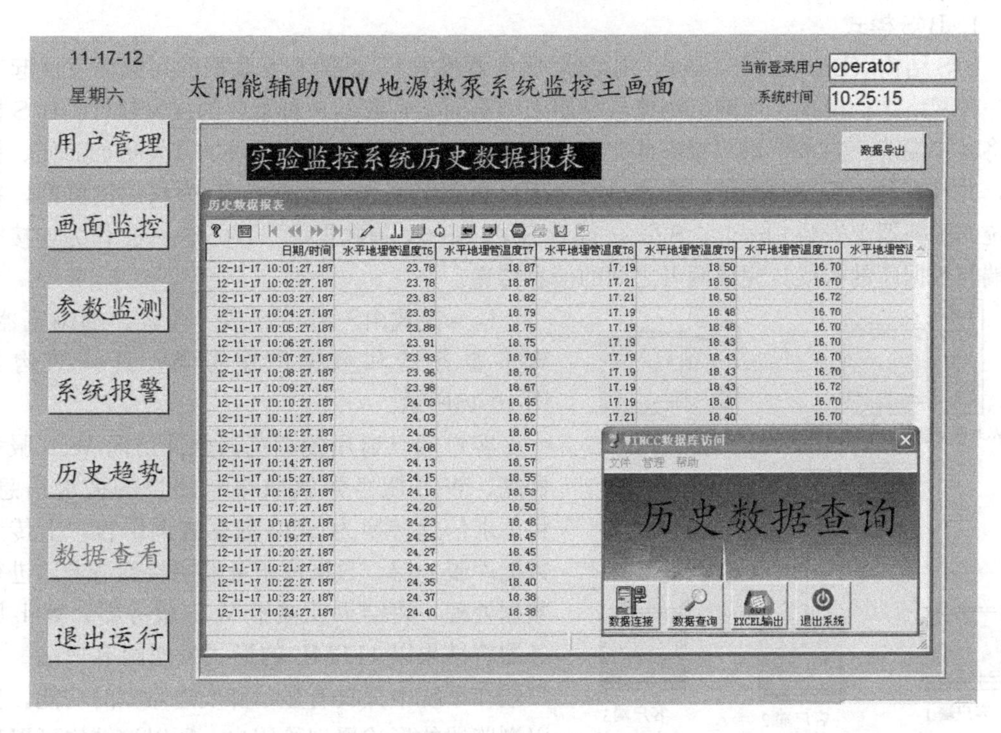

图 10-13　数据查看界面

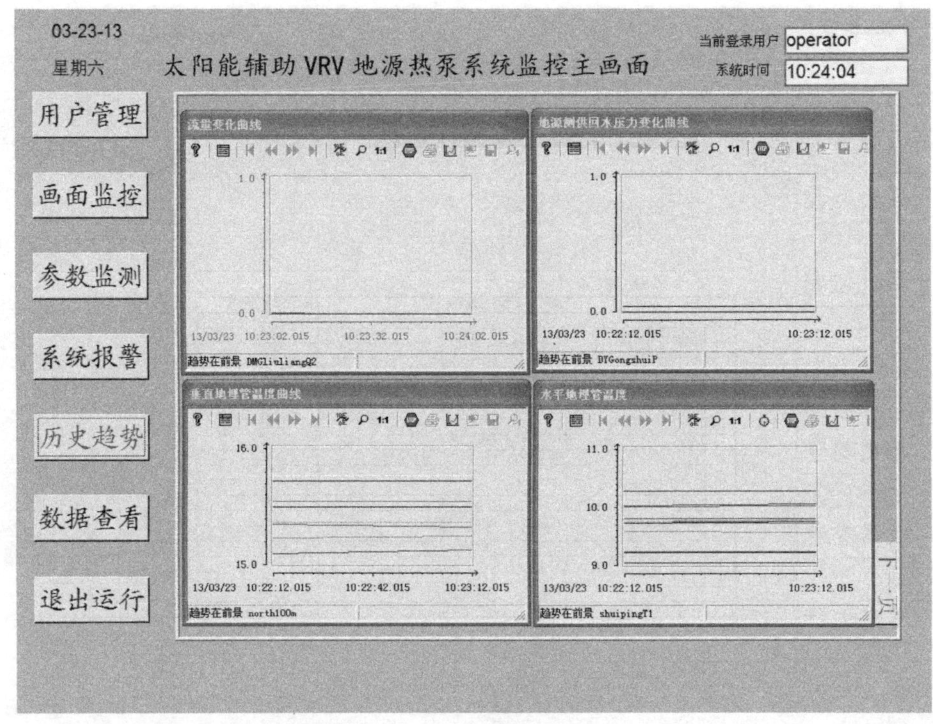

图 10-14　历史趋势图界面

10.2.5　项目的远程 Web 访问

1. B/S 模式

B/S 结构（Browser/Server，浏览器/服务器模式），是随着互联网的兴起而发展起来的一种网络结构模式，而网络浏览器是用来浏览网上资源的一种重要的视窗软件。B/S 模式将客户端统一起来，运用服务器完成系统功能的核心部分，使系统的开发更加简便、快捷，并且有利于后期的维护。在客户端，用户只需要安装一个支持 IE 内核的浏览器，在系统的服务器上安装 Oracle、Sybase 或者 SQL Server 等数据库。Web Server 作为连接客户端与数据库的桥梁，完成两者之间的信息传递。

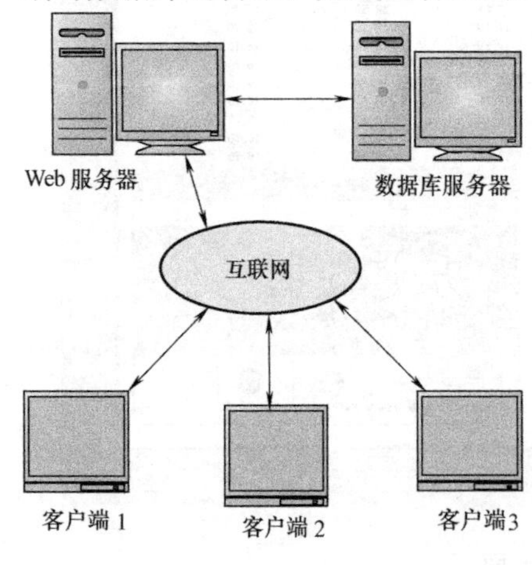

图 10-15　B/S 系统结构图

B/S 模式由三部分组成，即客户端浏览器、Web 服务器和数据库服务器，具体结构如图 10-15所示。

客户端以通用的浏览器软件访问 Web 服务器端；Web 服务器接收来自用户的请求信息，将请求信息转换为 SQL 数据查询语言，上传给数据库服务层，数据库服务器层接到请求后进行数据处理，将结果反馈给 Web 服务器，Web 服务器将结果以 HTML 的形式发送给客户端。客户端在系统中只具有显示和发送命令的功能，仅以浏览器的形式展现给用户，所以该结构可以称为“瘦客户”/“胖服务器”。

B/S 最大的优点就是可以在任何地方进行操作而不用安装任何专门的软件，只要有一台能上网的电脑就能使用，客户端零安装、零维护。系统的扩展非常容易。在远程监控系统中得到了大量应用。

2. WinCC Web Navigator 概述

WinCC Web Navigator 是西门子公司提供的 WinCC 组态软件用来实现 B/S 结构远程访问的组件，被称为瘦客户端。用户在进行远程访问的过程中，只需要在安装有通用浏览器的计算机上就可以对现场过程的参数进行监控，并且可以执行控制命令，（第一次使用时需要安装控件）不需要将 WinCC 整个系统安装在客户机上。WinCC 项目功能和数据库功能在服务器上完成。因此 WinCC Web Navigator 在工业领域的广泛应用，使得工业过程的网络可视化成为现实。

通过互联网对过程系统进行控制和访问，必先考虑系统的安全性问题，WinCC Web Navigator 支持所有现有的安全标准，包括用户名和登录密码、安全 ID 卡、防火墙等。本系统选用设定用户名和登录密码的方式来确保系统的安全性。

经过配置和组态，本系统远程监控画面如图 10-16 所示。

图 10-16 WinCC 项目远程监控画面

具有访问权限的用户，通过远程访问，可以对现场数据进行读取，并且可以控制现场设备的运行，方便了实验室人员随时查看系统运行状态，及时解决可能出现的问题。

第 11 章　基于 Niagara 的能源物联网技术

11.1　概　　述

Niagara Framework（简称 Niagara）是美国 Tridium 公司基于 Java 开发的一种极其开放的软件架构，可以集成各种设备和系统形成统一的平台，通过 Internet 使用标准 Web 浏览器进行实时控制和管理。此平台的核心价值是可以接入任何协议、任何设备、任何网络，并轻松与企业管理系统进行一体化应用，为企业创造商业价值。无论设备或系统是采用 BACnet、LonWorks、MODBUS、SNMP、OPC 等开放协议，还是其他众多的私有协议，Niagara 几乎都可以连接，并且不受制造商或通信协议的影响。Niagara 同时支持有线和无线技术，通过统一的解决方案来系统地连接和集成。Niagara 物联网技术已经被广泛应用于智能建筑、智能电网、分布式能源、工业控制、商业连锁、智慧城市、数据中心等很多领域。

Niagara 物联网技术的核心产品包括：

（1）Niagara Framework——开放式软件框架平台；

（2）JACE——基于 Niagara 的嵌入式网络控制器；

（3）Niagara Analytic——基于 Niagara 的数据分析框架。

当前 Niagara 的版本是 Niagara 4，该平台利用 HTML5 提供了一系列的丰富功能，为用户全面掌控数据和决策提供可能。新功能包括内置的搜索功能、可自定义的视图和可视化、基于角色的安全性、实时故障诊断和快速导航。

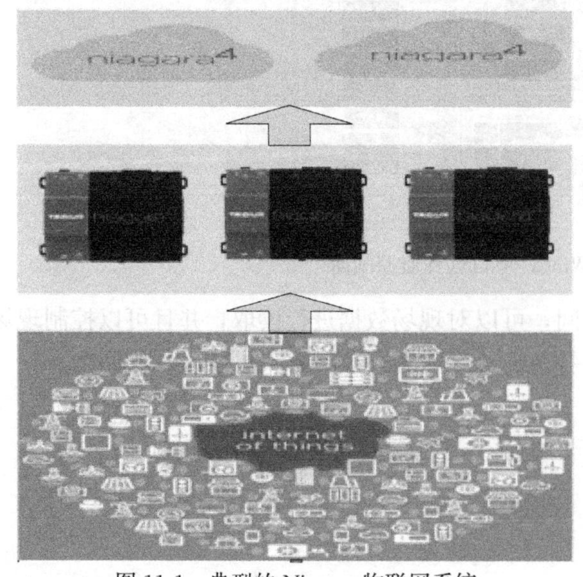

图 11-1　典型的 Niagara 物联网系统

基于 Niagara 的嵌入式网络控制器 JACE，当前的设备型号为 JACE 8000。JACE 8000 网络控制器具有模块化硬件设计，免工具安装，内置标准开放的驱动程序，支持 Wi-Fi 功能，直观的用户界面等特点。与下一代无线传感器和设备连接时，标准 Wi-Fi 提供了增强的无线功能。JACE 8000 为全新的 Niagara 4 而设计，充分释放 Niagara 4 的全部特征，包括 HTML 5 的 Web 界面和 Web 图表、数据可视化、通用的设计语言、更好的报表、更强健的安全，以及更好的设备连接能力等。图 11-1 为一个典型的 Niagara 物联网系统。

11.2　Niagara 物联网技术

11.2.1　Niagara 4

Niagara 4 软件框架如图 11-2 所示，包括 Niagara Framework 驱动组件库，UI 用户界面库，Niagara Framework 平台服务组件库，通用对象模型和实时数据引擎库等。Niagara Framework 驱动组件库包括 Lonworks，BACnet，Modbus，OPC，SNMP 等；UI 用户界面库包括 Javascript，SVG，Browser，Mobile，OPEN ，HTML 5 等；Niagara Framework 平台基本应用库包括 Fox 分布式协同服务，HTTP WEB 服务，Crypto SSL 加密，Programing 脚本，Scheduling 时间计划，BQL 对象查询，Alarming 报警，Control Com 逻辑运算库，VES 能源分析服务，Security 安防套件等。Niagara Framework 的基础为 Baja（Building Automation Java Architecture)。

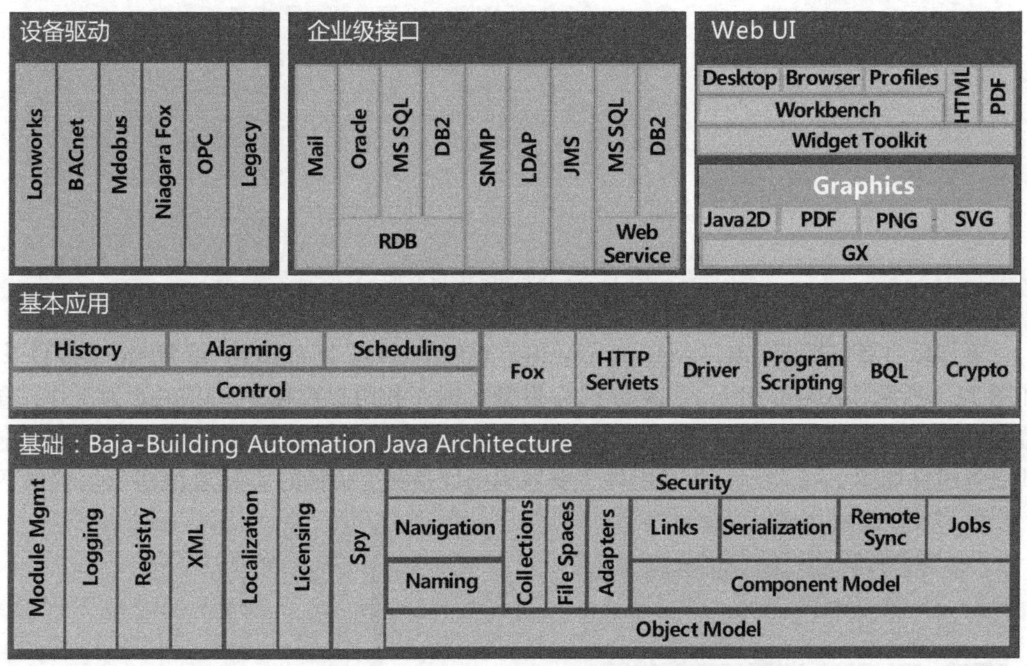

图 11-2　Niagara Framework 软件结构

Workbench 是 Niagara 4 统一应用开发工具，包括业务建模、用户界面设计、驱动开发等。Workbench 可以运行在一台 JACE 之上，可以直接通过 Web 浏览器访问。

此外，可根据功能需要基于 Eclipse 进行 Java 的二次开发，可以开发驱动模块组件、UI 组件、算法模块等，实现个性化功能。

Niagara 平台包括 Application Director，Certificate Management，Distribution File installer，File Transfer Client，Lexicon Installer，License Manager，Platform Administration，Software Manager，Station Copier，WiFi Configuration，Remote File System 等功能，如图 11-3 所示。通过 Application Director 启动或停止工作站的运行。Station Copier 用于实现工作站的拷贝。当在 Workbench 建立工作站时，工作站文件会被自动放在 User Home 目录中，但是为了在 PC 上启动工作站，必须将工作站通过 Station Copier 拷

贝到 Platform Daemon User Home 目录中。若要将程序拷贝到 JACE 中，需要将 Platform Daemon User Home 目录中的工作站重新通过 Station Copier 拷贝到 User Home 目录中，再将 User Home 目录中的工作站通过 Station Copier 拷贝到 JACE 中。

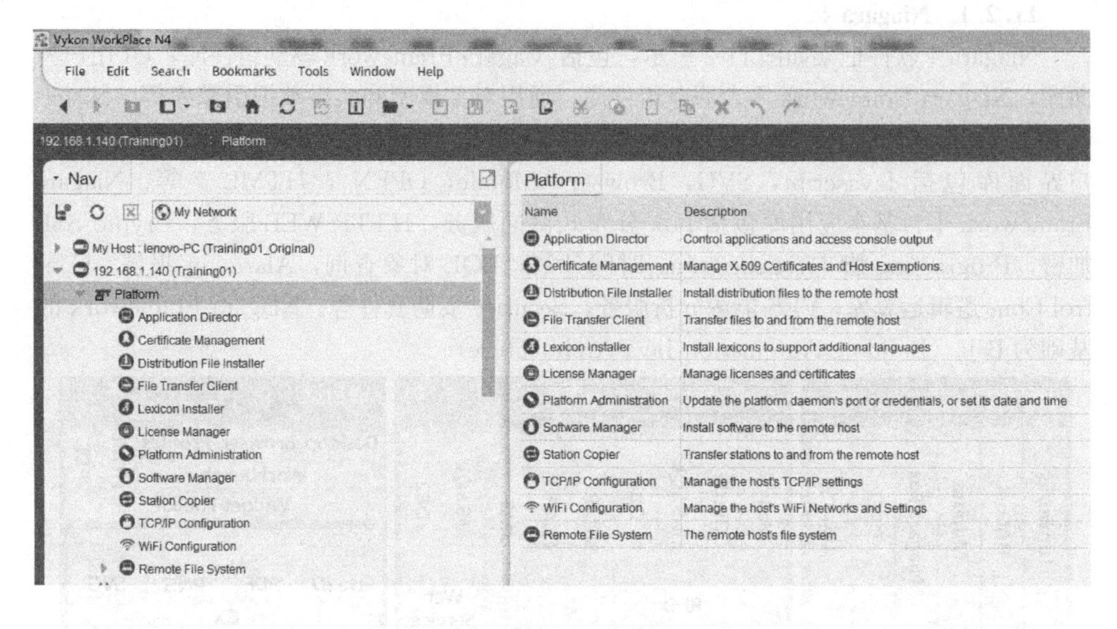

图 11-3　Niagara 平台界面

工作站主要包括 Home，Alarm，Config，Files，Spy，Hierarchy 和 History 等目录，如图 11-4 所示。Alarm 和 History 分别为报警数据库和历史数据库，Config 为工作站配置数据库，为软件开发的核心部分，内部包含软件开发需要的服务组件和驱动组件，具体的服务组件如图 11-5 所示；驱动组件主要看现场设备和 JACE 的实际通信协议，根据不

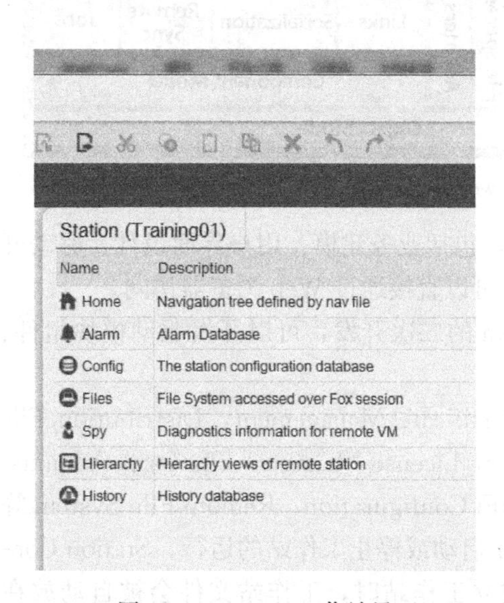

图 11-4　Niagara 工作站界面

图 11-5　服务组件图

同的通信协议通过 Palette 选取不同的组件。目前，BACnet 协议和 Modbus 协议是免费的，其他协议可根据需要购买。

11.2.2 JACE 8000

JACE 8000 嵌入式网络控制器可以用来连接多个设备和子系统，提供了集成、监控、数据记录、报警、时间表和网络管理的功能，可以通过以太网或无线局域网远程传输数据和在标准 Web 浏览器中进行图形显示。

JACE 8000 硬件接口包括两个单独的 RS 485 端口、两个 10/100 MB 的以太网端口、USB 备份与恢复和 Wi-Fi 连接。JACE 8000 操作系统为 QNX/Windows/Linux，运行环境包括 Niagara 运行环境和 Java 运行环境。JACE 8000 使用最新版本的 Niagara Framework——Niagara 4 来进行操作，以获得最佳性能。在较大的设施、多建筑应用和大型控制系统集成中，Niagara 4 Supervisor 可与 JACE 8000 一同用于信息整合，包括实时数据、历史记录和报警等。

11.2.3 IO-28U

如图 11-6 所示，VYKON IO-28U 是一款简易稳定，支持独立通信、高性能、标准开放协议的输入/输出模块，能满足于一般或特殊的应用。具备 BACnet MSTP 和 Modbus RTU 两大开放性通信协议。模块提供了 8 个数字输入，8 个通用输入（电压，电流，电阻和热电阻），8 个数字输出（继电器），4 个模拟输出（电流，电压）。

图 11-6 VYKON IO-28U 模块

11.3 基于 Niagara 的太阳能—空气源热泵空调系统物联网监控平台

11.3.1 项目简介

项目位于山东建筑大学科技楼六层，以太阳能—空气源热泵空调系统为对象，Niagara 物联网技术为手段，搭建其物联网监控管理平台。该空调系统分为太阳能—空气源热泵复合系统、新风系统和空调末端三个子系统，系统原理图如图 11-7 所示。

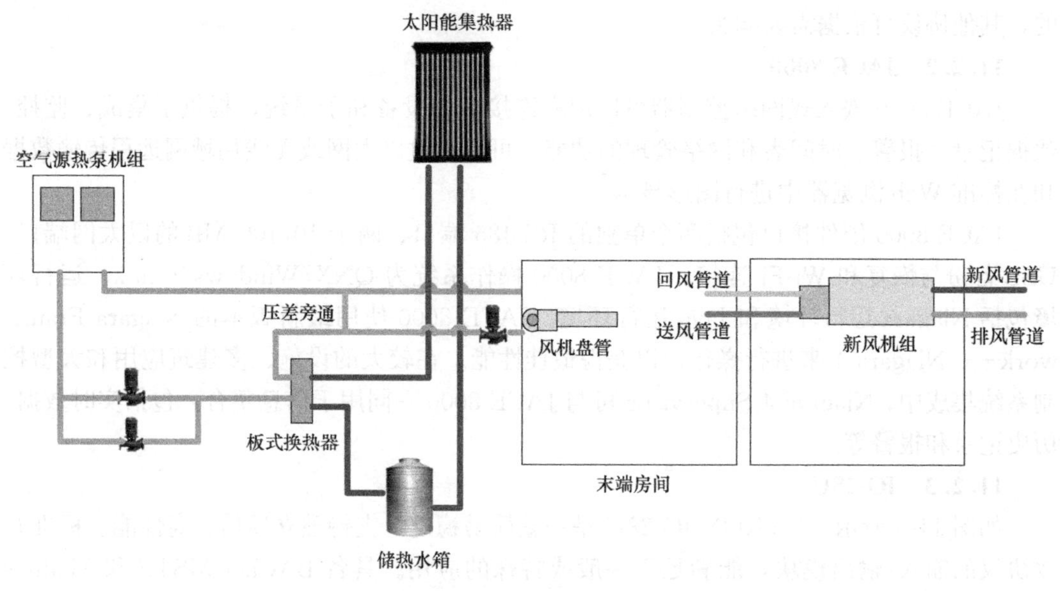

图 11-7　系统原理图

系统在夏季可利用空气源热泵为室内末端房间供冷，冬季太阳能集热器作为辅助供热设备，与空气源热泵一同为室内末端房间供热。新风机组为室内末端房间提供室外新风，新风在新风机组内利用室内回风的余热进行预冷或预热。物联网监控系统通过安装在现场的各类传感器对该系统的各种参数（例如温度、压力、流量、功率等）、系统设备的运行状态（包括新风机组的运行状态、水泵的运行状态等）进行监测，并根据系统的运行要求控制相应的设备。

11.3.2　监控方案设计

1. 太阳能—空气源热泵监控系统

太阳能—空气源热泵系统流量与热量采用热量表测量；电能通过智能电表进行测量，主要监控空气源热泵、循环水泵的功率和电能，热量表与电表输出 485 信号。系统对空气源热泵供回水温度与压力进行监控，安装温度、压力传感器，温度传感器量程 −50～150℃，4～20mA 电流输出，压力传感器量程 0～1.6MPa，4～20mA 电流输出；对储热水箱内水温进行监控，安装温度传感器；在旁通管路安装压差传感器，量程 0～100kPa，4～20mA 电流输出。

2. 新风监控系统

整个系统主要分为新风全热交换机控制、新风管道、送风管道、回风入口管道以及回风出口管道监测。其中，新风管道安装风管温湿度传感器、CO_2 浓度传感器、PM2.5 浓度传感器，送风管道安装风管温湿度传感器、PM2.5 浓度传感器，回风入口管道安装风管温湿度传感器，回风出口管道安装风管温湿度传感器、CO_2 浓度传感器。风管温湿度传感器温度量程 −10～40℃，湿度量程 0～100%RH，0～10V 电压输出；CO_2 浓度传感器量程 0～2000ppm，0～10V 电压输出；PM2.5 浓度传感器量程 0～1000$\mu g/m^3$，0～10V 电压输出；室外温湿度传感器温度量程 −30～50℃，湿度量程 5%～95%RH，0～10V 电压输出。

3. 末端房间监控系统

系统采用温控器对空调系统末端房间的风机盘管及电动阀进行控制，温控器选用鼎会 ZigBee 无线空调温控器，每个温控器旁安装一个 ZigBee 智能插座，可监测风机盘管开启状态、风速档位和室内温度。

4. 监控系统控制方式

在保证室内房间舒适性的前提下，为使系统节能降耗，平台在太阳能—空气源热泵系统中进行循环水泵变频控制，在新风系统中进行新风机组 CO_2 浓度与时间表联合控制，在末端房间系统中进行风机盘管与空气源热泵机组一体化控制等节能措施。

（1）循环水泵压差控制

在舒适性空调系统中，因为其负荷主要随室外气候与室内人数而改变，对于整个工程来说，机组满负荷运行的时间很少，绝大部分时间是处于部分负荷运行。若水泵定流量运行，不随用户负荷变化，水泵的能耗基本不变，电能则会浪费严重。若房间内风机盘管不开，则风机盘管相应的电动两通阀关，从而引起供回水管压差的变化，压差传感器将这一信号传送给 JACE 网络控制器，与压差设定值进行比较，通过变频器控制水泵的转速。

当系统内负荷减少时，末端风机盘管部分关闭，此压差监测值就会增高到大于设定值，则变频器降低输出频率，降低水泵转速，在满足末端房间负荷要求的基础上，减小冷热水循环流量，降低电能消耗；反之，当系统内负荷增加时，末端风机盘管部分打开，此压差监测值就会降低到小于设定值，变频器提高频率，增加流量。循环水泵压差控制系统框图如图 11-8 所示。

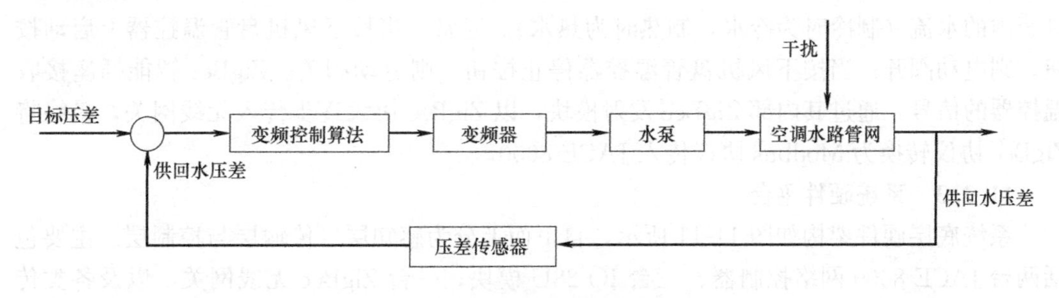

图 11-8 压差控制系统框图

（2）新风机组 CO_2 浓度值与时间表联合控制

根据国内现有 CO_2 室内空气标准，办公房间室内 CO_2 浓度标准值应低于 800ppm。回风管道 CO_2 浓度传感器感知回风 CO_2 浓度，若在办公时间表设定的时间内实测浓度值大于 800ppm，则平台控制新风机组开启，引入室外新风，降低室内 CO_2 浓度值；反之，表示室内空气质量良好，关闭新风机组，节约能耗。CO_2 浓度控制流程图如图 11-9 所示。

（3）风机盘管与空气源热泵机组一体化控制

目前大多数空气源热泵机组采用时间表控制，可以根据人员上下班时间控制机组启停，由于学校办公房间内人员流动性较大，科研时间不统一，如果各末端房间内无办公人员，根据时间表启动空气源热泵机组，会造成电能浪费严重。系统通过风机盘管的电动阀状态来控制空气源热泵机组的启停，系统若检测到有风机盘管电动阀状态为开，则启动空气源热泵机组，若检测到风机盘管所有电动阀状态为关，则停止空气源热泵机组运行。该方法提高了系统控制的灵活性，克服了机组时间表控制造成的电能浪费情况。电动阀控制接线如图 11-10 所示。

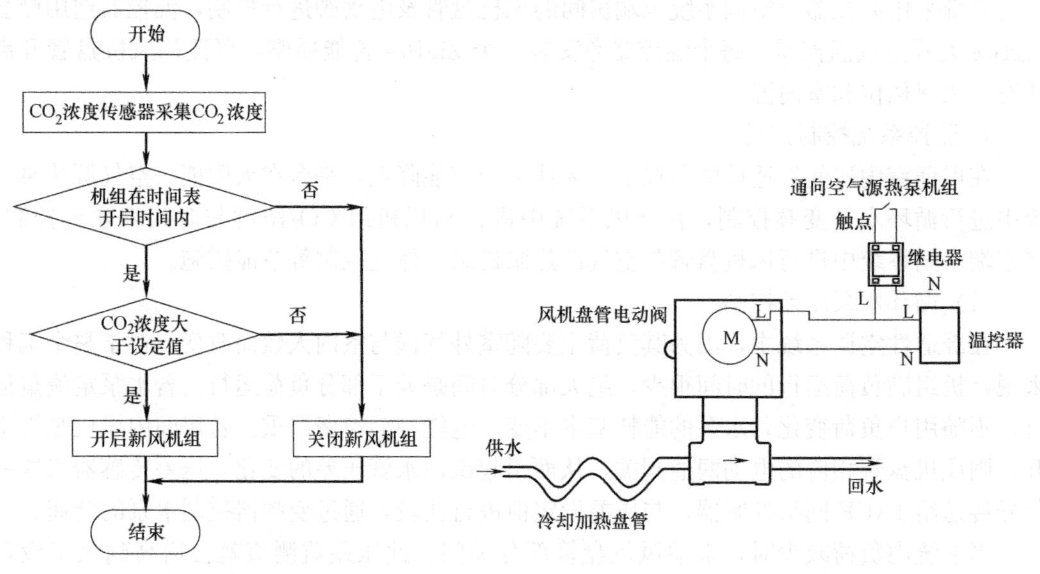

图 11-9　CO_2 浓度控制流程图　　图 11-10　电动阀控制接线图

(4) 末端房间风机盘管控制

每个末端办公房间装有一个或多个风机盘管，风机盘管电动阀作为控制风机盘管内水流的执行部件，它受控于风机盘管温控器。风机盘管温控器通过控制它来接通或截止风机盘管内的水流（制冷时为冷水，制热时为热水）。通常，当按下风机盘管温控器上启动按钮，则电动阀开；当按下风机盘管温控器停止按钮，则电动阀关。ZigBee 智能插座接收温控器的信号，通过其内部 ZigBee 发射模块，以 ZigBee 协议逐步传入无线网关，最终将 ZigBee 协议转换为 Modbus 协议传入 JACE 8000。

11.3.3　系统硬件平台

系统底层硬件架构如图 11-11 所示，自下而上分为感知层、传输层与控制层。主要包括两台 JACE 8000 网络控制器、三台 IO-28U 模块，一台 ZigBee 无线网关，以及各类传感器与现场设备。

1. 感知层技术

感知层是物联网的核心，是信息采集的关键部分，通过传感网络获取环境信息，主要功能是识别物体、采集信息。系统中感知层技术主要由传感器构成，利用各种机制把被测量转换为电信号，然后由相应信号处理装置进行处理，并产生相应动作。在本系统中包括温湿度、二氧化碳浓度、PM2.5 浓度、压力和压差传感器、冷热量表、智能电表、ZigBee 智能插座等。

2. 传输层技术

传输层承担数据可靠传递的功能，是物联网的神经中枢和大脑。通过网络将感知的各种信息进行实时可靠传送，实现数据的传输和计算。本系统中使用的传输层技术有 Modbus 协议（JACE 控制器与传感器、IO 模块通信），TCP/IP 协议（JACE 与 PC 服务器通信），ZigBee 协议（ZigBee 无线网关与智能插座通信）。

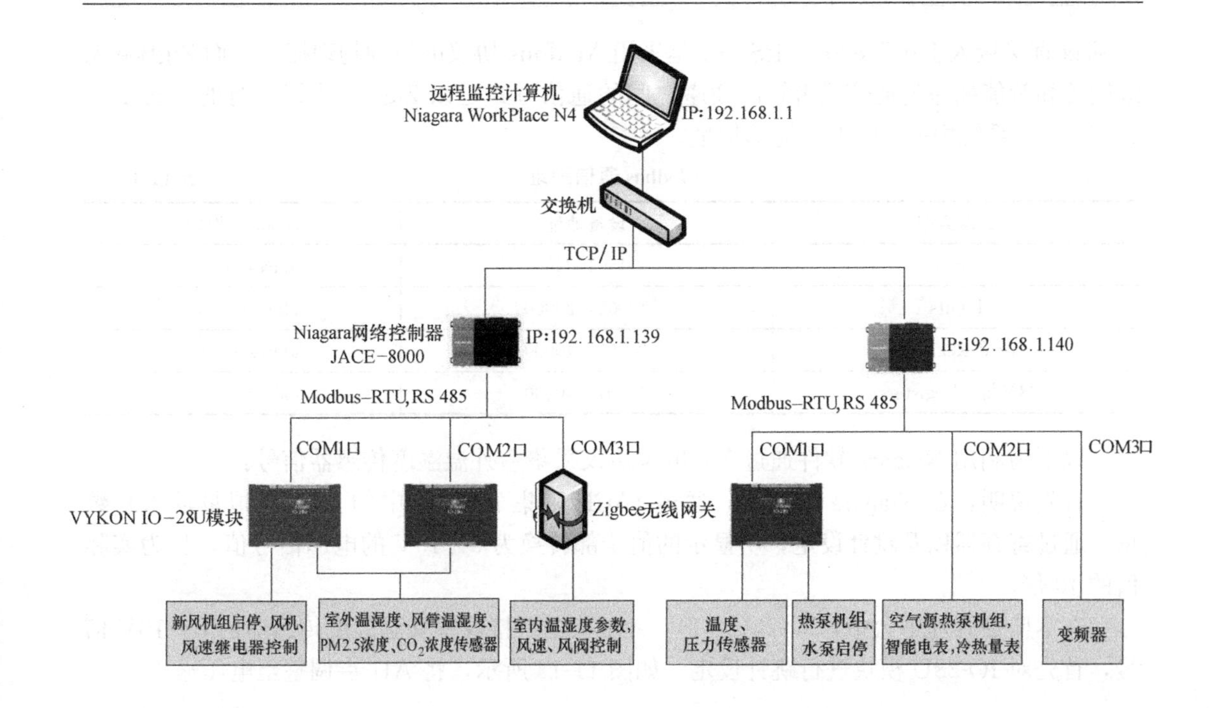

图 11-11 系统底层硬件架构图

3. 控制层技术

控制层的设备可对多协议进行转换，在网络层以上实现网络互连。本系统中使用的控制层技术有 JACE 8000 网络控制器，VYKON IO-28U 模块和 ZigBee 无线网关。

4. 系统底层架构连接方式

第一台 JACE（IP：192.168.1.139）通过 COM1 口与 COM2 口的 RS 485 线连接 IO-28U 模块，以 Modbus 协议进行通信，采集室外温湿度、风管温湿度、二氧化碳浓度、PM2.5 浓度以及控制 IO 模块的数字量（DO）输出，用于控制继电器的闭合，从而控制新风机组启停等；通过 COM3 口的 RS 485 线连接 ZigBee 无线网关，读取各办公室内温度以及风速等。

第二台 JACE（IP：192.168.1.140）通过 COM1 口的 RS 485 线连接 IO-28U 模块，以 Modbus 协议进行通信，采集太阳能—空气源热泵复合系统内的温度、压力和压差传感器采集的模拟量数据；通过 COM2 口的 RS 485 线连接空气源热泵机组，三块智能电表和冷热量表；通过 COM3 口的 RS 485 线连接变频器，控制水泵变频。

最后通过网线 TCP/IP 协议，以 Niagara 网络集成技术，汇总入 PC 服务器内。

11.3.4 系统通信协议

本监控管理平台所使用的协议主要是 Modbus 协议。Modbus 是一种串行通信协议，是 Modicon 公司（现在的施耐德电气）于 1979 年为使用可编程逻辑控制器（PLC）通信而发表。Modbus 已经成为工业领域通信协议的业界标准（De facto），并且现在是工业电子设备之间常用的连接方式。

在本监控管理平台中，IO-28U 和 JACE 8000 之间通过 RS 485 以 Modbus 协议进行连接通信；智能电表、热量表、热泵机组和 ZigBee 无线网关通过 RS 485 总线，以 Modbus 协议直接接入 JACE 8000。RS 485 是采用 Modbus 协议的一种物理接口。而 ZigBee 无线网关和智能插座的通信或者智能插座之间的通信方式是以 ZigBee 协议进行的。表 11-1 为 Niagara 系统中的 Modbus 通信地址。

Modbus 通信地址　　**表 11-1**

数据类型	设备地址	Modbus 地址
Coils	1～10000	address-1
Inputs	10001～20000	address-10001
Input Registers	30001～40000	address-30001
Holding Registers	40001～50000	address-40001

以下为利用 Niagara 软件通过 Modbus 协议采集室外温湿度传感器信号：

首先说明，在 Niagara 软件中，通过 JACE 采集 IO-28U 中的 AI（模拟量输入）数据，通过寄存器以及跳针设定，所显示的值全部转换为 0～10V 的电压信号值，且为实际值的 10 倍。

在本监控管理平台中，IO-28U（1）：AI1 数据点接收室外温湿度传感器的 0～10V 信号，首先对 IO-28U 模块进行跳针设定，如图 11-12 所示，将 AI1 点调整至电压输入。

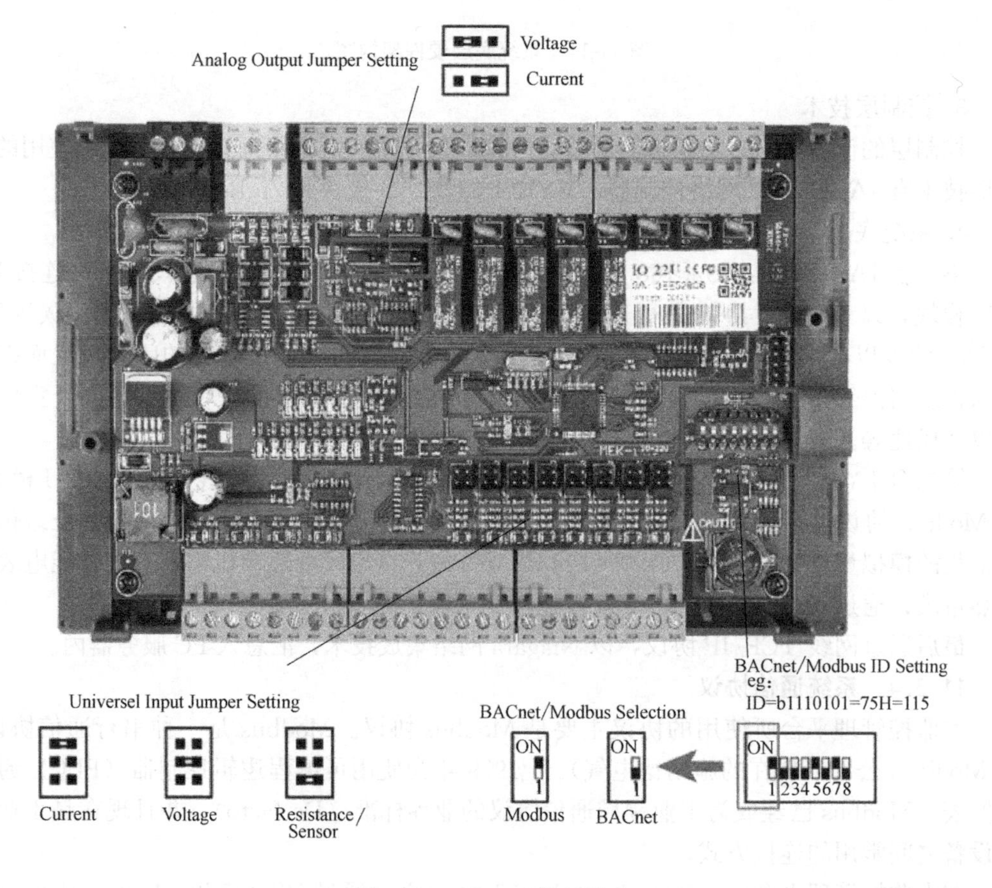

图 11-12　IO-28U 跳针设定

利用 VykonWorkPlace N4 软件，完成软件模拟量输入寄存器设置。通过所连接的本地 JACE 站点，打开 ModbusAsync Device 内的 Points，新建一个 Numeric Writable 点；根据表 11-2，将此点地址设定为 40049；设定此点值为 0，对应 0～10V 电压信号（1 值对应 0～5V 电压信号、2 值对应 0～20mA 电流信号、3 值对应 4～20mA 电流信号、4 值对应电阻信号、5 值对应温度信号）。

IO-28U 的 Holding Registers 数据模拟量输入寄存器设定地址　　表 11-2

地址	寄存器类型	数据类型	备　注
40049	Analogue InputType1	INTEGER16	0=0～10V,1=0～5V,2=0～20mA,3=4～20mA,4=Res,5=Temp
40050	Analogue InputType2	INTEGER16	0=0～10V,1=0～5V,2=0～20mA,3=4～20mA,4=Res,5=Temp
40051	Analogue InputType3	INTEGER16	0=0～10V,1=0～5V,2=0～20mA,3=4～20mA,4=Res,5=Temp
40052	Analogue InputType4	INTEGER16	0=0～10V,1=0～5V,2=0～20mA,3=4～20mA,4=Res,5=Temp
40053	Analogue InputType5	INTEGER16	0=0～10V,1=0～5V,2=0～20mA,3=4～20mA,4=Res,5=Temp
40054	Analogue InputType6	INTEGER16	0=0～10V,1=0～5V,2=0～20mA,3=4～20mA,4=Res,5=Temp
40055	Analogue InputType7	INTEGER16	0=0～10V,1=0～5V,2=0～20mA,3=4～20mA,4=Res,5=Temp
40056	Analogue InputType8	INTEGER16	0=0～10V,1=0～5V,2=0～20mA,3=4～20mA,4=Res,5=Temp

新建一个 Numeric Point 点，根据表 11-3，将此点地址设定为 30001（AI1 数据点地址），数据类型设定为 Float Type，此点最终显示值为室外温度传感器电压信号值的 10 倍。进入地址为 30001 的 Numeric Point 属性界面，如图 11-13 所示，根据室外温湿度传感器量程对其进行线性转换得到室外温度值。

IO-28U 的 Input Registers 数据模拟量输入值采集地址　　表 11-3

地址	寄存器类型	数据类型	备　注
30001	Analogue Input Value1	REAL32	AI current value reference to sclae value and AI type
30003	Analogue Input Value2	REAL32	AI current value reference to sclae value and AI type
30005	Analogue Input Value3	REAL32	AI current value reference to sclae value and AI type
30007	Analogue Input Value4	REAL32	AI current value reference to sclae value and AI type
30009	Analogue Input Value5	REAL32	AI current value reference to sclae value and AI type
30011	Analogue Input Value6	REAL32	AI current value reference to sclae value and AI type
30013	Analogue Input Value7	REAL32	AI current value reference to sclae value and AI type
30015	Analogue Input Value8	REAL32	AI current value reference to sclae value and AI type

室外温度传感器的温度量程为−30～50℃，输出 0～10V 电压信号，则−30℃对应 0V 信号，50℃对应 10V 信号，若假设温度为 y，输出电压信号为 x，求得线性转换函数为 $y=8x-30$。

如图 11-14 所示，室外温度 30001 输出值为 47.5，其为温度传感器输出电压的 10 倍。即实际传感器输出电压为 4.75V；点击室外温度 Numeric Point 进入属性界面，如图11-13 所示，根据线性转换值，设定软件对应的 Scale 值为 0.8，Offset=−30，设定 Facets 单位为℃；点击 OK，此时输出值为转换后的室外实际温度值 13.8℃，如图 11-15 所示。

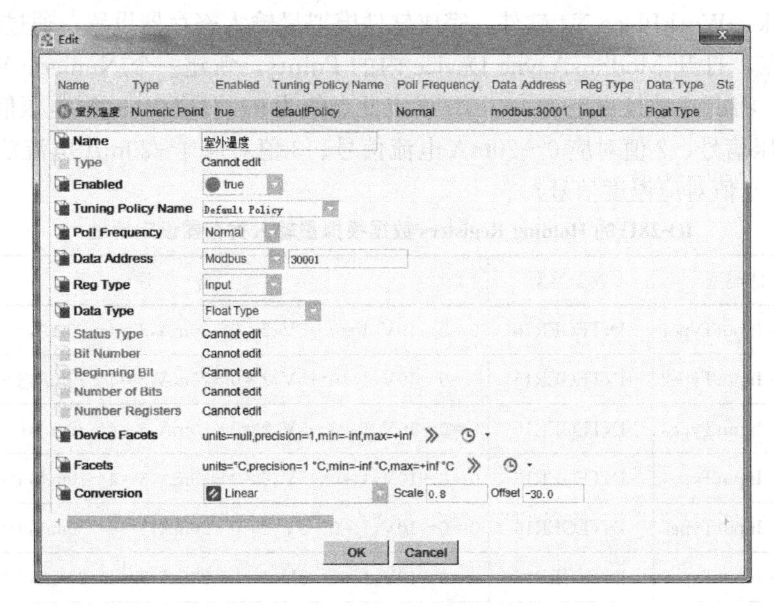

图 11-13　室外温度 Numeric Point 的属性

Name	Out	Absolute Address
室外温度	47.5 {ok}	modbus:30001
室外湿度	58.3 {ok}	modbus:30003

图 11-14　软件采集的初始信号值

Name	Out	Absolute Address
室外温度	13.8 °C {ok}	modbus:30001
室外湿度	58.4 %RH {ok}	modbus:30003

图 11-15　线性转换后得到的温湿度值

11.3.5　基于 Niagara 的软件开发

1. Niagara 设备驱动设计

（1）IO-28U 驱动设计

IO-28U 模块与 JACE 8000 之间通过 RS 485 总线连接，JACE 8000 通过模块驱动识别 IO-28U 模块和读取其寄存器内的数据点，并可配置各数据点的属性。

连接完成 IO-28U（1）模块与 JACE 8000，对其进行通电，利用 VykonWorkPlace N4 软件打开连接在本地计算上的 JACE 8000 里的站点，通过 Palette 工具，将 Modbus-AsyncNetwork 添加到 JACE8000 站点的 Drivers 下。

右键点击 ModbusAsyncNetwork，通过 Views 内的 AX Property Sheet 进入属性界面，配置其属性，串口为 COM1，波特率为 19200bps，数据位为 8bits，停止位为 1bit，校验位为偶检验，如图 11-16 所示；打开 ModbusAsyncNetwork 的 ModbusAsync Device Manager 界面，点击 New 按钮，添加一个新的设备；打开 ModbusAsync Device Manager 设备下的 Points 的 Modbus Client Points Manager 界面，点击 New 按钮，可将不同地址的数据点添加到 JACE 8000。

（2）Supervisor 通信设计

通过设定本地服务器软件中的 Supervisor 工作站，可通过服务器管理多台 JACE 网络控制器，以便对不同区域所采集的数据进行统一监控管理。在本地 Supervisor 工作站的 Drivers 内，使用 NiagaraNetwork 连接到 JACE，如图 11-17 所示。便可在 Supervisor 工作站内对 JACE 添加的数据点进行相应的逻辑编程、数据显示等操作。

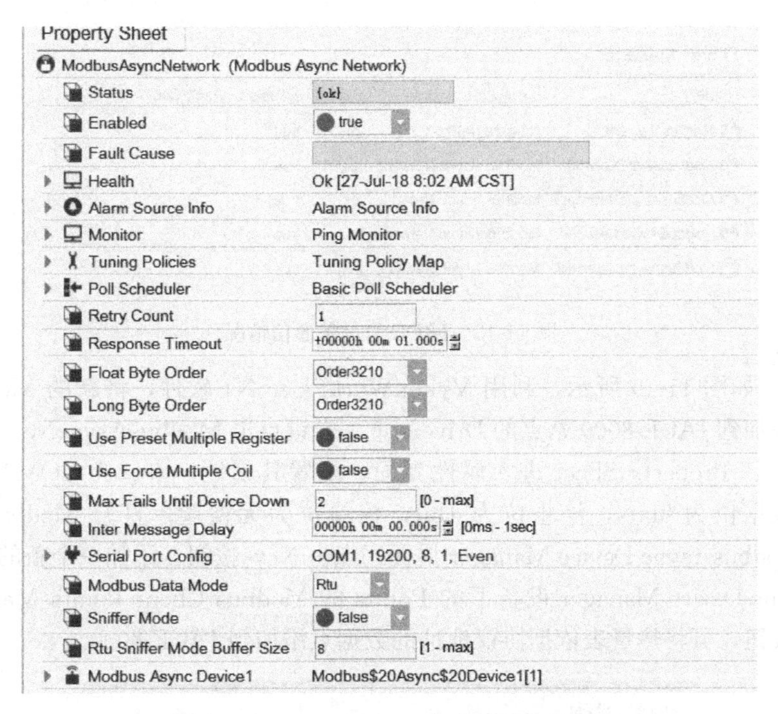

图 11-16　IO-28U（1）与软件连接配置

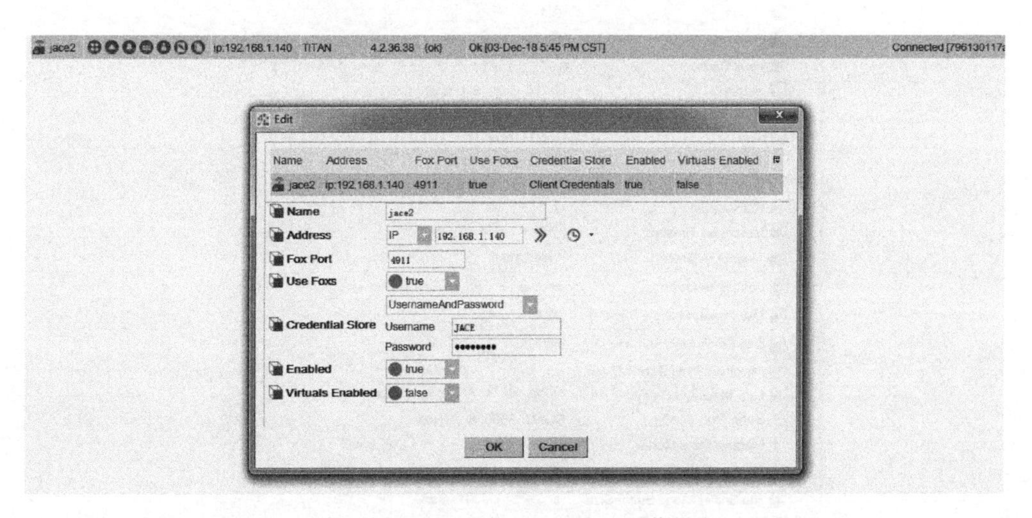

图 11-17　JACE 与 Supervisor 通信设定

2. 设备数据采集设计

本平台以热量表与智能电表的数据采集为例，详细介绍如何利用 Niagara 软件读取所需设备中的具体数据，JACE 与设备通信情况如图 11-18 所示。

（1）热量表通信设计

平台选用 TDS-100Y 型一体式超声波流量计，该款产品避免了外敷式和插入式传感器在安装过程中由于人为和管道因素产生的误差，具有精度高、量程比宽、无压力损失、安装简单等优点。

热量表采用 Modbus 通信协议，与智能电表通过同一根 RS485 总线连接到 JACE，地

Driver Manager

Name	Type	Status	Enabled	Fault Cause
NiagaraNetwork	Niagara Network	{ok}	true	
ModbusAsyncNetwork	Modbus Async Network	{ok}	true	
ModbusAsyncNetwork3	Modbus Async Network	{ok}	true	
ModbusAsyncNetwork2	Modbus Async Network	{ok}	true	
ModbusAsyncNetwork4	Modbus Async Network	{ok}	true	

图 11-18　JACE 与设备通信情况

址设定为 4。如图 11-19 所示，利用 VykonWorkPlace N4 软件，将新的 ModbusAsyncNetwork3 添加到 JACE 8000 站点的 Drivers 下；右键点击 ModbusAsyncNetwork3，通过 Views 内的 AX Property Sheet 进入属性界面，配置其属性，串口为 COM3，波特率为 9600bps，数据位为 8bits，停止位为 1bit，校验位为无检验。打开 ModbusAsyncNetwork3 的 ModbusAsync Device Manager 界面，点击 New 按钮，添加一个新的设备；打开 ModbusAsync Device Manager 设备下的 Points 的 Modbus Client Points Manager 界面，点击 New 按钮，可将热量表依据协议地址的数据点添加到 JACE 8000。

Property Sheet

ModbusAsyncNetwork3 (Modbus Async Network)

Property	Value
Status	{ok}
Enabled	true
Fault Cause	
Health	Ok [09-Sep-18 4:33 AM CST]
Alarm Source Info	Alarm Source Info
Monitor	Ping Monitor
Tuning Policies	Tuning Policy Map
Poll Scheduler	Basic Poll Scheduler
Retry Count	1
Response Timeout	+00000h 00m 01.000s
Float Byte Order	Order3210
Long Byte Order	Order3210
Use Preset Multiple Register	false
Use Force Multiple Coil	false
Max Fails Until Device Down	2 [0 - max]
Inter Message Delay	00000h 00m 00.000s [0ms - 1sec]
Serial Port Config	COM3, 9600, 8, 1, None
Modbus Data Mode	Rtu
Sniffer Mode	false
Rtu Sniffer Mode Buffer Size	8 [1 - max]
热量表（太阳能集热器）	$u70ed$u91cf$u8868$uff08$u592a$u...
电表（热泵机组）	$u7535$u8868$uff08$u70ed$u6cf5$u...
空气源热泵机组	$u7a7a$u6c14$u6e90$u70ed$u6cf5...
热量表（总）	$u70ed$u91cf$u8868$uff08$u603b$u...
电表（循环水泵）	$u7535$u8868$uff08$u5faa$u73af$u...

图 11-19　热量表与 JACE 通信设定

平台根据需求采集热量表部分数据，如供回水温度、瞬时流量、瞬时热量和流体速度等。根据热量表自带的说明，表 11-4 为热量表的某些关键数据地址对应情况。

在 Niagara 软件中，根据热量表通信说明，瞬时流量对应地址为 40002，瞬时热量对应地址为 40004，以此为例建立各寄存器相应的 Numeric Writable 点，数据类型为 float。

具体数据采集情况如图 11-20 所示。

热量表通信说明　　　　**表 11-4**

寄存器地址	寄存器数目	寄存器名称	数据格式	单位
0001-0002	2	瞬时流量	IEEE754	m^3/h
0003-0004	2	瞬时热量	IEEE754	kW
0005-0006	2	流体速度	IEEE754	m/s
0033-0034	2	供水温度 T1	IEEE754	℃
0035-0036	2	回水温度 T2	IEEE754	℃

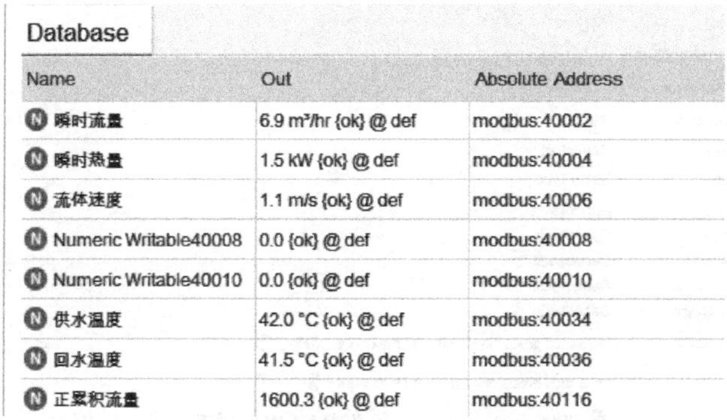

Database

Name	Out	Absolute Address
瞬时流量	6.9 m³/hr {ok} @ def	modbus:40002
瞬时热量	1.5 kW {ok} @ def	modbus:40004
流体速度	1.1 m/s {ok} @ def	modbus:40006
Numeric Writable40008	0.0 {ok} @ def	modbus:40008
Numeric Writable40010	0.0 {ok} @ def	modbus:40010
供水温度	42.0 °C {ok} @ def	modbus:40034
回水温度	41.5 °C {ok} @ def	modbus:40036
正累积流量	1600.3 {ok} @ def	modbus:40116

图 11-20　热量表与 JACE 通信情况

（2）智能电表通信设计

平台选用的 LCDG-DTSD106 三相电子式电能表是新一代导轨式安装的微型电能表，该电能表采用 LCD 显示，可显示三相电压、三相电流、有功功率、总有功功率、无功功率、总无功功率、总功率因数、频率及正向有功电能，并具有电能脉冲输出功能；可用 RS 485 通信接口与上位机实现数据交换，极大地方便了用电自动化管理。

智能电表采用 Modbus 通信协议，与 JACE 8000 直接通过 RS485 总线进行连接，循环水泵电表地址设定为 5。平台根据需求采集智能表部分数据，如频率、功率和电量等。表 11-5为 DTSD106 型智能电表部分协议说明，本平台电表直接接入循环水泵和空气源热泵机组配电箱。

智能电表通信说明　　　　**表 11-5**

参数符号	寄存器地址	单位	参数名称	说明
U0	0001H		电压量程	1～1000V 对应 1～1000　默认值 250
I0	0002H		电流量程	0.1～1000 数值 1～10000　默认 5A 值为 50
Ubb	0004H		电压变比	1～1000　默认值 1
Ibb	0005H		电流变比	1～2000　默认值 1，根据量程确定值的范围
	0014H	kWh	有功总电能（高位）	值＝DATA · U0 · I0/18000000
	0015H		有功总电能（低位）	
P	0046H	W	有功功率	值＝DATA · U0 · Ubb · I0 · Ibb · 3/10000
F	004AH	Hz	频率	无符号数，值＝DATA/100

以采集智能电表总用电量为例，如图 11-21 所示，按照 32 位长整型读取 0014H 地址数据，在 Niagara 软件中建立地址为 40021 的 Numeric Writable 点，设定数据类型为 Long Type；根据电表通信说明，读取的 U0（电压量程）数据为 250，I0（电流量程）数据为 50，Ubb（电压变比）为默认值 1，Ibb（电流变比）为默认值 1，计算出相应的斜率为 6.944444E-5；最终得出循环水泵电量如图 11-22 所示。

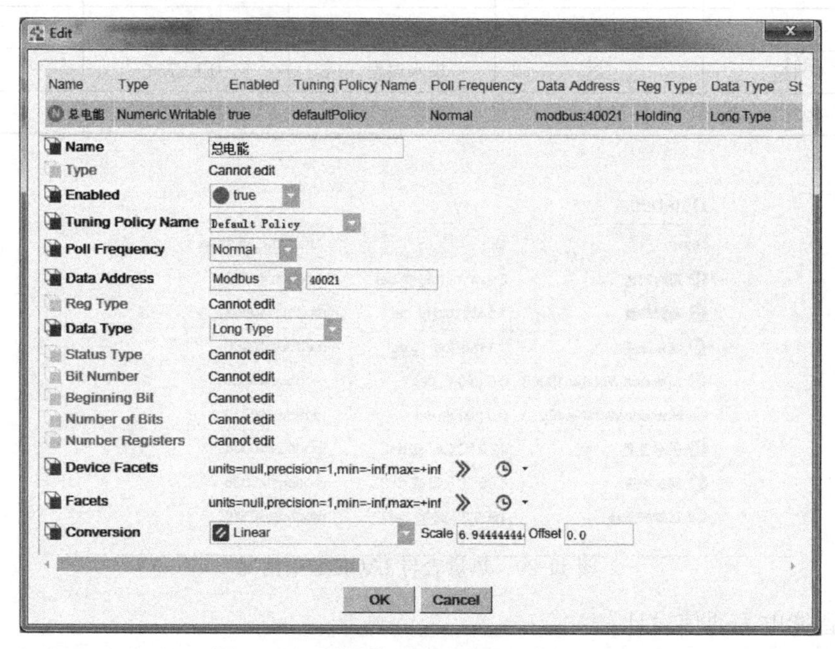

图 11-21　循环水泵电表电量通信点设定

Database

Name	Out	Absolute Address
Numeric Writable40001	56067.0 {ok} @ def	modbus:40001
Numeric Writable40002	250.0 {ok} @ def	modbus:40002
Numeric Writable40003	50.0 {ok} @ def	modbus:40003
频率（循环水泵）	50.0 Hz {ok} @ def	modbus:40075
总电能	1225.5 {ok} @ def	modbus:40021

图 11-22　电表通信情况

3. 平台界面设计

运用 Niagara Workplace N4 软件内丰富的图形对象来表达各子系统的设备及其监视信息，嵌入基于 Internet 的 Web 技术，将各个子系统的监控画面以 HTML 页面的形式统一组织起来，方便用户直观操作及远程访问，并可对系统内的设备集中控制，以及环境数据的可视化展现。本平台中软件界面包括首页界面、新风系统界面、太阳能—空气源热泵系统界面、末端房间系统界面、历史数据界面、报警系统界面、用户管理界面等。

（1）首页

平台首页显示系统内所有传感器以及设备的实时状态参数，如图 11-23 所示，这些参数也是能耗分析的基础。以便用户对平台实时数据进行监测，可通过首页点击标题栏进入各子系统。

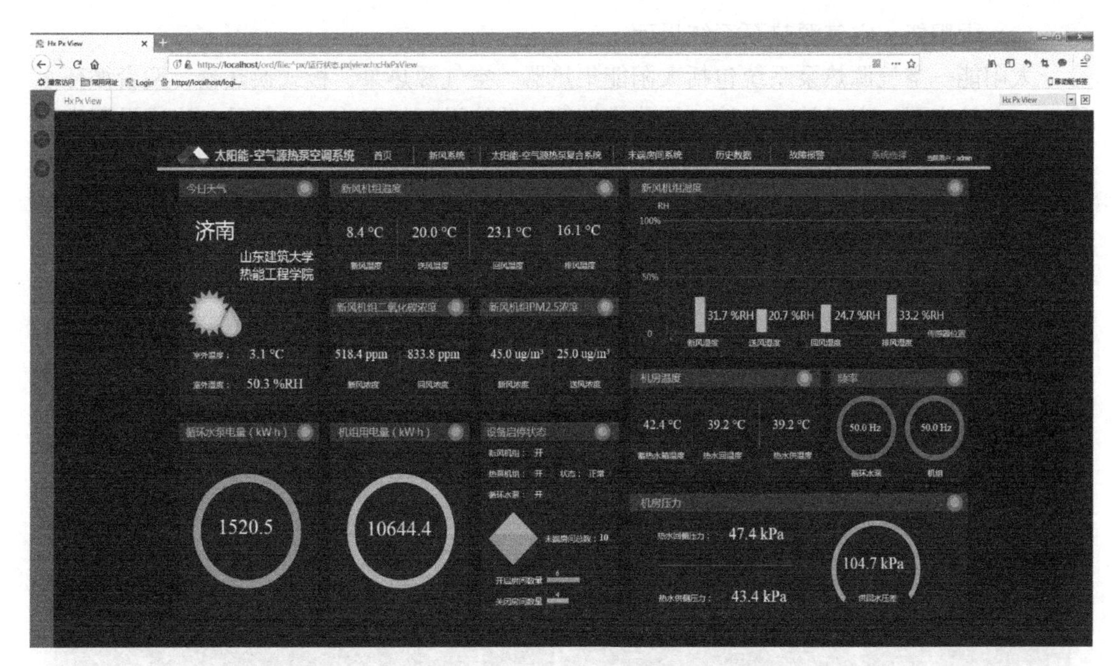

图 11-23　平台首页界面

(2) 新风系统界面

新风系统界面用来显示新风系统原理及运行状况，如图 11-24 所示。从界面中可以看到新风机组构成，相应传感器的布置，可以清楚地看到系统运行原理；同时从界面中也可以直观地读出新风温湿度、CO_2浓度、PM2.5 浓度、送风温湿度、回风温湿度、排风温湿度以及各新风机组启停状态；也可选择手动启停或利用平台自动控制新风机组。

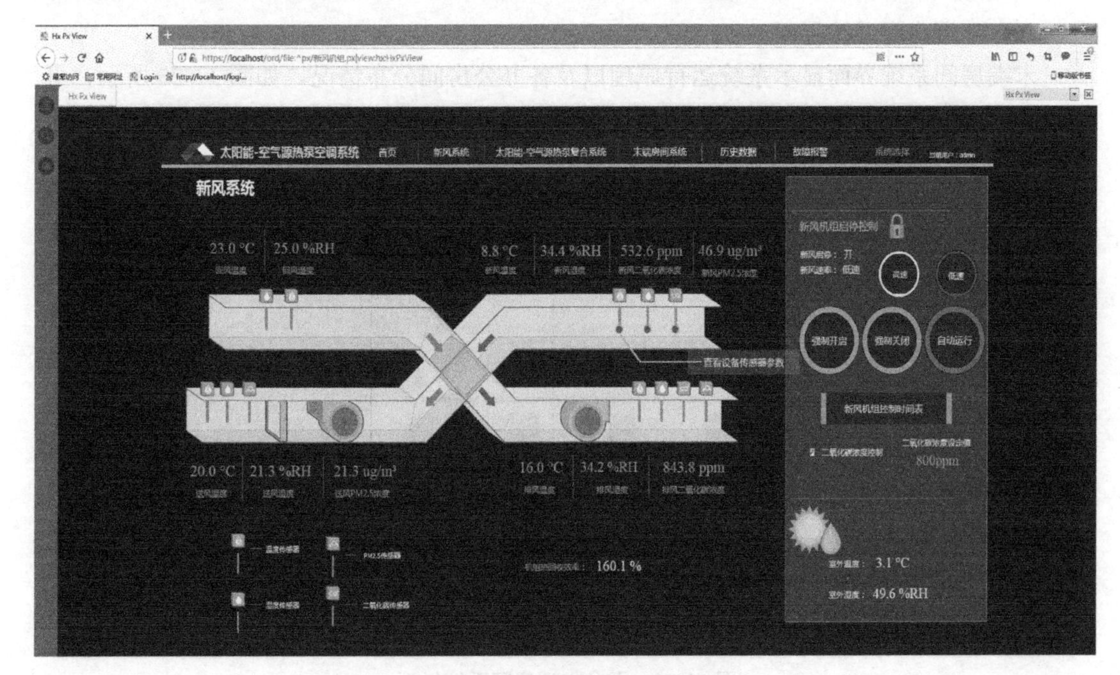

图 11-24　平台新风系统界面

（3）太阳能—空气源热泵系统界面

太阳能—空气源热泵系统包括太阳能集热器，空气源热泵、板式换热器，两台循环水泵、一台补水泵、定压补水水箱、储热水箱等，监控界面如图 11-25 所示。从该界面中可以看到太阳能—空气源热泵系统的运行原理图，从中可以读出空气源热泵机组运行状态，循环水泵运行状态与频率，热泵机组供回水温度、压力，储热水箱内水温，差压旁通管路的供回水压差，太阳能集热器供给热量，空气源热泵机组供给冷热量，空气源热泵机组、循环水泵耗电量。

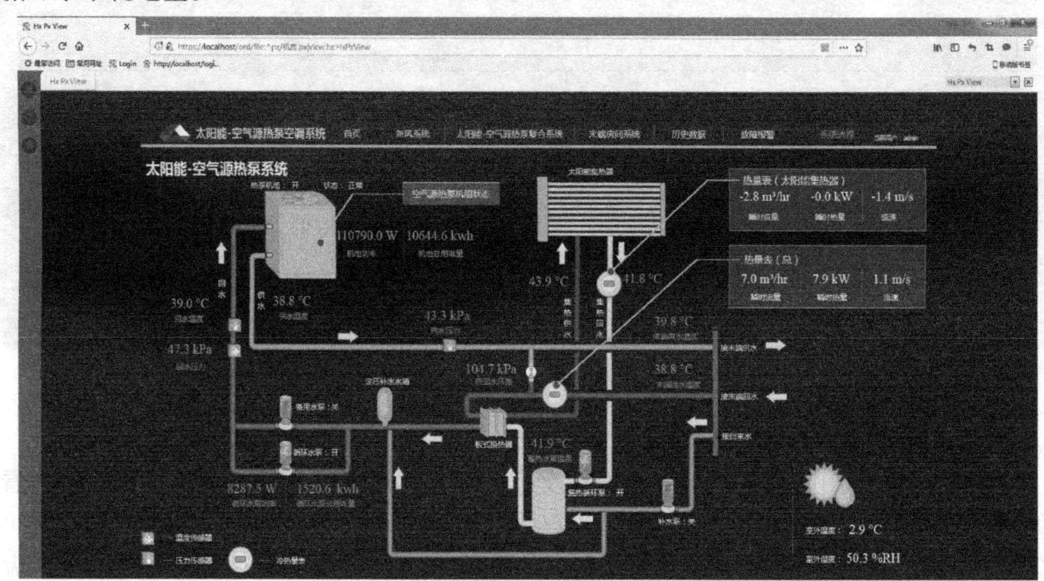

图 11-25　平台太阳能—空气源热泵系统界面

（4）末端房间系统界面

末端房间系统界面显示系统运行原理以及各办公房间分布情况，如图 11-26 所示，可

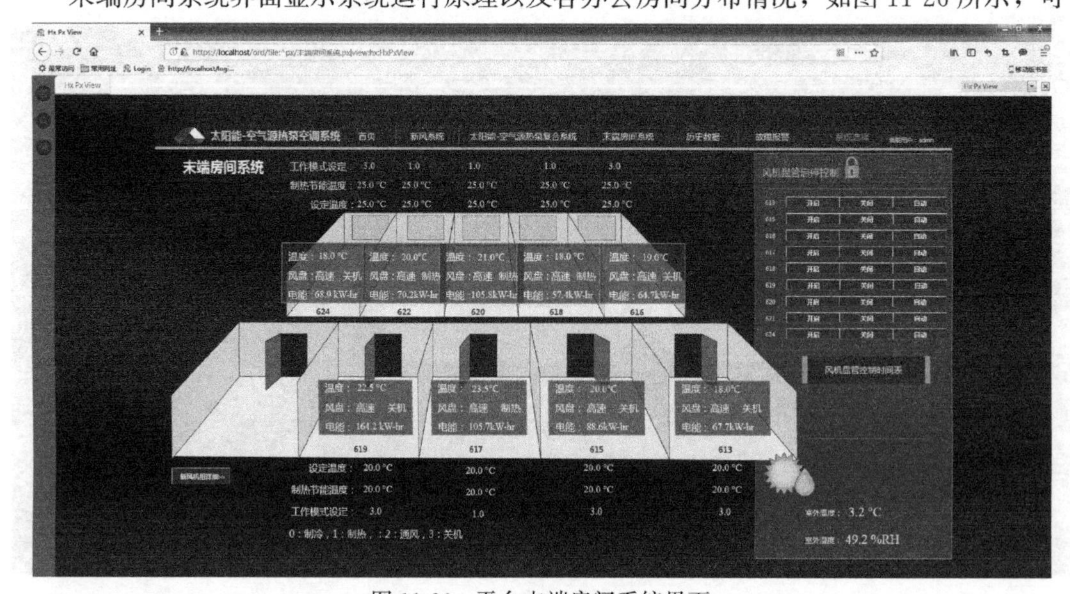

图 11-26　平台末端房间系统界面

以读出各办公房间温度、风机盘管的启停状态和用电量等，也可手动改变末端房间内各风机盘管的工作模式（制冷、制热、通风和关机）以及设定温度。

（5）历史数据系统界面

历史数据系统界面显示平台中所需的关键数据记录情况，如图 11-27 所示，如太阳能—空气源热泵系统供回水温度和压力、系统用电量以及新风系统温湿度等，可实时显示数据的动态变化以及历史曲线，以便在后续工作中对平台的实际运行性能进行分析。

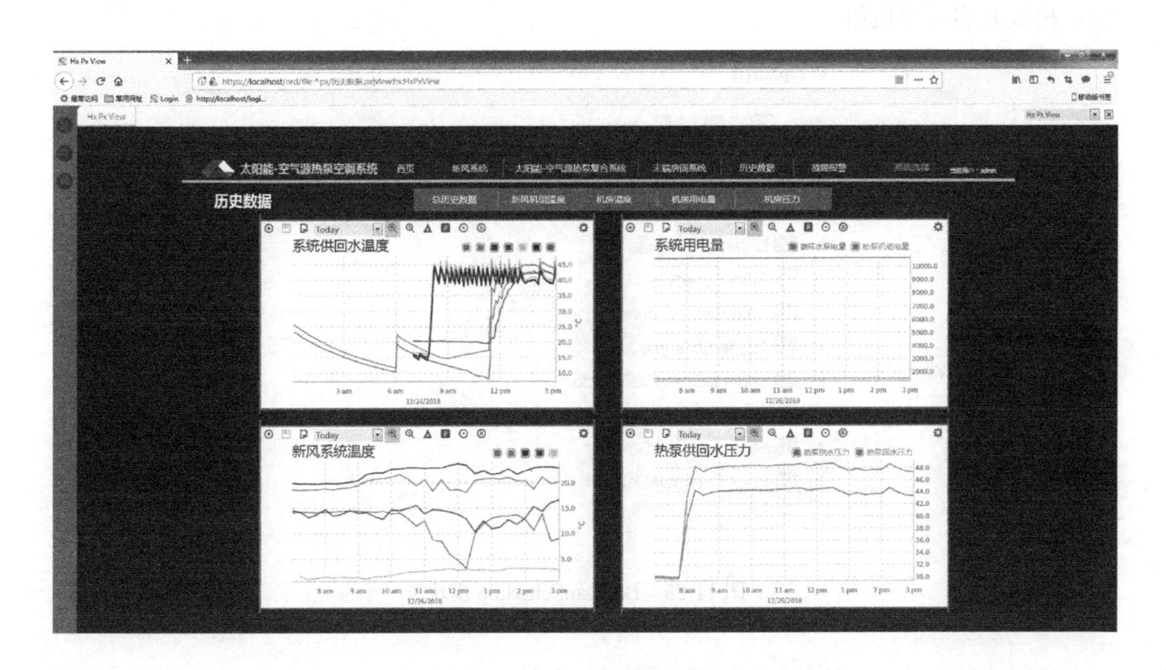

图 11-27 历史数据系统界面

4. 平台控制设计

平台中的控制系统设计包括时间表控制、新风机组 CO_2 浓度控制和循环水泵压差控制。以时间表控制和新风机组 CO_2 浓度控制为例，介绍在 Niagara 中如何实现具体的控制逻辑。

（1）时间表控制

为了节约能源，使用 Niagara 平台中的 BooleanSchedule 时间表模块。如图 11-28 以及图 11-29 所示，在时间表中，可在白天和晚上三个时间段设定关闭时间，直接将某些大型设备关闭，或者设定设备和机组的开启时间，以免在半夜无人时发生风机盘管或新风机组开启等类似资源浪费的情况。

（2）新风机组 CO_2 浓度控制

在 Niagara 软件中采用模块化编程，每个功能模块基于 Java 语言开发，通过对功能模块的选择、设计和连接，实现平台的节能控制逻辑。新风机组的启停通过 CO_2 浓度值与时间表联合控制，在平台中可选择其中一种方式控制新风机组的启停，通过时间表设定一个新风机组启停时间，在设定时间内，新风机组会自动开启，设定时间外，新风机组会自动关闭；也可选择通过 CO_2 浓度值控制新风机组的启停。

如图 11-30 所示，主要通过 BooleanSwitch 功能模块实现，主要是通过对 In Switch、In True、In False 3 个引脚数值的设置来控制 Out 的输出，以便控制新风机组的启停。通过 Great Than 模块判定回风 CO_2 浓度是否大于室内 CO_2 浓度标准值（800ppm），当回风 CO_2 浓度大于 800ppm 时，Great Than 模块的输出（Out）为 true，使 BooleanSwitch 中的 In True 输出为 true；而 BoolWritable 模块设定为 CO_2 浓度控制方式，此时 In Switch 控制 Out 的输出为 In True 对应的值 true；新风机组启停模块接收到 true 信号，控制 IO-28U 模块开启新风机组。

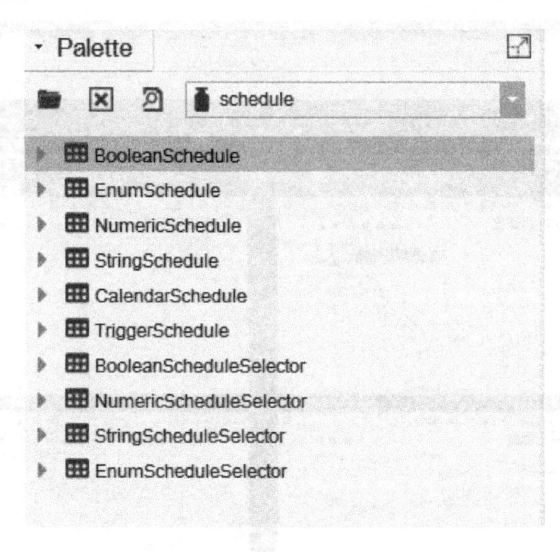

图 11-28　BooleanSchedule 模块

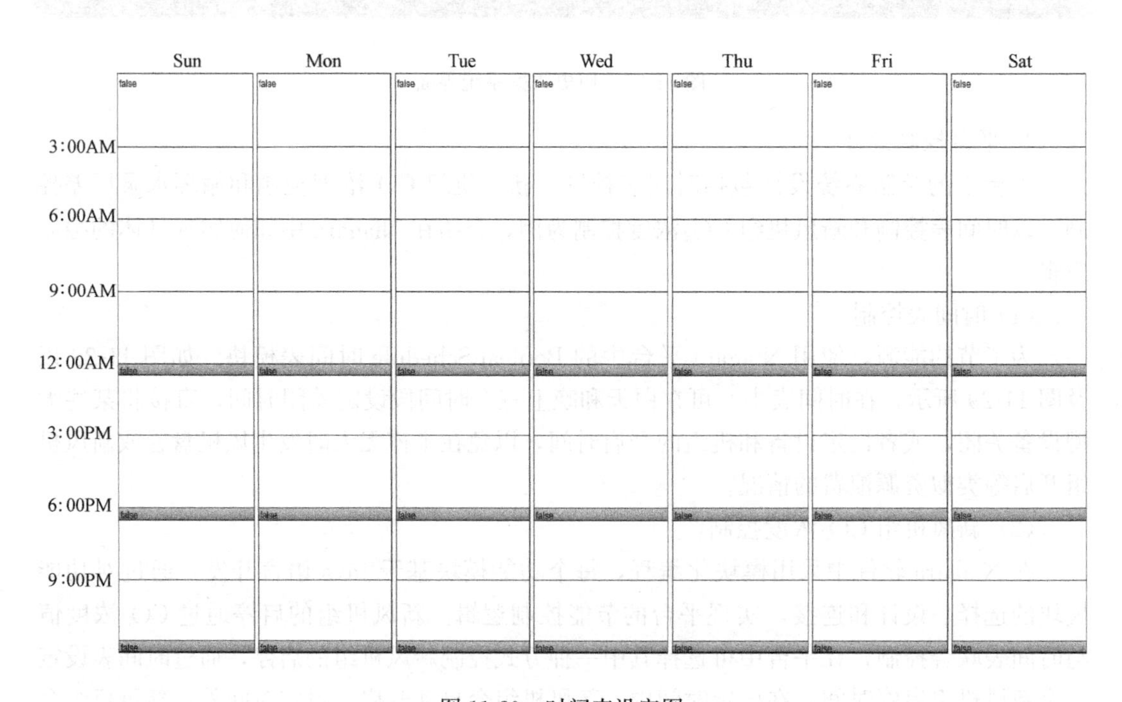

图 11-29　时间表设定图

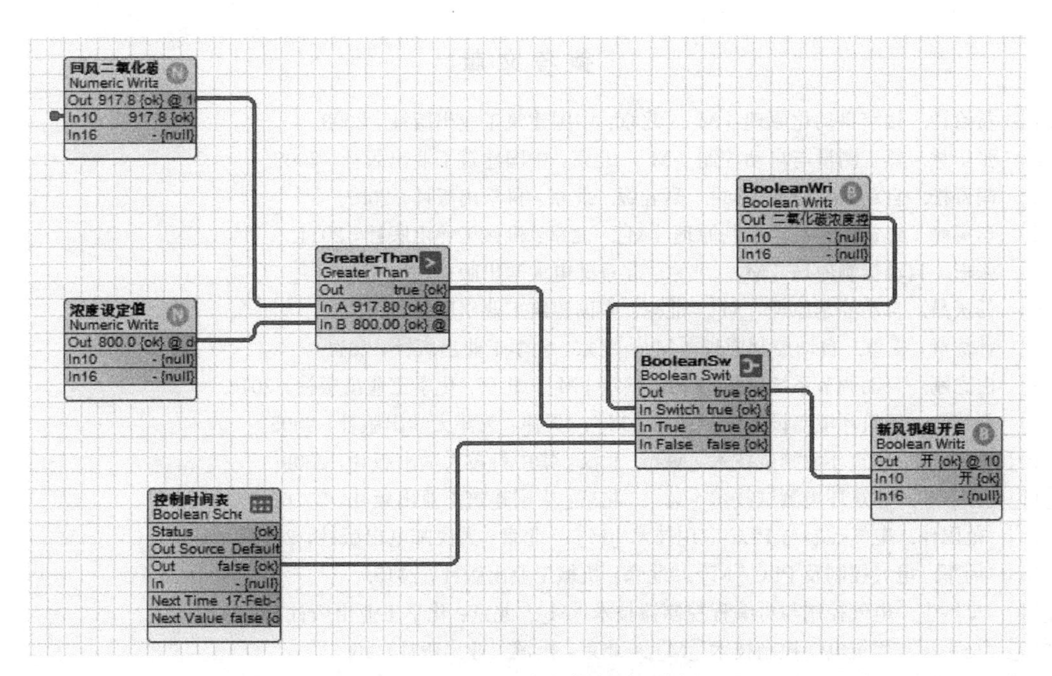

图 11-30　CO_2浓度控制编程图

参考文献

[1] 黄治钟. 楼宇自动化原理 [M]. 北京：中国建筑工业出版社，2003.
[2] 张子慧. 热工测量与自动控制 [M]. 北京：中国建筑工业出版社，2008.
[3] 胡寿松. 自动控制原理 [M]. 第五版. 北京：科学出版社，2007.
[4] 李炎峰. 建筑设备自动控制原理 [M]. 北京：机械工业出版社，2011.
[5] 张彬. 自动控制原理 [M]. 北京：北京邮电大学出版社，2007.
[6] 任庆昌. 自动控制原理 [M]. 北京：中国建筑工业出版社，2011.
[7] 孙优贤，王慧. 自动控制原理 [M]. 北京：化学工业出版社，2011.
[8] 白志刚. 自动调节系统解析与PID整定 [M]. 北京：化学工业出版社，2012.
[9] 刘耀浩. 建筑环境与设备测试技术 [M]. 天津：天津大学出版社，2005.
[10] 万金庆. 建筑环境测试技术 [M]. 武汉：华中科技大学出版社，2009.
[11] 方修睦. 建筑环境测试技术 [M]. 北京：中国建筑工业出版社，2016.
[12] 范国伟. 电气控制与PLC应用技术 [M]. 北京：人民邮电出版社，2013.
[13] 周军. 电气控制及PLC [M]. 北京：机械工业出版社，2015.
[14] 史国生. 电气控制与可编程控制器技术 [M]. 北京：化学工业出版社，2011.
[15] 马小军. 建筑电气控制技术 [M]. 北京：机械工业出版社，2003.
[16] 沈柏民. 低压电气控制设备 [M]. 北京：电子工业出版社，2015.
[17] 刘川来，胡乃平. 计算机控制技术 [M]. 北京：机械工业出版社，2017.
[18] 朱玉玺，崔如春 等. 计算机控制技术 [M]. 北京：电子工业出版社，2005.
[19] 王恩波，芦效峰 等. 实用计算机网络技术 [M]. 北京：高等教育出版社，2000.
[20] 李正军. 现场总线及其应用技术 [M]. 北京：机械工业出版社，2005.
[21] 王慧. 计算机控制系统 [M]. 北京：化学工业出版社，2000.
[22] 戴瑜兴. 建筑智能化系统工程设计 [M]. 北京：中国建筑工业出版社，2005.
[23] 董春利. 建筑智能化系统 [M]. 北京：机械工业出版社，2006.
[24] 许锦标，张镇昭. 楼宇智能化技术 [M]. 北京：机械工业出版社，2010.
[25] 张永坚，周培祥 等. 智能建筑技术 [M]. 北京：中国水利水电出版社，2007.
[26] 段晨旭. 建筑设备自动化系统工程 [M]. 北京：机械工业出版社，2016.
[27] 王再英，韩养社 等. 楼宇自动化系统原理与应用 [M]，北京：电子工业出版社，2005.
[28] 江亿，姜子炎. 建筑设备自动化 [M]. 北京：建筑工业出版社，2007.
[29] 李春旺. 建筑设备自动化 [M]. 武汉：华中科技大学出版社，2010.
[30] 李玉云. 建筑设备自动化 [M]. 北京：机械工业出版社，2017.
[31] 黄翔. 空调工程 [M]. 北京：机械工业出版社，2006.
[32] 安大伟. 暖通空调系统自动化 [M]. 北京：中国建筑工业出版社，2009.
[33] 霍小平. 中央空调系统设计 [M]. 北京：中国电力出版社，2004.
[34] 李金川 等. 空调制冷自控系统运行与管理 [M]. 北京：中国建材工业出版社，2002.
[35] 陆耀庆. 实用供热空调设计手册 [M]. 第二版. 北京：中国建筑工业出版社，2008.
[36] 杨毅，苗升伍. 能源管理系统在智能建筑的应用 [J]. 智能建筑与城市信息. 2012 (1)：70-73.
[37] 同方股份有限公司等. 建筑设备监控系统工程技术规范 [S]. JGJ/T 334—2014. 北京：中国建筑工业出版社，2014.
[38] 上海现代建筑设计（集团）有限公司. 智能建筑设计标准 [S]. GB/T 50314—2015. 北京：中国计划出版社，2015.
[39] 林世平. 燃气冷热电分布式能源技术应用手册 [M]. 北京：中国电力出版社，2014年.

［40］ 张庆伟．基于燃气内燃机的冷热电联供系统动态性能研究［D］．哈尔滨：哈尔滨工业大学，2015．
［41］ 张站峰．分布式变频泵热水供热系统换热站运行控制研究［D］，西安：长安大学，2013．
［42］ 刘凤英．社区分布式联供系统配置优化．济南：山东建筑大学，2017．
［43］ 王正林．Matlab/Simulink控制系统仿真［M］．北京：电子工业出版社，2005．